U0190898

国家职业技能鉴定培训教程

食品检验工技能

（初级、中级、高级）

主　编　翁连海　吕　平

副主编　王　韬　戚海峰　叶素丹

参　编　于韶梅　于洪梅　王　妮　王　磊

师邱毅　朱　晶　刘　悦　孙清荣

孙明哲　张　颖　顾宗珠　徐亚杰

逯家富　程春梅　温慧颖　李琢伟

机械工业出版社

本书是依据最新《国家职业标准　食品检验工》对初级工、中级工、高级工的技能要求，依据国家标准规定的最新食品检验方法并结合食品检验工工作实际需要编写而成的。全书共分为初级工、中级工、高级工三大部分，每部分基本包括：检验的前期准备及仪器的使用与维护，粮油及其制品的检验，糕点类产品的检验，乳及乳制品的检验，白酒、果酒、葡萄酒、黄酒的检验，啤酒的检验，饮料的检验，罐头的检验，肉、蛋及其制品的检验，调味品、酱腌制品的检验，茶叶的检验。

本书主要用作企业培训和职业技能鉴定培训的教材，也可作为职业院校、各种短训班的教学用书，还可供大专院校食品工程、食品检验及相关轻化工类专业师生参考。

图书在版编目（CIP）数据

食品检验工技能：初级、中级、高级/翁连海，吕平主编．—北京：机械工业出版社，2014.11（2024.4 重印）
国家职业技能鉴定培训教程
ISBN 978-7-111-48008-2

Ⅰ.①食…　Ⅱ.①翁…②吕…　Ⅲ.①食品检验—职业技能—鉴定—教材
Ⅳ.①TS207.3

中国版本图书馆 CIP 数据核字（2014）第 215456 号

机械工业出版社（北京市百万庄大街 22 号　邮政编码 100037）
策划编辑：陈玉芝　责任编辑：陈玉芝　王华庆
版式设计：赵颖喆　责任校对：陈　越
封面设计：鞠　杨　责任印制：常天培
北京机工印刷厂有限公司印刷
2024 年 4 月第 1 版第 6 次印刷
169mm×239mm · 25.75 印张 · 561 千字
标准书号：ISBN 978-7-111-48008-2
定价：49.90 元

凡购本书，如有缺页、倒页、脱页，由本社发行部调换

电话服务
服务咨询热线：010-88361066
读者购书热线：010-68326294
　　　　　　　010-88379203

网络服务
机 工 官 网：www.cmpbook.com
机 工 官 博：weibo.com/cmp1952
金 书 网：www.golden-book.com
教育服务网：www.cmpedu.com

前言

依据《中华人民共和国劳动法》《中华人民共和国职业教育法》和《招用技术工种从业人员规定》，我国实行职业资格证书制度，在全社会建立学历证书和职业资格证书并重的人才结构。食品检验人员考核已经纳入国家职业资格管理体系，食品检验人员必须持证上岗。食品检验人员包括企业主管食品质量、安全标准及从事监督管理工作的人员，食品生产企业、经销单位、质量监督部门、食品卫生检验部门和有关科研部门的管理人员、技术人员，以及用抽样检查的方式对粮油及其制品、糕点、糖果、乳及乳制品、白酒、果酒、葡萄酒、黄酒、啤酒、不含酒精饮料、罐头、肉及肉制品、调味品、酱腌制品、茶叶、保健食品等的成分、添加剂、农药残留、兽药残留、毒性、微生物等指标进行检验的人员。

本书是以《国家职业标准　食品检验工》为依据，以食品检验国家标准中食品卫生检验方法的理化部分及其他相关标准为蓝本而编写的。本书涵盖《国家职业标准　食品检验工》对初级工、中级工和高级工的技能要求，涉及粮油及其制品的检验，糕点类产品的检验，乳及乳制品的检验，白酒、果酒、葡萄酒、黄酒的检验，啤酒的检验，饮料的检验，罐头的检验，肉、蛋及其制品的检验，调味品、酱腌制品的检验，茶叶的检验共十个检验类别。本书中各项目的检验方法均参照最新国家标准，做到知识新、方法新、标准新。

本书的编写人员均来自教学或生产一线，具有丰富的食品检验知识及培训经验。其中，翁连海、吕平任本书的主编，王韬、戚海峰、叶素丹任本书的副主编，于韶梅、于洪梅、王妮、王磊、师邱毅、朱晶、刘悦、孙清荣、孙明哲、张颖、顾宗珠、徐亚杰、逯家富、程春梅、温慧颖参加了本书的编写工作。

在本书的编写过程中，参考了大量的文献资料，在此向这些文献资料的作者表示衷心的感谢。

虽然我们已尽了最大努力，但是书中难免存在不足之处，恳请专家和读者批评指正。

编　者

目录

第三部分 食品检验高级工技能训练 ………… 273

第一部分　食品检验初级工技能训练

第一章　检验的前期准备及仪器的使用与维护

第一节　常用玻璃器皿的使用

一　常用玻璃器皿介绍

1. 常用玻璃器皿的名称及用途

食品检验初级工是食品企业最基层的产品质量检测人员。此类人员必须首先掌握实验室中最常用的玻璃器皿的名称及其用途，具体见表1-1-1。

表1-1-1　常用玻璃器皿的名称及其用途

玻璃器皿	用　途	注意事项
常用试管　离心试管	用作少量试剂的反应容器，便于操作和观察 离心试管还可用于少量溶液中沉淀的分离	可直接用火加热，硬质玻璃试管可以加热至高温 加热后不能骤冷，特别是软质玻璃试管更易破裂 离心试管只能用水浴加热
烧杯	用作反应物量较多时的反应容器，易使反应物混合均匀	加热前应先将烧杯的外壁擦干，然后将其放置在石棉网上，使其受热均匀
表面皿	盖在烧杯上，防止液体迸溅，也具有其他用途	不能用火直接加热

（续）

玻璃器皿	用　　途	注意事项
培养皿	用于盛载液体培养液或固体琼脂培养基进行细胞培养的玻璃或塑料圆形器皿 也用于储存样品，进行化学试验等	使用后应立即浸入清水中刷洗
量杯　量筒	用于度量一定体积的液体	不能加热，不能用作反应容器
锥形瓶	反应容器，摇荡比较方便，适用于滴定操作	可以加热至高温。使用时应注意勿使温度变化过于剧烈 加热时底部垫石棉网，以使其受热均匀
碘量瓶	用于碘量法测定	注意保护塞子和瓶口边缘的磨砂部分 滴定时打开塞子，用蒸馏水将瓶口及塞子上的碘液洗入瓶中
滴瓶　细口瓶　广口瓶	广口瓶用于盛放固体药品，滴瓶，细口瓶用于盛放液体药品，不带磨口塞子的广口瓶可用作集气瓶	不能直接用火加热，瓶塞不得互换 盛放碱液时，要用橡胶塞，不能用磨口瓶塞，以免时间长了，玻璃磨口瓶塞被腐蚀而粘牢

（续）

玻璃器皿	用　　途	注意事项
漏斗　长颈漏斗	用于过滤等操作。长颈漏斗特别适用于定量分析中的过滤操作	不能用火直接加热
吸滤瓶　布氏漏斗	两者配套使用，用于无机制备中晶体或沉淀的减压过滤。可利用水泵或真空泵降低吸滤瓶中的压力以加速过滤	不能用火直接加热
研钵	用于研磨固体物质。应按固体的性质和硬度选用不同质地的研钵	不能用火直接加热
蒸发皿	用于蒸发液体。应根据液体性质选用不同质地的蒸发皿	能耐高温，但不宜骤冷 蒸发溶液时，一般放在石棉网上加热，也可直接用火加热
干燥器	内放干燥剂，可保持样品或产物的干燥	防止盖子滑动而打碎；红热的物品待稍冷后才能放入；放置物未完全冷却前要每隔一定时间开一次盖子，以调节干燥器内的气压

（续）

玻璃器皿	用　　途	注意事项
容量瓶	配制准确浓度的溶液或定量地稀释溶液 常和移液管配合使用	不能加热，不能量取热的液体 磨口瓶塞应配套使用，不能互换
移液管	用于精确量取一定体积的液体	不能加热
滴定管（左侧的为酸式滴定管，右侧的为碱式滴定管）和滴定管架	滴定管用于滴定操作或精确量取一定体积的液体 滴定管架用于夹持滴定管	碱式滴定管盛碱性溶液，酸式滴定管盛酸性溶液，二者不能混用 碱式滴定管不能盛氧化剂 见光易分解的滴定液宜用棕色滴定管 酸式滴定管旋塞应用橡皮筋固定，以防止其滑出跌碎或溶液渗漏

2. 部分常用玻璃器皿的规范操作

（1）容量瓶的使用　容量瓶是用于配制准确浓度的溶液或定量地稀释溶液的容器，带有磨口玻璃塞。常用的容量瓶有50mL、100mL、250mL、500mL和1000mL等多种规格。图1-1-1所示为500mL容量瓶，在细长的瓶颈中部有一条标线，表示在20℃的温度下当液面达到该刻度时，液体体积即为500mL。

在使用容量瓶前，应先试一下瓶塞部位是否漏水，即向容量瓶中倒入约1/2体积的自来水，盖上瓶塞，用左手食指按住瓶塞，右手手指抵住瓶底边缘（见图1-1-2a），将容量瓶倒立2min，如果不漏水，则将容量瓶直立，转动瓶塞180°后，再倒立2min，如果仍不漏水，就可使用。

用固体配制溶液时，要先将小烧杯中称好的试样溶解（必要时可加热），待溶液冷却至室温后将其转移至容量瓶中。定量转移溶液时，右手拿玻璃棒，左手拿烧杯，将玻璃棒斜插入容量瓶长颈内，并使玻璃棒下端触在瓶颈内壁上，将烧杯中的溶液从杯嘴沿玻璃棒倒入容量瓶中（见图1-1-2b），然后用蒸馏水冲洗烧杯内壁和玻璃棒3次或4次，将冲洗液合并至容量瓶中。如此反复多次，即完成定量转移。接着加水至容量瓶容积的3/4左右，将容量瓶沿水平方向转动几周（勿倒转），使溶液初步混匀。继续加水至距离刻度线约1cm处，等待1~2min，使附在瓶颈内壁上的溶液流下，然后改用滴管或洗瓶逐滴加水至弯月面最低点恰好与标线相切。盖好瓶塞（见图1-1-2c），将瓶倒转和摇动多次，使容量瓶内溶液混合均匀。

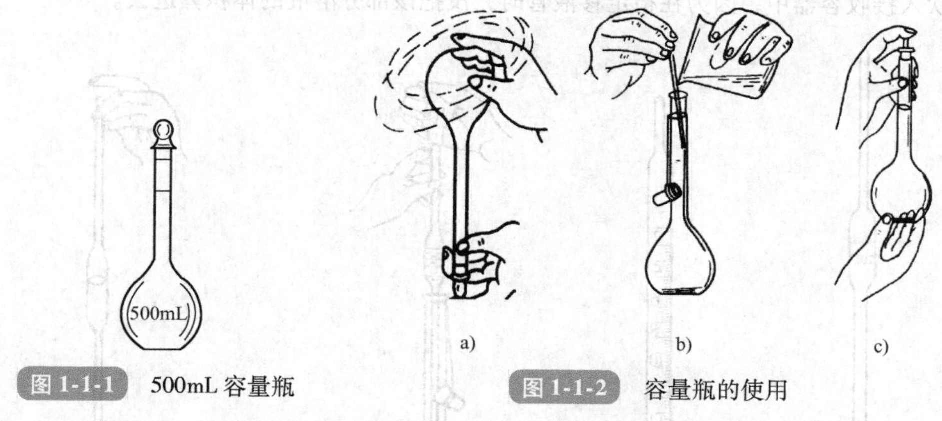

图1-1-1　500mL容量瓶

图1-1-2　容量瓶的使用

配制好的溶液不宜在容量瓶中长期存放，应将其转移至试剂瓶中。

容量瓶若长时间不用，则应将磨口处洗净擦干，并用纸片将磨口隔开。应将容量瓶的瓶塞系在瓶颈上，以免将其沾污、打碎或丢失。

（2）移液管的使用　移液管是精确量取一定体积液体的仪器。移液管有两种：一种是具有单一标线的移液管，即管颈上部刻有一条标线（见图1-1-3a），常用的有5mL、10mL、25mL和50mL等规格，该类移液管只能准确移取固定体积的液体；另一种是刻度移液管（也称为吸量管），一般只用于量取小体积的溶液（见图1-1-3b），常用的有1mL、2mL、5mL、10mL等规格。

1）洗涤。单标线移液管和吸量管在使用前应洗净。通常先用自来水冲洗一次，再用铬酸洗液洗涤。用左手持洗耳球，将左手食指放在洗耳球上边，右手拿住移液管标线以上的部分，将洗耳球下端小孔紧贴在单标线移液管或吸量管口上，管尖贴在吸水纸上，用手挤捏洗耳球，吹去单标线移液管或吸量管中残留的水，然后排出洗耳球中的空气，将单标线移液管和吸量管插入洗液瓶中，左手拇指慢慢松开，这时洗液缓缓吸入单标线移液管球部或吸量管全管约 1/3 处，移去洗耳球，同时用右手食指按住管口，把管横过来，左手夹住管下端，右手食指边转边降低管口，使洗液布满全管，再将洗液放回原瓶。然后，用自来水冲洗干净，再用蒸馏水洗三次，洗涤方法同前。每次的用水量以水上升到移液管球部或吸量管 1/3 处为准。

2）移取溶液。在移取溶液前，可用吸水纸将洗干净的管尖端内外的水吸去，然后用待吸溶液润洗三次。方法同移液管的洗涤方法。将移液管直接插入待吸溶液液面下面 1~3cm，将挤去空气的洗耳球下端小孔紧按在管口上，进行吸液（见图 1-1-4a），当液面上升到标线以上时，移去洗耳球，同时迅速用右手食指按住管口，左手改拿盛待吸液的容器，将移液管向上提，使其离开液面，管的下端紧靠容器内壁，轻轻摆动以除去管外壁上的游液，然后使容器倾斜约 45°，使移液管垂直，此时稍微放松右手食指，使液面缓慢下降，直至溶液弯月面最低点与标线相切。按紧食指，将移液管放入倾斜的接收容器中，使管尖紧贴容器壁，移开右手食指让溶液自由地沿壁流下，如图 1-1-4b 所示。在液面下降到管尖后，等 15s，然后取出移液管。管尖末端留有的极少量溶液一般不能吹入接收容器中，因为在检定移液管时，没把该部分溶液的体积算进去。

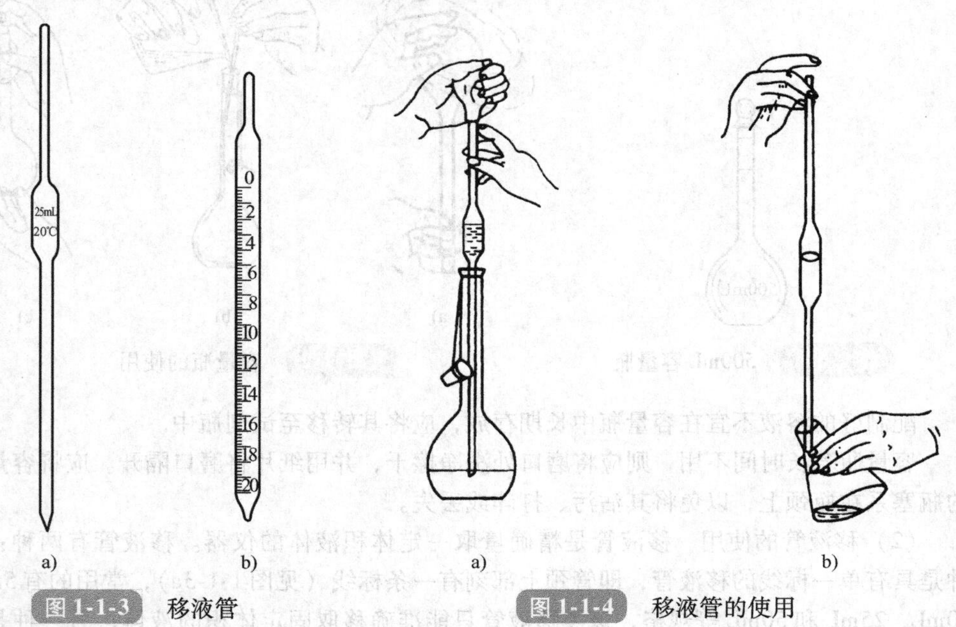

图 1-1-3　移液管　　图 1-1-4　移液管的使用

如果管上标有“吹”字，则在溶液下降到管尖后，从管口轻吹一下即可。

移液管用完以后，应放在移液管架上或桌面上安全的地方。若短时间内不再用它，则应立即用自来水冲洗，再用蒸馏水清洗，然后放在移液管架上。

（3）滴定管的使用　滴定管是完成滴定分析最基本的仪器之一。滴定管通常分为两种：一种是下端带有玻璃旋塞的酸式滴定管，另一种是下端有乳胶管和用玻璃球代替旋塞的碱式滴定管，如图 1-1-5 所示。

1）验漏。洗涤滴定管前应检查其是否漏水，酸式滴定管还要检查玻璃旋塞转动是否灵活。若碱式滴定管漏水，则可更换玻璃球或乳胶管。若酸式滴定管漏水或玻璃旋塞转动不灵活，则应拆下旋塞重新涂凡士林。涂凡士林前先用吸水纸将旋塞槽和旋塞上的水擦干净，再在旋塞的两头涂上薄薄的一层凡士林（且勿堵住塞孔），将旋塞插进旋塞槽后，按同一方向旋转旋塞多次，直到从外面观察旋塞呈全部透明状为止，装水检验，以不漏水为合格。最后用乳胶圈套在旋塞的末端，以防止旋塞脱落破损。

2）清洗。滴定管需洗净后才可使用，通常先用自来水冲洗，再用滴定管刷清洗，最后用蒸馏水润洗。

3）润洗。在装入标准溶液前，应先用5～10mL该标准溶液洗涤滴定管，然后将洗液弃去，重复操作2次或3次。

4）装液。装入标准溶液时，宜由储液瓶直接倒入，不宜借用其他器皿，以免改变标准溶液的浓度或造成污染。溶液加至滴定管“0”刻度线以上。

5）排气。检查滴定管尖端部分是否有气泡，若有气泡，则必须将其除去。酸式滴定管可迅速旋转旋塞使溶液快速流出，将气泡带走。碱式滴定管可将橡胶管向上弯曲，使尖嘴上斜，挤捏玻璃球，使溶液快速喷出，即可排除气泡，如图1-1-6所示。

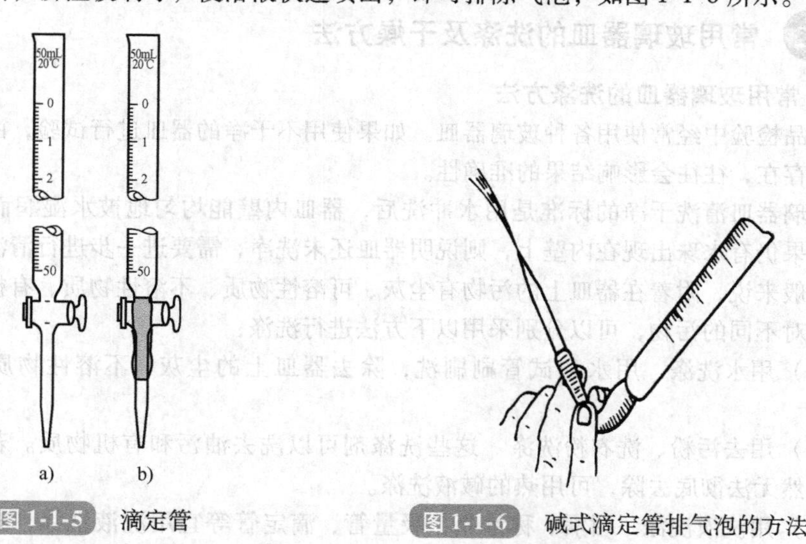

图1-1-5　滴定管　　图1-1-6　碱式滴定管排气泡的方法

6）调零。将滴定管中的液面调整至与零刻度线相平。

7）滴定。使用酸式滴定管时，一般用左手控制旋塞，大拇指在前，食指和中指在后，将滴定管旋塞末端对准手心，手指绕过滴定管轻轻向内扣住旋塞，以防旋塞在转动过程中因松动而漏液，如图1-1-7所示。使用碱式滴定管时，可用食指和拇指挤压乳胶管内的玻璃球，让溶液经窄缝自玻璃尖嘴流出。

8）读数。读数时应遵循以下原则：

① 滴定管应垂直放置，注入溶液或放出溶液后需等1～2s后才能读数。

② 管内若为无色或浅色溶液，则读数时视线应与弯月面下缘的最低点保持同一水平面（见图1-1-8）；管内若为深色溶液（如碘水、高锰酸钾溶液），为了便于读数，视

线应与液面两侧的最高点相切。

③ 为了便于读数和计算，并消除因上下刻度不均匀而引起的误差，每次使用时均应从“0”刻度开始读数。

④ 必须读到小数点后第二位，即要求估读到0.01mL。

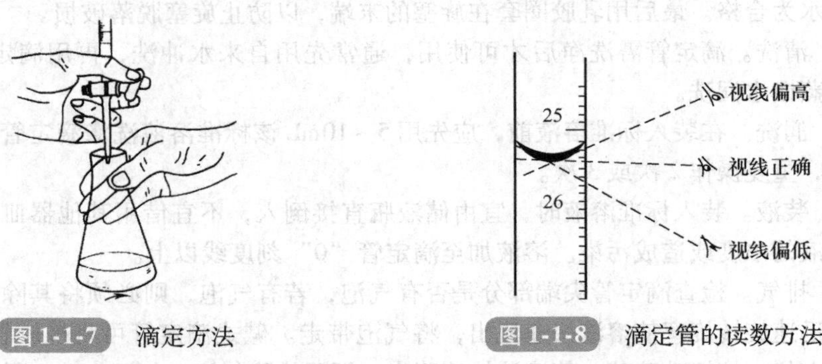

图1-1-7 滴定方法　　图1-1-8 滴定管的读数方法

二 常用玻璃器皿的洗涤及干燥方法

1. 常用玻璃器皿的洗涤方法

食品检验中经常使用各种玻璃器皿。如果使用不干净的器皿进行试验，由于污物和杂质的存在，往往会影响结果的准确性。

玻璃器皿清洗干净的标准是用水冲洗后，器皿内壁能均匀地被水湿润而不出现水珠。如果仍有水珠出现在内壁上，则说明器皿还未洗净，需要进一步进行清洗。

一般来说，附着在器皿上的污物有尘灰、可溶性物质、不溶性物质、有机物及油污等。针对不同的污物，可以分别采用以下方法进行洗涤：

（1）用水洗涤　用水和试管刷刷洗，除去器皿上的尘灰、不溶性物质和可溶性物质。

（2）用去污粉、洗衣粉洗涤　这些洗涤剂可以洗去油污和有机物质。若油污和有机物仍然无法彻底去除，可用热的碱液洗涤。

（3）用洗液洗涤　坩埚、称量瓶、吸量管、滴定管等宜用洗液洗涤，必要时可加热洗液。洗液是浓硫酸和饱和重铬酸钾溶液的混合物，有很强的氧化性和酸性，可反复使用。使用洗液时，应避免引入大量的水和还原性物质（如某些有机物），以避免洗液稀释或变绿而失效。

洗液的配制：将20g粗重铬酸钾（$K_2Cr_2O_7$）置于500mL烧杯中，加水40mL，加热溶解，冷却后沿杯壁缓慢加入320mL浓硫酸即成。加入浓硫酸时要进行搅拌。

洗液具有很强的腐蚀性，使用时应注意以下几点：

1）使用洗液前，应先用水刷洗器皿，尽量除去其中的污物。

2）尽量把器皿中残留的水倒净，然后再进行洗涤，以免洗液稀释，影响效果。

3）洗液变成绿色［$K_2Cr_2O_7$被还原为$Cr_2(SO_4)_3$］后，失去效力，不能再用。

4）洗液具有强腐蚀性，易灼伤皮肤或腐蚀衣物，使用时应加倍小心。若不慎溅

洒，则应立即用水冲洗。

（4）用特殊的试剂洗涤　一些器皿上常常有不溶于水的污垢，尤其是使用后未清洗而长期放置的器皿。这时需要视污垢的性质选用合适的试剂，使其经化学作用而除去。

在试验中洗涤仪器的方法，要根据试验的要求、污物的性质、污染的程度来选择。在定性、定量试验中，由于杂质的引入影响试验的准确性，因此对仪器清洁度的要求比较高，除要求器壁上不挂水珠外，还要用蒸馏水荡洗三次。在某些情况下，如一般无机物的制备，对器皿的清洁度要求低一些，只要没有明显的污物存在就可以了。

2. 常用玻璃器皿的干燥方法

根据不同的情况，可采用下列方法对洗净的器皿进行干燥。

（1）晾干　将洗净的器皿倒立放置在适当的仪器架上，让其在空气中自然干燥，并可防止尘灰落入，但要注意放稳器皿。

（2）烘干　将洗净器皿中的水倒出，放入105～120℃电热恒温干燥箱内干燥。注意，玻璃器皿干燥时，应先洗净并将水尽量倒尽，放置时应注意平放或使器皿口朝上，带塞的瓶子应打开瓶塞，将器皿放平在托盘里则更好。

（3）烤干　烧杯和蒸发皿可以放在石棉网上用小火烤干。烘烤之前应先擦干器皿外壁的水珠。烘烤试管时应使试管口向下倾斜，以免水珠倒流而导致试管炸裂。烘烤时应从试管底部开始，慢慢移向管口，不见水珠后再将管口朝下，把水蒸气赶尽。

（4）吹干　用电吹风机或玻璃器皿气流干燥器将玻璃器皿吹干。用电吹风机吹干时，一般先用热风吹玻璃器皿的内壁，待干后再吹冷风使其冷却。如果先用易挥发的溶剂（如乙醇、丙酮等）淋洗器皿，则淋洗后应将淋洗液倒尽，然后用电吹风机按照冷风→热风→冷风的顺序吹，会干得更快。另一种方法是将洗净的器皿直接放在气流干燥器里进行干燥。

注意，一般带有刻度的计量器皿（如移液管、容量瓶、滴定管等）不能用加热的方法干燥，以免热胀冷缩影响器皿的精密度。玻璃磨口器皿和带旋塞的器皿洗净后放置时，应该在磨口处和旋塞处垫上小纸片，以防其在长期放置后粘上不易打开。

三　常用容量器皿的校正方法

容量器皿的容积与其所标示的体积并非完全相符合，因此，在准确度要求较高的分析工作中，必须对容量器皿进行校准。

由于玻璃具有热胀冷缩的特性，在不同的温度下容量器皿的体积也有所不同，因此，校准玻璃容量器皿时，必须规定一个特定的温度值，这一规定温度值为标准温度。国际上规定玻璃容量器皿的标准温度为20℃。即在校准时都将玻璃容量器皿的容积校准到20℃时的实际容积。校正容量器皿的方法通常有两种：

（1）绝对校正　绝对校正即测定容量器皿的实际容积，常采用称量法。即在分析天平上称量容器容纳或放出纯水的质量 m，查得该温度下纯水的相对密度 ρ（见表1-1-2），根据公式 $V=m/\rho$，将纯水的质量换算成纯水的体积，由计算的纯水体积和由器皿读出的体积，即可求出校准值。

表 1-1-2　不同温度下水的密度

温度/℃	密度/（g/mL）	温度/℃	密度/（g/mL）	温度/℃	密度/（g/mL）
10	0.99838	17	0.99765	24	0.99639
11	0.99831	18	0.99751	25	0.99618
12	0.99823	19	0.99734	26	0.99594
13	0.99814	20	0.99718	27	0.99570
14	0.99804	21	0.99700	28	0.99545
15	0.99793	22	0.99680	29	0.99519
16	0.99780	23	0.99661	30	0.99492

（2）相对校正　在实际工作中，有时不需要知道容量器皿的准确容积，只需知道容量器皿之间的相互关系。例如：用25mL移液管吸取蒸馏水10次，置于250mL容量瓶中，观察弯月面下缘是否恰在标线刻度处，这种校正方法称为相对校正法。

四　常用样品的制备方法

为了满足分析方法和分析手段的要求，需要对样品进行粉碎、过筛、磨匀、搅拌、捣碎、匀浆、溶解等制备步骤。常用的样品前处理方法有：干法灰化、湿消化法、溶剂提取法、沉淀法、蒸馏法、磺化法、浓缩法等。

1. 干法灰化

用高温灼烧的方式破坏样品中的有机物，又叫灼烧法。除汞外大多数金属元素和部分非金属元素的测定都可用该方法处理样品。即将一定量的样品置于坩埚中加热，使其中的有机物脱水、分解、氧化、炭化，再置在高温电炉中灼烧、灰化，直至残留物为白色或浅灰色为止，所得的残渣即为无机成分，可供测定用。近年来开发出了一种低温灰化技术，即将样品放在低温灰化炉中，先将空气抽至0～133Pa，然后不断通入氧气，每分钟0.3～0.8L。用射频照射使氧气活化，在低于150℃的温度下便可使样品完全灰化。

2. 湿法消化

向样品中加入强氧化剂并加热，使样品中的有机物质完全分解、氧化，呈气态逸出，待测成分转化为无机物状态存在于消化液中，供测试用。常用的强氧化剂有浓硝酸、浓硫酸、高氯酸、高锰酸钾、过氧化氢等。

3. 溶剂提取法

此方法是利用样品各组分在某一溶剂中溶解度的不同，将各组分完全或部分地分离的方法，常用于维生素、重金属、农药及黄曲霉毒素的测定。溶剂提取法又分为浸提法、溶剂萃取法。

（1）浸提法　用适当的溶剂将固体样品中的某种待测成分浸提出来的方法，即液-固萃取法。一般来说，提取效果符合相似相溶原理，应根据被提取物的极性强弱选择提

取剂。

（2）溶剂萃取法　利用某组分在两种互不相溶的溶剂中分配系数的不同，使其从一种溶剂转移到另一种溶剂中，从而与其他组分分离。萃取用溶剂应与原溶剂不互溶，对被测组分有最大溶解度，而对杂质有最小溶解度，经萃取后，被测组分进入萃取溶剂中，从而与仍留在原溶剂中的杂质分离开。此外，还应考虑两种溶剂分层的难易以及是否会产生泡沫等问题。

4. 蒸馏法

蒸馏法是利用液体混合物中各组分挥发度的不同而进行分离的方法，可用于除去干扰组分，也可用于将待测组分蒸馏逸出，收集馏出液进行分析。根据样品中待测成分性质的不同，可采取常压蒸馏、减压蒸馏、水蒸气蒸馏等蒸馏方式。

5. 沉淀法

沉淀法是指利用沉淀反应进行分离，即在试样中加入适当的沉淀剂，使被测组分沉淀下来，或将干扰组分沉淀下来，经过滤或离心将沉淀与母液分开，从而达到分离的目的。

6. 磺化法

用浓硫酸处理样品提取液，有效地除去脂肪、色素等干扰杂质。浓硫酸能使脂肪磺化，并使脂肪和色素中的不饱和键起加成作用，形成可溶于硫酸和水的强极性化合物，不再被弱极性的有机溶剂所溶解，从而达到分离的目的。

第二节　溶液的配制

溶液由溶质和溶剂组成。水溶液是一类最重要、最常见的溶液。将试剂配制成所需浓度的溶液是分析检验的基本工作。

一　化学试剂的标签标识

我国的试剂规格基本上按纯度（杂质含量的多少）划分，有高纯、光谱纯、基准、分光纯、优级纯、分析纯和化学纯共7种。国家和主管部门颁布的质量指标主要有优级纯、分析纯和化学纯3种。我国化学试剂等级见表1-1-3。

表1-1-3　我国化学试剂等级

纯度等级	名　　称	英文代号	适用范围	瓶签颜色
一级	优级纯（保证试剂）	G. R.（Guaranteed Reagent）	精密分析、科研用，也可作基准试剂	绿色
二级	分析纯（分析试剂）	A. R.（Analytical Reagent）	用于一般科学研究和分析试验	红色
三级	化学纯	C. P.（Chemical Pure）	用于要求较高的无机和有机化学试验，或要求不高的分析检验	蓝色
四级	试验试剂	L. R.（Laboratory Reagent）	用于一般的试验和要求不高的科学试验	黄色

除上述一般级别的试剂外，实验室里还有一些特殊试剂，如指示剂、生化试剂和超级纯试剂等。这些都已在瓶签上注明，只要看到瓶签上有某一个标志，就可知道该化学试剂的纯度等级了。

二 化学试剂的保存

化学试剂的保存应由专人负责。实验室操作区内的橱柜中及操作台上，只允许存放规定数量的化学试剂，不允许超量存放。检验中使用的化学试剂种类繁多，必须严格按其性质（如剧毒、麻醉、易燃、易爆、易挥发、强腐蚀品等）分类存放。

1. 原试剂的储存

原试剂一般按液体、固体分类，每一类又按有机、无机、危险品、低温储存品等再次分类，按序排列，分别码放整齐，造册登记。每一类均应贴有标签。

潮解吸湿、易失水风化、易挥发、易吸收二氧化碳、易氧化、易吸水变质的化学试剂需密封或蜡封保存；见光易变色、分解、氧化的化学试剂需避光保存，并且储存于棕色瓶内；爆炸品、剧毒品、易燃品、腐蚀品等应单独存放；溴、氨水等应放在冰箱内；某些高活性试剂应低温干燥储存。各种试剂均应包装完好，封口严密，标签完整，内容清晰，储存条件明确。化学试剂保管员必须每周检查一次温度表和湿度表，并作记录，超出规定范围时应及时调整；无标签的试剂在未经验证之前不得发放；保持室内清洁、通风和一定的温湿度，保证所储试剂的实际储存条件符合规定要求；每月检查一次消防灭火器材的完好状况，保证可随时开启使用。

2. 配制试剂的储存

配制试剂一般在实验室操作区内保存，保存条件略低于化学试剂储存室。因此，这部分试剂的管理很重要，除执行化学试剂储存要求外，还应特别注意其外观的变化，由使用人负责保管，一般储存 3～6 个月为宜，过期不得使用，必须重新配制。此外，还应注意避免阳光直射和保证室内通风，注意室内温度和湿度的变化，夏季高温季节应放在冰箱内保存，配制试剂要封口严密，瓶口或瓶盖损坏要及时更换。固体试剂一般存放在易于取用的广口瓶内；液体试剂则存放在细口的试剂瓶中；一些用量小而使用频繁的试剂，（如指示剂、定性分析试剂等）可盛装在滴瓶中；见光易分解的试剂（如 $AgNO_3$、$KMnO_4$、饱和 Cl_2 水等）应装在棕色瓶中；对于 H_2O_2，则通常存放在不透明的塑料瓶中，放置于阴凉的暗处。试剂瓶的瓶盖一般都是磨口的，但盛强碱性试剂（如 NaOH、KOH）及 Na_2SiO_3 溶液的瓶塞应换成橡胶塞，以免长期放置互相粘连。易腐蚀玻璃的试剂（如氟化物等）应保存在塑料瓶中。

三 化学试剂配制规则

1. 按法定标准配制

各类化学试剂的配制主要依据《化学试剂　标准滴定溶液的制备》（GB/T 601—2002）、《化学试剂　杂质测定用标准溶液的制备》（GB/T 602—2002）、《化学试剂　试验方法中所用制剂及制品的制备》（GB/T 603—2002）等。

2. 配制过程

（1）选取配制所需溶质、溶剂和调节试剂　确认所使用的试剂和试药的名称、规格与配制规程要求的一致，试剂外观符合要求并在规定的使用期限内。需确认的内容包括：配制试剂名称、浓度、配制总量、配制日期、使用期限，配制试剂的配比，所用试剂级别、浓度、pH 值，配制方法、加入顺序，配制溶剂及必要的处理，配制人签名。

（2）称量　称量是决定所配试剂准确性的关键步骤。称量过程应严格执行称量规定。称量固体试剂时应注意精确度和准确度要求，在称量时应避免试剂受潮。称量液体试剂可以使用液体称量瓶。固体试剂若有前处理要求，则应以适当的方法进行，以确保试剂干燥，使称量结果准确。液体试剂在必要时可进行过滤、抽滤或加热等操作。

对于称样量极少并且对试验影响显著的溶质，在称量时应按减量法操作。液体试剂的量取主要使用不同规格的移液管、刻度吸量管、微量注射器、滴管和量筒等。所有玻璃器皿应洁净无损。

（3）溶解与稀释　在溶质溶解于溶剂的过程中通常需搅拌或摇匀，并在规定方法下进行加热溶解。加热时必须搅拌，以避免溶液受热不均匀而爆沸溅出。难溶物质可进行超声波粉碎溶解。稀释操作可在容量瓶或量筒中进行，用适当的溶剂稀释至规定的刻度，摇匀。除另有规定外，均以试验用水为溶剂。

（4）书写配制记录　每瓶试剂都必须有标明试剂名称、浓度、配制日期、有效期和配制人的标签。

（5）溶液的存放　溶液要用带塞的试剂瓶盛装，并根据它们的性质妥善保存。例如：见光易分解的溶液要装于棕色瓶中，并放置在暗处；能吸收空气中二氧化碳并能腐蚀玻璃的强碱溶液要装在塑料瓶中；盛放挥发性试剂试剂瓶的瓶塞要密封，见空气易变质的试剂应用蜡封口；需低温保存的试剂置于冰箱中。溶液保存于试剂瓶中，由于蒸发，在瓶壁上常有水滴凝聚，使溶液浓度发生变化，因而每次使用前应该将溶液摇匀。

3. 注意事项

分析所用的溶液应用纯水配制；配制硫酸、磷酸、硝酸、盐酸等溶液时，都应该把酸倒入水中；配制硫酸溶液时，应该将硫酸分为小份慢慢地倒入水中，并边加边搅拌；配制挥发性试剂时，应该在通风橱里进行；配制标准溶液时，不应马上标定，应该放置一定时间后再进行标定；配制有机溶剂时，有时有机物溶解较慢，应不时搅拌，可以在热水浴中加热溶液，不可以直接加热；使用易燃试剂的时候要远离火源；不能用手接触具有腐蚀性及有毒的溶液，有毒废液应该进行解毒处理，不可直接倒入下水道；按一定使用周期及试剂的有效期配制试剂，不要多配，特别是危险品、毒品应随用随领随配，多余试剂退库，以防时间长而变质或造成事故。原则上配用量以 6~12 个月用完为宜。除易挥发、易变质的试剂或另有规定外，试剂有效期一般为一年。

四　化学试剂使用规则

1. 一般化学试剂的取用

凡用于试验的化学试剂，不论是否有毒，都不能入口或用手直接移取。称量固体药品时应使用清洁、干燥的药勺，同一药勺不能同时移取两种试剂，以免污染试剂、量取和转移液体试剂时，倒出的多余试剂不可倒回原瓶。易燃、易爆试剂要避免高温和阳光直射，放置要平稳，实验室不可过多存放，以满足一次试验用量为原则。易燃品（如乙醚等）必要时应冷藏，但不能放置在非密闭压缩机的电冰箱内，以免发生爆炸。易挥发、易燃试剂需加热时，应在水浴锅或严密的电热板上缓慢进行，严禁使用明火加热。不得在实验室内喝水、进食、吸烟，以免因过失而引起中毒。严禁用嘴吸取试液。试验完毕必须洗手，任何试剂粘在手上或身体其他部位均应立即冲洗。凡能产生有毒、有害气体的操作，都应在通风橱中或专用室内进行，并注意通风。溅落在地板上或桌椅上的试剂（尤其是有毒试剂）应立即处理，以免发生意外。若打破水银温度计，水银溅落于地板上，则应及时用稀碘溶液或稀硫酸-高锰酸钾溶液处理，也可用石灰-硫酸处理，使之变为惰性硫化汞，以避免汞在常温下蒸发，引起中毒。

2. 固体试剂的取用

固体试剂一般存放在易于取用的广口瓶内，一般用牛角勺（或不锈钢勺）取用固体试剂。牛角勺必须清洁、干燥，专勺专用。牛角勺两端为大小两个匙，根据取固体量的多少选用。当固体颗粒较大时，应在干净的研钵内将其研碎。研钵中所盛固体试剂的量不应超过研钵容积的1/3。固体试剂取用后应立即盖严瓶盖，并将试剂瓶放回原处。

往湿的或口径小的试管中加入固体试剂时，为了避免试剂粘在试管壁上，可用较硬的干净纸折成角折形，其大小以能放入试管，比试管稍长为宜。先用牛角勺将固体试剂放入折纸的一端内，将其送入斜平的试管内（见图1-1-9b），然后把试管竖直，用手轻轻抽出纸条，使试剂全部落入管底。

加入块状固体时，应将试管倾斜，使固体沿管壁慢慢滑入试管内（见图1-1-9c），不得垂直悬空投入，以免撞破管底。

固体试剂不得多取，取多的试剂不得放回原试剂瓶内，可将多余的试剂放入指定的容器中。

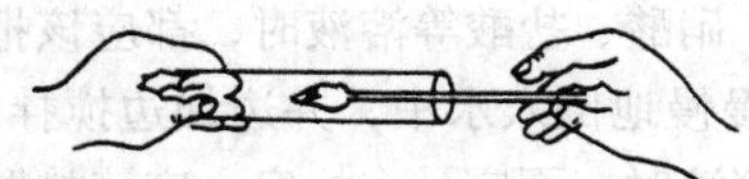

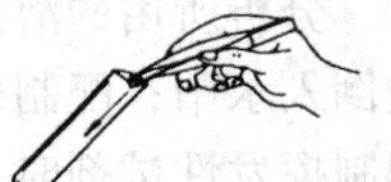

a) 用药匙往试管里送入固体试剂　b) 用纸槽往试管里送入固体试剂　c) 块状固体沿管壁慢慢滑下

图1-1-9　向试管中加入固体试剂

3. 液体试剂的取用

（1）从细口试剂瓶中取用液体试剂　取下瓶塞，将其仰放在实验台上（如果瓶塞不是平底的，则可用食指和中指将瓶塞夹住或放在清洁的表面皿上，绝对不可放在实验台上），以免将其沾污。用左手拿住容器（如试管、量筒等），右手握住试剂瓶（让试剂瓶的标签向着手心，若为双面标签的，则应用手指捏住标签），沿容器管壁倒入所需量的试剂，如图1-1-10a、b所示。倒完后应将试剂瓶口在容器上靠一下，再将瓶子竖直，以避免试剂沿外壁流下。

将液体从试剂瓶倒入烧杯中时，用右手握住试剂瓶，左手拿住洁净的玻璃棒，使玻璃棒的下端斜靠在烧杯中，将瓶口靠在玻璃棒上，使液体沿玻璃棒流入烧杯中，如图1-1-10c所示。

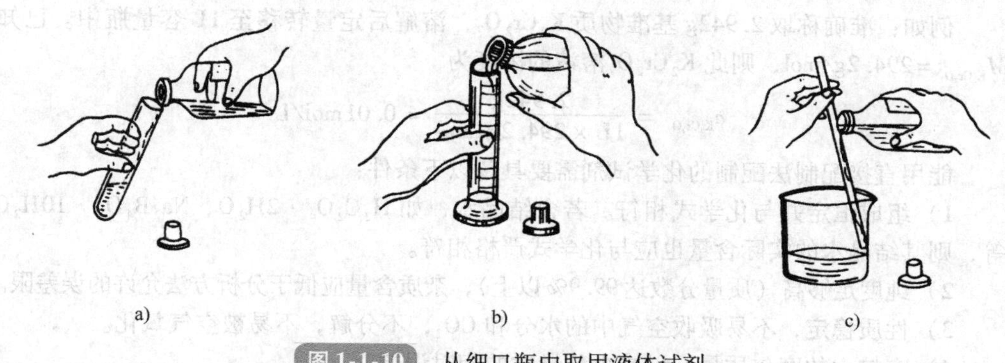

图1-1-10　从细口瓶中取用液体试剂

（2）从滴瓶中取用少量液体试剂　用右手中指和无名指夹住滴管胶头下方，提起滴管，使滴管离开液面，再用拇指和食指捏紧滴管上部的胶头，排去空气，然后将滴管伸入试剂瓶中，松开手指吸取试剂，如图1-1-11所示。

往试管中滴试剂时，滴管与试管均应保持竖直，滴管口与试管口应距3mm左右，如图1-1-12所示。

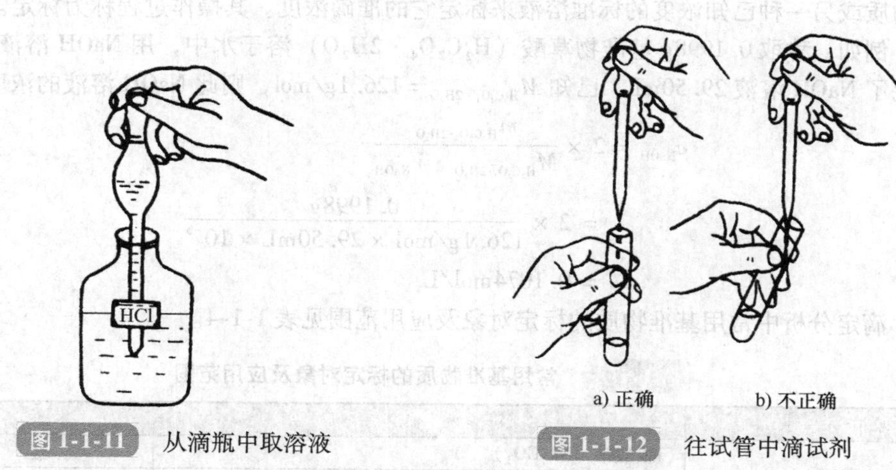

图1-1-11　从滴瓶中取溶液

图1-1-12　往试管中滴试剂

严禁将滴管伸入试管内。滴管只能专用，不得插错药瓶，用完后应放回原处。滴管不得平放或倒置，不得放在实验台上，也不能将滴管伸入试剂瓶中吸取试剂，以免污染试剂。滴管胶头漏气或变质后应及时更换。

五　标准溶液的配制与标定

已知准确浓度的溶液叫做标准溶液。配制标准溶液的方法，以及使用的仪器、量具和试剂等都有严格的要求。标准溶液的配制方法有直接法和间接法（标定法）。

1. 直接法

准确称取一定量的基准物质，经溶解后，定量转移于一定体积的容量瓶中，用去离子水稀释至刻度。根据溶质的质量和容量瓶的体积，即可计算出该标准溶液的准确浓度。

例如：准确称取 2.942g 基准物质 $K_2Cr_2O_7$，溶解后定量转移至 1L 容量瓶中。已知 $M_{K_2Cr_2O_7} = 294.2g/mol$，则此 $K_2Cr_2O_7$ 溶液的浓度为

$$c_{K_2Cr_2O_7} = \frac{2.942g}{1L \times 294.2g/mol} = 0.01mol/L$$

能用直接配制法配制的化学试剂需要具备以下条件：

1）组成恒定并与化学式相符。若含结晶水，如 $H_2C_2O_4 \cdot 2H_2O$、$Na_2B_4O_7 \cdot 10H_2O$ 等，则其结晶水的实际含量也应与化学式严格相符。

2）纯度足够高（质量分数达 99.9% 以上），杂质含量应低于分析方法允许的误差限。

3）性质稳定，不易吸收空气中的水分和 CO_2，不分解，不易被空气氧化。

4）有较大的摩尔质量，以减少称量时的相对误差。

凡是符合上述条件的物质，均称为基准物质或基准试剂。基准试剂可以直接配制成标准溶液。

2. 间接法（标定法）

许多物质不符合基准物质的条件，如 HCl、NaOH、$KMnO_4$、I_2、$Na_2S_2O_3$ 等试剂，不适合用直接法配制成标准溶液，需要采用间接法，即先配成近似浓度的溶液，再用基准物质或另一种已知浓度的标准溶液来标定它的准确浓度。其操作过程称为标定。

例如：称取 0.1998g 基准物草酸（$H_2C_2O_4 \cdot 2H_2O$）溶于水中，用 NaOH 溶液滴定，消耗了 NaOH 溶液 29.50mL。已知 $M_{H_2C_2O_4 \cdot 2H_2O} = 126.1g/mol$，则此 NaOH 溶液的浓度为

$$\begin{aligned} c_{NaOH} &= 2 \times \frac{m_{H_2C_2O_4 \cdot 2H_2O}}{M_{H_2C_2O_4 \cdot 2H_2O} \cdot V_{NaOH}} \\ &= 2 \times \frac{0.1998g}{126.1g/mol \times 29.50mL \times 10^{-3}} \\ &= 0.1074mol/L \end{aligned}$$

滴定分析中常用基准物质的标定对象及应用范围见表 1-1-4。

表 1-1-4　常用基准物质的标定对象及应用范围

滴定方法	基准物质	标定对象
酸碱滴定	碳酸钠（Na_2CO_3）	酸
	硼砂（$Na_2B_4O_7 \cdot 10H_2O$）	酸
	邻苯二甲酸氢钾（$KHC_8H_4O_4$）	碱
	二水合草酸（$H_2C_2O_4 \cdot 2H_2O$）	碱，$KMnO_4$
氧化还原滴定	重铬酸钾（$K_2Cr_2O_7$）	还原剂
	草酸钠（$Na_2C_2O_4$）	氧化剂
	碘酸钾（KIO_3）	还原剂
	金属铜（Cu）	还原剂
	三氧化二砷（As_2O_3）	氧化剂

（续）

滴定方法	基准物质	标定对象
配位滴定	碳酸钙（$CaCO_3$）	EDTA
	金属锌（Zn）	EDTA
沉淀滴定	氯化钠（NaCl）	$AgNO_3$

第三节　常用设备的使用

 一　分析天平的使用

分析天平是一种常用的精密仪器，也是化学试验中最常用的仪器之一。常用分析天平有托盘天平、半自动电光天平、全自动电光天平、单盘天平和电子天平。

根据试样的不同性质和分析工作的不同要求，可分别采用直接称样法（简称直接法）、指定质量（固定样）称样法和减量称样法（也称减量法）进行称量。

直接称样法：此方法用于称量物体的质量，如小烧杯的质量、容量器皿校正称量容量瓶的质量、重量分析试验中坩埚的质量等。某些在空气中不易潮解或升华的固体试剂也可用直接称样法称量。

指定质量称样法：又称增量法，此方法用于称量某一固定质量的试剂（如基准物）或试样。此方法操作很慢，适宜称量不易潮解且在空气中能稳定存在的粉末状或固体小颗粒样品。

减量称样法：在称量瓶内放入被称试样，准确称取称量瓶和试样的总质量，然后向接收容器中倒出所需量的试样，再准确称量剩余试样和称量瓶的质量，前后两次称量之差即为倒入接收容器中试样的质量。此方法适用于称量在空气中易吸水、易氧化或易与CO_2反应的试样。

1. 托盘天平

托盘天平又称台秤（见图1-1-13），是一般化学试验不可缺少的称量仪器，常用它称取药品或物品。托盘天平使用简便，但精度不高，一般只能称准到0.1g。托盘天平是根据杠杆原理制成的。横梁架在底座上，横梁的左右各有一个托盘，横梁的中部有指针与刻度盘相对，根据指针在刻度盘左右摆动的情况，可以看出托盘天平是否处于平衡状态。当横梁处于平衡状态时，被称物体的质量等于砝码的质量。

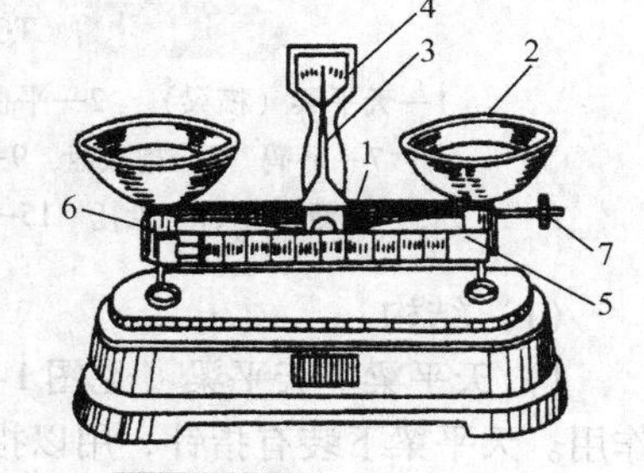

图1-1-13　托盘天平

1—横梁　2—托盘　3—指针
4—刻度盘　5—游码标尺　6—游码
7—平衡调节螺母

其使用方法如下：

（1）称量前调零点　称量前应先将游码拨至标尺的“0”线，观察指针在刻度盘中心线附近的摆动情况。若指针等距离摆动，则表示托盘天平可以使

用，否则应调节托盘下面的平衡调节螺母，直至指针在刻度盘中心线附近等距离摆动，或停在中心线位置为止。

（2）称量　左盘放称量物，右盘放砝码（10g 或 5g 以下通过移动游码添加），增减砝码，使指针也在刻度板中心附近摆动。砝码的总质量就是称量物的质量。

（3）称量完毕　托盘天平与砝码恢复原状，将天平打扫干净。

称量时应注意：不能称量热的物体；称量物不能直接放在托盘上，应依情况将其放在纸上、表面皿中或其他容器内。

2. 半自动电光天平

半自动电光天平也称为半机械加码电光天平。其最大载荷为 200g，可以精确到 0.1mg。现以 TG—328B 型半机械加码电光天平（见图 1-1-14）为例进行介绍。

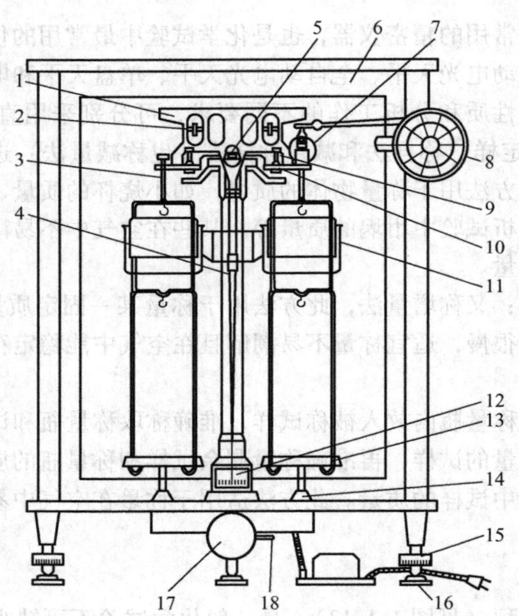

图 1-1-14　TG—328B 型半机械加码电光天平的结构

1—天平梁（横梁）　2—平衡螺母　3—吊耳　4—指针　5—支点刀　6—天平框罩　7—环码　8—指数盘　9—支柱　10—托梁架　11—空气阻尼器　12—光屏　13—称量盘　14—盘托　15—螺旋脚　16—垫脚　17—升降旋钮　18—零点微调杆

（1）结构

1）天平梁。天平梁（见图 1-1-14）是天平的主要部件之一，起平衡和承载重物的作用。天平梁下装有指针，用以指示平衡位置。天平梁上装有三个三棱形的玛瑙刀，其中一个装在横梁中间，刀口向下，称为支点刀。在支点刀的两侧等距离处，分别装有两个三棱形玛瑙刀，刀口向上，用来悬挂托盘，称为承重刀。三个玛瑙刀刀口的棱边完全平行，且在同一水平面上。玛瑙刀是天平很重要的部件，刀口的好坏直接影响称量的精确程度。

2）指针。指针固定在天平梁的中央并与其垂直。当天平梁摆动时，指针随着其摆动，从光屏上可以读出指针摆动的位置，如图1-1-15所示。

3）吊耳（见图1-1-16）。吊耳挂在两个边刀（承重刀）上，由承重板及挂钩组成。承重板与边刀刀口接触的部位镶有一块磨光的长方形玛瑙平板。

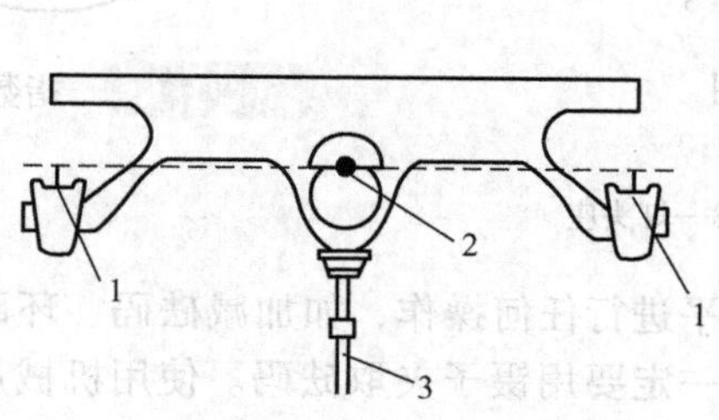

图1-1-15　天平梁的结构

1—承重刀（刀口向上）　2—支点刀（刀口向下）　3—指针

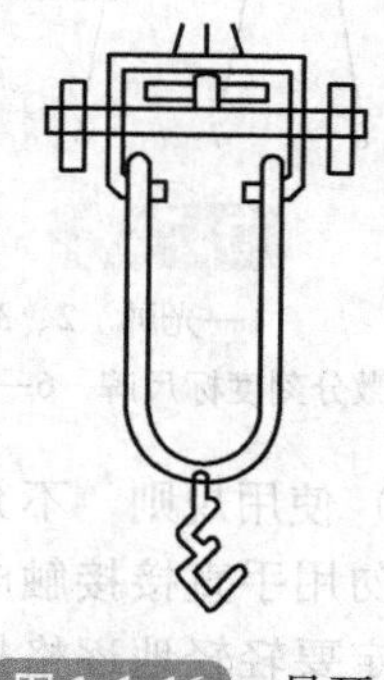

图1-1-16　吊耳

4）空气阻尼器。空气阻尼器由两个特制的圆筒构成，外筒固定在天平柱上，内筒挂在吊耳上，两筒间隙均匀，没有摩擦。开启天平后内筒能自由上下移动，由于空气阻力作用，天平横梁很快停止摆动，达到平衡。

5）升降旋钮。升降旋钮位于天平底板正中，连接托梁架、盘托和光源，是控制天平工作状态和休止状态的旋钮。开启天平时，顺时针旋转升降旋钮，托梁架即下降，梁上的三个刀口与相应的玛瑙平板接触，吊钩及秤盘自由摆动，同时接通了光源，光屏上显出标尺的投影，天平已进入工作状态。停止称量时，关闭升降旋钮，横梁、吊耳及秤盘被托住，刀口与玛瑙平板脱离，光源切断，光屏黑暗，天平进入休止状态。

6）光屏。通过光学读数装置（见图1-1-17）使指针下端的标尺放大后，在光屏上可以清楚地读出标尺的刻度。标尺的刻度代表质量，每一大格代表1mg，每一小格代表0.1mg。

7）天平框罩。电光天平是比较精密的仪器，外界条件的变化（如空气流动等）容易影响天平的称量结果。为减少这些影响，天平都装在特制的框罩内。

8）砝码与环码。每台天平都附有一套砝码。砝码的大小有一定的组合形式，并按固定的顺序装在盒内，通常以5、2、2、1或5、2、1、1、1组合排列。同一组砝码中，若相同质量值的砝码之间的质量有微小的差异，则其中一个砝码标以圆点“·”进行区别。

10～990mg的环码是通过机械加码旋钮来控制的。天平的右上角有一个指数盘（见图1-1-18），指数盘上有环码的质量值，内层为10～90mg，外层为100～900mg。10mg以下的质量可直接在光屏上读出。

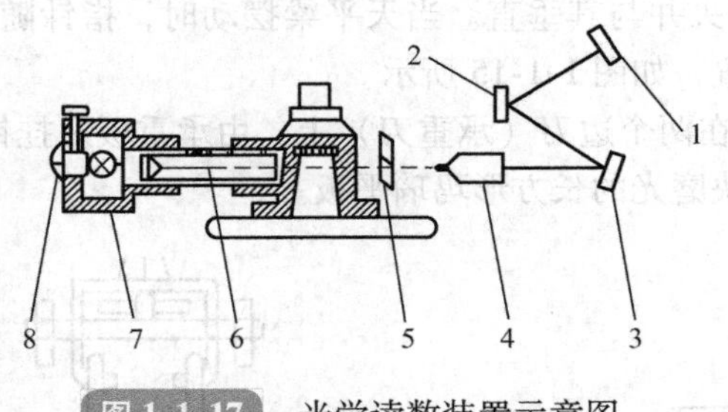

图 1-1-17　光学读数装置示意图

1—光屏　2、3—反射镜　4—物镜筒
5—微分刻度标尺牌　6—聚光镜　7—照明筒　8—灯头座

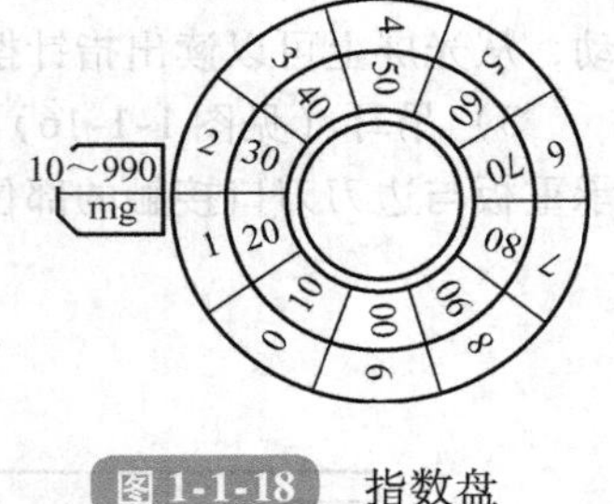

图 1-1-18　指数盘

（2）使用规则　不允许对未休止的天平进行任何操作，如加减砝码、环码和物体等。切勿用手直接接触电光天平的部件，一定要用镊子夹取砝码。使用机械加码旋钮时，一定要轻轻地逐格拧动，以免损坏机械加码装置和使环码掉落。不能在天平上称量热的或具有腐蚀性的物品。不能在金属托盘上直接称量药品。称量时，不可超过天平所允许的最大载重量（200g）。每次称量结束后，均应认真检查天平是否休止，砝码是否齐全并放入盒内，机械加码旋钮是否恢复到零的位置。全部称量完毕后关好天平框罩，切断电源，把凳子放回天平桌子下面，整理好天平室，不得任意移动天平位置。

（3）使用方法

1）准备工作。称量前先将天平罩取下叠好，放在天平箱上面，然后检查天平是否处于水平状态，用软毛刷清洁天平，检查和调整天平的零点。

2）调节零点。接通电源，轻轻全部开启升降旋钮，此时灯泡发亮，在光屏上可以看到标尺的投影在移动。在标尺稳定后，如果光屏中央的刻度线与标尺上的“0”位置不重合，则可拨动投影屏调节杆移动光屏的位置，直到光屏中线恰好与标尺中的“0”线重合，即为零点。

3）称量。先将被称物在托盘天平上粗称，然后放到电光天平左盘中心，在右盘上按由大到小的顺序加入合适的砝码。半开天平，观察标尺移动方向，若标尺迅速往负数方向移动（即刻线所指数值减小），则表示砝码太重，要减砝码；当标尺往正数方向移动时，要加砝码。

当所要加的砝码在1g以下时，关紧天平侧门，再从外向内，由大到小，依次转动指数盘，调整百毫克和十毫克组环码。每次均从中间量（500mg或50mg）开始调节，折半加、减，直至环码调至10mg位后，光屏上的标线位于标尺的“0～+10”区间内，完全开启天平，准备读数。

注意：砝码未完全调整好时不可完全开启天平，以免横梁过度倾斜，造成错位或使吊耳脱落。

4）读数。关闭天平门，待标尺停稳后即可从标尺上读出10mg以下的质量。被称物的质量（克数）=砝码质量读数+环码读数/1000+标尺读数/1000。记录称量数据

可以读到 ±0.0001g。

5）复原。称量完毕随即关闭天平，取出被称物，将砝码夹回盒内，环码指数盘退回到“000”位，关闭两侧门，盖上防尘罩。

（4）试样的称量方法

1）直接称量法。天平调定零点后，将被称物直接放在天平盘上，所得读数即为被称物的质量。这种方法适用于称量洁净、干燥的器皿，棒状、块状及其他整块的不易潮解或升华的固体样品。

注意：*不得用手直接拿取被称物，可以采用戴布手套、垫纸条、用镊子或钳子夹取等方法。*

2）固定质量称量法（增量法）。首先准确称量盛试样用的洁净、干燥的容器（如表面皿或小烧杯等），然后根据所需试样的量，在右天平盘上增加固定质量（相当于称样量）的砝码，再用小药匙将试样分次逐步加入容器中，直至天平平衡点达到预先确定的数值为止。此方法适用于称量不易吸水、在空气中稳定的试样。

3）减量法（差减法）。将适量试样装入称量瓶中。称量瓶是带有磨口塞的小玻璃瓶，它的优点在于质量较小，可直接在天平上称量，并有磨口玻璃塞，以防止试样吸收空气中的水分等。

称量步骤如下：先准确称出称量瓶和试样的总量 m_1，然后取出称量瓶（用纸条套着，见图 1-1-19），移至容器（烧杯或容量瓶）的上方，右手用小纸片捏住称量瓶盖，轻轻打开，将称量瓶慢慢向下倾斜，用瓶盖轻敲瓶口上部，使试样慢慢落入容器中，如图 1-1-20 所示。当估计倾出的试样已接近所需要的质量时，一边慢慢地把称量瓶竖直，一边轻轻敲击瓶口上部，使附在瓶口的试样落入容器内（注意不要撒在容器外），然后盖好瓶盖，将称量瓶放回天平盘上称量，质量为 m_2。两次质量之差（m_1-m_2）就是试样的质量。若试样取得太少，则可再取一次，但取多了不可倒回原称量瓶中，要重新称量。

图 1-1-19　用纸条拿称量

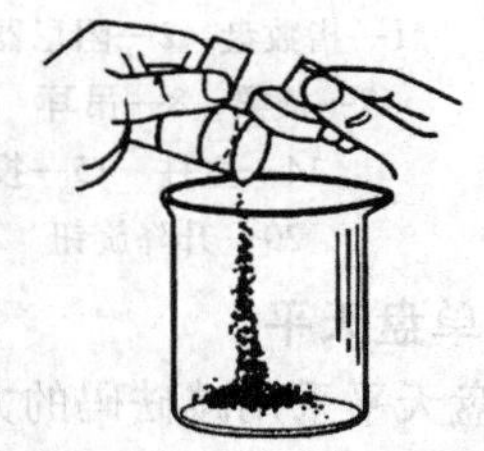

图 1-1-20　用称量瓶倾倒物体

按上述方法依次进行操作，可称取多份试样。第一份试样质量为（m_1-m_2），第二份试样质量为（m_2-m_3）……易吸水、易氧化或易与 CO_2 反应的试样，必须采用此方法称量。

3. 全自动电光天平

全自动电光天平也称为全机械加码电光天平。现以 TG—328A 型全机械加码电光天平为例进行介绍，如图 1-1-21 所示。

全自动电光天平与半自动电光天平基本相似，区别在于所有的砝码都是用机械加码装置添加的。它有三个加码指数盘旋钮（见图 1-1-22），可将 10～990mg、1～9g、10～190g 的砝码都挂在指数盘的加码挂钩上，10mg 以下的读数从光屏上直接读出。称量时按需旋动指数盘，就能将砝码在承受架上进行加减。用它称量比半机械电光天平方便、省时。为操作方便，全机械加码电光天平的指数盘设在天平左侧，把放物盘装在右侧。

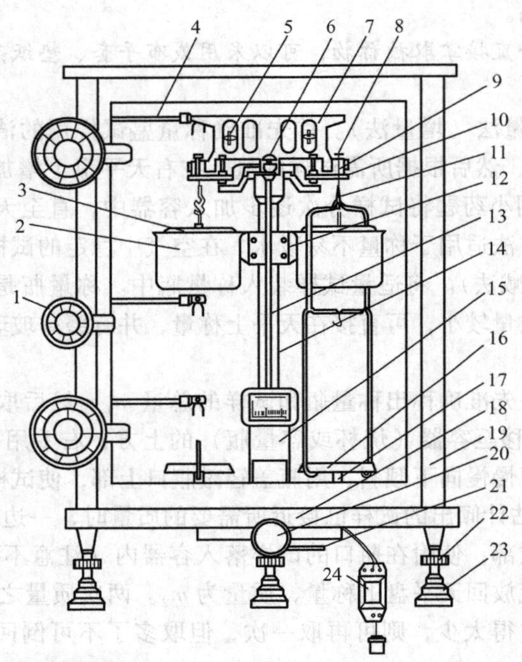

图 1-1-21　TG—328A 型全机械加码电光天平

1—指数盘　2—阻尼器外筒　3—阻尼器内筒　4—加码杆　5—平衡螺母　6—中刀　7—横梁　8—吊耳　9—边刀盒　10—托翼　11—挂钩　12—阻尼架　13—指针　14—立柱　15—投影屏座　16—天平盘　17—盘托　18—底座　19—框罩　20—升降旋钮　21—零点微调杆　22—螺旋脚　23—脚垫　24—变压器

4. 单盘天平

单盘天平采用减砝码的方式称量，将称量物放在称量盘上，然后减去与称量物相同质量的砝码，减去的砝码质量从读数装置上直接读出，读数就是称量物的质量。图1-1-23 所示为典型的单盘天平。

单盘天平有以下优点：

1）全机械加减砝码，称量速度快。

2）在称量的全过程中，天平梁的负荷量不变，梁不发生形变，天平灵敏度不变。

3）要减去的砝码和称量物同在天平的一臂上，消除了天平因两臂不等长而引起的误差。

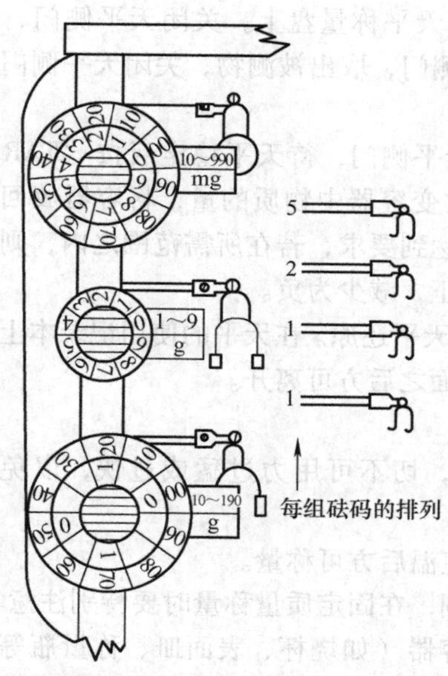

图 1-1-22　全机械加码电光天平加码指数盘及挂钩的排列

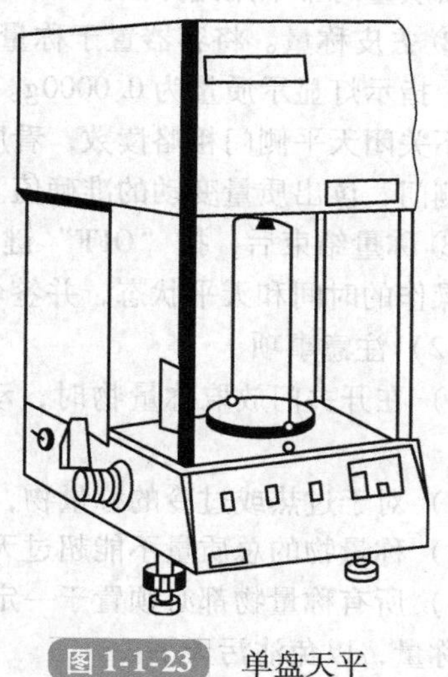

图 1-1-23　单盘天平

5. 电子天平

电子天平为较先进的称量仪器，其如图 1-1-24 所示。此类天平根据电磁力平衡原理直接称量，全量程不需要砝码，放上被测物质后，在几秒钟内达到平衡，用数字显示代替指针指示，直接显示读数，具有称量速度快、精度高的特点。

此外，电子天平还具有自动校正、自动去皮、超载显示、故障报警等功能，还具有质量电信号输出功能，且可与打印机、计算机联用，进一步扩展其功能，如统计称量的最大值、最小值、平均值和标准偏差等。

由于电子天平具有机械天平无法比拟的优点，因此越来越广泛地应用于各个领域，并逐步取代机械天平。

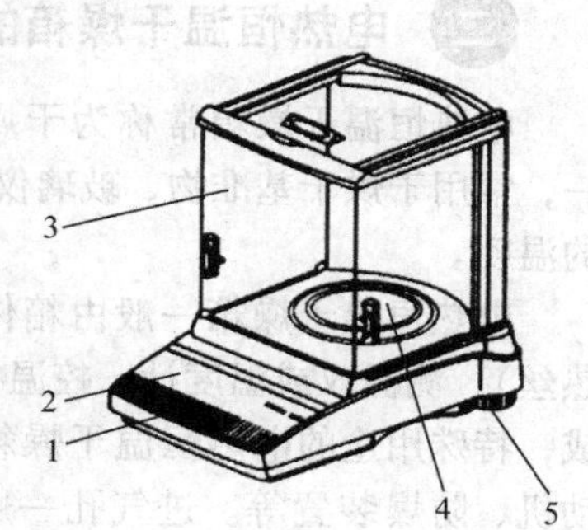

图 1-1-24　电子天平

1—操作键　2—显示屏　3—防风罩　4—称量盘　5—水平调节脚

（1）使用方法

1）称量前的检查：取下天平罩，叠好，放于天平后；检查称量盘内是否干净，必要时予以清扫；检查天平是否水平，若不水平，则调节水平调节脚，使气泡位于水平仪中心；检查硅胶是否变色失效，若已失效，则应及时更换。

2）开机：关好天平门，按下显示屏的开关键，天平显示自检过程，在显示稳定的零点后，即可开始称量。

3）称量

① 直接称量。打开天平侧门，将被称物放于天平称量盘上，关闭天平侧门，待显示稳定后即可从显示屏上读取称量值。打开天平侧门，取出被测物，关闭天平侧门。称量容器质量时常采用此方法。

② 去皮称量。将容器置于称量盘上，关闭天平侧门，待天平稳定后按“TAR”键清零，指示灯显示质量为0.0000g。取出容器，改变容器中物质的量，将容器放回称量盘，不关闭天平侧门粗略读数，看质量变动是否达到要求，若在所需范围之内，则关闭天平侧门，读出质量变动的准确值。质量增加为正，减少为负。

③ 称量结束后，按“OFF”键关闭天平，将天平还原。在天平的使用记录本上记下称量操作的时间和天平状态，并签名。整理好台面之后方可离开。

（2）注意事项

1）在开关门放取称量物时，动作必须轻缓，切不可用力过猛或过快，以免损坏天平。

2）对于过热或过冷的称量物，应使其回到室温后方可称量。

3）称量物的总质量不能超过天平的称量范围，在固定质量称量时要特别注意。

4）所有称量物都必须置于一定的洁净干燥容器（如烧杯、表面皿、称量瓶等）中进行称量，以免沾污天平。

5）为避免手上的油脂汗液污染，不能用手直接拿取容器。称取易挥发或易与空气反应的物质时，必须使用称量瓶，以确保在称量的过程中物质质量不发生变化。

6）为了防止灰尘、腐蚀性气体、水蒸气等对天平的影响，天平都装在玻璃匣内。玻璃匣正面有一个可上下移动的玻璃门，专为拆、装及修理天平时用，初学者不会拆装和维修，故不得开启该门。

二 电热恒温干燥箱的使用

电热恒温干燥箱常称为干燥箱、烘箱（见图1-1-25），是实验室常用加热设备之一，常用于烘干基准物、玻璃仪器、样品及沉淀。根据烘干对象的不同，可以调节不同的温度。

电热恒温干燥箱一般由箱体、发热体（镍铬电热丝）、测温仪或温度计、控温机构、信号系统等组成，特殊用途的电热恒温干燥箱还有水箱、鼓风电动机、防爆装置等。进气孔一般在箱底部，排气孔在顶部。外壳为铁皮或木质箱体，内为保温箱，常用石棉板、玻璃纤维或珍珠岩等作绝热材料。电热丝装在底层，单根或多根并联，分主加热丝和辅加热丝，有的在侧壁也装有电热丝。箱外涂烤漆，箱体内壁涂耐高温银粉防腐。

图1-1-25 电热恒温干燥箱

1. 使用方法

（1）操作前的准备 通电前，先检查干燥箱的性能，并注意是否有断路或漏电现

象。待一切准备就绪，即可放入试品，关上箱门，旋开排气阀。若为指针式表，则缓慢转动调整器，使表指针指在“0”处。使设定钮的白色标记线对准所需要的温度值。

（2）操作 将电源开关置于“开”处，仪表绿灯亮，烘箱开始加热。随着箱温上升，温度指针能及时指示测量温度值。当温度达到设定值时，仪表红灯亮，烘箱停止加热，温度逐渐下降。当温度降到设定值时，仪表又转至绿灯亮，箱内升温。周而复始，可使温度保持在设定值附近。物品放置箱内不宜过挤，以便空气对流，不受阻塞，以保持箱内温度均匀。

2. 注意事项

1）箱体必须有效接地，以确保安全；通电时切忌打开箱体左侧门，内有电气线路，防止触电，切勿用湿布擦抹，更不能用水冲洗。

2）打开箱门观察时，不能将水溅在玻璃门上，以防玻璃骤冷而爆裂。

3）易燃物品不宜放在箱内做高温烘焙试验，当需做高温试验时，应事先测得各物品的燃烧温度，以防其燃烧。特别是气体性物品，更应防止因超温而引起爆炸。

4）在移动烘箱位置时，需切断电源并把箱内的物品取出，防止触电和碰损。

5）应保持干燥箱及线路清洁，发生故障时应停止使用，请专业部门修理。

三 马弗炉的使用

马弗炉又称为高温电炉、马福炉等，是实验室的通用加热设备，如图 1-1-26 所示。

1. 使用方法

（1）操作前的准备 接通电源，打开电源开关，指示灯亮，表示进入工作状态，仪表显示室内环境温度。

（2）操作 将控温仪表上的控温设定旋钮或拨码开关调节到所需温度，仪表上绿灯亮时表示电炉正在通电升温，红灯亮时表示断电保温，红、绿灯交替变化时表示进入恒温状态。恒温 30min 后，仪表指示温度值和设定值基本一致。

（3）结束 加热完毕后，关闭电源，打开炉门，戴上手套并用长坩埚钳将被加热物夹出，放入干燥器中冷却。

图 1-1-26 马弗炉

2. 注意事项

当第一次使用或长期停用后再次使用时，必须进行烘炉。烘炉时间，从室温到 200℃为 2h，从 200℃至 600℃为 2h。使用时，炉膛温度不得超过额定温度，也不要长时间工作在额定温度以上，以免烧毁电热元件。禁止向炉膛内灌注各种液体及熔化的金属。工作环境要求无易燃易爆物品和腐蚀性气体。为确保使用安全，电源引入处必须安装漏电保护器。炉体及控制器外壳必须妥善接地；使用时炉门要轻关轻开，以防损坏机件；在炉膛内放取样品时，应先关断电源，并轻拿轻放，以保证安全和避免炉膛损坏；为延长炉子的使用寿命和保证安全，在使用结束之后要及时从炉膛内取出样品，退出加热程度并关掉电源。

四 离心机的使用

当分离试管中有少量的溶液和沉淀，且用一般的方法过滤会使沉淀粘在滤纸上难以取下时，可用离心分离法代替过滤。这种方法操作简单而迅速。实验室常用电动离心机进行沉淀与溶液的分离，如图 1-27 所示。

a)　　　　b)

图 1-1-27 离心机

1. 使用方法

步骤一：将盛有沉淀的离心试管放入离心机的套管内，与之相对称的另一套管内装入一支盛有相同体积水的离心试管，以使离心机的两臂保持平衡，运行稳定。

步骤二：盖上盖子，打开电钮，调整转速由慢到快（不要过快），转动 1 ~ 3min。

步骤三：关闭电源，待离心机自然停下（切勿用手或其他方法强制离心机停止转动，否则离心机容易损坏，且易发生危险）后，取出离心试管。

2. 注意事项

离心机套管底部要垫棉花或试管垫；电动离心机若有噪声或机身振动，则应立即切断电源，及时排除故障；离心试管必须对称放入套管中，防止机身振动，若只有一支样品管，则另外一支要用等质量的水代替；起动离心机时，盖上离心机顶盖后，方可慢慢起动；分离结束后，先关闭离心机，在离心机停止转动后，方可打开离心机盖，取出样品，不可用外力强制其停止运动；离心时间一般为 1 ~ 2min，在此期间，试验者不得离开去做别的事。

五 酸度计的使用

酸度计也称为 pH 计，是一种通过测量电势差的方法测定溶液 pH 值的仪器。一般 pH 计是由测量电极（玻璃电极）、参比电极（银-氯化银电极）和电位计组成的，有的是由复合电极（即将测量电极和参比电极组合成一支电极）和电位计组成的。复合电极比分立电极测量更方便，响应更快。

实验室常用的 pH 计有多种型号，其基本原理相同，结构略有差别。在此介绍 pHS—25 型 pH 计和 pHS—3C 型 pH 计。

1. 雷磁 pHS—25 型 pH 计

雷磁 pHS—25 型 pH 计是通过测量浸在水溶液中的一对电极之间的电势差并将其换算成该溶液 pH 值的仪器，如图 1-1-28 所示。其测量范围为 0 ~ 14，测量精度为 0.1。雷磁 pHS—25 型 pH 计使用 E-201-C-9 复合电极（见图 1-1-28b）进行测量。

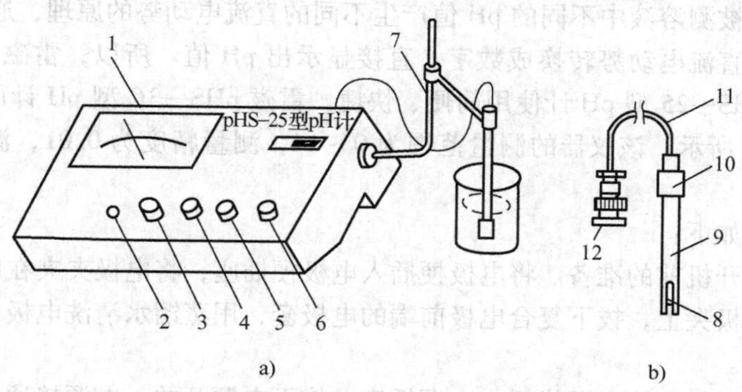

图 1-1-28 雷磁 pHS—25 型 pH 计

1—指示表 2—指示灯 3—温度补偿调节旋钮 4—定位调节旋钮 5—选择旋钮（pH 或 mV） 6—范围开关 7—电极杆 8—球泡 9—玻璃管 10—电极帽 11—电极线 12—电极插头

雷磁 pHS—25 型 pH 计的操作步骤如下：

步骤一：先将 E-201-C-9 复合电极的塑料保护套拔去，并将它浸在 3.3mol/L 的氯化钾溶液中。

步骤二：接通电源前，先检查电流表指针是否指在 7.0 处，若不指在 7.0 处，则可调节机械零点到 7.0。

步骤三：接通电源，打开电源开关，预热 10min。

步骤四：将短路插插接在电极插口上，调节仪器零点。

步骤五：拆下电极插口上的短路插，将 E-201-C-9 复合电极插头接上。

步骤六：仪器的定位。将温度补偿调节旋钮旋到被测溶液的温度值，将选择旋钮置于 pH 挡，选择标准缓冲溶液作为校正溶液（选择的原则是：所选缓冲溶液的标准 pH 值尽量接近被测溶液的 pH 值），用蒸馏水冲洗复合电极并用滤纸吸干，把电极插入相应的标准缓冲溶液中，将范围开关置于与缓冲溶液相应的 pH 范围（0 ~ 7 或 7 ~ 14），调节定位调节旋钮，使指针的读数与该温度下标准缓冲溶液的 pH 值相同，拔去电极插头，接上短路插，指针应回到 pH = 7.0 处，若有变动，则再重复步骤四、五、六的操作，直到达到要求为止。

注意：*已定位的仪器，零点调节旋钮和定位调节旋钮在测量中不得再转动。*

步骤七：测量。取出复合电极，用蒸馏水冲洗干净，并用滤纸条吸干，把电极插头插入仪器电极插口上，并把电极浸入被测溶液中，指针所指的数值就是被测溶液的 pH 值。当待测溶液的温度和定位的温度不同时，可将温度补偿调节旋钮旋到该溶液的温度值，然后就可测量了。测量完毕，拆下复合电极，插上短路插，移走并冲洗电极，再浸在3.3mol/L的氯化钾溶液中备用。若较长时间不测量，则在电极的塑料保护套内装上适量3.3mol/L的氯化钾溶液，将电极插入保护套内保存。

2. 雷磁pHS—3C型pH计

雷磁pHS—3C型pH计属于精密数显pH计，是由转换放大器和测定电极组成的。它利用电极对被测溶液中不同的pH值产生不同的直流电动势的原理，通过电路A/D转换器，将被测直流电动势转换成数字，直接显示出pH值。所以，雷磁pHS—3C型pH计要比雷磁pHS—25型pH计使用简便、快捷。雷磁pHS—3C型pH计的正、背面示意图如图1-1-29所示。该仪器的测量范围为0～14，测量精度为0.01，温度补偿范围是0～60℃。

操作步骤如下：

步骤一：开机前的准备。将电极梗插入电极梗插座，将电极夹夹在电极梗上，将复合电极夹在电极夹上，拔下复合电极前端的电极套，用蒸馏水清洗电极，用滤纸吸干电极底部的水分。

步骤二：开机。将电源线插入电源插座，按下电源开关，电源接通后预热30min。

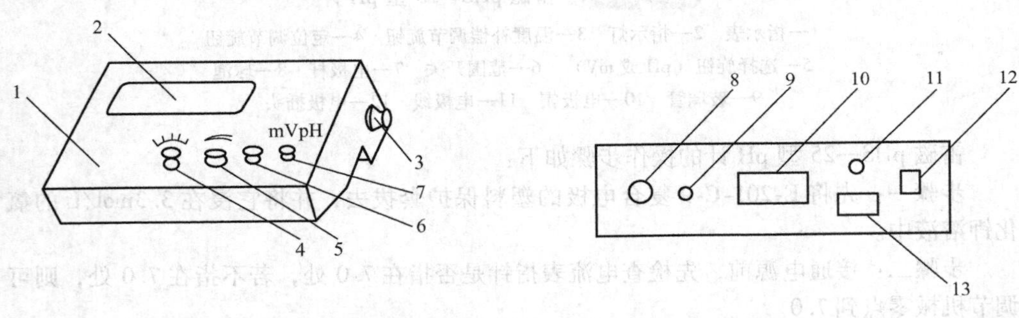

图1-1-29 pHS—3C型数字pH计

1—前面板 2—显示屏 3—电极梗插座 4—温度补偿调节旋钮
5—斜率补偿调节旋钮 6—定位调节旋钮 7—选择旋钮（pH或mV） 8—测量电极插座
9—参比电极插座 10—铭牌 11—熔丝 12—电源开关 13—电源插座

步骤三：标定（仪器使用前要标定。仪器连续使用时，每天标定一次）：①在测量电极插座处拔下短路插头；②在测量电极插座处插上复合电极（若不用复合电极，则在测量电极插座处插上电极转换器的插头）；③将玻璃电极插头插入转换器插座处；④将参比电极插头插入参比电极插座处；⑤把选择旋钮调到pH挡；⑥调节温度补偿调节旋钮，使旋钮白线对准溶液温度值；⑦把斜率补偿调节旋钮沿顺时针方向旋到底（即100%处）；⑧把清洗过的电极插入pH＝6.86的缓冲溶液中；⑨调节定位调节旋钮，使仪器显示读数与该缓冲溶液的pH值相一致（pH＝6.86）；⑩用蒸馏水清洗电极，再用pH＝4.00（或pH＝9.18）的标准缓冲溶液重复⑤～⑦的操作，调节斜率补偿调节旋钮到4.00（或9.18），直至不用再调节定位或斜率调节旋钮为止。经标定的仪器，其定位调节旋钮和斜率补偿调节旋钮在测量pH值时不得再转动。

步骤四：测量pH值。当被测溶液与定位溶液温度相同时，测量步骤为：定位调节

旋钮不变，先用蒸馏水清洗电极头部，并用滤纸吸干，把电极浸入被测溶液中，用玻璃棒搅拌溶液，使溶液均匀，在显示屏上读出溶液的 pH 值。

当被测溶液与定位溶液温度不同时，测量步骤为：定位调节旋钮不变，先用蒸馏水清洗电极头部，并用滤纸吸干，用温度计测出被测溶液的温度值，调节温度补偿调节旋钮，使白线对准被测溶液的温度，把电极插入被测溶液内，用玻璃棒搅拌溶液，使溶液均匀后，读出溶液的 pH 值。

测量完毕，拆下复合电极，插上短路插口，移走并冲洗电极，再浸在 3.3mol/L 的氯化钾溶液中备用。若较长时间不测量，则将电极的塑料保护套内装上适量 3.3mol/L 氯化钾溶液，将电极插入保护套内保存。

六 阿贝折光仪的使用

阿贝折光仪（见图 1-1-30）可直接用来测定液体的折光率，定量地分析溶液的组成，鉴定液体的纯度。同时，物质的摩尔折射度、摩尔质量、密度、极性分子的偶极矩等也都可与折光率相关联，因此阿贝折光仪也是物质结构研究工作的重要工具。

折光率的测量，所需样品量少，测量精密度高（折光率可精确到 0.0001），重现性好，所以阿贝折光仪是教学和科研工作中常见的光学仪器。近年来，随着电子技术和电子计算机技术的发展，该仪器品种也在不断更新。

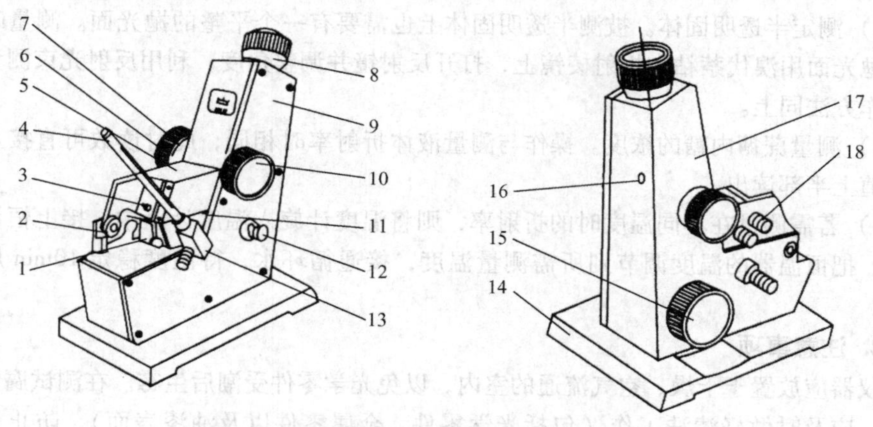

图 1-1-30 阿贝折光仪

1—反射镜 2—转轴 3—遮光板 4—温度计 5—进光棱镜座 6—色散调节手轮 7—色散值刻度圈 8—目镜 9—盖板 10—手轮 11—折射棱镜座 12—照明刻度盘镜 13—温度计座 14—底座 15—刻度调节手轮 16—小孔 17—壳体 18—恒温器接头

1. 使用方法

（1）准备工作 在开始测定前，必须先用标准试样校对读数。在折射棱镜的抛光面上加 1 滴或 2 滴溴代萘，再贴上标准试样的抛光面，当读数视场指示于标准试样之上时，观察望远镜内明暗分界线是否在十字线中间，若有偏差，则用螺钉旋具微量旋转图

1-1-30 中小孔 16 内的螺钉，带动物镜偏摆，使分界线像位移至十字线中心。通过反复地观察与校正，使指示值的起始误差降至最小（包括操作者的瞄准误差）。校正完毕后，在以后的测定过程中不允许随意再动此部位。

如果在日常的工作中，对所测量的折射率有怀疑，则可按上述方法用标准试样进行检验，若有起始误差，则进行校正。

在每次测定工作之前及进行示值校准时，必须将进光棱镜的毛面、折射棱镜的抛光面及标准试样的抛光面，用无水酒精与乙醚（体积比为 1:4）的混合液和脱脂棉轻擦干净，以免留有其他物质，影响成像清晰度和测量精度。

（2）测定工作

1）测定透明半透明液体。将被测液体用干净的滴管加在折射棱镜表面，并将进光棱镜盖上，用手轮锁紧，要求液层均匀，充满视场，无气泡。打开遮光板，合上反射镜，调节目镜视度，使十字线成像清晰。此时旋转手轮并在目镜视场中找到明暗分界线的位置，再旋转手轮，使分界线不带任何彩色。微调手轮，使分界线位于十字线的中心，再适当转动聚光镜，此时目镜视场下方显示值即为被测液体的折射率。

2）测定透明固体。被测物体上需要有一个平整的抛光面，把进光棱镜打开，在折射棱镜的抛光面上加 1 滴或 2 滴溴代萘，并将被测物体的抛光面擦干净放上去，使其接触良好，此时便可在目镜视场中寻找分界线，瞄准和读数的方法如前所述。

3）测定半透明固体。被测半透明固体上也需要有一个平整的抛光面。测量时将固体的抛光面用溴代萘粘在折射棱镜上，打开反射镜并调整角度，利用反射光束测量，具体操作方法同上。

4）测量蔗糖内糖的浓度。操作与测量液体折射率时相同，此时读数可直接从视场中示值上半部读出。

5）若需测量在不同温度时的折射率，则将温度计旋入温度计座中，接上恒温器通水管，把恒温器的温度调节到所需测量温度，接通循环水，待温度稳定 10min 后即可测量。

2. 注意事项

仪器应放置于干燥、空气流通的室内，以免光学零件受潮后生霉。在测试腐蚀性液体后，应及时做好清洗工作（包括光学零件、金属零件以及油漆表面），防止侵蚀损坏。仪器使用完毕后必须做好清洁工作，放入木箱内。木箱内应存有干燥剂（变色硅胶）以吸收潮气。被测试样中不应有硬性杂质。当测试固体试样时，应防止把折射棱镜表面拉毛或产生压痕。保持仪器清洁，严禁油手或汗手触及光学零件。若光学零件表面有灰尘，则可用高级麂皮或长纤维的脱脂棉轻擦后用皮吹风吹去。若光学零件表面粘上了油垢，则应及时用酒精乙醚混合液擦干净。仪器应避免强烈振动或撞击，以防止光学零件损伤及影响精度。

七 密度瓶的使用

密度瓶是测定液体相对密度最准确的仪器，如图 1-1-31 所示。密度瓶种类很多，

形状与大小不一，有的还附有温度计。常用的密度瓶体积为25mL与50mL两种。

1. 使用方法

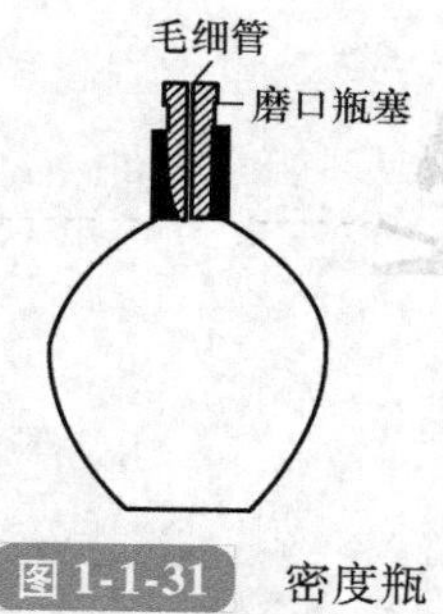

图1-1-31　密度瓶

1）用清水、丙酮、乙醚依次清洗密度瓶及其附件，并在烘箱内烘干，在电子天平上称重，记为$m_{瓶}$。

2）在已知质量的密度瓶内装满供试液体，置入恒温水浴中，待温度平衡后取出擦干，用滤纸吸去瓶内多余水分，称重得密度瓶与供试液体质量之和，记为$m_{液+瓶}$。

3）在已知质量的密度瓶中装满蒸馏水，立即盖上小帽，用滤纸将外壁上的水吸干，待温度稳定后，在电子天平上称重，记为$m_{水+瓶}$。供试液体相对密度为

$$d=\frac{m_{液+瓶}-m_{瓶}}{m_{水+瓶}-m_{瓶}}$$

2. 注意事项

1）密度瓶必须洁净、干燥（所附温度计不能采用加热的方式干燥），操作顺序为先称量空密度瓶的质量，再装供试液称重，最后装水称重。

2）装过供试液的密度瓶必须冲洗干净，再测定水重。

3）供试液及水装瓶时，应小心沿壁倒入密度瓶内，避免产生气泡，若有气泡，则应稍放置，待气泡消失后再调温称重。

4）将密度瓶从水浴中取出时，应用手指拿住瓶颈而不能拿瓶肚，以免液体因手温影响而使体积膨胀外溢。

5）测定有腐蚀性供试液时，为避免腐蚀天平盘，可在称量时将一只表面皿放在天平盘上，再放密度瓶称量。

6）当室温高于20℃时，必须设法调节环境温度至略低于规定的温度，否则会产生误差。

第二章　基本技能训练

第一节　常用容量仪器的使用

技能训练目标

1）掌握常用容量仪器的洗涤方法。

2）掌握滴定管、容量瓶、移液管和吸量管的操作规范。

仪器和试剂准备

（1）仪器　酸式滴定管、碱式滴定管、锥形瓶、移液管、量筒、容量瓶、

（2）试剂　氢氧化钠溶液（0.1mol/L）、盐酸溶液（0.1mol/L）、酚酞指示剂（质量分数为0.1%）、甲基橙指示剂（质量分数为0.1%）、氯化钠（A.R.）。

技能训练1　完成滴定管、容量瓶、移液管的洗涤

容量仪器在使用前必须洗净，洗净的容量仪器的内壁应能被水均匀润湿而无小水珠。

1. 滴定管的洗涤

滴定管的外侧可用洗涤剂刷洗；管内无明显油污的滴定管可直接用自来水冲洗，或用洗涤剂泡洗，但不可刷洗，以免划伤内壁，影响体积的准确测量。若有油污不易洗净，则可采用铬酸洗液洗涤。

酸式滴定管可倒入少量铬酸洗液（洗液体积约为滴定管体积的1/3），把滴定管横过来，两手平端滴定管转动，直至洗涤液沾满管壁，将滴定管直立，将铬酸洗液从管尖放出。碱式滴定管则需将胶皮管取下，将小烧杯放在管下部，然后倒入铬酸洗液。铬酸洗液用后仍倒回原瓶内，可继续使用。用铬酸洗液洗过的滴定管先用自来水充分洗净，再用适量蒸馏水荡洗3次，管内壁若不挂水珠，则可使用。

值得注意的是：碱式滴定管的玻璃尖嘴及玻璃珠用铬酸洗液洗过后，用自来水冲洗几次后再装好。这时，用自来水和蒸馏水洗涤滴定管时要从管尖放出，并且改变捏的位置，使玻璃珠各部位都得到充分洗涤。

2. 容量瓶的洗涤

倒入少许铬酸洗液摇动或浸泡，然后将铬酸洗液倒回原瓶，先用自来水充分洗涤后，再用适量蒸馏水荡洗3次。

3. 移液管的洗涤

用洗耳球吸取少量铬酸洗液置于移液管中，横放并转动（见图1-2-1），至管内壁均沾上洗涤液，将移液管直立，将洗涤液自管尖放回原瓶，用自来水充分洗净后，再用蒸馏水淋洗3次。

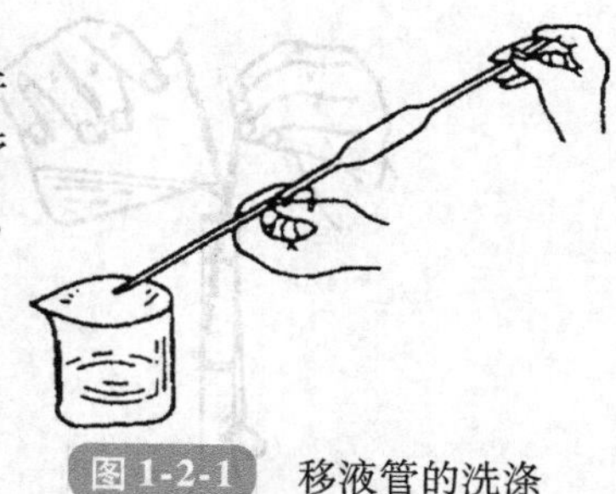
图1-2-1　移液管的洗涤

技能训练2　正确使用容量瓶、移液管

容量瓶、移液管的操作要点见表1-2-1。

表1-2-1　容量瓶、移液管的操作要点

技能点	操作要点
容量瓶定容操作	1. 使用前的准备：试漏→洗涤（洗涤剂洗→自来水洗→蒸馏水洗） 2. 用固体物质配制溶液：小烧杯溶解→用玻璃棒定量转移→用蒸馏水少量多次洗涤烧杯和玻璃棒→定容→摇匀
移液管的使用	1. 使用前的准备：试漏→洗涤（洗涤剂洗→自来水洗→蒸馏水洗→待吸取溶液润洗）。注意：润洗前应用滤纸将尖端内外的水吸净，以免改变溶液浓度 2. 释放液体：垂直→靠壁→停留15s 3. 使用后应洗净放在移液管架上 4. 不可在烘箱中干燥

1. 容量瓶的使用方法

（1）使用前的准备　使用前要检查其是否漏水。检查方法是：放入自来水至标线的附近，盖好瓶塞，瓶外水珠用布擦拭干净，然后用左手按住瓶塞，右手拿住瓶底，将瓶倒立2min，观察瓶塞周围是否有水渗出，如果不漏，则将瓶直立，把瓶塞转动约180°后再倒立试1次。检查2次很有必要，因为有时瓶塞与瓶口不是任何位置都密合。

（2）容量瓶定容操作　如果用固体物质配制标准溶液，则应先将准确称取的固体物质置于小烧杯中，加入少量水或适当溶剂使之溶解，待其全部溶解后，将溶液沿玻璃棒注入容量瓶中。转移时，要使玻璃棒的下端靠近瓶颈内壁，使溶液沿玻璃棒及瓶颈内壁流下，如图1-2-2所示。将溶液全部转移完后，将烧杯沿玻璃棒上移，同时直立，使附着在玻璃棒与烧杯嘴之间的溶液流回烧杯中，然后用蒸馏水洗涤烧杯3次，将洗涤液一并转入容量瓶，再用蒸馏水稀释至容量瓶容积的2/3。摇动容量瓶，使溶液混合均匀，继续加蒸馏水，加至近标线时，要慢慢滴加，直至溶液的弯月面与标线相切为止，完成定量转移。无论溶液有无颜色，都应使弯月面的最低点与标线相切。最后盖紧瓶塞，倒转容量瓶，并振荡数次，使溶液充分混合均匀，如图1-2-3所示。

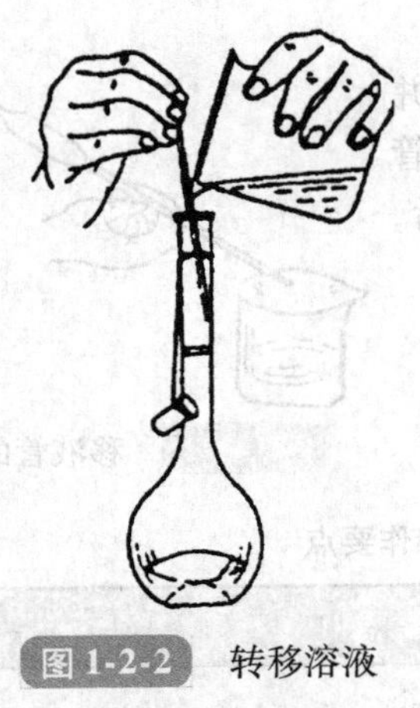

图 1-2-2 转移溶液

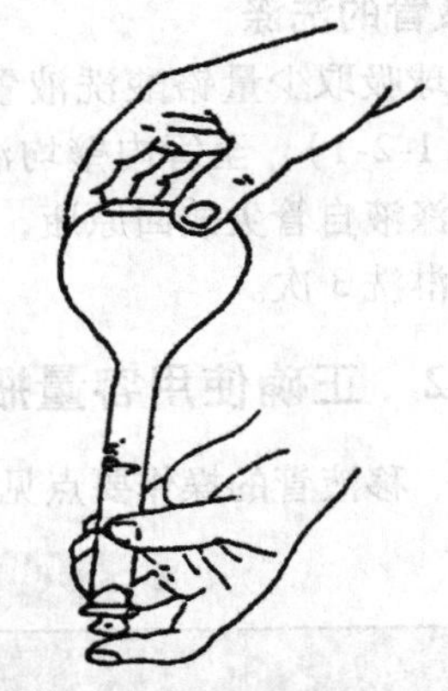

图 1-2-3 检查漏水情况及混匀溶液

【练习】取少许固体氯化钠，置于小烧杯中，加水约 20mL，搅拌使其溶解后，定量转移到 100mL 容量瓶中，稀释至刻线，摇匀。

如果把浓溶液定量稀释，则用移液管吸取一定体积的浓溶液移入容量瓶中，按上述方法稀释至标线，摇匀。

（3）注意事项 在容量瓶里进行溶质的溶解时，应将溶质在烧杯中溶解后转移到容量瓶里。用于洗涤烧杯的溶剂总量不能超过容量瓶的标线，一旦超过，就必须重新进行配置。容量瓶不能进行加热。如果溶质在溶解过程中放热，则要待溶液冷却后再进行转移，因为温度升高，瓶体将膨胀，所测体积就会不准确。容量瓶只能用于配制溶液，不能长时间或长期储存溶液，因为溶液可能会腐蚀瓶体，从而使容量瓶的精度受到影响。容量瓶用毕应及时洗涤干净，塞上瓶塞，并在塞子与瓶口之间夹一张纸条，防止瓶塞与瓶口粘连。

2. 移液管的使用方法

当第一次用洗净的移液管吸取溶液时，应先用滤纸将尖端内外的水吸净，否则会因水滴的引入而改变溶液的浓度。然后，用少量所要移取的溶液将移液管润洗 2 次或 3 次，以保证移取的溶液浓度不变。

移取溶液时，一般用右手的大拇指和中指拿住移液管颈标线上方的玻璃管，将下端插入溶液中 1 ~2cm。若插入太深，则会使管外黏附溶液过多，影响量取溶液体积的准确性；若插入太浅，则往往会产生空吸。左手拿洗耳球，先把球内空气压出，然后把洗耳球的尖端接在移液管顶口，慢慢松开洗耳球使溶液吸入管内，如图 1-2-4 所示。当液面升高到刻度以上时，移去洗耳球，立即用右手的食指按住管口，将移液管提离液面，并将插入溶液的部分沿待吸液容器内壁轻转两圈（或用滤纸擦干移液管下端），以除去管壁上黏附的溶液，然后稍松食指，使液面下降，直到溶液的弯月面与标线相切，立刻用食指压紧管口。取出移液管，把准备承接溶液的容器稍倾斜，将移液管移入容器中，使管垂直，管尖靠着容器内壁，然后松开食指，让管内溶液自然地沿器壁流下（见图

1-2-5)，流完后再等待15s，取出移液管。切勿把残留在管尖内的溶液吹出，因为在校正移液管时，已考虑了所保留的溶液体积，并未将这部分液体体积计算在内。吸量管的操作方法与移液管相同，但应注意，凡吸量管上刻有“吹”字的，使用时必须将管尖内的溶液吹出，不允许保留。

图1-2-4　吸取溶液　　图1-2-5　放出溶液

移液管使用后，应洗净放在移液管架上。移液管和吸量管都不能放在烘箱中烘烤，以免引起容积变化而影响测量的准确度。

技能训练3　滴定管的规范使用和滴定操作

滴定管的操作要点见表1-2-2。

表1-2-2　滴定管的操作要点

技能点	操作要点
滴定操作	1. 使用前的准备：试漏→洗涤（洗涤剂洗→自来水洗→蒸馏水洗→滴定液润洗）→装液（直接倒入，不允许借助其他容器，以免改变溶液浓度或污染试剂）→排空气→调节液面在“0”刻度 2. 滴定操作：边滴边摇，临近终点时控制滴定速度，一滴或半滴加入，终点溶液颜色发生突变，30s不退色 3. 读数：读数时应将滴定管从架上拿下来，用右手拇指和食指捏住滴定管上部无刻度处，使滴定管垂直，然后读数（读至小数点后第二位）

1. 滴定管使用前的准备

(1) 检查　酸式滴定管使用前应检查旋塞是否匹配，旋转是否灵活，然后试漏。试漏的方法是：先将旋塞关闭，在滴定管内装满水，放置2min，观察管口及旋塞两端是否有水渗出，然后将旋塞转动180°，再放置2min，看是否有水渗出，若无渗水现象，则说明旋塞转动也灵活，即可使用，否则应将旋塞取出，重新涂油。

涂油的方法：用滤纸擦干旋塞及旋塞套，在旋塞粗端和旋塞套细端分别涂一薄层凡士林，也可在玻璃旋塞孔的两端涂上一薄层凡士林（注意，不要涂在孔边，以防堵塞孔眼），然后将旋塞放入旋塞套内，沿一个方向旋转，直至透明为止，最后应在旋塞末端套一只橡胶圈，以防使用时将旋塞顶出。

涂油的关键：一是旋塞必须干燥，二是涂抹的凡士林应薄而均匀，涂得过少时，润滑不够，容易漏水，涂得过多时，容易把孔堵住。若旋塞孔或玻璃尖嘴被凡士林堵塞，则可将滴定管充满水，然后将旋塞打开，用洗耳球在滴定管上部挤压、鼓气，一般可将凡士林排出。若还不能把凡士林排出，则可将滴定管尖端插入热水中温热片刻，然后打开旋塞，使管内的水突然流下，将软化的凡士林冲出，并重新涂凡士林、试漏。

碱式滴定管使用前应检查玻璃珠和乳胶管是否完好，并检查滴定管是否漏水。若乳胶管已老化，玻璃珠过大（不易操作）或过小，不圆滑（漏水），则应予以更换。

（2）润洗　为了避免装入后的溶液被稀释，应用待装溶液荡洗滴定管 2 次或 3 次（每次 5～10mL）。操作时两手平端滴定管，慢慢转动，使溶液流遍全管，然后将溶液从滴定管下端放出，以除去管内残留的水分。

（3）装液　在装入待装溶液时，应直接倒入，不得借助其他容器（如烧杯、漏斗等），以免标准溶液浓度改变或造成污染。

（4）排除气泡　在调节刻度前，应检查滴定管尖嘴内有无气泡，否则在滴定过程中，气泡逸出，会影响溶液体积的准确测量。对于酸式滴定管，可迅速转动旋塞，利用溶液的急流将气泡带走；对于碱式滴定管，可将管身倾斜约 30°，使乳胶管向上弯曲（见图 1-2-6）并在稍高于玻璃珠处用两手指挤压，使溶液从尖嘴处喷出，即可排除气泡。

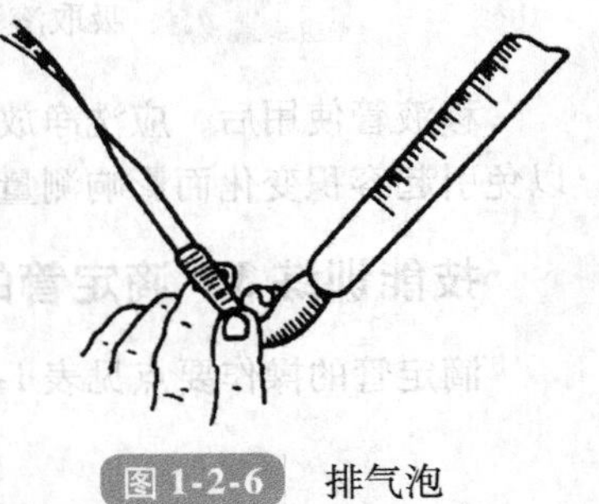

图 1-2-6　排气泡

（5）调零　排除气泡后，调节液面在“0”刻度或在“0”刻度以下，并记下初读数。

2. 滴定操作

步骤一：将滴定管垂直夹在滴定管架上，使滴定管下端伸入锥形瓶中 1cm，瓶底离瓷板 2～3cm。

使用酸式滴定管滴定时，左手控制旋塞，大拇指在前，食指和中指在后，手指略微弯曲，轻轻向内扣住活塞，如图 1-2-7 所示。注意，手心不要顶住旋塞，以免将旋塞顶出，造成漏液。

使用碱式滴定管时，左手大拇指在前，食指在后，捏住乳胶管中玻璃珠所在部位的稍上处，向外侧捏挤乳胶管，使乳胶管和玻璃珠之间形成一条缝隙，溶液即可流出。用无名指和小指夹住出口管，不使其摆动撞击锥形瓶壁。但应注意，不能捏挤玻璃珠下方的乳胶管，否则空气进入后会形成气泡。

步骤二：边摇边滴定，滴定前记录滴定管初读数，用锥形瓶外壁碰去悬在滴定管尖端的液滴。滴定时右手持锥形瓶，边滴边摇（见图 1-2-8），使瓶内溶液混合均匀，反应完全，眼睛注意观察溶液颜色变化。在滴定过程中，左手不能离开旋塞而任溶液自流。

步骤三：滴定液加入速度及终点的控制。刚开始滴定时，滴定液滴出速度可稍快，但不能使滴出液呈线状。临近终点时，滴定速度应十分缓慢，应一滴或半滴地加入，滴

一滴，摇几下，并用洗瓶吹入少量蒸馏水洗锥形瓶内壁，将溅起附着在锥形瓶内壁上的溶液洗下，以使反应完全，然后再加半滴，直至终点为止。

半滴的滴法是将滴定管旋塞稍稍转动，使半滴溶液悬于滴定管口，将锥形瓶内壁与管口接触，使溶液靠入锥形瓶中并用蒸馏水将其冲下。

图 1-2-7　酸式滴定管的操作

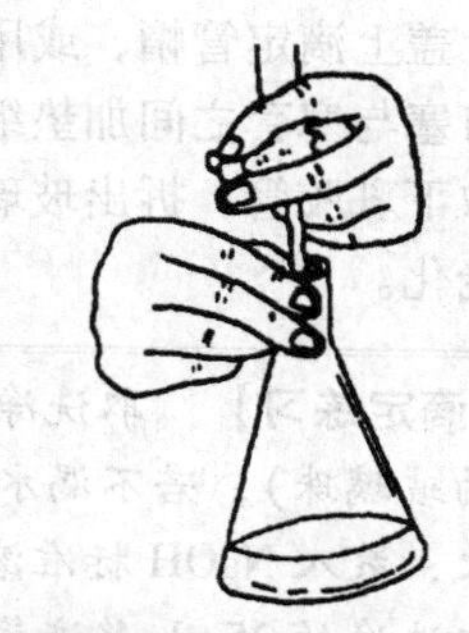

图 1-2-8　滴定操作

步骤四：滴定管的读数。读数时应将滴定管从滴定管架上拿下来，用右手大拇指和食指捏住滴定管上部无刻度处，使滴定管垂直，然后再读数。由于表面张力的作用，滴定管内液面呈弯月形，无色溶液的弯月面比较清晰。读数时，眼睛视线与溶液弯月面下缘最低点应在同一水平面上，读出与弯月面相切的刻度。眼睛的位置不同会得出不同的读数，如图 1-2-9 所示。对于有色溶液，如 $KMnO_4$溶液，弯月面不够清晰，可以观察液面的上缘，读出与之相切的刻度。使用“蓝线”滴定管时，溶液体积的读数与上述方法不同。在这种滴定管中，液面呈现三角交叉点，应读取交叉点与刻度相切之处的读数。为了使读数准确，应遵守以下原则：

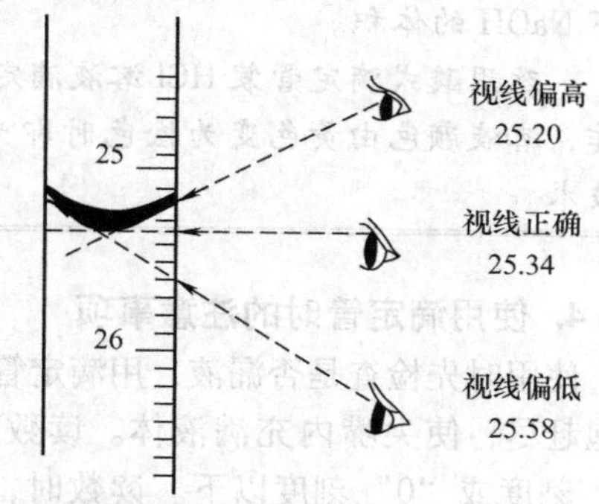

图 1-2-9　滴定管读数时视线的位置

1）在装满或放出溶液后，必须静置 1～2min，使附在内壁上的溶液流下来以后再读数。如果放出液体较慢（接近计量点时就是如此），则可以静置 0.5～1min 即读数。

2）每次滴定前应将液面调节在“0”刻度或稍下的位置。由于滴定管的刻度不可能绝对均匀，因此在同一试验中，应将溶液的液面控制在滴定管刻度的相同部位，这样因刻度不准而引起的误差可以抵消。

3）读数时，必须读至小数点后第二位，即要求估计到 0.01mL。滴定管上相邻两个刻度线之间为 0.1mL，液面在相邻刻度线之间即为 0.05mL。若液面在两刻度间的 1/3 或 2/3 处，即为 0.03mL 或 0.07mL；当液面在两刻度间的 1/5 时，即为 0.02mL。

4）在使用非“蓝线”滴定管时，为了使读数清晰，可在滴定管后面衬一张“读数卡”（即一张半黑半白的小纸片）。读数时，将读数卡放在滴定管背面，使黑色部分在弯月面下约 0.1mL 处，此时即可看到弯月面的反射层全部变为黑色，读取与此黑色弯月面下缘最低点相切刻度线的值。对于有色溶液，当必须读其两侧最高点时，必须用白色卡片作为背景。

3. 滴定管使用完毕的处理

滴定结束，将剩余的溶液倒出（不能倒回原瓶），用自来水清洗，然后用纯水充满滴定管，盖上滴定管帽，或用纯水洗净后倒置于滴定管夹上。长期不用时，酸式滴定管应在磨口塞与塞套之间加垫纸片，再用橡皮筋拴住，以防时间久了打不开旋塞。碱式滴定管应取下乳胶管，拆出玻璃珠及管尖，洗净、擦干，施少量滑石粉，包好保存，以免乳胶管老化。

【滴定练习】 取洗净的碱式滴定管 1 支，检查是否漏水（若漏水，则应更换合适的玻璃珠），若不漏水，则用少量 NaOH 标准溶液（0.1mol/L）荡洗碱式滴定管 3 次，装入 NaOH 标准溶液（0.1mol/L），排除气泡，调整至“0”刻度。

取洗净的 25mL 移液管 1 支，用少量 HCl 溶液（0.1mol/L）润洗 3 次，然后移取 25.00mLHCl 溶液（0.1mol/L）置于 250mL 锥形瓶中，加入蒸馏水 25mL，酚酞指示剂 2 滴，用 NaOH 标准溶液（0.1mol/L）滴定，至溶液显微红色即为终点，记下 NaOH 的体积。

改用酸式滴定管装 HCl 溶液滴定 NaOH 溶液，以甲基橙为指示剂，重复上述操作，溶液颜色由黄色变为橙色时即为终点。在操作过程中，注意半滴加入的操作技术。

4. 使用滴定管时的注意事项

使用时先检查是否漏液；用滴定管取滴液体时必须洗涤、润洗；读数前要将管内的气泡赶尽，使尖嘴内充满液体。读数需进行两次，第一次读数时必须先调整液面在“0”刻度或“0”刻度以下。读数时，视线、刻度、液面的凹面最低点在同一水平线上，并边观察试验变化边控制用量。量取或滴定液体的体积等于第二次的读数减去第一次读数。酸式滴定管用于盛装酸性溶液或强氧化剂液体（如 $KMnO_4$ 溶液），不可装碱性溶液。碱式滴定管用于盛装碱性溶液，不可盛装酸性和强氧化剂液体。

第二节 容量仪器的校正

技能训练目标

掌握滴定管和容量瓶的校正方法。

仪器和试剂准备

（1）仪器 分析天平、酸式滴定管（50mL）、具塞锥形瓶（50mL）、温度计、容量瓶。

（2）试剂　蒸馏水。

技能训练1　滴定管的校正

1）将待校正的滴定管充分洗净，内外壁都不挂水珠。

2）注入蒸馏水，排除尖嘴处的气泡，调至滴定管“0”刻度处（加入水的温度应当与室温相同）。将滴定管尖嘴外面的水珠除去，记录水的温度。

3）以滴定速度放出10mL水（不必恰等于10mL，但相差不应大于0.1mL），置于预先准确称过质量的50mL具有玻璃塞的锥形瓶中（锥形瓶外壁必须干燥，内壁不必干燥），将滴定管尖与锥形瓶内壁接触，收集管尖余滴，1min后读数（准确到0.01mL），并记录。

4）将锥形瓶玻璃塞盖上，再称出它的质量，并记录，两次质量之差即为放出水的质量。滴定管以10mL作为一个量程段，每个量程段都需进行校正。

5）由称得水的质量及操作温度下的相对密度即可算得滴定管中部分管柱的实际容积。

6）校正管实际容积＝水的质量/校正温度下水的密度

7）此管容积的误差＝校正管实际容积-读出的容积。

现将水温25℃时校正50mL滴定管的试验数据列于表1-2-3，供参考。

表1-2-3　校正50mL滴定管的试验数据

滴定管读数/mL	读出的容积/mL	瓶与水的质量/g	水的质量/g	实际容积/mL	标准值/mL	总校准值/mL
0.03	—	29.20	—	—	—	—
10.13	10.10	39.28	10.08	10.12	+0.02	+0.02
20.10	9.97	49.19	9.91	9.95	-0.02	0.00
30.17	10.07	59.27	10.08	10.12	+0.05	+0.05
40.20	10.03	69.24	9.97	10.01	-0.02	+0.03
49.99	9.97	79.07	9.83	9.86	+0.07	+0.10

注：水的温度为25℃时，1mL水的质量为0.9962g。

技能训练2　容量瓶的校正

1. 绝对校正法

将洗净、干燥、带塞的容量瓶准确称量（空瓶质量），然后注入蒸馏水至标线，记录水温，用滤纸条吸干瓶颈内壁的水滴，盖上瓶塞称量，两次称量之差即为容量瓶容纳的水的质量。根据上述方法算出该容量瓶20℃时的真实容积，求出校正值。重复三次，求得平均值即可。如果实测值与标称值间的差值在允许偏差范围内，则该容量瓶即可使用，否则将其实测值记录在瓶壁上，以备计算时校准用。实际容积与标示容积之差应小于允许差。例如，一等的容量瓶，100mL的允许差为0.10mL，50mL的允许差为

0.05mL，25mL 的允许差为 ±0.03mL，均约为容积的 1‰。

2. 相对校正法

在很多情况下，容量瓶与移液管是配合使用的，因此，重要的不是要知道所用容量瓶的绝对容积，而是容量瓶与移液管的容积是否正确。例如，250mL 容量瓶的容积是否为 25mL 移液管所放出液体体积的 10 倍，一般只需要做容量瓶与移液管的相对校正即可。其校正方法为：预先将容量瓶洗净控干，用洁净的移液管吸取蒸馏水注入该瓶中，假如容量瓶容积为 250mL，移液管为 25mL，则共吸 10 次，观察容量瓶中水的弯月面是否与标线相切，若不相切，则表示有误差，一般应将容量瓶控干后再重复校正一次，如果仍不相切，则在容量瓶颈上做一新标记，以后配合该支移液管使用时，以新标记为准。

第三节　分析天平的使用

 **技能训练目标**

1）掌握分析天平的基本操作规范和常用称量方法。
2）熟练掌握直接称样法、指定质量称样法和减量称样法的操作规程。

 **仪器和试剂准备**

（1）仪器　电子天平、干燥器、称量瓶、小烧杯、表面皿、称量纸、牛角匙等。
（2）试剂　NaCl 粉末。

技能训练 1　电子天平使用前的检查

电子天平的操作要点见表 1-2-4。

表 1-2-4　电子天平的操作要点

技能点	操作要点
使用前的检查	检查天平水平、清洁状况，熟练完成对非水平状态天平的水平调节
调零	明确操作板上的每一个键的功能，能够正确调零

在进行称量前，先检查天平的水平情况，即观察水平仪，若水平仪水泡偏移，则需调整水平调节脚，使水泡位于水平仪中心。用小毛刷刷去天平上的灰尘。接通电源，预热 30min 后，再开始称量。

技能训练 2　分别用直接称样法、指定质量称样法和减量称样法称量 NaCl 粉末试样

1. 直接称样法

直接称样法操作要点见表 1-2-5。

表 1-2-5 直接称样法操作要点

技能点	操作要点
直接称样法操作	1. 不可直接用手取被称量物 2. 称量瓶应放置在称量盘正中间 3. 正确开关天平门 4. 读数及记录准确（读数时应关闭天平门）

从干燥器中取出盛有 NaCl 粉末试样的称量瓶和干燥的小烧杯，放置在电子天平的称量盘上，待数字显示稳定后，即得到被称物的质量。

注意：不得用手直接取被称量物，可采用戴汗布手套、垫纸条、用镊子或钳子夹取等方法。

2. 指定质量称样法

指定质量称样法操作要点见表 1-2-6。

表 1-2-6 指定质量称样法操作要点

技能点	操作要点
指定质量称样法操作	1. 持药匙的姿势正确，添加试剂姿势正确，能够控制添加试剂的量 2. 不能将试样散落于称量盘上表面皿以外的地方 3. 正确开关天平门 4. 读数及记录准确 5. 熟练、规范操作

在电子天平称量盘上放置一只洁净、干燥的表面皿，按“TAR”键，显示“0.0000”后，用牛角匙将试样慢慢地敲入表面皿的中央（见图 1-2-10），直至天平读数正好显示所需质量为止，记录称量数据。

注意：若加入的试样量超过指定质量，则应用牛角匙取出多余试样。取出的多余试样应弃去，不要放回原试样瓶中。操作时不能将试样散落于称量盘上表面皿以外的地方，称好的试样必须定量地转入接收容器中。

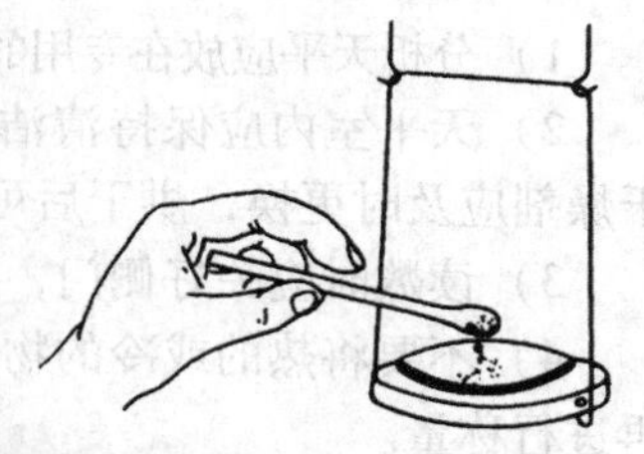

图 1-2-10 指定质量称样法

3. 减量称样法

减量称样法操作要点见表 1-2-7。

表 1-2-7 减量称样法操作要点

技能点	操作要点
减量称样法操作	1. 在从干燥器中取出称量瓶的过程中，不能用手直接触及称量瓶和瓶盖 2. 在接收容器上方倾倒试样时，不能将其撒落在容器外部 3. 正确开关天平门 4. 读数及记录准确 5. 熟练、规范操作

从干燥器中取出称量瓶（操作过程中，不能用手直接触及称量瓶和瓶盖），用小纸片夹住称量瓶盖柄，打开瓶盖，用牛角匙加入适量试样（一般为一份试样量的整数倍），盖上瓶盖，如图1-2-11所示。

图1-2-11　称量瓶及操作方法

将称量瓶放置在电子天平的称量盘上，显示稳定后，按一下“TAR”键，使显示屏显示为“0.0000”。取出称量瓶，在接收容器的上方倾斜瓶身，用瓶盖轻敲瓶口上部，使试样慢慢落入接收容器中。注意，不要使试样细粒撒落在接收容器外或吹散。当倾出的试样接近所需量时（从体积上估计），一边用瓶盖继续轻敲瓶口，一边将瓶身竖直，使黏附在瓶口上的试样落下，然后盖好瓶盖，把称量瓶放回天平称量盘上，如果显示质量达到要求，即可记录称量结果。

4. 注意事项

1）分析天平应放在专用的水泥或大理石台面上，台面要求水平而光滑，不可随意挪动。

2）天平室内应保持清洁干燥，天平内若落入杂物或试剂，则应及时用毛刷扫除。干燥剂应及时更换，烘干后可再次使用。

3）读数时应关好侧门，以免受气流影响。

4）不要将热的或冷的物体放在天平上称量，应使物体温度和天平室内温度一致后再进行称量。

5）不能将化学药品直接放在称量盘上称量，以免污染或腐蚀称量盘。

6）整个操作过程动作要轻。

7）称量完毕，应随时将天平复原，关闭电源，并检查天平周围是否清洁。

第四节　NaOH标准溶液的配制和标定

技能训练目标

1）掌握NaOH标准溶液的配制和标定方法。

2）掌握用减量称样法准确称取基准物的操作方法。

3）掌握碱式滴定管的使用方法，掌握酚酞指示剂滴定终点的判断方法。

仪器和试剂准备

（1）仪器　碱式滴定管（50mL）、容量瓶、锥形瓶、分析天平、托盘天平。

（2）试剂　邻苯二甲酸氢钾（基准试剂）、NaOH 固体（A. R.）、10g/L 酚酞指示剂。

技能训练 1　0.1mol/L NaOH 标准溶液的配制

NaOH 有很强的吸水性，并且易吸收空气中的 CO_2，因此，市售 NaOH 中常含有 Na_2CO_3。

Na_2CO_3 的存在对指示剂的使用影响较大，应设法将其除去。除去 Na_2CO_3 最常用的方法是将 NaOH 先配成饱和溶液（质量分数约为52%），由于 Na_2CO_3 在饱和 NaOH 溶液中几乎不溶解，会慢慢沉淀出来，因此，可用饱和 NaOH 溶液配制不含 Na_2CO_3 的 NaOH 溶液。待 Na_2CO_3 沉淀后，可吸取一定量的上清液，稀释至所需浓度即可。此外，用来配制 NaOH 溶液的蒸馏水也应加热煮沸后放冷，以除去其中的 CO_2。

标定碱溶液的基准物质很多，常用的有草酸（$H_2C_2O_4 \cdot 2H_2O$）、苯甲酸（C_6H_5COOH）和邻苯二甲酸氢钾（$C_6H_4COOHCOOK$）等。最常用的是邻苯二甲酸氢钾，滴定反应为

$$C_6H_4COOHCOOK + NaOH = C_6H_4COONaCOOK + H_2O$$

由于弱酸盐的水解，溶液呈弱碱性，因此应用酚酞作为指示剂。配制 0.1mol/L NaOH 标准溶液的操作要点见表 1-2-8。

表 1-2-8　配制 0.1mol/L NaOH 标准溶液的操作要点

技能点	操作要点
0.1mol/L NaOH 标准溶液的配制	1. 称量方法正确 2. 溶解、转移溶液时用玻璃棒 3. 定容操作正确 4. 摇匀 5. 贴标签

用小烧杯在托盘天平上称取 120g 固体 NaOH，加 100mL 水，振摇使之溶解成饱和溶液，冷却后注入聚乙烯塑料瓶中，密闭，放置数日，澄清后备用。

准确吸取上述溶液的上层清液 5.6mL，置于 1000mL 无二氧化碳的蒸馏水中，摇匀，贴上标签。

技能训练 2　0.1mol/L NaOH 标准溶液的标定

0.1mol/L NaOH 标准溶液标定的操作要点见表 1-2-9。

表 1-2-9　0.1mol/L NaOH 标准溶液标定的操作要点

技能点	操作要点
用减量称样法称取 0.6000g 基准邻苯二甲酸氢钾	1. 检查天平水平、清洁情况 2. 用称量瓶称量时，要用洁净的手套或洁净的纸条拿称量瓶，不可用手直接接触 3. 减量称样法操作正确 4. 称量结果符合要求 5. 读数及记录准确
碱式滴定管的准备	1. 检漏 2. 洗涤（用蒸馏水少量多次洗涤，用少量滴定液润洗） 3. 装液（倒标准溶液时标签朝向手心） 4. 排空气
标定	1. 用 50mL 量筒加水 2. 添加指示剂正确 3. 滴定方法正确 4. 滴定速度合理 5. 滴定终点判断正确（30s 不退色） 6. 读数（读数时要将滴定管拿下来，使其竖直，视线与液面凹处水平）

将基准邻苯二甲酸氢钾加入干燥的称量瓶内，于 105～110℃ 烘至恒重，用减量称样法准确称取邻苯二甲酸氢钾约 0.6000g，置于 250mL 锥形瓶中，加 50mL 无 CO_2 蒸馏水，加热使之溶解，冷却，加酚酞指示剂 2～3 滴，用欲标定的 0.1mol/L NaOH 溶液滴定，直到溶液呈粉红色，0.5min 不退色。同时做空白试验，要求做三个平行样品。

技能训练 3　NaOH 标准溶液浓度的确定

NaOH 标准溶液浓度的计算公式为

$$c_{(NaOH)} = \frac{m}{(V_1 - V_2) \times 0.2042} \tag{1-2-1}$$

式中　m——邻苯二甲酸氢钾的质量（g）；

V_1——NaOH 标准溶液的用量（mL）；

V_2——空白试验中 NaOH 标准溶液的用量（mL）；

0.2042——与 1mLNaOH 标准滴定溶液［c（NaOH）＝1mol/L］相当的基准邻苯二甲酸氢钾的质量（g/mmol）。

数据处理操作要点见表 1-2-10。

表 1-2-10　数据处理操作要点

技能点	操作要点
数据处理	1. 记录数据准确、完整 2. 要求平行测定三次，相对偏差在 1% 以内

第五节　HCl标准溶液的配制和标定

技能训练目标

1）学会配制和标定HCl标准溶液的方法。

2）掌握减量称样法准确称取基准物的操作方法。

3）掌握酸式滴定管的使用方法，掌握溴甲酚绿-甲基红指示剂滴定终点的判断方法。

仪器和试剂准备

（1）仪器　酸式滴定管（50mL）、容量瓶、量筒、锥形瓶、分析天平、托盘天平。

（2）试剂　浓HCl（相对密度为1.19）、溴甲酚绿-甲基红混合液指示剂。

技能训练1　0.1mol/L HCl标准溶液的配制

由于浓HCl容易挥发，不能用它们来直接配制具有准确浓度的标准溶液，因此配制HCl标准溶液时，只能先配制成近似浓度的溶液，然后用基准物质标定它们的准确浓度，或者用另一已知准确浓度的标准溶液滴定该溶液，再根据它们的体积比计算该溶液的准确浓度。

标定HCl溶液的基准物质常用的是无水Na_2CO_3，其反应式为

$$Na_2CO_3 + 2HCl = 2NaCl + CO_2\uparrow + H_2O$$

滴定至反应完全时，溶液pH值为3.89，通常选用溴甲酚绿-甲基红混合液作指示剂。配制0.1mol/L HCl标准溶液的操作要点见表1-2-11。

表1-2-11　配制0.1mol/L HCl标准溶液的操作要点

技能点	操作要点
0.1mol/L HCl标准溶液的配制	1. 转移溶液时用玻璃棒 2. 定容操作正确 3. 摇匀 4. 贴标签

量取浓HCl 9mL，加适量水并稀释至1000mL，摇匀，贴上标签。

技能训练2　0.1mol/L HCl标准溶液的标定

0.1mol/L HCl标准溶液标定的操作要点见表1-2-12。

表 1-2-12 **0.1mol/L HCl 标准溶液标定的操作要点**

技 能 点	操 作 要 点
用减量称样法称取约 0.15g 基准碳酸钠	1. 检查天平水平、清洁情况 2. 用称量瓶称量时，要用洁净的手套或洁净的纸条拿称量瓶，不可用手直接接触 3. 减量称样法操作正确 4. 称量结果符合要求 5. 读数及记录准确
酸式滴定管的准备	1. 检漏 2. 洗涤（用蒸馏水少量多次洗涤，用少量滴定液润洗） 3. 装液（倒标准溶液时标签朝向手心） 4. 排空气
标定	1. 用 50mL 量筒加水 2. 添加指示剂正确 3. 滴定操作方法正确 4. 滴定速度合理 5. 滴定终点判断正确（30s 不退色） 6. 读数（读数时要将滴定管拿下来，使其竖直，视线与液面凹面水平）

用减量称样法准确称取约 0.15g 在 270～300℃干燥至恒重的基准无水碳酸钠，置于 250mL 锥形瓶中，加 50mL 水使之溶解，再加 10 滴溴甲酚绿-甲基红混合液指示剂，用配制好的 HCl 溶液滴定至溶液由绿色转变为紫红色，煮沸 2min，冷却至室温，继续滴定至溶液由绿色变为暗紫色为终点。同时做空白试验，要求做三个平行样品。

技能训练 3 HCl 标准溶液浓度的确定

HCl 标准溶液浓度的计算公式为

$$c(\mathrm{HCl}) = \frac{m}{(V_1 - V_2) \times 0.0530} \qquad (1\text{-}2\text{-}2)$$

式中 m——基准无水碳酸钠的质量（g）；

V_1——盐酸标准溶液的用量（mL）；

V_2——空白试验中盐酸标准溶液的用量（mL）；

0.0530——与 1.00mL 盐酸标准滴定溶液［c（HCl）=1mol/L］相当的基准无水碳酸钠的质量（g/mmol）。

数据处理操作要点见表 1-2-13。

表 1-2-13 **数据处理操作要点**

技 能 点	操 作 要 点
数据处理	1. 记录数据准确、完整 2. 要求平行测定三次，相对偏差在 1% 以内

注意：干燥至恒重的无水碳酸钠有吸湿性，因此在标定过程中精密称取基准无水碳酸钠时，宜采用减量称样法称取，并应迅速将称量瓶加盖密闭。在滴定过程中产生的二氧化碳，使终点变色不够敏锐，因此，在溶液滴定接近终点时，应将溶液加热煮沸，以除去二氧化碳，待冷至室温后，再继续滴定。

第三章　专项技能实训

第一节　粮油及其制品的检验

技能训练目标

1）了解植物油脂的相对密度，动、植物油脂折光指数的测定方法；掌握米类杂质、不完善粒、米类碎米、黄粒米的测定方法，用毛细管黏度计法测定粮食黏度的方法，粉类粮食含砂量、磁性金属物、粗细度的测定方法；了解植物油脂的感官测定、粮食及其制品的感官测定原理。

2）熟悉仪器与试剂，并能够规范操作试验仪器，科学配制相关试剂。

3）规范完成各试验操作，科学读取相关数据，并做好试验记录。

4）完成试验结果计算，并能科学分析试验数据，完成试验报告的编制。

5）正确理解注意事项，并能够在试验过程中解决常见问题。

技能训练内容及依据

粮油及其制品检验专项技能训练的内容及依据见表1-3-1。

表1-3-1　粮油及其制品检验专项技能训练的内容及依据

序　号	技能训练项目名称	国家标准依据
1	植物油脂相对密度的测定	GB/T 5526—1985
2	动、植物油脂折光指数的测定	GB/T 5527—2010
3	米类杂质、不完善粒的测定	GB/T 5494—2008
4	粮食运动黏度的测定（毛细管黏度计法）	GB/T 5516—2011
5	粉类粮食含砂量的测定	GB/T 5508—2011
6	粉类粮食中磁性金属物的测定	GB/T 5509—2008
7	小麦粉中面筋的测定	GB/T 5506.1—2008　GB/T 5506.2—2008
8	粉类粮食粗细度的测定	GB/T 5507—2008
9	植物油脂的感官测定	GB/T 5525—2008
10	粮食及其制品的感官测定	GB/T 5492—2008

技能训练1　植物油脂相对密度的测定

1. 液体密度天平法（韦氏天平法）

（1）仪器与试剂

1）仪器：液体密度天平、烧杯、吸管、镊子等。

2）试剂：洗涤液、乙醇、乙醚、不含二氧化碳的蒸馏水、脱脂棉、滤纸等。

（2）操作步骤

1）用纯水校正天平。按照仪器使用说明，先将仪器安装并校正好：将量筒放置于不等臂天平横梁右侧挂钩的正下方，在挂钩上挂上1号砝码和浮锤，向附有温度计的量筒内注入温度约为25℃的蒸馏水，至浮标上的白金丝浸入水中1cm为止（浮锤周围不应有气泡，也不要接触量筒壁），待水温调节到20℃时，迅速调节天平座上的平衡螺母使天平达到平衡，然后轻轻取出浮锤，倒出量筒内的水，先后用乙醇、乙醚将浮锤、量筒和温度计上的水去除，再用脱脂棉擦干。

2）测量试样。将试样小心地注入量筒内，并保持浮锤周围没有气泡。待样液达到浮标上的白金丝浸入试样中1cm处时停止，当试样温度达到20℃时，在天平刻槽上移动砝码，使天平恢复平衡并记录试验结果。砝码的使用方法：先将挂钩上的1号砝码移至刻槽9上，然后在刻槽上添加2号、3号、4号砝码，使天平达到平衡。

（3）结果计算　天平达到平衡后，按大小砝码所在的位置计算结果。1号、2号、3号、4号砝码分别为小数第一位、第二位、第三位和第四位。例如，油温度、水温度均为20℃，1号砝码在9处，2号砝码在4处，3号砝码在3处，4号砝码在5处，此时油脂的相对密度 $d_{20}^{20}=0.9435$。

测出的相对密度可根据式（1-3-1）换算为标准相对密度。

$$d_4^{20} = d_{20}^{20} \times d_{20} \tag{1-3-1}$$

式中　d_4^{20}——油温度为20℃、水温度为4℃时油脂试样的相对密度；

d_{20}^{20}——油温度为20℃、水温度为20℃时油脂试样的相对密度；

d_{20}——水在20℃时的相对密度，为0.998230。

当试样温度和水温度都必须换算时，则按式（1-3-2）计算。

$$d_4^{20} = [d_{t_2}^{t_1} + 0.00064 \times (t_1 - t_2)] \times d_{t_2} \tag{1-3-2}$$

式中　t_1——试样温度（℃）；

t_2——水温度（℃）；

$d_{t_2}^{t_1}$——试样温度为 t_1、水温度为 t_2 时测得的相对密度；

d_{t_2}——温度为 t_2 时水的相对密度

0.00064——油脂在温度区间10～30℃每差1℃时的膨胀系数（平均值）。

双试验结果允许差不超过0.0004，求其平均数，即为测定结果。测定结果取小数点后四位。

2. 密度瓶法

（1）仪器与试剂

1）仪器：密度瓶（25mL或50mL）、电热恒温水浴锅、吸管（25mL）、天平（感量为0.0001g）、烧杯、试剂瓶、研钵、滤纸等。

2）试剂：乙醇、乙醚、不含二氧化碳的蒸馏水等。

（2）操作步骤

1）洗瓶：用洗涤液、水、乙醇、水依次洗净密度瓶。

2）测定水质量：用吸管吸取蒸馏水，沿瓶口内壁将其注入密度瓶，插入带温度计的瓶塞（加塞后瓶内不得有气泡存在），将密度瓶置于20℃恒温水浴中，待瓶内水温达到20℃ ±0.2℃时，取出密度瓶，用滤纸吸去排水管溢出的水，盖上瓶帽，擦干瓶外部，过30min后称重。

3）测定瓶质量：倒出瓶内水，用乙醇和乙醚洗净瓶内水分，用干燥空气吹去瓶内残留的乙醚，并吹干瓶内外，然后加瓶塞和瓶帽称重（瓶质量应减去瓶内空气质量，$1cm^3$的干燥空气质量在标准状况下为0.001293g≈0.0013g）。

4）测定试样质量：吸取温度在20℃以下的澄清试样，按测定水质量的方法将其注入密度瓶内，加塞，用滤纸蘸乙醚擦净瓶的外部，置于20℃恒温水浴中，经30min后取出，擦净排水管溢出的试样和瓶外部，盖上瓶帽，称量。

（3）结果计算　在试样和水的温度为20℃的条件下测得的试样质量（m_2）和水质量（m_1），先按式（1-3-3）计算相对密度d_{20}^{20}。

$$d_{20}^{20}=\frac{m_2}{m_1} \tag{1-3-3}$$

式中　m_1——水质量（g）；

m_2——试样质量（g）；

d_{20}^{20}——油温、水温均为20℃时油脂的相对密度。

换算成水温为4℃时的相对密度，公式同式（1-3-1）和式（1-3-2）。

3. 说明及注意事项

在测定油脂相对密度的方法中，液体密度天平法的特点是操作迅速、结果准确，但仪器价格比较高；密度瓶法的特点是结果准确性好，仪器价格比较便宜，但操作步骤比较繁琐。油脂的相对密度可以直接反映油脂的化学组成和纯度。通常油脂的不饱和程度越高，其相对密度越大。仪器使用结束后切记清洗干净后再存放，以减少下次使用时的清洗难度。水的相对密度见表1-3-2。

表1-3-2　水的相对密度表

温度/℃	相对密度	温度/℃	相对密度
0	0.999868	20	0.998230
4	1.000000	21	0.998019
5	0.999992	22	0.997797
6	0.999968	23	0.997565
7	0.999926	24	0.997323
8	0.999876	25	0.997071
9	0.999808	26	0.996810
10	0.999727	27	0.996539
15	0.999126	28	0.996259
16	0.998970	29	0.995971
17	0.998801	30	0.995673
18	0.998622	31	0.995367
19	0.998432	32	0.995052

技能训练2　动、植物油脂折光指数的测定

1. 原理

在规定的温度下，用折光仪测定液态试样的折光指数。

2. 仪器与试剂

（1）仪器

1）折光仪：折光指数 n_D 测定范围为1.300～1.700，折光指数可读至±0.0001，如阿贝折光仪等。

2）光源：钠蒸气灯，如果折射仪装有消色差补偿系统，也可使用白光。

3）标准玻璃板：已知折光指数。

4）水浴1：带循环泵和恒温控制装置，控温精度为±0.1℃。

5）水浴2：试样为固体时，能保持测定所需的温度。

（2）试剂　仅使用分析纯试剂，使用蒸馏水、去离子水或相同纯度的水。

1）月桂酸乙酯：纯度适合于测定折光指数，已知折光率。

2）已烷或其他合适溶剂，如石油醚、丙酮或甲苯，用于清洗折光仪棱镜。

3. 操作步骤

（1）扦样　实验室收到的样品应具有代表性，在运输或储存过程中不得受损或变质。扦样操作所用标准推荐采用GB/T 5524—2008。

（2）试样的制备　用于折光指数测定的试样应为经过干燥和过滤的油脂试样，且符合GB/T 15687—2008的要求。对于固态样品，按GB/T 15687—2008的要求制备试样后应移入适合的容器中，置于水浴中（水浴温度设定在该试样测定时的温度），放置足够长的时间，让试样温度达到稳定。

（3）仪器的校正　按仪器操作说明书的操作步骤，通过测定标准玻璃板的折光指数或者测定月桂酸乙酯的折光指数，对折光仪进行校正。

（4）操作步骤

1）明确测定温度，在下列一种温度条件下测定试样折光指数。

① 20℃，适用于该温度下完全液态的油脂。

② 40℃，适用于20℃下不能完全熔化，40℃下能完全熔化的油脂。

③ 50℃，适用于40℃下不能完全熔化，50℃下能完全熔化的油脂。

④ 60℃，适用于50℃下不能完全熔化，60℃下能完全熔化的油脂。

⑤ 80℃或80℃以上，用于其他油脂，如完全硬化的脂肪或蜡。

2）让水浴中的热水循环通过折光仪，使折光仪棱镜保持在测定要求的恒定温度。

3）用精密温度计测定折光仪流出水的温度。测定前，将棱镜可移动部分下降至水平位置，先用软布，再用溶剂润湿的棉花球擦净棱镜表面，让其自然干燥。

4）依照折光仪操作说明书的操作步骤进行测定，读取折光指数，精确至0.0001，并记下折光仪棱镜的温度。

5）测定结束后，立刻用软布，再用溶剂润湿的棉花球擦净棱镜表面，让其自然

干燥。

6）测定折光指数两次以上，计算三次测定结果的算术平均值，作为测定结果。

4. 结果计算

如果测定温度 t_1 与参照温度 t 之间差异小于3℃，则按式（1-3-4）计算在参照温度 t 下的油脂折光指数 n_D^t。

$$n_D^t = n_D^{t_1} + (t_1 - t)F \tag{1-3-4}$$

式中 t_1——测定温度（℃）

t——参照温度（℃）

F——校正系数（当 $t=20$℃时，F 为0.00035；当 $t=40$℃、$t=50$℃、$t=60$℃时，F 为0.00036；当 $t=80$℃或80℃以上时，F 为0.00037）。

如果测定温度 t_1 与参照温度 t 之间差异等于或大于3℃，则需重新进行测定。

测定结果取至小数点后第四位。

5. 注意事项

油脂的折光指数受入射光线波长的影响。根据国家标准规定，测定油脂折光指数（除特殊要求）统一采用钠黄光的 D 线（$\lambda=589.6$nm）作为光源，用符号 n_D^t 表示。其中，t 为测定温度，单位为℃。油脂的折光指数受温度影响，通常折光指数与温度成反比，当油脂温度为10～30℃时，温度每相差1℃，折光指数相差0.00038。波长越短，折光指数越大。

折光指数是物质的重要光学特征常数之一，一般均一物质都有其相对恒定的折射率。油脂的折光指数与其组成和结构密切相关。因此，测定油脂的折光指数，可以用来判定油脂的种类、纯度和浓度等。注意，在开闭棱镜时不能用力过猛，清洁棱镜时需用专业擦镜纸轻轻沾拭，不能来回擦抹棱镜表面。蒸馏水折射率见表1-3-3。

表1-3-3 蒸馏水折射率

温度/℃	折射率	温度/℃	折射率
10	1.33371	21	1.33290
11	1.33363	22	1.33281
12	1.33359	23	1.33272
13	1.33353	24	1.33263
14	1.33346	25	1.33253
15	1.33339	26	1.33242
16	1.33332	27	1.33231
17	1.33324	28	1.33220
18	1.33316	29	1.33208
19	1.33307	30	1.33196
20	1.33299		

技能训练3 米类杂质、不完善粒的测定

1. 米类杂质的检验方法

（1）仪器和用具 天平（感量为0.01g、0.1g、1g）、谷物选筛、电动筛选器、分

样器和分样板、分析盘、镊子等。

（2）操作步骤

1）糠粉的检验

① 操作步骤：从平均样品中分取试样约200g（m），精确至0.1g，分两次放入直径为1.0mm的圆孔筛内，按规定的筛选法进行筛选，筛后轻拍筛子，使糠粉落入筛底；将全部试样筛完后，刷下留存在筛层上的糠粉，合并称重（m_1），精确至0.01g。

② 结果计算

$$w(\text{糠粉}) = \frac{m_1}{m} \times 100\% \tag{1-3-5}$$

式中 w（糠粉）——糠粉的质量分数；

m_1——糠粉质量（g）；

m——试样质量（g）。

在重复性条件下，获得的两次独立测试结果的绝对差值应不大于0.04%，求其平均数，即为测试结果。测试结果保留到小数点后第二位。

2）矿物质的检验

① 操作步骤：将筛上物倒入分析盘中（卡在筛孔中间的颗粒属于筛上物），再从检验过糠粉的试样中拣出矿物质并称重（m_2），精确至0.01g。

② 结果计算

$$w(\text{矿物质}) = \frac{m_2}{m} \times 100\% \tag{1-3-6}$$

式中 w（矿物质）——矿物质的质量分数；

m_2——矿物质质量（g）；

m——试样质量（g）。

在重复性条件下，获得的两次独立测试结果的绝对差值不大于0.005%，求其平均数，即为测试结果。测试结果保留到小数点后第二位。

3）其他杂质的检验

① 操作方法：从检验过糠粉和矿物质的试样中，拣出稻谷粒、带壳稗粒等其他杂质一并称重（m_3），精确至0.01g。

② 结果计算

$$w(\text{其他杂质}) = \frac{m_3}{m} \times 100\% \tag{1-3-7}$$

式中 w（其他杂质）——其他杂质的质量分数；

m_3——稻谷粒、稗粒等其他杂质的质量（g）；

m——试样质量（g）。

在重复性条件下，获得的两次独立测试结果的绝对差值不大于0.04%，求其平均数，即为测试结果。测试结果保留到小数点后第二位。

4）带壳稗粒和稻谷粒的检验

① 检验步骤：从平均样品中分取试样500g，精确至1g，拣出带壳稗粒和稻谷粒，

分别计算其含量。

② 结果计算：带壳稗粒（单位为粒/kg）的含量 F 按式（1-3-8）计算。

$$F = 2X \tag{1-3-8}$$

式中　X——500g 试样中检出的带壳稗粒数量（粒）。

在重复性条件下，获得的两次独立测试结果的绝对差值不大于 3 粒/kg，求其平均数，即为测试结果，平均数不足 1 粒时按 1 粒计算。

稻谷粒（单位为粒/kg）的含量 I 按式（1-3-9）计算。

$$I = 2Y \tag{1-3-9}$$

式中　Y——500g 试样中检出的稻谷粒数量（粒）。

在重复性条件下，获得的两次独立测试结果的绝对差值不大于 2 粒/kg，求其平均数，即为测试结果，平均数不足 1 粒时按 1 粒计算。

5）米类杂质总量的计算。米类杂质总量按下式（1-3-10）计算。

$$w(\text{总杂质}) = \frac{m_1 + m_2 + m_3}{m} \times 100\% \tag{1-3-10}$$

式中　w(总杂质)——所有杂质的质量分数；

m_1——糠粉质量（g）；

m_2——矿物质质量（g）；

m_3——稻谷粒、带壳稗粒等其他杂质质量（g）；

m——试样质量（g）。

在重复性条件下，获得的两次独立测试结果的绝对差值不大于 0.04%，求其平均数，即为测试结果。测试结果保留到小数点后第二位。

2. 米类不完善粒的检验

（1）操作步骤　按照规定分取小样试样（m_4）（试样用量与原粮规定的试样用量相同），精确至 0.01g，将试样倒入分析盘内，按粮食、油料质量标准中的规定拣出不完善粒，称重（m_5），精确至 0.01g。

（2）结果计算　不完善粒含量的计算公式为

$$w(\text{不完善粒}) = \frac{m_5}{m_4} \times 100\% \tag{1-3-11}$$

式中　w(不完善粒)——不完善粒的质量分数；

m_5——不完善粒质量（g）；

m_4——小样质量（g）。

在重复性条件下，获得的两次独立测试结果的绝对差值，大粒、特大粒粮不大于 1.0%，中小粒粮不大于 0.5%，求其平均数，即为检验结果。检验结果取小数点后第一位。

3. 说明

（1）米类杂质　通常是指夹杂在米类中的糠粉、矿物质、稻谷粒及稗粒等杂质。其中米类糠粉一般是指通过直径为 1.0mm 的圆孔筛的筛下物，以及黏附在筛上的粉状物质。既有总量，又有子项，规定实行双重限制。在米类杂质中，大米的子项杂质限制种类最多，包括糠粉、矿物质、带壳稗粒、稻谷粒；小米只规定了矿物质、谷粒；高粱米规定了矿物质和高粱壳；黍米和稗米规定了矿物质、黍、稗粒等。

（2）米类的不完善粒　通常包括有食用价值的未熟粒，以及虫蚀粒、病斑粒、生霉粒、霉变粒和超过规定限度的项目，在不同米类中要求各异，如大米中的不完善粒包括完全未脱皮的完整糙米粒，高粱米不检验未熟粒等。

（3）筛理方法

1）自动筛选法：按标准规定套好筛层（大孔筛在上，小孔筛在下，套上筛底），安装在电动筛选器上，进行自动筛选（向左右各转1min，转速为110～120r/min）。

2）手动筛选法：将安装好的谷物选筛置于光滑的平面上，用双手以110～120r/min左右的转速，按顺时针、逆时针方向各转动1min，控制转动范围在选筛直径的基础上扩大8～10cm。

技能训练4　粮食运动黏度的测定（毛细管黏度计法）

1. 原理

定量试样加定量水在特定的温度下糊化，测定其糊化液在重力作用下流过毛细管的时间。试样糊化液的运动黏度与糊化液流过毛细管的时间成正比。

2. 仪器

（1）恒温水浴　由水槽、电热管、温度控制装置、计时器组成，控制温度及精度为50℃±0.1℃，计时器最小读数为0.1s。

（2）糊化装置　由糊化器、加热套，以及控温、计时装置组成。糊化器由糊化瓶（容积为500mL）和冷凝装置组成；加热套功率为200W，体积为500mL；温控、计时系统可控制加热温度，使糊化瓶内糊化液保持微沸，30min后自动报警。

（3）毛细管黏度计　常用孔径有0.8mm、1.0mm、1.2mm、1.5mm四种，出厂时附有黏度计常数检定证书。应选择合适的孔径和适当的黏度系数，以使糊化液流动时间为30～60s，不宜超过90s和低于20s。

（4）其他用具　粉碎机（配孔径小于或等于0.5mm的圆孔筛片）、铜丝筛（孔径为0.15mm，即100目，带筛底）、天平（感量为0.1g）、量筒（250mL，分度值为5mL）、吸耳球、乳胶管、注射器（20mL，分度值为1mL）、实验室砻谷机、碾米机等。

3. 操作步骤

（1）样品的制备

1）粉状样品的制备：分取粮食试样约100g，稻谷试样预先用砻谷机、精米机脱壳并碾成GB 1354—2009中规定的三级大米，用粉碎机粉碎、过筛，筛上物再反复粉碎至90%以上的试样通过0.15mm（100目）筛，弃去筛上物，将筛下物混匀，装入磨口瓶中备用。

2）粉状试样按标准规定测定水分含量。

（2）恒温水浴的准备　在恒温水浴的水浴槽内注水至距槽顶操作口约1.5cm处，将毛细管黏度计垂直夹在水浴中，使水淹没毛细管黏度计的上储器，并将乳胶管连接在上储器的管口，然后打开电源开关，按下起动按钮开始加热，使水浴温度恒温至50℃±0.1℃。

（3）糊化装置的准备　打开电源开关，按下加热套加热按钮，使加热套开始加热，预热5～10min。

（4）称样　称样量按相当于6.00g大米粉干物质、6.00g小麦粉干物质或7.00g玉米粉干物质的量计算，精确至0.01g。

1）大米粉、小麦粉称样量（m_1）按式（1-3-12）计算。

$$m_1 = \frac{6.00 \times 100}{1 - w} \tag{1-3-12}$$

式中　w——100g粉状试样中水的质量（g）。

2）玉米粉称样量（m_2）按式（1-3-13）计算。

$$m_2 = \frac{7.00 \times 100}{100 - w} \tag{1-3-13}$$

式中　w——100g粉状试样中水的质量（g）。

3）按式（1-3-12）和式（1-3-13）计算得到的称样量，称取粉状试样，精确至0.01g。

（5）糊化液的制备　将称取的试样置于糊化瓶中，用量筒量取约50℃的水200mL，分2次或3次加入糊化瓶中，摇匀，然后将糊化瓶置于已预热的加热套中，塞上冷凝管塞（糊化瓶出气小孔应对准冷凝管塞的槽口），瓶中样液应在10min左右达到微沸状态，继续保持微沸状态30min，取下糊化瓶，瓶中糊化液即为黏度测定液。

（6）黏度的测定

1）注入糊化液：用注射器取约15mL糊化液，迅速从已置于恒温水浴的毛细管黏度计下储器入口注入毛细管黏度计，应使其液面略高出下储器。

2）测定。恒温12min后用洗耳球及乳胶管将毛细管黏度计中的糊化液缓慢吸起吹下2次或3次，使其均匀，第15min时，将糊化液吸至并充满毛细管黏度计上储器，取下洗耳球，使糊化液自由流下，待糊化液流至毛细管黏度计的计时球上部刻度时，按下计时按钮开始计时，当糊化液继续流至计时球下部刻度时，再按下计时按钮，停止计时，记录糊化液流经毛细管计时球上下刻度的时间（t_1）。同上操作重复测定2次，取其平均值作为该糊化液流经毛细管黏度计计时球上部刻度与下部刻度的时间（t）。每份试样取4个平行样进行测定。

4. 结果计算

运动黏度按式（1-3-14）计算。

$$\nu = tC \tag{1-3-14}$$

式中　ν——试样的运动黏度（mm^2/s）；

t——糊化液流经毛细管黏度计计时球上部刻度与下部刻度的时间（s）；

C——黏度计常数（mm^2/s^2）。

4个平行试验的结果应符合重复性条件的要求，以其平均值为测定结果，测定结果保留三位有效数字。

5. 说明及注意事项

（1）运动黏度　流体在重力作用下流动时内摩擦力的量度称为运动黏度，以同温

度下流体的动力黏度与其密度的比值表示。温度为 t 时的运动黏度用 ν_t 来表示。

（2）当购置的毛细管黏度计没有标定常数或需校正时，可按下面的方法进行标定或校正（最好由厂方或有关科研、鉴定单位协作进行）：取纯净的 20 号或 30 号机油（即 L—AN32 或 L—AN46 全损耗系统用油），用已知常数的毛细管黏度计在 50℃ ±0.1℃的水浴中测定其运动黏度（五次测定结果的偏差应少于 0.05cSt），再用该批机油测定未标定毛细管黏度计的流速，测定五次，求平均值，计算毛细管黏度计的常数。毛细管黏度计的常数（C）按式（1-3-15）计算。

$$C = \frac{\nu}{t} \tag{1-3-15}$$

式中　ν——机油运动黏度（cSt）；

t——机油流出时间（s）。

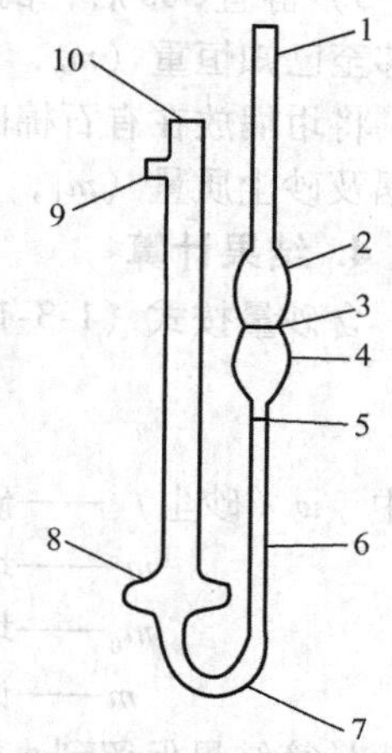

图 1-3-1　平氏黏度计

1—主管　2—上储器
3—上刻度线　4—测定球
5—下刻度线　6—毛细管
7—弯管　8—下储器
9—支管　10—宽管

（3）毛细管黏度计的结构　平氏毛细管黏度计的结构如图 1-3-1 所示。

（4）样品的制备　样品的制备是影响测定结果的关键步骤，必须严格按照要求制备样品，严格控制样品的粒度和数量，以确保测定结果准确。测量时，毛细管黏度计必须垂直立于恒温水浴内。通常液体的运动黏度会受到温度的影响，温度增加时运动黏度会下降，因此一定要注意控制测定温度，以确保测定结果准确。

技能训练 5　粉类粮食含砂量的测定

1. 原理

在四氯化碳中，由于粉类粮食和砂尘的相对密度不同（四氯化碳的相对密度介于砂尘和小麦粉相对密度之间），粉类粮食会悬浮于四氯化碳表层，砂尘会沉于四氯化碳底层，从而将粉类粮食与砂尘分开。

2. 仪器与试剂

（1）仪器　细砂分离漏斗、漏斗架、分析天平（感量为 0.0001g）、天平（感量为 0.01g）、量筒（100mL）、电炉（500W）、干燥器（内置有效的变色硅胶）、坩埚（30mL）、玻璃棒、石棉网等。

（2）试剂 四氯化碳（分析纯）。

3. 操作步骤

1）量取 70mL 四氯化碳注入细砂分液漏斗内，加入试样 10.00g ±0.01g（m），用玻璃棒在漏斗的中上部轻轻搅拌（每 5min 搅拌一次，共搅拌三次），然后静置 30min。

2）将浮在四氯化碳表面的粉类粮食用药匙取出，再把分液漏斗中的四氯化碳和沉于底部的砂尘放入 100mL 烧杯中，用少许四氯化碳冲洗漏斗两次，收集四氯化碳于同一烧杯中。

3）静置30s后，倒出烧杯内的四氯化碳，然后用少许四氯化碳将烧杯底部的砂尘转移至已知恒重（m_0，±0.0001g）的坩埚内，再用吸管小心地将坩埚内的四氯化碳吸出，将坩埚放在有石棉网的电炉上烘约20min，然后放入干燥器，冷却至室温称量，得坩埚及砂尘质量（m_1，±0.0001g）。

4. 结果计算

含砂量按式（1-3-16）计算。

$$w(\text{砂尘}) = \frac{m_1 - m_0}{m} \times 100\% \tag{1-3-16}$$

式中 w（砂尘）——砂尘的质量分数；

m_1——坩埚及砂尘质量（g）；

m_0——坩埚质量（g）；

m——试样质量（g）。

计算结果保留到小数点后第三位。

5. 注意事项

粉类粮食一般是指原粮、油料加工成一定细度粉状物的统称。含砂量通常是指粉类粮食中所含无机沙尘的量，以沙尘占试样总质量的质量分数表示。

尽管粮食加工时会清理除杂，但通常小麦粉中仍会含有0.02%（质量分数）左右的细砂尘且十分难以去除。当粉类粮食中含砂量超过一定限度时，食用时就会有牙碜的感觉，既影响食用品质，又对人体健康有害。因此，对粉类粮食中的细砂含量必须严格加以限制。

粉类粮食含砂量的检验方法通常有四氯化碳法、灰化法、感官鉴定法等，而国家标准中主要规定的仲裁方法是四氯化碳法。每份样品应平行测试两次，两次测定结果符合重复性要求时，取其算术平均值作为最终测定结果，保留到小数点后第二位。平行试验结果不符合重复性要求时，应重新进行测定。

在同一实验室由同一操作者使用相同设备，按相同的测试方法，在短时间内对同一被测对象相互独立进行测试，获得的两次独立测试结果的绝对差值不应大于0.005%。四氯化碳有特殊气味，在吸入或与皮肤接触时有毒，操作时应注意在通风橱中进行。另外，四氯化碳对环境有害，使用后的废液不得直接排放，应收集后按相关规定处理。

本方法适用于除能与砂尘共沉淀的芝麻粉等以外的粉类粮食含砂量的测定。

技能训练6　粉类粮食中磁性金属物的测定

1. 原理

采用电磁铁或永久磁铁，通过磁场的作用将具有磁性的金属物从试样中粗分离出来，再用小型永久磁铁将磁性金属物从残留试样的混合物中分离出来，计算磁性金属物的含量。

2. 仪器和用具

磁性金属物测定仪（磁感应强度应不少于120mT）、分离板（210mm×210mm×

6mm，磁感应强度应不少于120mT）、分析天平（感量为0.0001g）、天平（感量为1g，最大称量大于1000g）、称量纸、白纸（约200mm×300mm）、毛刷、大号洗耳球、称样勺等。

3. 操作步骤

（1）称样 从分取的平均样品中称取试样1kg（m），精确至1g。

（2）测定

1）定仪分离：开启磁性金属物测定仪的电源，将试样倒入测定仪盛粉斗，按下通磁开关，调节流量控制板旋钮，控制试样流量在250g/min左右，使试样匀速通过淌样板进入储粉箱内，待试样流完后，用洗耳球将残留在淌样板上的试样吹入储粉箱，然后用干净的白纸接在测定仪淌样板下面，关闭通磁开关，立即用毛刷刷净吸附在淌样板上的磁性金属物（含有少量试样），并收集到放置的白纸上。

2）分离板分离：将收集有磁性金属物和残留试样混合物的白纸放在事先准备好的分离板上，用手拉住纸的两端，沿分离板前后、左右移动，使磁性金属物与分离板充分接触并集中在一处，然后用洗耳球轻轻吹弃纸上的残留试样，最后将留在纸上的磁性金属物收集到称量纸上。

3）重复分离：将第一次分离后的试样，再按照1）和2）重复分离，直至分离后在白纸上观察不到磁性金属物，最后将每次分离的磁性金属物合并到称量纸上。

4）检查：将收集有磁性金属物的称量纸放在分离板上，仔细观察是否还有试样粉粒，若有试样粉粒，则用洗耳球轻轻将其吹弃。

（3）称量　将磁性金属物和称量纸一并称量（m_1），精确至0.0001g，然后弃去磁性金属物再称量（m_0），精确至0.0001g。

4. 结果计算

磁性金属物含量（X）按式（1-3-17）计算。

$$X = \frac{m_1 - m_0}{m} \times 1000 \tag{1-3-17}$$

式中　X——磁性金属物含量（g/kg）；

m_1——磁性金属物和称量纸的质量（g）；

m_0——称量纸的质量（g）；

m——试样质量（g）。

双试验测定值以高值为该试样的测定结果。

5. 注意事项

粉类磁性金属物通常是指粉类粮食中混入的磁性金属物质及细铁粉。通常在制粉工艺过程中，从原粮清理到打包，均有磁铁设备，以吸除磁性金属物。但由于机器的磨损、清理不善、粉路流量过大或磁铁磁性变小等原因，使粉类中的磁性金属物含量超过允许限度。混入粉类粮食中的磁性金属物属于对人体肠胃有害的杂质，因为它能刺破胃壁和肠壁，引起胃肠疾病，同时也影响粉类粮食的食用品质。因此，对粉类粮食中的磁性金属物含量必须严格加以限制。

本方法适用于小麦粉、大米粉、糯米粉、玉米粉及各种谷物营养粉等商品粉类粮食中磁性金属物含量的测定。

注意：双试验测定值以高值为该试样的测定结果。分离板示意图如图 1-3-2 所示。

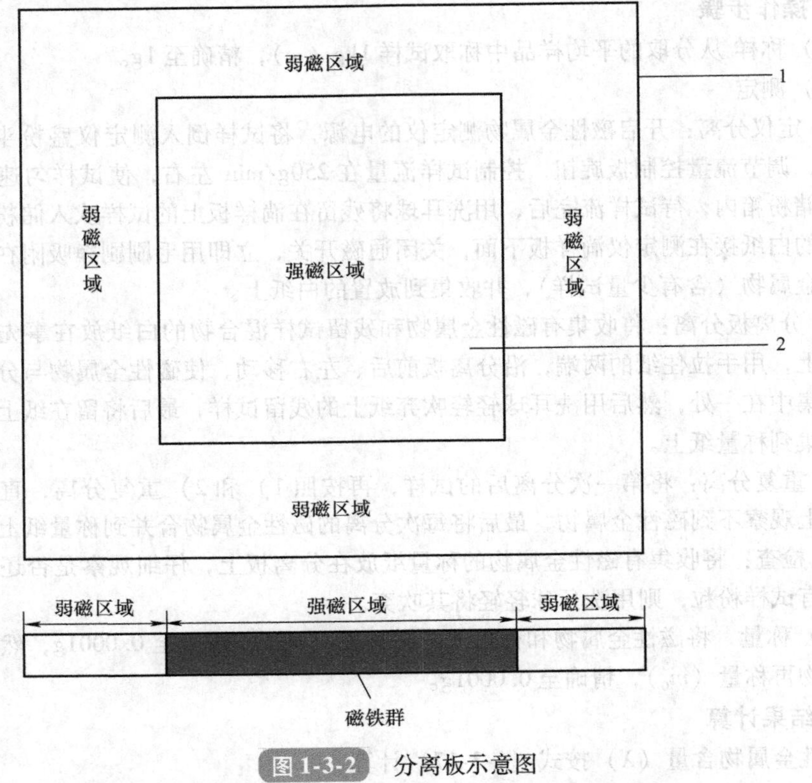

图 1-3-2 分离板示意图

1—分离板、尺寸为 210mm × 210mm × 6mm　2—强磁区域，尺寸为 130mm × 130mm

技能训练 7　小麦粉中面筋的测定

1. 手洗法测定湿面筋

（1）原理　小麦粉、颗粒粉或全麦粉加入氯化钠溶液制成面团，静置一段时间以形成面筋网络结构，然后用氯化钠溶液手洗面团，去除面团中淀粉等物质及多余的水，使面筋分离出来。

（2）仪器与试剂

1）仪器：玻璃棒或牛角匙、移液管（容量为 25mL，最小刻度为 0.1mL）、烧杯（250mL 和 100mL）、挤压板（9cm × 16cm，厚度为 3 ~ 5cm 的玻璃板或不锈钢板，周围贴 0.3 ~ 0.4mm 胶布或胶纸，共两块）、带下口的玻璃瓶（5L）、手套、带筛绢的筛具（30cm × 40cm，底部绷紧 CQ20 号绢筛，筛框为木质或金属）、秒表、天平（感量为 0.01g）、毛玻璃盘（约 40cm × 40cm）小型试验磨（能够制备符合要求的粗细度的样品）。

2）试剂

① 20g/L 氯化钠溶液：将 200g 氯化钠（NaCl）溶解于水中配制成 10L 溶液。

② 碘化钾/碘溶液（Lugol 溶液）：将 2.54g 碘化钾（KI）溶解于水中，加入 1.27g 碘（I_2），完全溶解后定容至 100mL。

（3）样品的制备　从平均样品中分取 100g。对于小麦粉样品，充分混匀并按照 GB/T 21305—2007 规定的方法测定样品水分后测定面筋含量。对于小麦或颗粒粉样品，在测定面筋含量之前，按照 GB/T 5506.1—2008 中附录 A 的方法用小型试验磨碾磨小麦或颗粒粉，使其颗粒大小符合规定要求。为防止样品水分的变化，在碾磨和保存样品时应格外小心。

（4）操作步骤

1）氯化钠溶液制备和洗涤面团工作准备。

2）称样：称量待测样品 10g（换算成 14％水分含量），精确至 0.01g，置于小搪瓷碗或 100mL 烧杯中，记录为 m_1。

3）面团的制备和静置：用玻璃棒或牛角匙不停地搅动样品的同时，用移液管逐滴加入 4.6～5.2mL 氯化钠溶液；搅拌，使其形成球状面团，注意避免造成样品损失，同时黏附在器皿壁上或玻璃棒、牛角匙上的残余面团也应收到面团球上；面团样品制备时间不能超过 3min。

4）洗涤：将面团放在手掌中心，用容器中的氯化钠溶液以每分钟约 50mL 的流量洗涤 8min，同时用另一只手的大拇指不停地揉搓面团。将已经形成的面筋球继续用自来水冲洗、揉捏，直至将面筋中的淀粉洗净为止（洗涤需要 2min 以上，测定全麦粉面筋时应适当延长时间）。

5）当从面筋球上挤出的水中无淀粉时表示洗涤完成。为了测试洗出液是否无淀粉，可以从面筋球上挤出几滴洗涤液滴到表面皿上，加入几滴碘化钾/碘溶液。若溶液颜色无变化，则表明洗涤已经完成；若溶液颜色变蓝，则说明仍有淀粉，应继续进行洗涤，直至检测不出淀粉为止。

（5）排水

1）将面筋球用一只手的几个手指捏住并挤压 3 次，以去除在其上的大部分洗涤液。

2）将面筋球放在洁净的挤压板上，用另一块挤压板压挤面筋，排出面筋中的游离水。每压一次后取下并擦干挤压板。反复压挤，直到稍感面筋粘手或粘板为止（挤压约 15 次）。也可采用离心装置排水，离心机转速为 6000r/min ± 5r/min，加速度为 2000g，并有孔径为 500μm 的筛盒，然后用手掌轻轻揉搓面筋团至稍感粘手为止。

（6）测定湿面筋的质量　排水后取出面筋，放在预先称重的表面皿或滤纸上称重，准确至 0.01g，湿面筋质量记录为 m_2。

（7）测定次数　同一个样品做两次试验。

（8）结果计算　按式（1-3-18）计算试样的湿面筋含量。

$$G_{wet} = \frac{m_2}{m_1} \times 100\% \qquad (1\text{-}3\text{-}18)$$

式中　G_{wet}——试样中湿面筋的含量（以质量分数表示）；

m_1——测试样品的质量（g）；

m_2——湿面筋的质量（g）。

双试验允许差不超过0.1%，求其平均数，即为测定结果，结果保留一位小数。测定结果准确至0.1%。

2. 仪器法测定湿面筋

（1）原理　小麦粉、颗粒粉或全麦粉加入氯化钠溶液制成面团，静置一段时间以形成面筋网络结构，然后用氯化钠溶液机洗面团，去除面团中淀粉等物质及多余的水，使面筋分离出来。

（2）仪器与试剂

1）仪器

① 面筋仪：由一个或两个洗涤室、混合钩以及用于面筋分离的电动分离装置构成。

a. 洗涤室：配备有镀铬筛网架和筛孔为88μm的聚酯筛或筛孔为80μm的金属筛，以及筛孔为840μm的聚酰胺筛或筛孔为800μm的金属筛。

b. 混合钩：与镀铬筛网架之间的距离为0.7mm±0.5mm，并用筛规进行校正。

c. 塑料容器：容量为10L，用于储存氯化钠溶液。

d. 进液装置：输送氯化钠溶液的蠕动泵，使其可在50~56mL/min的恒定流量下洗涤面筋。

② 可调移液器：可向试样中加氯化钠溶液3~10mL，精度为±0.1mL。

③ 离心机：能够保持6000r/min±5r/min的转速，加速度为2000g，并有孔径为500μm的筛盒。

④ 其他仪器：天平（感量为0.01g）、不锈钢挤压板、500mL烧杯、金属镊子与小型试验磨（能够制备符合要求的粗细度的样品）。

2）试剂

① 20g/L氯化钠溶液：将200g氯化钠（NaCl）溶解于水中配制成10L溶液，使用时的温度应为22℃±2℃。

② 碘化钾/碘溶液（Lugol溶液）。将2.54g碘化钾（KI）溶解于水中，加入1.27g碘（I_2），完全溶解后定容至100mL。

（3）样品的制备　从平均样品中分取100g。对于小麦粉样品，充分混匀后按照GB/T 21305—2007规定的方法测定样品水分后测定面筋含量。对于小麦或颗粒粉样品，在测定面筋含量之前，按照GB/T 5506.2—2008附录B中的方法用小型试验磨碾磨小麦或颗粒粉，使其颗粒大小符合规定的要求。为防止样品中水分变化，在碾磨和保存样品时应格外小心。

（4）操作步骤

1）准备面筋仪和洗涤面团，其操作使用过程与仪器使用手册一致。

2）称样：称量10g待测样品，精确至0.01g，选择正确的清洁筛网，并在试验前润湿，将称好的样品全部放入面筋仪的洗涤室中，轻轻晃动洗涤室，使样品分布均匀。

3）面团的制备：用可调移液器向待测样品中加入4.8mL氯化钠溶液（移液器流出

的水流应直接对着洗涤室壁，避免其直接穿过筛网），轻轻晃动洗涤室，使溶液均匀分布在样品的表面。

氯化钠溶液的用量可以根据面筋含量的高低或者面筋强弱进行调整。如果混合时面团很黏（洗涤室的水溢出），则应减少盐溶液的用量（最低为4.2mL）。若混合过程中形成了很强很坚实的面团，则氯化钠溶液的加入量可增加到5.2mL。厂家预设的混合时间为20s，可根据使用者的需要进行调整。

4）面团的洗涤

① 一般要求：洗涤过程中应注意观察洗涤室中排出液的清澈程度，当排出液变得清澈时，可认为洗涤完成。用碘化钾溶液可检查排出液中是否还有淀粉。

② 小麦粉和颗粒粉的测试：仪器预设的洗涤时间为5min，在操作过程中通常需要250～280mL的氯化钠洗涤液。洗涤液通过仪器以预先设置的恒定流量自动传输，根据仪器的不同，流量设置为50～56mL/min。

③ 全麦粉的测试：洗涤2min后停止，取下洗涤室，在水龙头下用冷水流小心地把全部已经部分洗涤的含有麸皮的面筋，转移到另一个筛孔孔径为840μm粗筛网的聚酰胺洗涤室中。建议把两个洗涤室口对口且细筛网的洗涤室在上，进行转移。

将盛有面筋的粗筛网洗涤室放在仪器的工作位置，继续洗涤面筋直至洗涤程序完成。

④ 特殊情况：如果自动洗涤程序无法完成面团的充分洗涤，则可以在洗涤过程中，人工加入氯化钠溶液，或者调整仪器重复进行洗涤。

5）离心、称重：洗涤完成以后，用金属镊子将湿面筋从洗涤室中取出，确保洗涤室中不留有任何湿面筋。

将面筋分成大约相等的两份，轻轻压在离心机的筛盒上。

起动离心机，离心60s，用金属镊子取下湿面筋，并立刻称重（m_1），精确到0.01g。

（5）结果计算　样品中湿面筋的含量应按式（1-3-19）计算。

$$G_{wet} = \frac{m_1}{10} \times 100\% \tag{1-3-19}$$

式中　m_1——湿面筋的质量（g）；

10——样品质量（g）。

如果两次试验的重复性满足要求，则结果取两次试验的算术平均值，保留一位小数。

（6）注意事项

1）面筋一般是指将面粉加水和成面团，再用水洗去面团中的淀粉、麸星和水溶性物质，最后剩下的不溶于水的胶状物质，即为面筋。湿面筋通常是指按照GB/T 5506.1—2008规定的方法得到的，主要有小麦的两种蛋白质组分（谷蛋白和醇溶蛋白）经水合而成的，未经脱水干燥的具有黏弹性的物质。

2）全麦粉是指小麦经小型磨粉碎而成的颗粒度符合国家标准要求的细粉。颗粒粉是指硬质小麦经制粉机碾磨和分离制成的细粉。小麦粉是指小麦经实验室制粉机碾磨分离的颗粒度小于250μm的粉。

3）面筋的主要成分是蛋白质，它给小麦赋予了与众不同的加工特性。面团发酵时产生的大量二氧化碳依靠面筋的黏结力和弹性被大量地保存后，使蒸制的馒头或烤制的面包酥松多孔，质地优良，食之可口。面筋的含量和性质是衡量小麦粉质量的重要标志，也是决定面粉用途的重要依据。因此，研究和测定小麦面筋，对小麦加工和储藏都有重大意义。

4）常用的面筋测定方法有手洗法和仪器法两种。待测样品和氯化钠溶液应至少在测定实验室放置一夜，待测样品和氯化钠溶液的温度应调整到20～25℃。

5）洗涤面筋的操作应该在带筛绢的筛具上进行，以防止面团损失。在操作过程中，人员应该戴橡胶手套，以防止面团吸收手的热量和被手部排汗污染。机洗面筋时，应注意筛网的选择。小麦粉和颗粒粉样品的测试应使用筛孔孔径为88μm的聚酯筛或筛孔孔径为80μm的金属筛，测试全麦粉样品时应选用底部有环圈标记的筛网架，筛孔孔径为840μm的聚酰胺筛或筛孔为800μm的金属筛。测试报告中应指明筛网孔径的大小。

6）温度对于面筋的形成有较大影响，洗面筋时应注意水温的变化，一般水温应控制在25～40℃。

技能训练8　粉类粮食粗细度的测定

1. 原理

样品在不同规格的筛子上进行筛理，不同颗粒的样品彼此分离，根据筛上物残留量计算出粉类粮食的粗细度。

2. 仪器和用具

1）电动验粉筛：回转直径为50mm，回转速度为260r/min，形状为圆形，直径为300mm，高度为30mm，筛绢规格主要包括CQ10、CQ16、CQ20、CQ27、CB30、CB36、CB42等。

2）其他仪器：天平（感量为0.1g）、表面皿、取样铲、称样勺、毛刷、清理块等。

3. 操作步骤

（1）样品的制备　按GB 5491—1985执行。

（2）仪器的安装　根据测定目的，选择符合要求的一定规格的筛子，用毛刷把每个筛子的筛绢上面、下面分别刷一遍，然后按大孔筛在上，小孔筛在下，最下层是筛底，最上面是筛盖的顺序安装。

（3）测定　从混匀的样品中称取试样50.0g（m），放入上筛层中，同时放入清理块，盖好筛盖，按要求固定好筛子，定时10min，打开电源开关，验粉筛自动筛理。

（4）称量　验粉筛停止后，用双手轻拍筛框的三个不同方向，然后取下各筛层，将每一筛层倾斜，用毛笔把筛面上的留存物刷到表面皿中。称量上层筛残留物（m_1），低于0.1g时忽略不计；合并称量由测定目的所规定的筛层残留物（m_2）。

4. 结果计算

粗细度以残留在规定筛层上的粉类占试样的质量分数表示，计算公式为

$$X_1 = \frac{m_1}{m} \times 100\% \qquad (1\text{-}3\text{-}20)$$

$$X_2 = \frac{m_2}{m} \times 100\% \qquad (1\text{-}3\text{-}21)$$

式中　X_1、X_2——试样粗细度（质量分数）；

m_1——上层筛残留物的质量（g）；

m_2——下层筛残留物的质量（g）；

m——试样质量（g）。

在重复性条件下，获得的两次独立试验结果的绝对差值不大于0.5%，求其平均数，即为测试结果。测试结果保留到小数点后一位。

5. 注意事项

粉类粗细度通常是指粉类粮食的粉粒大小程度，通常以存留在筛面上的部分占试样的质量分数来表示。筛上物残留量一般是指试样在规定的测定步骤下，存留在筛面上的物质的质量，用克表示。

粉类粗细度反映了粉类的整齐度和加工精度，是评价粉类食品品质好坏的重要指标之一。通常按规定的筛层进行筛理，留存在筛上的物质越多，表明粉粒细度越差，麸皮含量越高，加工精度越低。测试完成后，务必将绢筛清理干净，以免储存过程中被虫蛀。

技能训练9　植物油脂的感官测定

1. 透明度的测定

（1）仪器和用具　比色管（100mL，直径为25mm）、恒温水浴锅（0～100℃）、乳白色灯泡等。

（2）操作方法

1）当油脂样品在常温下为液态时，量取试样100mL注入比色管中，在20℃下静置24h（蓖麻油静置48h），然后移置到乳白色灯泡前（或在比色管后衬以白纸），观察透明程度，记录观察结果。

2）当油脂样品在常温下为固态或半固态时，根据该油脂熔点熔化样品，但温度不得高于熔点5℃。待样品熔化后，量取试样100mL注入比色管中，设定恒温水浴温度为产品标准中“透明度”规定的温度，将盛有样品的比色管放入恒温水浴中，静置24h，然后移置到乳白色灯泡前（或在比色管后衬以白纸），迅速观察透明程度，记录观察结果。

（3）结果表示　观察结果用“透明”“微浊”“混浊”字样表示。

2. 气味、滋味的鉴定

（1）仪器和用具　烧杯（100mL）、温度计（0～100℃）、可调电炉（电压为220V，频率为50Hz，功率小于1000W）、酒精灯。

（2）操作方法　取少量油脂样品注入烧杯中，均匀加温至50℃，离开电源，用玻璃棒边搅拌边嗅气味，同时品尝样品的滋味。

（3）结果表示

1）气味的表示：当样品具有油脂固有的气味时，结果用“具有某某油脂固有的气味”表示；当样品无味或无异味时，结果用“无味”或“无异味”表示；当样品有异味时，结果用“有异常气味”表示，再具体说明异味为哈喇味、酸败味、汽油味、柴油味、热煳味、腐臭味等。

2）滋味的表示：当样品具有油脂固有的滋味时，结果用“具有某某油脂固有的滋味”表示；当样品无味或无异味时，结果用“无味”或“无异味”表示；当样品有异味时，结果用“有异常滋味”表示，再具体说明异味为哈喇味、酸败味、汽油味、柴油味、热煳味、腐臭味、土味、青草味等。

3. 注意事项

1）按照 GB/T 15687—2008 制备试验样品，且样品不需要过滤。

2）油脂品尝是指依靠人的感觉器官，对油脂的气味、滋味进行品尝，以评定油脂品质的优劣，因此要求品评人员具有较敏锐的感觉器官和鉴别能力。

3）要求品评人员在品评前 1h 内不吸烟、不吃东西，但可以喝水，品评期间具有正常的生理状态，不能饥饿或过饱；品评人员在品评期间不应使用化妆品或其他有明显气味的用品。

4）品评试验应在专用实验室内进行。实验室应由样品制备室和品评室组成，两者应独立。品评室应能够充分换气，避免异味或残留气味干扰，室温为 20～25℃，无强噪声，有足够的光线强度，室内色彩柔和，避免强对比色彩。

5）油脂若储藏不当，则会发生化学变化即油脂酸败。酸败的油脂则失去天然固有的气味而产生酸味或哈喇味等不愉快的气味。因此，通过对油脂气味和滋味的鉴定，可以了解油脂的种类、品质的好坏、酸败的程度，以及油脂的新鲜程度、能否食用、有无掺杂，还可以衡量制油工艺是否符合要求等。

技能训练 10　粮食及其制品的感官测定

1. 原理

取一定数量的样品，去除其中的杂质，在规定的条件下，按照规定方法，借助感觉器官鉴定其色泽、气味、口味，以“正常”或“不正常”表示。

2. 仪器

天平（感量为 1g）、谷物选筛、贴有黑纸的平板（20cm×40cm）、广口瓶、水浴等。

3. 操作步骤

（1）样品的制备　试样的扦样和分样应按 GB 5491—1985 执行，样品应去除杂质。

（2）色泽的鉴定　分取试样 20～50g，放在手掌中均匀摊平，在散射光线下仔细观察样品的整体颜色和光泽。对色泽不易鉴定的样品，应根据不同的粮种，取 100～150g 样品，在黑色平板上均匀地摊成 15cm×20cm 的薄层，在散射光线下仔细观察样品的整体颜色和光泽。正常的粮食、油料应具有固有的颜色和色泽。

（3）气味的鉴定　分取试样20～50g，放在手掌中用哈气或摩擦的方法提高样品的温度后，立即嗅其气味。对于气味不易鉴定的样品，应分取试样20g，放入广口瓶中，置于60～70℃的水浴锅内，盖上瓶塞，颗粒状样品保温8～10min，粉末状样品保温3～5min，开盖嗅辨气味。正常的粮食、油料应具有固有的气味。

（4）口味的鉴定　稻谷、大米按GB/T 20569—2008中附录B执行，小麦按GB/T 20571—2006中附录A执行，玉米按GB/T 20570—2006中附录B执行。

4. 结果表示

1）粮食、油料的色泽和气味的鉴定结果以“正常”或“不正常”表示，对“不正常”的应加以说明。

2）稻谷、大米、小麦、玉米口味的鉴定结果以“正常”或“不正常”表示。品尝评分值不低于60分的为“正常”，低于60分的为“不正常”，对“不正常”的应加以说明。

5. 说明及注意事项

色泽、气味和口味的鉴定是借助于检验者感觉器官和试验经验进行鉴定一种感官鉴定方法，要求检验者要有一定的实践经验。通过对粮食及其制品的色泽、气味和口味的鉴定，可以初步判断粮食及其制品的新陈程度及性质有无异常变化。

第二节　糕点类产品的检验

技能训练目标

1）了解面包比容、饼干中水分、面包酸度的测定原理。
2）熟悉仪器与试剂，并能够规范操作试验仪器，科学配制相关试剂。
3）规范完成各试验操作步骤，科学读取相关数据，并做好试验记录。
4）完成试验结果计算，并能科学分析试验数据，完成试验报告的编制。
5）正确理解注意事项，并能够在试验过程中解决常见问题。

技能训练内容及依据

糕点类产品检验专项技能训练的内容及依据见表1-3-4。

表1-3-4　糕点类产品检验专项技能训练的内容及依据

序　号	技能训练项目名称	国家标准依据
1	面包比容的测定	GB/T 20981—2007
2	饼干中水分的测定	GB/T 20980—2007 GB 5009.3—2010
3	面包酸度的测定	GB/T 20981—2007

技能训练1　面包比容的测定

面包是以小麦粉、酵母、食盐、水为主要原料，加入适量辅料，经搅拌面团、发酵、整形、醒发、烘烤或油炸等工艺制成的松软多孔的食品，以及烤制成熟前或后在面包坯表面或内部添加奶油、人造黄油、蛋白、可可、果酱等的制品。

比容是单位质量的物质所占有的体积。其数值是密度的倒数。

面包的比容指标是面包的重要质量指标之一。它反映的是面团体积膨胀程度及保持能力，是成品面包的外形、口感、组织的量化体现。面包比容是生产企业质量控制的重点控制对象之一，也是生产企业及监督部门的常规检验指标。

1. 仪器

天平（感量为0.1g）、面包体积测定仪（测定范围为0～1000mL）

2. 操作步骤

（1）样品的采集　同一天同一班次生产的同一品种的产品为一批，根据每批生产包装件数抽样，具体抽样件数见表1-3-5。

表1-3-5　抽样件数一览表

每批生产包装数量/件	抽样数量/件
200（含200）以下	3
201～800	4
801～1800	5
1801～3200	6
>3200	7

预包装产品应在成品仓库内抽样，现场制作产品，在产品冷却至环境温度后，在售卖区内随机抽取样品。

（2）分析步骤

1）称量待测面包，精确至0.1g，记录数据。

2）当待测面包体积不大于400mL时，先把底箱盖好，打开顶箱盖子和插板，从顶箱放入填充物，至标尺零线，盖好顶盖后，反复颠倒几次，调整填充物加入量至标尺零线。测量时，先把填充物倒置于顶箱，关闭插板开关，打开底箱盖，放入待测面包，盖好底盖，拉开插板使填充物自然落下，在标尺上读出填充物的刻度，即为面包的实测体积。

3）当待测面包体积大于400mL时，先把底箱打开，放入400mL的标准模块，盖好底箱，打开顶箱盖子和插板，从顶箱放入填充物，至标尺零线，盖好顶盖后，反复颠倒几次，消除死角空隙，调整填充物加入量至标尺零线。测量时，先把填充物倒置于顶箱，关闭插板开关，打开底箱盖，取出标准模块，放入待测面包，盖好底盖，拉开插板使填充物自然落下，在标尺上读出填充物的刻度，即为面包的实测体积。

（3）结果计算

$$P = \frac{V}{m} \tag{1-3-22}$$

式中　P——面包比容（mL/g）；

V——面包体积（mL）；

m——面包质量（g）。

（4）注意事项　此方法为 GB/T 20981—2007 中的第一法，也为仲裁方法。如果企业没有配备面包体积测定仪，则可通过 GB/T 20981—2007 中的第二法进行出厂检验。

技能训练 2　饼干中水分的测定

饼干是以小麦粉（可添加糯米粉、淀粉等）为主要原料，加入（或不加入）糖、油脂及其他原料，经调粉（或调浆）、成型、烘烤（或煎烤）等工艺制成的口感酥松或松脆的食品。

饼干中的含水量对食品的品质、延长食品的保藏期限有明显的影响。若其含水量高，则容易腐败变质，使保藏期缩短；若其含水量低，则影响产品口感、色泽等。各类饼干的含水量都有各自的标准，水分含量上升或降低 1%（质量分数），对产品质量和经济效益均有很大的影响。饼干中水分含量测定指标见表 1-3-6。

表 1-3-6　饼干中水分含量测定指标（质量分数）

产品名称	酥性饼干	韧性饼干	发酵饼干	压缩饼干
含水量	≤4.0%	≤4.0%①	≤5.0%	≤6.0%
产品名称	曲奇饼干	夹心（注心）饼干	威化饼干	蛋圆饼干
含水量	≤4.0%②	≤6.0%	≤3.0%	≤4.0%
产品名称	蛋卷	煎饼	装饰饼干	水泡饼干
含水量	≤4.0%	≤5.5%	执行饼干基片相应品种的要求	≤6.5%

① 冲泡型的应小于或等于 6.5%。

② 软型的应小于或等于 9%。

1. 仪器

扁形铝制或玻璃制称量瓶、电热恒温干燥箱、干燥器（内附有效干燥剂，如硅胶干燥剂）、天平（感量为 0.1mg）

2. 操作

（1）样品的采集　从每批产品中按 5∶10000 的比例随机抽取样品，但抽样量最低不应少于 2.5kg，最高为 5kg，形成初始样品。

（2）试验操作

1）取洁净的铝制或玻璃制扁形称量瓶，置于 101～105℃干燥箱中，将瓶盖斜支于瓶边，加热 1.0h，取出盖好，置于干燥器内冷却 0.5h，称量。重复干燥 0.5h，取出盖好，置于干燥器内冷却至室温，称量。前后两次质量差不超过2mg，即为恒重，备用。若前后两次质量差大于2mg，则重复干燥、冷却，直至恒重。

两次恒重值在最后计算中，取最后一次的称量值，记为m_0。

2）将混合均匀的检验试样迅速磨细至颗粒直径小于2mm，称取2～10g试样（精确至0.0001g），放入此称量瓶中，试样厚度不超过10mm，加盖，精密称量，记为m_1，置于101～105℃干燥箱中，将瓶盖斜支于瓶边，干燥2～4h后，盖好取出，放入干燥器内冷却0.5h后称量，然后再放入101～105℃干燥箱中干燥1h左右，取出，放入干燥器内冷却0.5h后再称量。重复以上操作至前后两次质量差不超过2mg，即为恒重，记m_2。

3. 结果计算

$$X = \frac{m_1 - m_2}{m_1 - m_0} \times 100 \qquad (1\text{-}3\text{-}23)$$

式中 X——试样中水分的含量（g/100g）；

m_1——称量瓶和试样的质量（g）；

m_2——称量瓶和试样干燥至恒重后的质量（g）；

m_0——称量瓶的质量（g）。

当水分含量大于或等于1g/100g时，计算结果保留三位有效数字；当水分含量小于1g/100g时，结果保留两位有效数字。

4. 注意事项

上述方法为GB 5009.3—2010中的第一法（直接干燥法），适用于在101～105℃下，不含或含其他挥发性物质甚微的谷物及其制品、水产品、豆制品、乳制品、肉制品及卤菜制品等食品中水分的测定，不适用于水分含量小于0.5g/100g的样品。

当需对其他样品进行测定时，可参照GB 5009.3—2010，选用减压干燥法、蒸馏法、卡尔·费休法等。

技能训练3 面包酸度的测定

1. 原理

面包的酸度通常用总酸度来表示，即其滴定酸度，是食品中所有酸性物质的总量。面包的酸度可以直接反映出面包的品质和发酵工艺的控制有效性。各类面包的酸度指标应小于或等于6°T。

2. 仪器和试剂

（1）仪器 25mL碱式滴定管、250mL锥形瓶。

（2）试剂

1）0.1mol/L NaOH标准溶液：称取110g NaOH，溶于100mL不含二氧化碳的水中，摇匀，注入聚乙烯容器中，密闭放置至溶液清亮，然后用塑料管量取上层清液5.4mL，用不含二氧化碳的水稀释至1000mL，摇匀；准确称取于105～110℃电烘箱中干燥至恒重的工作基准试剂邻苯二甲酸氢钾0.75g，加50mL不含二氧化碳的水溶解，加2滴酚酞指示液，用配制好的NaOH溶液滴定至溶液呈粉红色，并保持30s。同时做空白试验，计算出 NaOH 标准溶液的浓度。

2）1% 酚酞指示剂：称取酚酞 1g，溶于 60mL 体积分数为 95% 的乙醇中，用水稀释至 100mL。

3. 操作步骤

（1）碱式滴定管的准备　碱式滴定管的准备需要经过六步，即检漏、清洗、润洗、装液、排气与调零。

（2）碱式滴定管的滴定操作

1）样品的处理：称取面包心 25g，精确到 0.1g，加入不含二氧化碳的蒸馏水 60mL，用玻璃棒将样品捣碎，移入 250mL 容量瓶中，定容至刻度，摇匀，静置 10min 后再摇 2min，静置 10min，用纱布或滤纸过滤。

2）准确移取滤液 25mL 置于 200mL 锥形瓶中，加入酚酞指示液 2 ~ 8 滴，用 NaOH 标准溶液（0.1mol/L）滴定至微红色且 30s 不退色，记录耗用 NaOH 标准溶液的体积，同时用蒸馏水做空白试验。

4. 结果计算

酸度按式（1-3-24）计算。

$$T = \frac{c \times (V_1 - V_2)}{m} \times 1000 \qquad (1\text{-}3\text{-}24)$$

式中 T——酸度（°T）；

c——NaOH 标准溶液的实际浓度（mol/L）；

V_1——滴定试液时消耗 NaOH 标准溶液的体积（mL）；

V_2——空白试验时消耗 NaOH 标准溶液的体积（mL）；

m——面包样品的质量（g）。

第三节　乳及乳制品的检验

技能训练目标

1）了解乳制品水分、婴幼儿食品和乳品溶解性、面包酸度、乳制品灰分与杂质度的测定原理。

2）熟悉仪器与试剂，并能够规范操作试验仪器，科学配制相关试剂。

3）规范完成各试验操作步骤，科学读取相关数据，并做好试验记录。

4）完成试验结果计算，并能科学分析试验数据，完成试验报告的编制。

5）正确理解注意事项，并能够在试验过程中解决常见问题。

技能训练内容及依据

乳及乳制品检验专项技能训练的内容及其依据见表 1-3-7。

表 1-3-7　乳及乳制品检验专项技能训练的内容及其依据

序　号	训练项目名称	国家标准依据
1	乳制品中水分的测定	GB 5009.3—2010
2	婴幼儿食品和乳品溶解性的测定	GB 5413.29—2010
3	乳制品中灰分的测定	GB 5009.4—2010
4	乳和乳制品酸度的测定	GB 5413.34—2010
5	乳和乳制品杂质度的测定	GB 5413.30—2010

技能训练 1　乳制品中水分的测定

卡尔·费休水分测定法又分为库仑法和容量法。库仑法测定的碘是通过化学反应产生的，只要电解液中存在水，所产生的碘就会与水和二氧化硫以 1:1 的关系按照化学反应式进行反应。所有的水都参与了化学反应后，过量的碘就会在电极的阳极区域形成，反应终止。容量法测定的碘是作为滴定剂加入的，滴定剂中碘的浓度是已知的，根据消耗滴定剂的体积，计算消耗碘的量，从而计量出被测物质中水的含量。

根据碘能与水和二氧化硫发生化学反应的原理，在有吡啶和甲醇共存时，1mol 碘只与 1mol 水作用，反应式为

$$C_5H_5N \cdot I_2 + C_5H_5N \cdot SO_2 + C_5H_5N + H_2O + CH_3OH = 2C_5H_5N \cdot HI + C_5H_6N[SO_4CH_3]$$

本方法适用于乳制品中无水奶油水分含量的测定。容量法适用于水分含量大于 1.0×10^{-3}g/100g 的样品，库仑法适用于水分含量大于 1.0×10^{-5}g/100g 的样品。

1. 仪器与试剂

卡尔·费休水分测定仪、天平（感量为 0.1mg）、卡尔·费休试剂、无水甲醇（CH_4O，优级纯）。

2. 操作步骤

（1）卡尔·费休试剂的标定（容量法）　在反应瓶中加一定体积（浸没铂电极）的甲醇，在搅拌下用卡尔·费休试剂滴定至终点，加入 10mg 水（精确至 0.0001g），滴定至终点并记录卡尔·费休试剂的用量（V）。卡尔·费休试剂的滴定度按式（1-3-25）计算。

$$T = \frac{m}{V} \tag{1-3-25}$$

式中　T——卡尔·费休试剂的滴定度（mg/mL）；

m——水的质量（mg）；

V——滴定水消耗的卡尔·费休试剂的用量（mL）。

（2）试样前处理及水分的测定　可粉碎的固体试样要尽量粉碎，使之均匀，不易粉碎的试样可切碎。于反应瓶中加一定体积的甲醇或卡尔·费休测定仪中规定的溶剂浸没铂电极，在搅拌下用卡尔·费休试剂滴定至终点，迅速将易溶于上述溶剂的试样直接加入滴定杯中，对于不易溶解的试样，应对滴定杯进行加热或加入已测定水分的其他溶

剂辅助溶解后用卡尔·费休试剂滴定至终点。建议用库仑法测定试样中的含水量应大于10μg，用容量法时应大于100μg。对于某些需要较长时间滴定的试样，需要扣除其漂移量。

（3）漂移量的测定　在滴定杯中加入与测定样品一致的溶剂，并滴定至终点，放置不少于10min后再滴定至终点，两次滴定之间的单位时间内的体积变化即为漂移量（D）。

3. 结果计算

固体试样中水分的含量按式（1-3-26）计算，液体试样中水分的含量按式（1-3-27）进行计算。

$$X = \frac{(V_1 - Dt) \times T}{M} \times 100 \tag{1-3-26}$$

$$X = \frac{(V_1 - Dt) \times T}{V_2 \rho} \times 100 \tag{1-3-27}$$

式中　X——试样中水分的含量（g/100g）；

V_1——滴定样品时消耗卡尔·费休试剂的体积（mL）；

T——卡尔·费休试剂的滴定度（g/mL）；

M——样品质量（g）；

V_2——液体样品的体积（mL）；

D——漂移量（mL/min）；

t——滴定时所消耗的时间（min）；

ρ——液体样品的密度（g/mL）。

水分含量大于或等于1g/100g时，计算结果保留三位有效数字；当水分含量小于1g/100g时，计算结果保留两位有效数字。

4. 精密度

在重复性条件下获得的两次独立测定结果的绝对差值不得超过算术平均值的10%。

技能训练2　婴幼儿食品和乳品溶解性的测定

1. 不溶度指数的测定

不溶度指数是指在规定的条件下，将乳粉或乳粉制品复原并进行离心，所得到沉淀物的毫升数。将样品加入到24℃的水中或50℃的水中，然后用特殊的搅拌器使之复原，静置一段时间后（有规定），使一定体积的复原乳在刻度离心管中离心，去除上层液体，加入与复原温度相同的水，使沉淀物重新悬浮，再次离心后，记录所得沉淀物的体积。注意：喷雾干燥产品复原时使用温度为24℃的水，部分滚筒干燥产品复原时使用温度为50℃的水。

不溶度指数法适用于不含大豆成分的乳粉的不溶度指数的测定。

（1）仪器与试剂

1）仪器

① 水浴锅：工作温度为24.0℃±0.2℃或50.0℃±0.2℃。

② 温度计：可测定温度为24℃或50℃，误差不超过±0.2℃。由于复原温度是影响不溶度指数的重要因素，因此在测定过程中所用温度计的准确度应符合规定。

③ 电动搅拌器：搅拌器轴上有16个不锈钢叶片，形状和尺寸如图1-3-3所示。叶片平的一面位于下方，对于按顺时针方向旋转的搅拌器，叶片从右向左朝上倾斜。有些搅拌器，其叶轮可能是逆时针旋转的。这些搅拌器的叶片要从左向右朝上倾斜，因此搅拌杯中液体运动方向产生的效果就与顺时针转动的叶轮一样。在其他方面，如轴的固定方式及与杯底部的距离，逆时针旋转叶轮与顺时针旋转叶轮的要求相同。

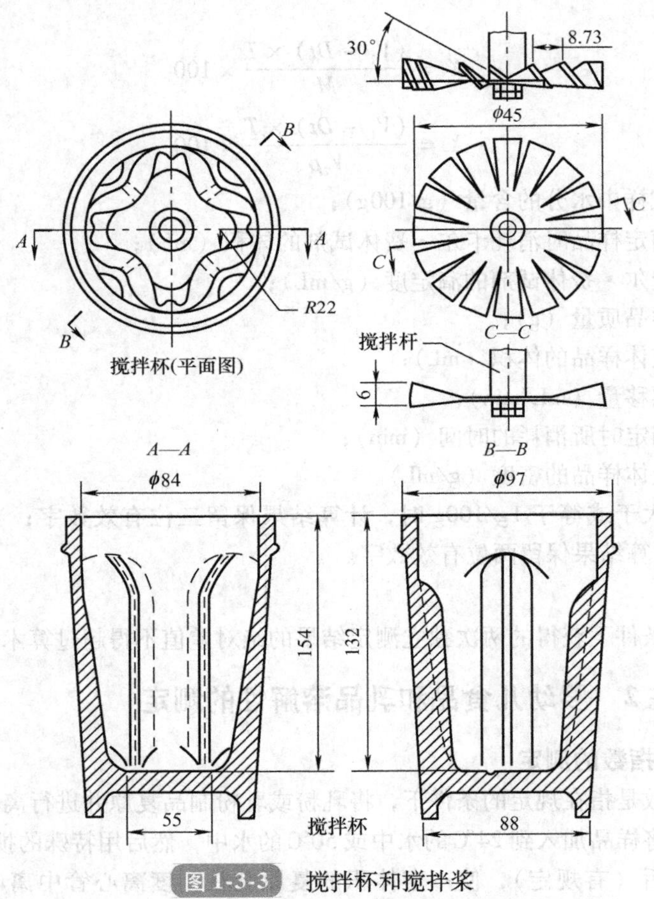

图1-3-3　搅拌杯和搅拌桨

叶片之间成30°角，水平齿间距（叶轮的圆周）为8.73mm。使用一段时间后这些尺寸可能会变化，因此应周期性地检查和维护。当搅拌杯固定在搅拌器上后，搅拌器轴的高度（即从叶片最低处到杯底的距离）应为10mm±2mm，也就是说杯的深度为132mm，由杯的顶部到叶片最低处的距离为122mm±2mm，从杯顶部到叶片最高处的距离为115mm±2mm。叶轮应位于杯中央。

当向搅拌杯中加入 100mL 24℃的水进行混合时，搅拌器接通后，叶轮的固定转速为3600r/min±100r/min（在5s之内达到）。叶轮的旋转方向应为顺时针（由图1-3-3可看出）。应使用电动测速仪定期检查负载情况下叶轮的转速（如上所述），这对旧型的搅拌器尤其重要。对于非同步电动机，转速可以用调速器或速度指示器调整到3600r/min±100r/min（适用于不能保证转速准确度的搅拌器）。

④ 电动离心机：有速度显示器，垂直负载，有适合于离心管并可向外转动的套管，管底加速度为 $160g_n$ 在离心过程中产生的加速度等于 $1.12rn^2\times10^6$。其中，r 为水平旋转的有效半径，单位为mm；n 为转速，单位为r/min，并且在离心机盖合时，温度保持在20～25℃。

⑤ 玻璃离心管：锥形，尺寸、刻度、标注、无光泽处的斑纹等如图1-3-4所示，带橡胶塞。刻度数和标注“mL（20℃）”应持久不退，刻度线应清晰干净。20℃时，其容量最大误差：

在0.1mL处为±0.05mL；在0.1～1mL处为±0.1mL；在1～2mL处为±0.2mL；在2～5mL处为±0.3mL；在5～10mL处为±0.5mL；在10mL处为±1mL。

作为日常生产控制，可以使用其他形状的离心管，但容量误差必须符合上面所列出的要求。如果是有争议的或需要确定的结果，则应使用上述规定的离心管。

⑥ 虹吸管或与水泵相连的吸管，可除去离心管中的上层液体，管由玻璃制成，并且带朝上的U形管，适于虹吸（见图1-3-4），可与电动搅拌器配套使用。

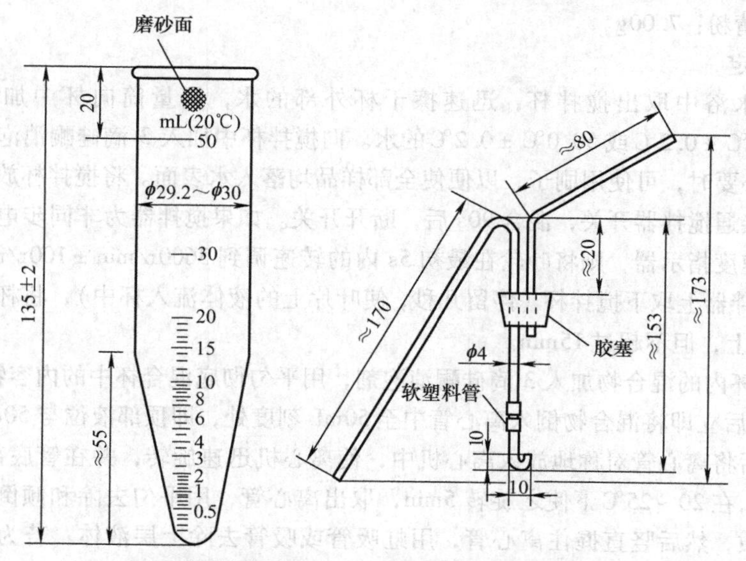

图1-3-4　离心管和相配的虹吸管

⑦ 搅拌杯（四叶型），形状如图1-3-3所示。

⑧ 其他仪器，如称样容器（表面光滑的勺，或干净且光滑的取样纸）、天平（感量为0.01g）、塑料量筒（20℃时容量为100mL±0.5mL，与玻璃量筒相比，塑料量筒比

热容较低，所以在量筒中加入水后，温度变化最小）、刷子、玻璃搅拌杯（容量为500mL）、计时器（可显示0～60s和0～60min）、平勺（长度约为210mm）、玻璃搅拌棒（长度为250mm，直径为3.5mm）。

2）试剂。硅酮消泡剂（硅酮乳化液的质量分数为30%），检验硅酮消泡剂的适用性（不加样品）。试验结束后，离心管底部可见硅酮液体体积不应大于0.01mL。除非另有规定，本方法所用试剂均为分析纯，水为GB/T 6682—2008规定的三级水。

（2）操作步骤

1）样品的制备：测定前，应保证实验室样品至少在室温（20～25℃）下保持48h，以便使影响不溶度指数的因素在各个样品中趋于一致，然后反复振荡和反转样品容器，混合实验室样品。如果容器太满，则将全部样品移入清洁、干燥、密闭、不透明的大容器中，按上述操作彻底混合。对于速溶乳粉，应小心地混合，以防样品颗粒减小。

2）搅拌杯的准备：根据不溶度指数的测定温度（24℃或50℃），分别将搅拌杯的温度调整到24.0℃±0.2℃或50.0℃±0.2℃。方法是将搅拌杯放入水浴中一段时间，使水位接近杯顶。

3）称样：用勺或称样纸称样，精确至0.01g。取样量如下：

① 全脂乳粉、部分脱脂乳粉、全脂加糖乳粉、乳基婴儿食品及其他以全脂乳粉和部分脱脂乳粉为原料生产的乳粉类产品：13.00g。

② 脱脂乳粉和酪乳粉：10.00g。

③ 乳清粉：7.00g。

4）测定

① 从水浴中取出搅拌杯，迅速擦干杯外部的水，用量筒向杯中加入100mL±0.5mL、24℃±0.2℃或50.0℃±0.2℃的水。向搅拌杯中加入3滴硅酮消泡剂，然后加入样品，必要时，可使用刷子，以便使全部样品均落入水表面。将搅拌杯放到搅拌器上固定好，接通搅拌器开关，混合90s后，断开开关。如果搅拌器为非同步电动机，带有调速器或速度指示器，则将叶轮在最初5s内的转速调到3600r/min±100r/min，并混合90s。从搅拌器上取下搅拌杯（停留几秒，使叶片上的液体流入杯中），将杯在室温下静置5min以上，但不超过15min。

② 向杯内的混合物加入3滴硅酮消泡剂，用平勺彻底混合杯中的内容物10s（不要过度），然后立即将混合物倒入离心管中至50mL刻度处，即顶部液位与50mL刻度线相吻合，然后将离心管对称地放入离心机中，使离心机迅速旋转，并在管底部产生160g_n的加速度。在20～25℃下使之旋转5min，取出离心管，用平勺去除和倾倒掉管内上层脂肪类物质，然后竖直握住离心管，用虹吸管或吸管去除上层液体。若为滚筒干燥产品，则吸到顶部液面与15mL刻度处重合；若为喷雾干燥乳粉，则吸到顶部液面与10mL刻度处重合。注意，不要搅动不溶物。如果沉淀物体积明显超过15mL或10mL，则不再进行下一步操作，记录不溶度指数为“15mL”或“>10mL”，并标明复原温度，反之，则应继续按以下步骤进行操作。

③ 向离心管中加入24℃或50℃的水，直到液位与30mL刻度重合，用搅拌棒充分

搅拌沉淀物，然后将搅拌棒抵靠管壁上，加入相同温度的水，将搅拌棒上的液体冲下，直到液位与50mL刻度处重合。用橡胶塞塞上离心管，缓慢翻转离心管5次，彻底混合内容物，然后打开塞子（将塞底部靠在离心管边缘，以收集附着在上面的液体），将离心管对称地放入离心机中，使离心机迅速旋转，并在管底部产生160g_n的加速度，在20～25℃下使之旋转5min。建议在将离心管放入离心机中时，使离心管刻度线的方向与离心机旋转的方向一致，这样即使使沉淀物顶部倾斜，也很容易将沉淀物体积估算出来。

④ 取出离心管，竖直握住离心管，以适当背景为对照，使眼睛与沉淀物顶部平齐，借助放大镜读取沉淀物的体积。如果沉淀物体积小于0.5mL，则精确至0.05mL。如果沉淀物体积大于0.5mL，则精确至0.1mL。如果沉淀物顶部倾斜，则估算其体积数。如果沉淀物顶部不齐，则将离心管垂直放置几分钟，通常沉淀物的顶部会变平一些，比较容易读数。记录复原水温度。以灯光或暗背景为对照观察离心管，沉淀物的顶部会更醒目、易读。

5）结果分析：样品的不溶度指数等于记录的沉淀物体积的毫升数，同时应报告复原时所用水的温度，如0.10mL（24℃）、4.1mL（50℃）。

6）其他

① 重复性：由同一分析人员，用相同仪器，在短时间间隔内，对同一样品所做的两次单独试验的结果之差不得超过0.138M（M是两次测定结果的平均值）。

② 重现性：由不同实验室的两个分析人员，对同一样品所做的两次单独试验结果之差不得超过0.328M（M为两次测定结果的平均值）。

2. 溶解度的测定

溶解度是指每100g样品经规定的溶解过程后，全部溶解的质量（单位为克）。溶解度法适用于婴幼儿食品和乳粉的溶解度的测定。

（1）仪器　离心管（50mL，厚壁、硬质）、烧杯（50mL）、离心机（转速同不溶度指数法）、称量皿（直径为50～70mm的铝皿或玻璃皿）。

（2）操作步骤　称取样品5g（精确至0.01g）置于50mL烧杯中，用38mL温度为25～30℃的水，分数次将其溶解于50mL离心管中，加塞；将离心管置于30℃水中保温5min，取出，振摇3min，置于离心机中，以适当的转速离心10min，使不溶物沉淀；倾去上清液，将管壁擦净，再加入38mL温度为25～30℃的水，加塞，上下振荡，使沉淀悬浮；再置于离心机中离心10min，倾去上清液，用棉栓仔细擦净管壁；用少量水将沉淀冲洗入已知质量的称量皿中，先在沸水浴上将皿中水分蒸干，再移入100℃烘箱中干燥至恒重（最后两次质量差不超过2mg）。

（3）结果计算　样品溶解度按式（1-3-28）计算。

$$X = 100 - \frac{(m_2 - m_1) \times 100}{(1 - B) \times m} \qquad (1\text{-}3\text{-}28)$$

式中　X——样品的溶解度（g/100g）；

m——样品的质量（g）；

m_1——称量皿的质量（g）；

m_2——称量皿和不溶物干燥后的质量（g）；

B——样品水分（质量分数）。

注意：加糖乳计算时要扣除加糖量。

（4）精密度　在重复性条件下获得的两次独立测定结果的绝对差值不得超过算术平均值的2%。

技能训练3　乳制品中灰分的测定

1. 原理

食品经灼烧后所残留的无机物质称为灰分。灰分数值是经灼烧、称重后计算得出的。

2. 仪器与试剂

（1）仪器　马弗炉（温度大于或等于600℃）、天平（感量为0.1mg）、石英坩埚或瓷坩埚、干燥器（内有干燥剂）、电热板、水浴锅。

（2）试剂　四水乙酸镁［$(CH_3COO)_2Mg\cdot 4H_2O$］（分析纯），80g/L乙酸镁溶液（称取8.0g四水乙酸镁，加水溶解并定容至100mL，混匀）、240g/L乙酸镁溶液（称取24.0g四水乙酸镁，加水溶解并定容至100mL，混匀）。

3. 操作步骤

（1）坩埚的灼烧　取大小适宜的石英坩埚或瓷坩埚置于马弗炉中，在550℃±25℃下灼烧0.5h，冷却至200℃左右，取出，放入干燥器中冷却30min，准确称量。重复灼烧至前后两次称量结果相差不超过0.5mg为恒重。

（2）称样　灰分大于10g/100g的试样称取2～3g（精确至0.0001g），灰分小于10g/100g的试样称取3～10g（精确至0.0001g）。

（3）测定　液体和半固体试样应先在沸水浴上蒸干。固体或蒸干后的试样，先在电热板上以小火加热，使试样充分炭化至无烟，然后置于马弗炉中，在550℃±25℃灼烧4h，冷却至200℃左右，取出，放入干燥器中冷却30min。称量前若发现灼烧残渣中有炭粒，则应向试样中滴入少许水湿润，使结块松散，蒸干水分后再次灼烧至无炭粒即表示灰化完全，方可称量。重复灼烧至前后两次称量结果相差不超过0.5mg为恒重，按式（1-3-29）计算。

（4）含磷量较高的乳及乳制品中灰分测定　称取试样后，加入1.00mL 240g/L乙酸镁溶液或3.00mL 80g/L乙酸镁溶液，使试样完全润湿，放置10min后，在水浴上将水分蒸干，以下按测定步骤（3）中自“先在电热板上以小火加热”起操作。同时，吸取3份1.00mL 240g/L乙酸镁溶液或3.00mL 80g/L乙酸镁溶液，做三次试剂空白试验。当三次试验结果的标准偏差小于0.003g时，取算术平均值作为空白值。若标准偏差超过0.003g，则应重新做空白值试验，按式（1-3-30）计算。

4. 结果计算

试样中灰分的计算公式为

$$X_1 = \frac{m_1 - m_2}{m_3 - m_2} \times 100 \quad (1\text{-}3\text{-}29)$$

$$X_2 = \frac{m_1 - m_2 - m_0}{m_3 - m_2} \times 100 \quad (1\text{-}3\text{-}30)$$

式中　X_1——试样（测定时未加乙酸镁溶液）中灰分的含量（g/100g）；

X_2——试样（测定时加入乙酸镁溶液）中灰分的含量（g/100g）；

m_0——氧化镁（乙酸镁灼烧后的生成物）的质量（g）；

m_1——坩埚和灰分的质量（g）；

m_2——坩埚的质量（g）；

m_3——坩埚和试样的质量（g）。

试样中灰分含量大于或等于10g/100g时，保留三位有效数字；试样中灰分含量小于10g/100g时，保留两位有效数字。

5. 精密度

在重复性条件下获得的两次独立测定结果的绝对差值不得超过算术平均值的5%。

技能训练4　乳和乳制品酸度的测定

1. 原理

以酚酞为指示液，用0.1000mol/L NaOH标准溶液滴定100g试样至终点时所消耗的NaOH标准溶液的体积，经计算确定试样的酸度。

2. 试器与试剂

（1）仪器　天平（感量为1mg）、电位滴定仪、滴定管（刻度为0.1mL）、水浴锅

（2）试剂

1）中性乙醇-乙醚混合液：取等体积的乙醇、乙醚混合后加3滴酚酞指示液，以NaOH溶液（4g/L）滴至微红色。

2）0.1000mol/L NaOH标准溶液。

3）酚酞指示液：称取0.5g酚酞溶于75mL体积分数为95%的乙醇中，并加入20mL水，然后滴加NaOH标准溶液至微粉色，再加入水定容至100mL。

3. 操作步骤

（1）巴氏杀菌乳、灭菌乳、生乳、发酵乳　称取10g（精确到0.001g）已混匀的试样，置于150mL锥形瓶中，加20mL新煮沸且冷却至室温的水，混匀，用NaOH标准溶液电位滴定至pH=8.3为终点；或于溶解混匀后的试样中加入2.0mL酚酞指示液，混匀后用NaOH标准溶液滴定至微红色，并在30s内不退色，记录消耗的NaOH标准滴定溶液的毫升数，代入式（1-3-31）中进行计算。

（2）奶油　称取10g（精确到0.001g）已混匀的试样，加入30mL中性乙醇-乙醚混合液，混匀，以下按（1）中自“用NaOH标准溶液电位滴定至pH=8.3为终点”起操作。

（3）干酪素　称取5g（精确到0.001g）经研磨混匀的试样置于锥形瓶中，加入

50mL水，于室温（18～20℃）下放置4～5h，或在水浴锅中加热到45℃并在此温度下保持30min，再加50mL水，混匀后，用干燥的滤纸过滤。吸取滤液50mL置于锥形瓶中，用NaOH标准溶液电位滴定至pH=8.3为终点；或于上述50mL滤液中加入2.0mL酚酞指示液，混匀后用NaOH标准溶液滴定至微红色，并在30s内不退色，记录消耗的NaOH标准溶液的毫升数，代入式（1-3-32）中进行计算。

（4）炼乳　称取10g（精确到0.001g）已混匀的试样，置于250mL锥形瓶中，加60mL新煮沸且冷却至室温的水溶解，混匀，以下按（1）中自“用NaOH标准溶液电位滴定至pH=8.3为终点”起操作。

4. 结果计算

试样中的酸度单位以°T表示，计算公式为

$$X_1 = \frac{c_1 \times V_1 \times 100}{m_1 \times 0.1} \tag{1-3-31}$$

式中　X_1——试样的酸度（°T）；

c_1——NaOH标准溶液的浓度（mol/L）；

V_1——滴定时消耗NaOH标准溶液的体积（mL）；

m_1——试样的质量（g）；

0.1——酸度理论定义NaOH的浓度（mol/L）。

以重复性条件下获得的两次独立测定结果的算术平均值表示，结果保留三位有效数字。

$$X_2 = \frac{c_2 \times V_2 \times 100 \times 2}{m_2 \times 0.1} \tag{1-3-32}$$

式中　X_2——试样的酸度（°T）；

c_2——NaOH标准溶液的浓度（mol/L）；

V_2——滴定时消耗NaOH标准溶液的体积（mL）；

m_2——试样的质量（g）；

0.1——酸度理论定义NaOH的浓度（mol/L）；

2——试样的稀释倍数。

以重复性条件下获得的两次独立测定结果的算术平均值表示，结果保留三位有效数字。

5. 精密度

在重复性条件下获得的两次独立测定结果的绝对差值不得超过1.0°T。

技能训练5　乳和乳制品杂质度的测定

1. 原理

试样经过滤板过滤、冲洗，根据残留于过滤板上的可见带色杂质的数量确定杂质量。

该方法适用于巴氏杀菌乳、灭菌乳、生乳、炼乳及乳粉杂质度的测定，不适用于含

非乳蛋白质、淀粉类成分、不溶性有色物质及影响过滤的添加物质。

2. 仪器和设备

（1）过滤设备　杂质度过滤机或配有可安放过滤板漏斗的2000～2500mL抽滤瓶。

（2）过滤板　直径为32mm，单位面积质量为135g/m^2，符合标准GB 5413.30—2010中附录A的要求，过滤时通过面积的直径为28.6mm。

（3）其他　杂质度标准板、天平（感量为0.1g）。

3. 杂质度标准板的制作

（1）材料　使焦粉、灰土、牛粪、木炭通过一定的筛子，然后在100℃烘箱中烘干，并按下述比例配合混匀：焦粉占40%，其中通过20目（850μm）筛而不通过40目（425μm）筛的占10%，通过40目筛而不通过60目（250μm）筛的占30%；灰土占30%，可通过40目筛；牛粪占20%，其中通过20目筛而不通过40目筛的占2%，通过40目筛而不通过60目筛的占8%，通过60目筛而不通过80目（180μm）筛的占10%；木炭占10%，其中通过20目筛而不通过40目筛的占4%，通过40目筛而不通过60目筛的占6%。

（2）制作步骤　将已准备好的各种杂质混匀（总量以50g为宜），从中准确称取1.000g，直接倒入500mL容量瓶中，加蒸馏水2mL和体积分数为0.75%经过过滤的阿拉伯胶液23mL，再用质量分数为50%的经过过滤的蔗糖液加至刻度并混匀，此溶液中杂质的质量浓度为2mg/mL。取质量浓度为2mg/mL的杂质液10mL，用500g/L过滤过的蔗糖液稀释至100mL，则此溶液杂质的质量浓度为0.2mg/mL。取质量浓度为0.2mg/mL的杂质液10mL，用500g/L过滤过的蔗糖液稀释至100mL，则此液杂质的质量浓度为0.02mg/mL。以500mL牛乳或62.5g乳粉为取样量，按表1-3-8制备各标准杂质板。

表1-3-8　各标准杂质板的制备比例

标准板号	杂质相对质量浓度		杂质绝对含量/mg	量取混合物杂质液的体积/mL
	牛乳/（mg/L）	乳粉/（mg/kg）		
	500mL牛乳	62.5g乳粉		
1	0.25	2	0.125	6.25
2	0.75	6	0.375	18.75
3	1.50	12	0.750	3.75
4	2.0	16	1.000	5.00

4. 操作步骤

量取液体乳样500mL，（乳粉样称取62.5g，精确至0.1g），用8倍水充分调和溶解，加热至60℃；炼乳样称取125g（精确至0.1g），用4倍水溶解，加热至60℃。将所得溶液于过滤板上过滤（为使过滤迅速，可用真空泵抽滤），用水冲洗过滤板，然后取下过滤板，置于烘箱中烘干，将其上杂质与标准杂质板比较即得杂质度。当过滤板上杂质的含量介于两个级别之间时，判定为杂质含量较多的级别。

5. 结果分析

与杂质度标准比较得出的过滤板上的杂质量，即为该样品的杂质度。

6. 精密度

按该方法对同一样品所做的两次重复测定，其结果应一致，否则应重复测定两次。

第四节　白酒、果酒、葡萄酒、黄酒的检验

技能训练目标

1）了解白酒、果酒、葡萄酒、黄酒的酒精度、pH 值、固形物的测定与感官评定的原理。

2）熟悉仪器与试剂，并能够规范操作试验仪器，科学配制相关试剂。

3）规范完成各试验操作步骤，科学读取相关数据，并做好试验记录。

4）完成试验结果计算，并能科学分析试验数据，完成试验报告的编制。

5）正确理解注意事项，并能够在试验过程中解决常见问题。

技能训练内容及依据

随着我国国民经济的快速发展，我国白酒、果酒、葡萄酒、黄酒的检验检测标准也经过了几次较大规模的修订，但就大多数白酒、果酒、葡萄酒、黄酒检验方法而言，变化幅度不大。

本节白酒、果酒、葡萄酒、黄酒检验项目，主要依据最新版本的国家标准，结合食品检验初级工职业技能要求，明确了以下专项技能训练内容及其对应的国家标准，具体内容见表 1-3-9。

表 1-3-9　白酒、果酒、葡萄酒、黄酒检验专项技能训练的内容及其依据

序　号	训练项目名称	国家标准依据
1	白酒、果酒、葡萄酒、黄酒酒精度的测定	GB/T 15038—2006、GB/T 10345—2007、GB/T 13662—2008
2	黄酒中 pH 值的测定	GB/T 13662—2008
3	白酒中固形物的测定	GB/T 10345—2007
4	白酒、果酒、葡萄酒、黄酒的感官评定	GB/T 15038—2006、GB/T 10345—2007、GB/T 13662—2008
5	白酒、果酒、葡萄酒、黄酒净含量的检测	JJF1070—2005

技能训练1　白酒、果酒、葡萄酒、黄酒酒精度的测定

1. 密度瓶法

（1）原理　以蒸馏法去除样品中的不挥发性物质，用密度瓶法测定馏出液的密度，根据馏出液（酒精水溶液）的密度，查表求得20℃时乙醇的体积百分数，即酒精度，以“%vol”表示。

（2）仪器与试剂

1）仪器：分析天平（感量为0.1mg）、全玻璃蒸馏器（500mL）、附温度计密度瓶（25mL或50mL）、恒温水浴（精度为±0.1℃）。

2）试样：用一只干燥、洁净的100mL容量瓶，准确量取样品（液温为20℃）100mL置于500mL蒸馏瓶中，用50mL水分三次冲洗容量瓶，将洗液并入蒸馏瓶中，加几颗沸石或玻璃珠，连接蛇形冷却管，以取样用的原容量瓶作接收器（外加冰浴），开启冷却水（冷却水温度宜低于15℃），缓慢加热蒸馏（沸腾后的蒸馏时间应控制在30～40min），收集馏出液，当接近刻度时，取下容量瓶，盖塞，于20℃水浴中保温30min，再补加水至刻度，混匀，备用。

（3）操作步骤

1）将密度瓶洗净，反复烘干、称量，直至恒重（m）。

2）取下带温度计的瓶塞，将煮沸并冷却至15℃的水注满已恒重的密度瓶，插上带温度计的瓶塞（瓶中不得有气泡），立即浸入20.0℃±0.1℃恒温水浴中，待内容物温度达20℃并保持20min不变后，用滤纸快速吸去溢出侧管的液体，立即盖好侧支上的小罩，取出密度瓶，用滤纸擦干瓶外壁上的液体，立即称量（m_1）。

3）将水倒出，先用无水乙醇再用乙醚冲洗密度瓶，吹干（或于烘箱中烘干），用试样液反复冲洗密度瓶3～5次，然后将其装满。重复上述操作，称量（m_2）。

（4）结果计算　白酒试样（20℃）的相对密度按式（1-3-33）计算。

$$d_{20}^{20} = \frac{m_2 - m}{m_1 - m} \tag{1-3-33}$$

式中　d_{20}^{20}——试样在20℃时的相对密度；

m——密度瓶的质量（g）；

m_1——20℃时密度瓶和水的质量（g）；

m_2——20℃时密度瓶和试样的质量（g）。

根据试样的相对密度d_{20}^{20}，查GB/T 10345—2007中的附录A，求得20℃时样品的酒精度。

所得结果应表示至一位小数。在重复性条件下获得的两次独立测定结果的绝对差值，不超过平均值的0.5%。

果酒、葡萄酒试样（20℃）密度的计算公式为

$$\rho_{20}^{20} = \frac{m_2 - m + A}{m_1 - m + A} \times \rho_0 \tag{1-3-34}$$

$$A = \frac{m_1 - m}{997.0} \times \rho_u \quad (1\text{-}3\text{-}35)$$

式中 ρ_{20}^{20}——试样在20℃时的密度（g/L）；

m——密度瓶的质量（g）；

m_1——20℃时密度瓶和水的质量（g）；

m_2——20℃时密度瓶和试样的质量（g）；

ρ_0——20℃时蒸馏水的密度（g/L）；

A——空气浮力校正值；

ρ_u——干燥空气在20℃，1013.25hPa时的密度，约为1.2g/L；

997.0——20℃时蒸馏水与干燥空气密度之差（g/L）。

根据试样的密度 ρ_{20}^{20}，查GB/T 15038—2006中附录A，求得20℃时样品的酒精度。

所得结果应表示至一位小数。在重复性条件下获得的两次独立测定结果的绝对差值，不超过平均值的1%。

（5）注意事项　样品在装瓶前的温度应低于20℃，若高于20℃，则恒温时会因液体收缩而使瓶内样品不满而带来误差。当室温高于20℃时，称量过程中会有水蒸气冷凝在密度瓶外壁，而使质量增加，因此要求称量操作应非常迅速。密度瓶干燥时不得放入烘箱中烘干。

2. 酒精计法

（1）原理　以蒸馏法去除样品中的不挥发性物质，用精密酒精计读取酒精体积分数示值，进行温度校正后，求得在20℃时乙醇的体积分数，即为酒精度。

（2）仪器与试剂

1）仪器：精密酒精计（分度值为0.1%vol）、全玻璃蒸馏器（1000mL）、恒温水浴（精度为±0.1℃）。

2）试样：用一只干燥、洁净的500mL容量瓶，准确量取样品（液温为20℃）500mL（具体取样量应按酒精计的要求增减）置于1000mL蒸馏瓶中，用50mL水分三次冲洗容量瓶，将洗液并入蒸馏瓶中，加几颗沸石或玻璃珠，连接蛇形冷却管，以取样用的原容量瓶作接收器（外加冰浴），开启冷却水（冷却水温度宜低于15℃），缓慢加热蒸馏（沸腾后的蒸馏时间应控制在30～40min），收集馏出液，当接近刻度时，取下容量瓶，盖塞，于20℃水浴中保温30min，再补加水至刻度，混匀，备用。

（3）操作步骤

1）将试样注入洁净、干燥的500mL量筒中，静置数分钟，待其中的气泡消失后，放入洁净、擦干的酒精计，再轻轻按一下，不应接触量筒壁，同时插入温度计，平衡5min，水平观测，读取与弯月面相切处的刻度值，同时记录温度。

2）根据测得的酒精计示值和温度，查GB/T 10345—2007中的附录B或GB/T 15038—2006中的附录B、GB/T 13662—2008中的附录A，换算为20℃时样品的酒精度。

所得结果应表示至一位小数。在重复性条件下获得的两次独立测定结果的绝对差值，白酒不应超过平均值的0.5%，黄酒不应超过算术平均值的5%，黄酒不应超过算术平均值的1%。

（4）注意事项　酒精计要注意保持清洁，因为油污将改变酒精计表面对酒精液浸润的特性，影响表面张力的方向，使读数产生误差。盛样品所用量筒要放在水平的桌面上，使量筒与桌面垂直。不要用手握住量筒，以免样品的局部温度升高；注入样品时要尽量避免搅动，以减少气泡的混入。注入样品的量，以放入酒精计后，液面稍低于量筒口为宜；读数前，要仔细观察样品，待气泡消失后再读数；读数时，可先使眼睛稍低于液面，然后慢慢抬高头部，当看到的椭圆形液面变成一条直线时，即可读取此直线与酒精计相交处的刻度值。

技能训练2　黄酒pH值的测定

1. 原理

将玻璃电极和甘汞电极（或复合电极）浸入到试样液中，构成一个原电池，两电极之间电动势的大小与溶液的pH值有关。通过对原电池电动势的测量，即可得到试样溶液的pH值。

2. 仪器与试剂

（1）仪器　pH计（精度为0.01个pH单位，备有玻璃电极和甘汞电极或复合电极）。

（2）试剂

1）pH=6.86的标准缓冲溶液：称取预先于115℃烘干2h的磷酸二氢钾（KH_2PO_4）3.40g和磷酸氢二钠（Na_2HPO_4）3.55g，加入不含二氧化碳的水溶解并定容至1000mL，摇匀。

2）pH=4.01的标准缓冲溶液：称取预先于115℃烘干2h的邻苯二甲酸氢钾10.32g，加入不含二氧化碳的水溶解并定容至1000mL，摇匀。

3. 操作步骤

1）按仪器使用说明书调试和校正pH计。

2）用水冲洗电极，再用试液洗涤电极两次，用滤纸吸干电极外面附着的液珠，调整试液温度至25℃±1℃，直接测定，直至pH值读数稳定1min为止，记录；或在室温下测定，换算为25℃时的pH值。

所得结果表示至小数点后一位。在重复性条件下获得的两次独立测定结果的绝对差值，不超过算术平均值的1%。

4. 注意事项

新电极或很久未用的干燥电极需按照电极说明书进行活化，其目的是使玻璃电极球膜表面形成有良好离子交换能力的水化层。在使用前，应检查电极前端的球泡。正常情况下，电极应该透明而无裂纹；球泡内要充满溶液，不能有气泡存在。清洗电极后，不要用滤纸擦拭玻璃膜，而应用滤纸吸干，避免损坏玻璃薄膜，防止交叉污染。电极插入被测溶液后，要搅拌晃动几下再静止放置，这样会加快电极的反应速度。测量中注意银-氯化银电极的内参比电极应浸入球泡内的氯化物缓冲溶液中，避免电极显示部分出现数字乱跳现象。使用时，注意将电极轻轻甩几下。

在使用可充式复合电极时，要把电极上部的加液孔关闭，以增加液体压力，加速电极响应。当参比液液面低于加液口 2cm 时，应及时补充新的参比液。使用玻璃电极或复合电极测试 pH 值时，由于液体接界电位随着试液 pH 值及成分的改变而改变，因此在校正和测定过程中，公式 $E=E_0-0.0591$ 中的 E_0 可能发生变化。为了尽量减少误差，应该选用 pH 值与待测样液 pH 值相近的标准缓冲溶液校正仪器。仪器一经校正，定位和斜率两个旋钮就不得随意触动，否则必须重新校正。

技能训练 3　白酒中固形物的测定

1. 原理

白酒经蒸发、烘干后，不挥发性物质残留于蒸发皿中，用称量法测定。

2. 仪器

电热干燥箱（控温精度为 ±2℃）、分析天平（感量为 0.1mg）、瓷蒸发皿（100mL）、干燥器（用变色硅胶作干燥剂）。

3. 操作步骤

1）吸取酒样 50.0mL，注入已烘干至恒重的 100mL 瓷蒸发皿内，置于沸水浴上，蒸发至干，然后将蒸发皿放入 103℃ ±2℃ 电热干燥箱内，烘 2h，取出，置于干燥器内 30min，称量。

2）将蒸发皿再放入 103℃ ±2℃ 电热干燥箱内，烘 1h，取出，置于干燥器内 30min，称量。

3）重复上述操作，直至恒重。

4. 结果计算

$$X=\frac{m-m_1}{50.0}\times 1000 \tag{1-3-36}$$

式中　X——样品中固形物的质量浓度（g/L）；

m——固形物和蒸发皿的质量（g）；

m_1——蒸发皿的质量（g）；

50.0——吸取样品的体积（mL）。

所得结果表示至小数点后第二位。在重复性条件下获得的两次独立测定结果的绝对差值，不应超过平均值的 2%。

技能训练 4　白酒、果酒、葡萄酒、黄酒的感官评定

1. 原理

感官评定是指评酒者通过眼、鼻、口等感觉器官，对样品的色泽、香气、口味和风格特征的分析评价。

2. 评酒环境

评酒室内光线要充足、柔和，适宜温度为 20~25℃，湿度为 60% 左右，恒温恒湿，

空气新鲜，无香气及邪杂气味，且便于通风和排气。

3. 评酒要求

评酒员感官器官要灵敏，符合感官分析要求，熟悉酒的感官品评用语，掌握相关香型酒的特征。白酒、葡萄酒评酒员要经过专门训练与考核，取得任职资格。评酒员的评语要公正、科学、准确。

4. 品酒杯

品酒杯应为无色透明、无花纹，杯体光洁、厚薄均匀、洁净干燥。不同的酒种使用不同的品酒杯。白酒品酒杯（见图1-3-5）的尺寸和外形应符合GB/T 10345—2007标准的要求，果酒评酒杯（见图1-3-6和图1-3-7）应符合GB/T 15038—2006的要求。

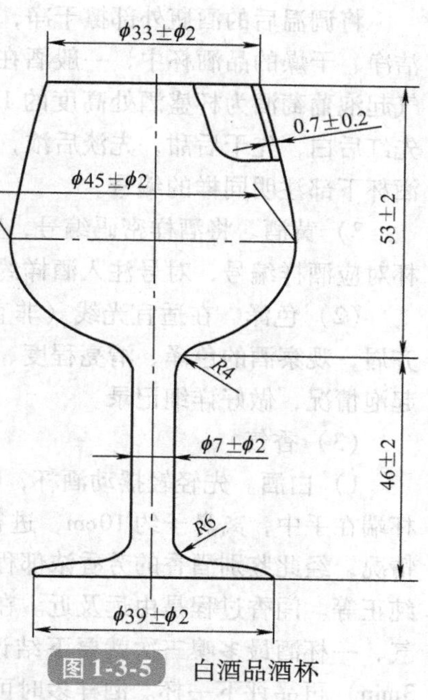

图1-3-5 白酒品酒杯

5. 品评

（1）样品的准备

1）白酒。将样品放置于20℃ ±2℃环境下平衡24h（或在20℃ ±2℃水浴锅中保温1h）后，用密码标记后进行感官品评。

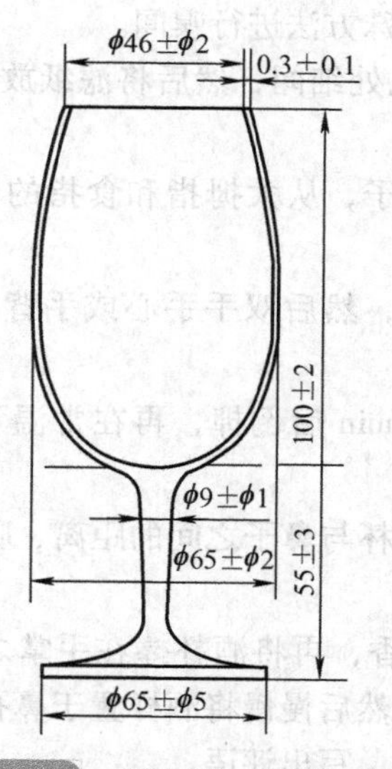

图1-3-6 葡萄酒、果酒品酒杯（满口容量为215mL）

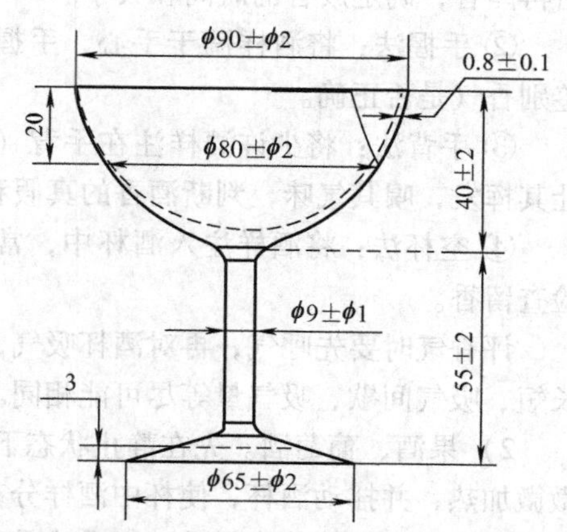

图1-3-7 起泡葡萄酒（或葡萄汽酒）品酒杯（满口容量为150mL）

2）果酒、葡萄酒。调节酒的温度：起泡葡萄酒为9~10℃，白葡萄酒为10~15℃，桃红葡萄酒为12~14℃，红葡萄酒为16~18℃，甜果酒为18~20℃。特种葡萄酒可参照上述条件选择合适的温度范围，或在产品标准中自行规定。

将调温后的酒瓶外部擦干净，小心开启瓶塞（盖），不使任何异物落入。将酒倒入洁净、干燥的品酒杯中，一般酒在杯中的高度为杯盛酒处高度的1/4～1/3，起泡和加气起泡葡萄酒为杯盛酒处高度的1/2。在一次品尝多种类型的样品时，其品尝顺序为：先红后白，先干后甜，先淡后浓，先新后老，先低度后高度。按顺序给样品编号，并在酒杯下部注明同样的编号。

3）黄酒。将酒样密码编号，置于水浴中，调温至20～25℃，将洁净、干燥的品酒杯对应酒样编号，对号注入酒样约25mL。

（2）色泽　在适宜光线（非直射阳光）下，用手持杯底或手握住玻璃杯柱，举杯齐眉，观察酒的色泽、清亮程度、沉淀及悬浮物情况。起泡和加气起泡葡萄酒要观察其起泡情况，做好详细记录。

（3）香气

1）白酒。先轻轻摇动酒杯，嗅闻，记录其香气特征。检查香气的一般方法是将酒杯端在手中，离鼻子约10cm，进行初闻，记下香气情况，再用左手扇风闻，记下香气情况，经此鉴别酒香的芳香浓郁程度，然后将酒杯接近鼻子进行细闻，分析其香气是否纯正等。闻香过程是由远及近。在闻香时一定要注意，先呼气再对酒吸气，不能对酒呼气，一杯酒最多嗅三次就要下结论，准确记录。嗅完一杯后，要休息片刻（休息2～3min）再品评下一杯。酒样多时可先顺位，再反顺位反复嗅别，排列优秀次序。注意，先排出最好的与最次的，中间的反复比较修正，逐一确定并记录。对某种（杯）酒要做细微辨别或确定名次的极微差异时，可采用以下特殊方法进行嗅闻。

① 滤纸法：用一块滤纸，滴一定量的酒样放鼻孔处细闻，然后将滤纸放置0.5h左右再闻香，确定放香的时间和大小。

② 手握法：将酒样滴于手心，手握成拳靠近鼻子，从大拇指和食指的间隙闻香，鉴别香气是否正确。

③ 手背法：将少许酒样注在手背（或手心）上，然后双手手心或手背互相擦动，让其挥发，嗅其气味，判断酒香的真假和留香长短。

④ 空杯法：将酒样注入酒杯中，常温下放置10min后倒掉，再在常温下放置2h，检查留香。

评香气时要先呼气，再对酒杯吸气，还应注意酒杯与鼻子之间的距离、吸气时间的长短、吸气间歇、吸气量等尽可能相同。

2）果酒、葡萄酒。先在静止状态下多次用鼻嗅香，再将酒杯捧在手掌之中，使酒微微加热，并摇动酒杯，使杯中酒样分布于杯壁上，然后慢慢将酒样置于鼻孔下方，嗅闻其挥发的香气，分辨果香、酒香或是否有其他异香，写出评语。

3）黄酒。手握杯柱，慢慢将酒杯置于鼻孔下方，嗅闻其挥发的香气，然后慢慢摇动酒杯，嗅闻其香气，再用手握酒杯腹部2min，摇动后，再嗅闻香气。依据上述程序，判断是原料香还是有其他异香，写出评语。

（4）口味　将样品注入洁净、干燥的品酒杯中，喝入少量样品（约2mL），尽量均匀分布于味觉区，仔细品尝，有了明确印象后咽下，再回味其口感及后味，记下其口味特征。

口味的尝评是按闻香顺序进行的，先从香淡的开始，有异香和异杂气味的放在最后尝。将酒饮入口中，注意饮量一致，酒液入口时要慢而稳，使酒液先接触舌尖，次两侧，最后到舌根，并能有少量下咽为宜，然后进行味觉的全面判断。每个酒样尝完后要休息片刻，并用水漱口，再尝下一杯。

（5）风格　通过品评样品的香气、口味并综合分析，判断是否具有该产品的风格特点，并记录其典型性程度。

（6）葡萄酒品评常用术语　葡萄酒品评常用的术语及其意义有：

1）酒体：葡萄酒在口中的感觉，或丰满或单薄，可以表达为酒体丰满，酒体均匀或酒体轻盈。

2）酒香：葡萄酒在装瓶陈年的过程中所形成的复杂而又多层次的味道和感觉。

3）浓郁：强烈的香味。

4）瓶塞味：葡萄酒中由于变质受到污染而产生异常的口味。

5）清爽：非常新鲜、明显的酸味（特别是白葡萄酒）。

6）新鲜：生动、干净、果实香味，是新酒的一种重要特征。

7）香味浓郁：具有强烈的果香味。

8）饱满：富有一定酒体的葡萄酒。

9）酸味：存在于所有的葡萄酒中，是保存葡萄酒的必要组成部分。酸味在葡萄酒中的表现特征为脆而麻辣。

10）回味：在将酒咽下之后喉间酒味萦回的味道。

11）麻辣：由于单宁在葡萄酒中的作用而使喉间受到强烈刺激的感觉。

12）平衡：好的术语，描述了在葡萄酒中香味、酸度、干度或甜度等均匀而又和谐的体现。

13）干净：没有可察觉的缺点，没有难闻的味道。

14）余味：在吞咽下葡萄酒之后味道在嘴里萦回的时间长度，时间越长越好。

15）轻盈或酒体轻盈：相对而言酒体比较单薄。

16）柔和：口感和谐，有时实为甜味的委婉说法。

17）口感：葡萄酒及其成分在喉咙内的具体感官表现力。

18）丰富：富有多样、愉快的香味。

19）圆润：平衡的酒体，不涩口的味道，没有坚硬的感觉。

20）沉淀：一种在葡萄酒陈年的过程中所形成的葡萄酒的自然成分。

21）生涩：未成熟的果实味道。

22）涩口：由于酸度和丹宁含量高而引起的麻辣的感觉。

23）辛辣：由于高酸度而引起的尖锐的口感。

（7）葡萄酒计分方法及评分细则　在每个评酒员按细则要求给定分数内逐项打分后，累计出总分，再把所有参加打分的评酒员分数累加，取其平均值，即为该酒的感官分数。葡萄酒评分的标准用语见表1-3-10。葡萄酒评分细则见表1-3-11。

表 1-3-10　葡萄酒评分的标准用语

分数段	特　点
90 分以上	具有该产品应有的色泽，悦目协调、澄清（透明）、有光泽；果香、酒香浓馥幽雅，协调悦人；酒体丰满，有新鲜感，醇厚协调，舒服，爽口，回味绵延；风格独特，优雅无缺
89～80 分	具有该产品的色泽；澄清透明，无明显悬浮物，果香、酒香良好，尚悦怡；酒质柔顺，柔和爽口，甜酸适当；典型明确，风格良好
79～70 分	与该产品应有的色泽略有不同，澄清，无夹杂物；果香、酒香较少，但无异香；酒体协调，纯正无杂；有典型性，不够怡雅
69～65 分	与该产品应有的色泽明显不符，微浑，失光或人工着色；果香不足，或不悦人，或有异香；酒体寡淡、不协调，或有其他明显的缺陷（除色泽外，只要有其中一条，则判为不合格品）

表 1-3-11　葡萄酒评分细则

项　目			要　求
外观 10 分	色泽 5 分	白葡萄酒	近似无色，浅黄色，禾秆黄色，绿禾秆黄色，金黄色
		红葡萄酒	紫红，深红，宝石红，鲜红，瓦红，砖红，黄红，棕红，黑红色
		桃红葡萄酒	黄玫瑰红，橙玫瑰红，玫瑰红，橙红，浅红，紫玫瑰红
	5 分	澄清程度	澄清透明、有光泽，无明显悬浮物（使用软木塞封的酒允许有 3 个以下不大于 1mm 的木渣）
		起泡程度	起泡葡萄酒注入杯中时，应有细微的串珠状气泡升起，并有一定的持续性，泡沫细腻、洁白
香气 30 分	非加香葡萄酒		具有纯正、优雅、愉悦和谐的果香与酒香
	加香葡萄酒		具有优美纯正的葡萄酒香与和谐的芳香植物香
滋味 40 分	干葡萄酒、半干葡萄酒（含加香葡萄酒）		酒体丰满，醇厚协调，舒服，爽口
	甜葡萄酒、半甜葡萄酒（含加香葡萄酒）		酒体丰满，酸甜适口，柔细轻快
	起泡葡萄酒		口味优美、纯正，和谐悦人，有杀口力
	加气起泡葡萄酒		口味清新、愉快、纯正，有杀口力
典型性 20 分	典型完美、风格独特，优雅无缺		

技能训练5　白酒、果酒、葡萄酒、黄酒净含量的检测

1. 净含量计量单位的选择

饮料酒的净含量一般用体积表示，单位为 mL 或 L；大坛黄酒可用质量表示，单位为 kg。饮料酒净含量单位的选择见表 1-3-12。

表 1-3-12　饮料酒净含量单位的选择

	标注净含量（Q_n）的量限	计量单位
体积	$Q_n < 1000$mL	mL（毫升）
	$Q_n \geq 1000$mL	L（升）
质量	$Q_n < 1000$g	g（克）
	$Q_n \geq 1000$g	kg（千克）

2. 单件实际含量的计量要求

单件定量包装商品的实际含量应当准确反映其标注净含量。标注净含量与实际净含量之差不得大于表 1-3-13 规定的允许短缺量。

表 1-3-13　允许短缺量

质量或体积定量包装商品的标注净含量（Q_n）/（g 或 mL）	允许短缺量（T）	
	Q_n的百分比（%）	g 或 mL
0～50	9	—
50～100	—	4.5
100～200	4.5	—
200～300	—	9
300～500	3	—
500～1000	—	15
1000～10000	1.5	—
10000～15000	—	150
15000～50000	1	—

注：对于允许短缺量（T），当 $Q_n \leq 1$kg（L）时，T 值的 0.01g（mL）位修约至 0.1g（mL）；当 $Q_n > 1$kg（L）时，T 值的 0.1g（mL）位修约至 g（mL）。

3. 检验批实际含量的计量要求

1）批量定量包装商品的平均实际含量应当大于或等于其标注净含量。

2）净含量检验计量抽样方案按表 1-3-14 的规定进行。

表 1-3-14　计量检验抽样方案

第一栏	第二栏	第三栏		第四栏	
检验批量 N	抽取样本量 n	样本平均实际含量修正值（λs）		允许大于 1 倍，小于或者等于 2 倍允许短缺量的件数	允许大于 2 倍允许短缺量的件数
		修正因子 $\lambda=t_{0.995}\times\frac{1}{\sqrt{n}}$	样本实际含量标准偏差 s		
1 ~ 10	N	—	—	0	0
11 ~ 50	10	1.028	s	0	0
51 ~ 99	13	0.848	s	1	0
100 ~ 500	50	0.379	s	3	0
501 ~ 3200	80	0.295	s	5	0
>3200	125	0.234	s	7	0

样本平均实际含量应当大于或者等于标注净含量减去样本平均实际含量修正值（λs），即 $\overline{q}\geqslant(Q_n-\lambda s)$

式中　$\overline{q}$ ——样本平均实际含量，$\overline{q}=\frac{1}{n}\sum_{i=1}^{n}q_i$

Q_n——标注净含量

λ——修正因子

s——样本实际含量标准偏差 $s=\sqrt{\frac{1}{n-1}\sum_{i=1}^{n}(q_i-\overline{q})^2}$

注：本抽样方案的置信度为99.5%。

第五节　啤酒的检验

技能训练目标

1）了解啤酒感官分析、净含量、总酸、浊度、色度、泡持性与二氧化碳的试验原理。

2）熟悉仪器与试剂，并能够规范操作试验仪器，科学配制相关试剂。

3）规范完成各试验操作步骤，科学读取相关数据，并做好试验记录。

4）完成试验结果计算，并能科学分析试验数据，完成试验报告的编制。

5）正确理解注意事项，并能够在试验过程中解决常见问题。

技能训练内容及依据

啤酒检验专项技能训练的内容及依据见表 1-3-15。

表 1-3-15　啤酒检验专项技能训练的内容及依据

序号	训练项目名称	国家标准依据	备　注
1	啤酒感官分析	GB 4927—2008 GB/T 4928—2008	其中，外观对非瓶装鲜啤酒不要求
2	啤酒净含量的测定	GB/T 4928—2008	—
3	啤酒中总酸的测定	GB 4927—2008 GB/T 4928—2008	—
4	啤酒浊度的测定	GB 4927—2008 GB/T 4928—2008	—
5	啤酒色度的测定	GB 4927—2008 GB/T 4928—2008	—
6	啤酒泡持性的测定	GB 4927—2008 GB/T 4928—2008	对桶装的啤酒不要求
7	啤酒中二氧化碳的测定	GB 4927—2008 GB/T 4928—2008	桶装（鲜、生、熟）啤酒中二氧化碳的含量不得小于0.25%（质量分数）

技能训练 1　啤酒感官分析

1. 感官要求

（1）浓、黑色啤酒的感官指标　浓、黑色啤酒的感官指标应符合表 1-3-16 的规定。

表 1-3-16　浓、黑色啤酒的感官指标

项　目			优　级	一　级
外观①	透明度		酒体有光泽，允许有肉眼可见的细微悬浮物和沉淀物（非外来异物）	
泡沫	形态		泡沫细腻，挂杯	泡沫较细腻，挂杯
	泡持性②/s	瓶装	≥180	≥130
		听装	≥150	≥110
香气和口味			具有明显的麦芽香气，口味纯正，爽口，酒体醇厚，杀口，柔和，无异味	有较明显的麦芽香气，口味纯正，较爽口，杀口，无异香

① 对非瓶装的鲜啤酒无要求。

② 对桶装（鲜、生、熟）啤酒无要求。

（2）淡色啤酒的感官指标　淡色啤酒的感官指标应符合表 1-3-17 的规定。

表 1-3-17　淡色啤酒的感官指标

项目		优级	一级
外观①	透明度	清亮，允许有肉眼可见的细微悬浮物和沉淀物（非外来异物）	
	浊度/EBC	≤0.9	≤1.2

（续）

项目			优级	一级
泡沫	形态		泡沫洁白细腻，持久挂杯	泡沫较洁白细腻，较持久挂杯
	泡持性②/s	瓶装	≥180	≥130
		听装	≥150	≥110
香气和口味			有明显的酒花香气，口味纯正，爽口，酒体协调，柔和，无异香、异味	有较明显的酒花香气，口味纯正，较爽口，协调，无异香、异味

① 对非瓶装的鲜啤酒无要求。

② 对桶装（鲜、生、熟）啤酒无要求。

2. 啤酒感官评价

（1）酒样的准备　根据需要将酒样密码编号并恒温至12～15℃，以同样高度（距杯口3cm）和注流速度，对号注入洁净、干燥的啤酒评酒杯中。

（2）外观

1）透明度：将注入酒杯的啤酒置于明亮处观察，记录酒的透明度、悬浮物及沉淀物情况。

2）浊度：按本节技能训练4的方法测定。

（3）泡沫

1）形态：用眼观察泡沫的颜色、细腻程度及挂杯情况，做好记录。

2）泡持性：按本节技能训练6的方法测定。

（4）香气和口味

1）香气：先将注入酒样的评酒杯置于鼻孔下方，嗅闻其香气，摇动酒杯后，再嗅闻有无酒花香气及异杂气味，做好记录。

2）口味：饮入适量酒样，根据所评定的酒样应具备的口感特征进行评定，做好记录。

（5）判定　根据外观、泡沫、香气和口味特征，写出评语，依据GB 4927—2008中的感官要求进行综合评定。

（6）色度　按本节技能训练5的方法测定。

技能训练2　啤酒净含量的测定

1. 重量法

（1）仪器　分析天平（感量为0.01g）、托盘天平（感量为0.1g）、恒温水浴（精度为±0.5℃）

（2）操作步骤

1）瓶装、听（铝易开盖两片罐）装啤酒的测定

① 将瓶装、听（铝易开盖两片罐）装啤酒置于20℃±0.5℃水浴中恒温30min，取出，擦干瓶（或听）外壁的水，用分析天平称量整瓶（或听）酒质量（m_1）。开启瓶盖（或听拉盖），将酒液倒出，用自来水清洗瓶（或听）内至无泡沫为止，沥干，称量

空瓶和瓶盖（或空听和拉盖）的质量（m_2）。

② 用密度瓶法测定酒样的相对密度。

③ 结果计算。酒液（在20℃/4℃时）的密度按式（1-3-37）计算。

$$\rho = 0.9970 \times d_{20}^{20} + 0.0012 \tag{1-3-37}$$

式中　ρ——酒液的密度（g/mL）；

0.9970——在20℃时蒸馏水与干燥空气密度值之差（g/mL）；

d_{20}^{20}——在20℃时酒液与重蒸水的相对密度；

0.0012——干燥空气在20℃、101.325kPa时的密度（g/mL）。

试样净含量的计算公式为

$$V_1 = \frac{m_1 - m_2}{\rho} \tag{1-3-38}$$

式中　V_1——试样的净含量（净容量）（mL）；

m_1——整瓶（或整听）酒的质量（g）；

m_2——空瓶和瓶盖（或空听和拉盖）的质量（g）；

ρ——酒液的密度（g/mL）。

2）桶装啤酒的测定。桶装啤酒于室温下，用托盘天平称量，其余步骤同瓶装啤酒的测定。

2. 容量法

（1）仪器　量筒、玻璃铅笔（或记号笔）。

（2）操作　将瓶装酒样置于20℃ ±0.5℃水浴中恒温30min，取出，擦干瓶外壁的水，用玻璃铅笔对准酒的液面画一条细线，将酒液倒出，用自来水冲洗瓶内（注意不要洗掉画线）至无泡沫为止，擦干瓶外壁的水，准确装入水至瓶画线处，然后将水倒入量筒，测量水的体积，即为瓶装啤酒的净含量。

技能训练3　啤酒中总酸的测定

1. 电位滴定法

（1）原理　电位滴定法是依据酸碱中和的原理。用NaOH标准溶液直接滴定啤酒中的总酸，以pH =8.2为电位滴定终点，根据消耗NaOH标准溶液的体积计算出啤酒中总酸的含量。

（2）仪器与试剂

1）仪器：自动电位滴定仪（精度为±0.02，附电磁搅拌器）、恒温水浴（精度为±0.5℃，带振荡装置）。

2）试剂

① 0.1mol/L NaOH标准溶液

a. 配制：将NaOH配成饱和溶液，注入塑料瓶聚乙烯容器中，封闭放置至溶液清亮，使用前吸取上清液。移取5mL NaOH饱和溶液，注入1000mL不含二氧化碳的水中，摇匀。

b. 标定：称取于 105 ~ 110℃ 烘至恒重的基准邻苯二甲酸氢钾 0.6g（称准至 0.0002g），溶于 50mL 不含二氧化碳的水中，加入酚酞指示液 2 滴，以新配制的 NaOH 溶液滴定至溶液呈微红色为其终点。同时做空白试验。

c. 计算：氢氧化钠标准溶液的摩尔浓度按式（1-3-39）计算。

$$c = \frac{m}{(V - V_1) \times 0.2042} \tag{1-3-39}$$

式中　c——NaOH 标准溶液的浓度（mol/L）；

m——基准邻苯二甲酸氢钾的质量（g）；

V——滴定时，消耗 NaOH 溶液的体积（mL）；

V_1——空白试验消耗 NaOH 溶液的体积（mL）；

0.2042——与 1.00mLNaOH 标准溶液［c(NaOH) = 1.0mol/L］相当的邻苯二甲酸氢钾的质量（g/mmol）。

② 标准缓冲溶液：现用现配。

（3）操作步骤

1）试样的准备：将恒温至 15 ~ 20℃ 的酒样约 300mL 注入 1000mL 锥形瓶中，盖塞（橡胶塞），在恒温室内轻轻摇动，开塞放气（开始有“砰砰”声），盖塞，反复操作，直至无气体逸出为止，用单层中速干滤纸（漏斗上面盖表面玻璃）过滤，取滤液约 100mL 置于 250mL 烧杯中，于 40℃ ±0.5℃ 振荡水浴中恒温 30min，取出，冷却至室温。

2）测定

① 按仪器使用说明书安装和调试仪器。

② 用标准缓冲溶液校正电位滴定仪，用蒸馏水冲洗电极，并用滤纸吸干附着在电极上的液珠。

③ 吸取准备好的试样 50.0mL 置于烧杯中，插入电极，开启电磁搅拌器，用 0.1mol/L NaOH 标准溶液滴定至 pH = 8.2 为其终点，记录消耗 NaOH 标准溶液的体积。

（4）结果计算　试样的总酸含量，即 100mL 试样消耗 NaOH 标准溶液［c(NaOH) = 1.0mol/L］的毫升数，按式（1-3-40）计算。

$$X = 2 \times c \times V \tag{1-3-40}$$

式中　X——试样的总酸含量（mL/100mL）；

c——NaOH 标准溶液的浓度（mol/L）；

V——消耗 NaOH 标准溶液的体积（mL）；

2——换算成 100mL 试样的系数。

所得结果表示至一位小数。

（5）精密度　在重复性条件下获得的两次独立测定结果的绝对差值不得超过算术平均值的 4%。

技能训练 4　啤酒浊度的测定

1. 原理

利用富尔马肼（Formazin）标准浊度溶液校正浊度计，直接测定啤酒样品的浊度，以浊度单位 EBC 表示。

2. 仪器与试剂

（1）仪器 浊度计（测量范围为0～5EBC，分度值为0.01EBC）、分析天平（感量为0.1mg）具塞锥形瓶（100mL）、吸管（25mL）。

（2）试剂

1）硫酸肼溶液（10g/L）：称取硫酸肼 1g（精确至 0.001g），加水溶解并定容至 100mL，静置 4h 使其完全溶解。

2）六次甲基四胺溶液（100g/L）：称取六次甲基四胺 10g（精确至 0.001g），加水溶解并定容至 100mL。

3）富尔马肼标准浊度储备液：吸取六次甲基四胺溶液 25.0mL 置于一个具塞锥形瓶中，边搅拌边用吸管加入硫酸肼溶液 25.0mL，摇匀，盖塞，于室温下放置 24h 后使用。此溶液为 1000EBC 单位，在 2 个月内可保持稳定。

4）富尔马肼标准浊度使用液：分别吸取标准浊度储备液 0mL、0.2mL、0.5mL、1.0mL 置于 4 个 1000mL 容量瓶中，加重蒸水稀释至刻度，摇匀。该标准浊度使用液的浊度分别为 0EBC、0.20EBC、0.50EBC、1.00EBC 单位。该溶液应当天配制与使用。

3. 操作步骤

1）按照仪器使用说明书安装与调试，用标准浊度使用液校正浊度计。

2）取除气后但未经过滤，温度在 20℃ ±0.1℃ 的试样，倒入浊度计的标准杯中，将其放入浊度计中测定，直接读数（该方法为第一法，应在试样脱气后 5min 内测定完毕）；或者将整瓶酒放入仪器中，旋转一周，取平均值（该方法为第二法，预先在瓶盖上划一个十字，手工旋转四个 90°，读数，取四个读数的平均值报告其结果）。所得结果表示至一位小数。

4. 精密度

在重复性条件下获得的两次独立测定结果的绝对差值不得超过算术平均值的 10%。

技能训练 5 啤酒色度的测定

1. 比色计法

（1）原理 将除气后的试样注入 EBC 比色计的比色皿中，与标准 EBC 色盘比较，目视读取或自动数字显示出的试样色度，以色度单位 EBC 表示。

（2）仪器与试剂

1）仪器：EBC 比色计（或使用同等分析效果的仪器）、具有 2～27EBC 的目视色度盘或自动数据处理与显示装置。

2）试剂：哈同（Hartong）基准溶液，即称取重铬酸钾（$K_2Cr_2O_7$）0.1g（精确至 0.001g）和亚硝酰铁氰化钠 {$Na_2[Fe(CN)_5NO] \cdot 2H_2O$} 3.5g（精确至 0.001g），用水溶解并定容至 1000mL，储于棕色瓶中，于暗处放置 24h 后使用。

（3）操作步骤

1）仪器的校正：将哈同溶液注入 40mm 比色皿中，用比色计测定。其标准色度应为15EBC，若使用25mm比色皿，则其标准读数为9.4EBC。仪器的校正应每月进行一次。

2）测定：将试样注入25mm比色皿中，然后放到比色盒中，与标准色盘进行比较，当两者色调一致时直接读数；或使用自动数字显示色度计，自动显示、打印其结果。

（4）结果计算

1）试样的色度按式（1-3-41）计算。若使用其他规格的比色皿，则需要换算成25mm比色皿的数据，计算其结果。

$$S_1 = \frac{S_2}{H} \times 25 \qquad (1\text{-}3\text{-}41)$$

式中 S_1——试样的色度（EBC）；

S_2——实测色度（EBC）；

H——比色皿的厚度（mm）；

25——换算成标准比色皿的厚度（mm）。

2）测定浓色和黑色啤酒时，需要将酒样稀释至合适的倍数，然后将测定结果乘以稀释倍数。所得结果表示至一位小数。

（5）精密度　在重复性条件下获得的两次独立测定值之差，当色度为2～10EBC时，不得大于0.5EBC；当色度大于10EBC时，稀释样平行测定值之差不得大于1EBC。

2. 分光光度计法

（1）原理　啤酒的色泽越深，则在一定波长范围内的吸光值越大，因此可直接测定吸光度，然后转换为EBC单位表示色度。

（2）仪器　可见分光光度计、玻璃比色皿（10mm）、离心机（转速为4000r/min）。

（3）操作步骤　将处理后的试样注入10mm玻璃比色皿中，以蒸馏水作空白调整零点，分别在波长430nm和700nm处测定试样的吸光度。

若 $A_{430} \times 0.039 > A_{700}$，则表示试样是透明的，按式（1-3-42）计算。若 $A_{430} \times 0.039 < A_{700}$，则表示试样是浑浊的，需要离心或过滤后，重新测定。当 A_{430} 的吸光度值在0.8以上时，则需用水稀释后再测定。

（4）结果计算

$$S_3 = A_{430} \times 25 \times n \qquad (1\text{-}3\text{-}42)$$

式中 S_3——试样的色度（EBC）；

A_{430}——试样在波长为430nm，于10mm玻璃比色皿中测得的吸光度；

25——换算成标准比色皿的厚度（mm）；

n——稀释倍数。

所得结果表示至一位小数。

（5）精密度　在重复性条件下获得的两次独立测定值之差不得大于0.5EBC。

技能训练6　啤酒泡持性的测定

1. 仪器法

（1）原理　采用节流发泡的方法使啤酒发泡，利用泡沫的导电性，使用长短不同的探针电极，自动跟踪记录泡沫衰减所需的时间，即为泡持性。

（2）仪器　啤酒泡持测定仪、泡持怀（杯内高度为120mm，内径为60mm，壁厚为2mm，无色透明玻璃）、气源（液体二氧化碳，钢瓶压力$p \geqslant 5$MPa，纯度大于或等于99%）、恒温水浴（精度为±0.5℃）、啤酒泡沫发生器。

（3）操作步骤

1）试样的准备：将酒样（整瓶或整听）置于20℃±0.5℃水浴中恒温30min，将泡持杯彻底清洗干净，备用。

2）测定：按使用说明书调试仪器至工作状态，并将二氧化碳钢瓶的分压调至0.2MPa，按仪器说明书校正杯高；开启试样瓶盖，按照仪器说明书将试样置于发泡器上发泡，泡沫出口端与泡杯底距离为10mm，泡沫满杯时间应为3～4s；迅速将盛满泡沫的泡持杯置于泡沫测量仪的探针下，按开始键，仪器自动显示与记录结果。

所得结果以秒计，表示至整数。

（4）精密度　在重复性条件下获得的两次独立测定结果的绝对差值不得超过算术平均值的5%。

2. 秒表法

（1）原理　用目视法测定啤酒泡沫消失的速度，以秒表示。

（2）仪器　秒表、泡持杯（同仪器法规定）、铁架台、铁环。

（3）操作步骤

1）试样的准备：同仪器法的规定。

2）测定：将泡持杯置于铁架台底座上，在距杯口3cm处固定铁环，开启瓶盖，立即置瓶（或听）口于铁环上，沿杯中心线，以均匀流速将酒样注入杯中，直至泡沫高度与杯口相齐时为止（满杯时间宜控制在4～8s），同时按秒表开始计时。观察泡沫升起情况，记录泡沫的形态（包括色泽及细腻程度）和泡沫挂杯情况，记录泡沫从满杯至消失（或露出0.50cm^2酒面）的时间。测定时严禁有空气流通，测定前样品瓶应避免振摇。所得结果表示至整数。

（4）精密度　在重复性条件下获得的两次独立测定结果的绝对差值不得超过算术平均值的10%。

技能训练7　啤酒中二氧化碳的测定

1. 基准法

（1）原理　在0～5℃下用碱液固定啤酒中的二氧化碳，加稀酸释放后，用已知量的氢氧化钡吸收，过量的氢氧化钡再用盐酸标准溶液滴定，根据消耗盐酸标准溶液的体积，计算出试样中二氧化碳的含量。

（2）仪器与试剂

1）仪器：二氧化碳收集测定仪（精度为±1%）、酸式滴定管（25mL）、锥形瓶（150mL）。

2）试剂

① 不含二氧化碳的蒸馏水：将水注入烧瓶中，煮沸 10min，立即用装有钠石灰管的胶塞塞紧，放置冷却。

② 碳酸钠：国家二级标准物质 GBW（E）060023。

③ 氢氧化钠溶液（300g/L）：称取氢氧化钠 300g，用水溶解，并定容至 1L。

④ 酚酞指示液（10g/L）：称取 1g 酚酞，溶于乙醇，用乙醇稀释至 100mL。

⑤ 0.1mol/L 盐酸标准溶液。

⑥ 氢氧化钡溶液（0.055mol/L）

a. 配制：称取氢氧化钡 19.2g，加不含二氧化碳的蒸馏水 600 ~ 700mL，不断搅拌直至溶解，静置 24h，加入氯化钡 29.2g，搅拌 30min，用不含二氧化碳的蒸馏水定容至 1000mL，静置沉淀后，过滤于一个密闭的试剂瓶中，储存备用。

b. 标定：吸取上述溶液 25.0mL 置于 150mL 锥形瓶中，加酚酞指示液 2 滴，用 0.1mol/L 盐酸标准溶液滴定至刚好无色为其终点，记录消耗 0.1mol/L 盐酸标准溶液的体积（该值应在 27.5 ~ 29.5mL 之间，若超出 30mL，则应重新调整氢氧化钡溶液的浓度）。将其在密封良好的情况下储存（试剂瓶顶端装有钠石灰管，并附有 25mL 加液器），若盐酸标准溶液浓度不变，则可连续使用一周。

⑦ 硫酸溶液质量分数为 10%。

⑧有机硅消泡剂（二甘油聚醚）。

（3）操作步骤

1）按仪器使用说明书，用碳酸钠标准物质校正仪器，每季度校正一次（发现异常时应校正）。

2）试样的准备：将待测啤酒恒温至 0 ~ 5℃，若为瓶装酒，则开启瓶盖，迅速加入一定量的 300g/L 氢氧化钠溶液和消泡剂 2 滴或 3 滴，立刻用塞塞紧，摇匀，备用；若为听装酒，则可在罐底部打孔，按瓶装酒的操作方法进行操作。

注意：氢氧化钠溶液添加量，样品净含量为 640mL 时，加 10mL；样品净含量为 355mL 时，加 5mL；样品净含量为 2L 时，加 25mL。

3）测定

① 二氧化碳的分离与收集：吸收准备好的试样 10.0mL 置于反应瓶中，在收集瓶中加入 0.055mol/L 氢氧化钡溶液 25.00mL，将收集瓶与仪器的分气管接通；通过反应瓶上的分液漏斗向其中加入质量分数为 10% 的硫酸溶液 10mL，关闭漏斗活塞，迅速接通连接管，设定分离与收集时间为 10min，按下泵开关，仪器开始工作，直至自动停止。

② 滴定：用少量不含二氧化碳的蒸馏水冲洗收集瓶的分气管，取下收集瓶，加入酚酞指示剂 2 滴，用 0.1mol/L 盐酸标准溶液滴定至刚好无色，记录消耗盐酸标准溶液的体积。

③ 试样的净含量按本节技能训练 2 方法测定。

④ 试样的相对密度用密度瓶法测定或用数字密度计测量。

（4）结果计算　试样中二氧化碳的含量按式（1-3-43）计算。

$$X = \frac{(V_1 - V_2) \times c \times 0.022}{\frac{V_3}{V_3 + V_4} \times 10 \times \rho} \times 100\% \tag{1-3-43}$$

式中　X——试样中二氧化碳的含量（质量分数）；

V_1——标定氢氧化钡溶液时，消耗盐酸标准溶液的体积（mL）；

V_2——试样消耗盐酸标准溶液的体积（mL）；

c——盐酸标准溶液的浓度（mol/L）；

0.022——与1.00mL盐酸标准溶液［$c(HCl) = 1.000mol/L$］相当的二氧化碳的质量（g/mmol）；

V_3——试样的净含量（总体积）（mL）；

V_4——在处理试样时，加入氢氧化钠溶液的体积（mL）；

10——测定时吸取试样的体积（mL）；

ρ——被测试样的密度（当被测试样的原麦汁浓度为11°P或12°P时，此值为1.012g/mL，其他浓度的试样必须先测其密度）（g/mL）。

所得结果表示至两位小数。

（5）精密度　在重复性条件下获得的两次独立测定结果的绝对差值不得超过算术平均值的5%。

2. 压力法

（1）原理　根据亨利定律，在25℃时用二氧化碳压力测定仪测出试样的总压、瓶颈空气体积和瓶颈空容体积，然后计算出啤酒试样中二氧化碳的含量，以质量分数表示。

（2）仪器与试剂

1）仪器：二氧化碳测定仪（压力表的分度值为0.01MPa）、分析天平（感量为0.1g）、量筒（100mL）、玻璃铅笔（或记号笔）。

2）试剂：氢氧化钠溶液（400g/L）（称取400g氢氧化钠，用水溶解，并定容至1L）。

（3）操作步骤

1）仪器的准备：将二氧化碳测定仪的三个组成部分之间用胶管（或塑料管）接好，在碱液水准瓶和刻度吸管中装入氢氧化钠溶液，并用水或氢氧化钠溶液（也可以使用瓶装酒）完全顶出连接刻度吸收管与穿孔装置之间胶管中的空气。

2）试样的准备：取瓶（或听）装酒样置于25℃水浴中恒温30min。

3）测表压：将准备好的试样瓶（或听）置于穿孔装置下进行穿孔，用手摇动酒瓶（或听）直至压力表指针达到最大恒定值，记录读数（即表压）。

4）测瓶颈空气体积：慢慢打开穿孔装置的出口阀，让瓶（或听）内气体缓缓流入吸收管，当压力表指示降至零时，立即关闭出口阀，倾斜摇动吸收管，直至气体体积达到最小恒定值，然后调整水准瓶，使之静压相等，从刻度吸收管上读取气体的体积。

5）测瓶颈空容：在测定前，先在酒的瓶壁上用玻璃铅笔标记出酒的液面，测定后，装水至酒瓶标记处，用100mL量管量取100mL水后倒入试样瓶至满瓶口，读取从量筒倒出水的体积。

6）听（铝易开盖两片罐）装酒“听顶空容”的测定与计算　在测定前，先称量整听酒的质量（m_1），精确至0.1g；穿刺，测定听装酒的表压；将听内啤酒倒出，用水洗净，控干，称量听和拉盖的质量（m_2），精确至0.1g；用水充满空听，称量听、拉盖和水的质量（m_3），精确至0.1g。

听装酒的“听顶空容”按式（1-3-44）计算。

$$R = \frac{m_3 - m_2}{0.99823} - \frac{m_1 - m_2}{\rho} \tag{1-3-44}$$

式中　R——听装酒的“听顶空容”（mL）；

m_1——整听酒的质量（g）；

m_2——听和拉盖的质量（g）；

m_3——听、拉盖和水的质量（g）；

0.99823——水在20℃下的密度（g/mL）；

ρ——试样的密度（g/mL）。

（4）结果计算　试样中二氧化碳的含量按式（1-3-45）计算。

$$X = (p - 0.101 \times \frac{V_2}{V_1}) \times 1.40 \tag{1-3-45}$$

式中　X——试样中二氧化碳的质量分数（%）；

p——绝对压力（表压+0.101MPa）（MPa）；

V_2——瓶颈空气体积（mL）；

V_1——瓶颈空容（听顶空容）（mL）；

1.40——25℃、1MPa时，100g试样中溶解的二氧化碳的质量（g）。

所得结果表示至两位小数。

（5）精密度　在重复性条件下获得的两次独立测定结果的绝对差值不得超过算术平均值的5%。

第六节　饮料的检验

技能训练目标

1）了解饮料感官分析、净含量、总固形物、可溶性固形物与二氧化碳的试验原理。

2）熟悉仪器与试剂，并能够规范操作试验仪器，科学配制相关试剂。

3）规范完成各试验操作步骤，科学读取相关数据，并做好试验记录。

4）完成试验结果计算，并能科学分析试验数据，完成试验报告的编制。

5）正确理解注意事项，并能够在试验过程中解决常见问题。

 技能训练内容及依据

饮料检验专项技能训练的内容及依据见表 1-3-18。

表 1-3-18　饮料检验专项技能训练的内容及依据

序　号	训练项目名称	国家标准依据
1	样品的取样方法	GB/T 12799. 2—2008
2	样品的制备	不同物理状态常规前处理方法
3	样品的预处理及保存	不同方式的常规制备方法
4	饮料中总固形物的测定	GB/T 5009. 3—2010
5	饮料中可溶性固形物的测定	GB/T 12143—2008
6	饮料中二氧化碳的测定	GB/T 12143—2008
7	饮料的感官、净含量及标签的测（判）定	GB/T 10220—2012、GB 7718—2011

技能训练 1　样品的取样方法

样品分为检样、原始样品和平均样品三种。检样是指由整批食物的各个部分抽取的少量样品。原始样品是指把许多份检样综合在一起的样品。平均样品是指由原始样品经过处理再抽取其中一部分做检验用的样品。抽样方法应随着饮料的形态、种类和检验项目的要求而异。

1. 均匀的样品

（1）液体或半流体样品　先充分混匀后再抽样。混合方法可以使用旋转摇荡、搅拌或反复倾倒的方法。若为整块样品，则需利用特殊的抽样工具（如采样匙、长旋钻等）抽样。

（2）颗粒或粉末状样品　可以用四分法或对角线法混匀采取样品，以便获得平均样品。

（3）已包装的均匀样品　可随机抽取其中数件样品送检，若数量太大，则可将被抽取的数件样品混合均匀，再参照上述方法取样。

2. 不均匀样品

视检验的目的，可从被检物各个部位抽取，并且必须从有代表性的各部分分别抽取，经过充分打碎混合后制成平均样品。

3. 抽样数量

没有统一的规定，一般抽取样品的数量应为检验需要量的 4 倍。如果样品本身较少，则应尽可能多抽甚至全部抽取。

技能训练 2　样品的制备

为了保证分析结果的正确性，对分析的样品必须加以适当的处理。样品制备的目的是要保证样品均匀，分析时取任何部分都能代表全部样品的成分。样品的制备包括抽样的分取、粉碎及混匀等过程。处理方法主要有下面两种：

1）摇动或搅拌（液体样品、浆体、悬浮液体）：用玻璃棒或电动搅拌器、电磁搅拌器等。

2）切细或搅碎（固体样品）。

技能训练3　样品的预处理及保存

1. 常用样品的预处理方法

有机物破坏法（有干法灰化法和湿法消化法）、蒸馏法、溶剂抽提法、沉淀分离法、其他处理方法（如吸附法、碘化净化法、透析法等）。

2. 样品的保存

采取的样品，为了防止其水分或挥发性成分散失以及其他待测成分的含量变化，应在短时间内进行分析，尽量做到当天样品当天分析。

技能训练4　饮料中总固形物的测定

1. 仪器、设备、材料

同水分的测定。

2. 操作步骤

（1）试样的制备　将包装容器内的样品摇匀后，全部倒入组织捣碎机中捣匀，然后置于烧杯中，在1h内称样完毕。

（2）试样的测定　取试样10.00mL，置于已知恒重（m_1）含石英砂的称量皿中，然后在水浴上蒸发至干，取下称量皿，擦干附着的水分，再放入恒温干燥箱内，在100～105℃烘至恒重，称量（m_2）。

3. 结果计算

试样中总固形物的含量按式（1-3-46）计算。

$$X = \frac{m_2 - m_1}{10} \times 100 \qquad (1\text{-}3\text{-}46)$$

式中　X——试样中总固形物的含量（g/100mL）；

m_1——含砂称量质量（g）；

m_2——样品中总固形物和含砂称量皿的质量（g）；

10——试样的体积（mL）。

当两次测定结果符合允许差时，取两次测定结果的算术平均值作为结果，报告结果取小数点后一位。

允许差：同一样品的两次测定值之差不得超过两次测定平均值的20%。

技能训练5　饮料中可溶性固形物的测定

1. 原理

在20℃用折光计测量待测样液的折光率，并用折光率与可溶性固形物含量的换算表查得或从折光计上直接读出可溶性固形物的含量。

2. 仪器

1）阿贝折光计或其他折光计：测量范围为0～80%，精确度为±0.1%。

2）电动恒温水浴：恒定温度为20℃±0.5℃。

3）组织捣碎机。

3. 操作步骤

（1）试样的制备

1）透明液体制品：将试样充分混匀，直接测定。

2）半黏稠制品（果浆、菜浆类）：将试样充分混匀，用四层纱布挤出滤液，弃去最初几滴，收集滤液供测试用。

3）含悬浮物制品（颗粒果汁类饮料）：将待测样品置于组织捣碎机中捣碎，用四层纱布挤出滤液，弃去最初几滴，收集滤液供测试用。

（2）样品的测定

1）测定前按说明书校正折光计。在此以阿贝折光计为例，其他折光计按说明书操作。

2）分开折光计两面棱镜，用脱脂棉蘸乙醚或乙醇擦净。

3）用末端熔圆的玻璃棒蘸取试液2滴或3滴，滴于折光计棱镜面中央（注意勿使玻璃棒触及镜面）。

4）迅速闭合棱镜，静默1min，使试样均匀无气泡并充满视野。

5）对准光源，通过目镜观察接物镜。调节指示规，使视野分成明暗两部，再旋转微调螺旋，使明暗界限清晰，并使其分界线恰在接物镜的十字交叉点上。读取目镜视野中的百分数或折光率，并记录棱镜温度。

6）若目镜读数标尺刻度为百分数，则为可溶性固形物的含量；若目镜读数标尺为折光率，则按GB/T 12143—2008中的附录A换算为可溶性固形物含量。

7）将上述百分数按GB/T 12143—2008中的附录B换算为20℃时可溶性固形物的含量。

允许差：同一样品两次测定值之差不应大于0.5%。取两次测定的算术平均值作为结果，精确到小数点后一位。

技能训练6　饮料中二氧化碳的测定

1. 蒸馏滴定法

（1）原理　试样经强碱、强酸处理后加热蒸馏，逸出的二氧化碳用氢氧化钠吸收生成碳酸盐，用氯化钡沉淀碳酸盐，再用盐酸滴定剩余的氢氧化钠，根据盐酸的消耗量，计算样品中二氧化碳的含量。

（2）仪器与试剂

1）仪器：二氧化碳蒸馏吸收装置（见图1-3-8）、台式真空泵或抽气管（伽氏）、真空表［量程为1～100kPa（0～760mmHg）］、冰箱或冰-盐水浴、分析天平（感量为0.0001g）。

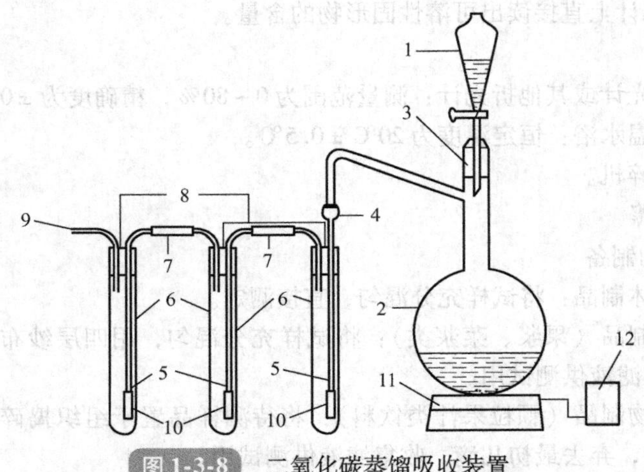

图 1-3-8　二氧化碳蒸馏吸收装置

1—100mL 分液漏斗　2—500mL 具支圆底烧瓶　3、8—橡胶塞　4—ϕ4/15 磨口
5—8mm 的玻璃管　6—250mm × 25mm 试管　7—橡胶管　9—接真空泵
10—气体分散器（具有四个孔径为 0.1mm，一端封死的乳胶管）　11—电炉　12—调压器 1kW

2）试剂

① 不含二氧化碳的水（应当天制备）：将水煮沸，煮去原体积的 1/5 ~ 1/4，迅速冷却。

② 酸性磷酸盐溶液：称取 100g 磷酸二氢钠，溶于水中，加 25mL 磷酸转移至 500mL 容量瓶中，用水稀释至刻度。

③ 氯化钡溶液：称取 60g 氯化钡，溶于 1000mL 水中，以酚酞-百里酚酞为指示液，用氢氧化钠标准溶液和盐酸标准溶液中和至中性。

④ 10% 过氧化氢溶液（临用时制备）：取 10mL 过氧化氢，加 20mL 水。

⑤ 酚酞-百里香酚酞指示液：将 1g 酚酞与 0.5g 百里酚酞溶于 100mL 乙醇中。

⑥ 50% 氢氧化钠溶液：称取 500g 氢氧化钠，溶解于 500mL 水中，储存于塑料瓶中，静置 15 天。

⑦ 0.25mol/L 氢氧化钠标准溶液

a. 配制：取 13.5mL 50% 氢氧化钠溶液的上层清液置于 1000mL 容量瓶中，用不含二氧化碳的水稀释至刻度，摇匀。

b. 标定：称取约 0.8g 于 105℃ 烘至恒重的苯二甲酸氢钾，精确至 0.0002g，溶于 80mL 不含二氧化碳的水中，加 3 滴（约 0.15mL）酚酞-百里香酚酞指示液，用刚配制的氢氧化钠溶液滴定至溶液呈现淡紫色。

氢氧化钠标准溶液的浓度按式（1-3-47）计算。

$$c_1 = \frac{m_1}{V_1 \times 0.2042} \tag{1-3-47}$$

式中 c_1——氢氧化钠标准溶液的浓度（mol/L）；

m_1——苯二甲酸氢钾的质量（g）；

V_1——滴定时消耗氢氧化钠标准溶液的体积（mL）；

0.2042——与1.00mL 氢氧化钠标准溶液［$c(NaOH)$ = 1.000mol/L］相当的苯二甲酸氢钾的质量（g/mmol）。

⑧ 0.25mol/L 盐酸标准溶液

a. 配制：取21.0mL 盐酸置于1000mL 容量瓶中，用水稀释至刻度，摇匀。

b. 标定：取20.0mL 刚配制的盐酸溶液置于250mL 锥形瓶中，加60mL 不含二氧化碳的水和3滴酚酞-百里香酚酞指示液，用0.25mol/L 氢氧化钠标准溶液滴定，近终点时加热锥形瓶内的溶液至80℃，继续滴定至溶液呈淡紫色。

盐酸标准溶液的浓度按式（1-3-48）计算。

$$c_2 = \frac{c_1 \times V_2}{20.0} \tag{1-3-48}$$

式中 c_2——盐酸标准溶液的浓度（mol/L）；

c_1——氢氧化钠标准溶液的浓度（mol/L）；

V_2——滴定时消耗氢氧化钠标准溶液的体积（mL）；

20.0——滴定时取盐酸标准滴定溶液的体积（mL）。

（3）操作步骤

1）试液的制备：将未开盖的饮料放入温度在0℃以下的冰-盐水浴（或冰箱的冷冻室）中，浸泡1～2h，待瓶内饮料接近冰冻时（勿振摇）打开瓶盖，迅速加入50%氢氧化钠溶液的上层清液（每100mL 饮料加2.0～2.5mL），立即用橡胶塞塞住，将瓶底向上，缓慢振摇数分钟后放至室温，待测定。

2）测定

①试液的蒸馏-吸收：取15.00～25.00mL 上述制备好的试液（二氧化碳含量为0.06～0.15g）置于500mL 具支圆底烧瓶中，加入3mL 10%过氧化氢溶液和几粒多孔瓷片，连接吸收管，将分液漏斗紧密接到烧瓶上，不得漏气。预先在第一及第二支吸收管中，分别准确加入20mL 浓度为0.25mol/L 的氢氧化钠标准溶液，并将两支吸收管浸泡在盛水的烧杯中，在蒸馏吸收过程中，将温度控制在25℃以下。在第三支吸收管中准确加入10mL 浓度为0.25mol/L 的氢氧化钠标准溶液及10mL 氯化钡溶液。将三支吸收管串联。第三支吸收管一端连接真空泵，使整个装置密封。打开连接真空泵的阀门，缓慢增加真空度，控制在14～20kPa（100～150mmHg），直至无气泡通过吸收管。继续抽气，使其保持真空状态，将35mL 酸性磷酸盐溶液加入分液漏斗中，打开活塞，使酸性磷酸盐溶液（约30mL）缓慢滴入烧瓶中，关闭活塞，摇动烧瓶，使样品与酸液充分混合，用调压器控制电炉温度，缓慢加热，使二氧化碳逐渐逸出，控制吸收管中有断断续续的气泡上升。待第一支吸收管中增加2～3mL 馏出液，吸收管上部手感温热时，即表明烧瓶内的二氧化碳已全部逸出，并被吸收管内的氢氧化钠所吸收。此时关闭第三支吸收管与真空泵之间的连接阀，关闭电炉，慢慢打开分液漏斗的活塞，通入空气，使压力平衡。将三支吸收管中的溶液合并洗入500mL 锥形瓶中，并用少量水多次洗涤吸收管，将洗液并入锥形瓶中，加入50mL 氯化钡溶液，充分振摇，放置片刻。

② 滴定：在上述锥形瓶中，加入3滴（约0.15mL）酚酞-百里香酚酞指示液，用0.25mol/L 盐酸标准溶液滴定至溶液为无色，记录消耗盐酸标准溶液的体积（V_3）。

(4) 结果计算　试样中二氧化碳含量按下式计算：

$$X_2 = (c_1 \times 50 - c_2 \times V_3) \times 0.022 \times \frac{100}{V_4} \times \frac{100 + V_5}{100} \tag{1-3-49}$$

式中　X_2——样品中二氧化碳的含量（%）；

c_1——氢氧化钠标准溶液的浓度（mol/L）；

50——加入三支吸收管中 0.25mol/L 盐酸标准溶液的体积（mL）；

c_2——盐酸标准溶液的浓度（mol/L）；

V_3——滴定时消耗 0.25mol/L 盐酸标准溶液的体积（mL）；

0.022——与 1.00mL 氢氧化钠标准溶液［$c(NaOH) = 1.000mol/L$］相当的二氧化碳的质量（g/mmol）；

V_4——蒸馏时取试液的体积（mL）；

V_5——每 100mL 汽水中加入 50% 氢氧化钠溶液的上层清液的体积（mL）。

当两次测定结果符合允许差时，取两次测定结果的算术平均值作为结果，精确至 0.001%。

允许差：两次测定结果之差不得超过平均值的 5.0%。

该方法与减压器法测定值之间的换算关系按式（1-3-50）计算。

$$X_3 = \frac{1.9768 \times K}{1000} \times 100 \tag{1-3-50}$$

式中　X_3——样品中二氧化碳的含量（%）；

1.9768——在标准状况下二氧化碳的密度（g/L）；

K——在某一个温度下用减压器法测得的二氧化碳气容量（倍）。

2. 容积倍数法

该方法适用于充入二氧化碳的软饮料，不适用于含有发酵法自身产生二氧化碳的饮料。

(1) 原理　使用二氧化碳气压测定仪，根据待测样品的压力和温度，查碳酸气吸收系数表，可得样品中 20℃ 时二氧化碳含量的容积倍数。

(2) 仪器　二氧化碳检压器。

(3) 操作步骤　将汽水样品瓶（罐）用检压器上的针头刺穿罐盖，旋开放气阀排气，待压力表指针回零后，马上关闭放气阀，将样品瓶（或罐）往复剧烈振摇约 40s，待压力稳定后，记下压力数（取小数后两位）。旋开放气阀，随即打开瓶盖（或罐盖），用温度计测量容器内液体的温度。

根据测得的压力和温度查碳酸气吸收系数表，即得二氧化碳气含量的容积数。

技能训练 7　饮料感官、净含量及标签的测（判）定

1. 碳酸饮料

(1) 感官检验

1) 色泽、外观及杂质：用浅色的玻璃瓶和塑料瓶装样品，迎光观察其色泽、外观，然后倒置于明亮处，观察其杂质；深色的玻璃瓶和塑料瓶（罐）、金属罐装样品需充分摇匀后，取约 100mL 置于洁净的样品杯（或 200mL 烧杯）中，迎光观察其色泽、

外观及杂质。

2）香气及滋味：开启包装容器后，嗅其香气，品尝其滋味，检查有无异味。

（2）净含量　在25℃ ±2℃的条件下，将样液沿筒壁缓慢倒入量筒中，1min后，读取泡沫下的容积数。

2. 植物蛋白饮料

（1）感官检验

1）色泽、外观及杂质：将包装容器内的样品摇匀后，倒入无色透明的容器内，置于明亮处，迎光观察其色泽、外观及杂质。

2）香气及滋味：打开包装，嗅其香气，品尝滋味，检查有无异味。

（2）净含量　在25℃ ±2℃的条件下，将样液沿筒壁缓慢倒入量筒中，待泡沫消失后，读取容积数。

3. 乳酸菌饮料

（1）感官检验　应在感官检验室内或在符合感官检验要求的其他实验室内，检查产品的色泽、滋味、气味、组织状态，可按表1-3-19评分。

表1-3-19　乳酸菌饮料评分表

项　目	满　分	检查瓶数	扣分内容	扣　分
包装	5	2	印刷不够清晰，不美观 封口不够严密 包装外表面不清洁	1~2 1~2 1~2
色泽	5	2	色泽不佳 色泽异常	1~2 5
滋味和气味	30	2	口感不够幼滑 乳酸菌发酵香味不浓 酸甜不够适中 风味欠佳 有异味	1~2 2~8 1~3 2~10 30
组织形态	15	2	沉淀较多 产生少量上浮物 有分层现象	2~5 5~10 15
杂质	10	2	有可见杂质 有害于人体健康的杂质	10 取消评比资格
容量	5	6	不符合标准	5
酸度	5	—	不符合标准	5
可溶性固形物	5	—	不符合标准	5
蛋白质	10	—	不符合标准	5
乳酸菌数 （活性乳酸菌饮料）	10	—	$<10^6$个/mL（出厂3天内） $<10^6$个/mL（出厂3天内）	5 10

（2）净含量　用分度值为0.5mL的量筒分别测量所取样品的体积，取平均值作为测量结果。

第七节　罐头的检验

技能训练目标

1）了解罐头的感官检验、可溶性固形物含量、净含量和固形物含量、pH值、干燥物含量与食品商业无菌检验的试验原理。

2）熟悉仪器与试剂，并能够规范操作试验仪器，科学配制相关试剂。

3）规范完成各试验操作步骤，科学读取相关数据，并做好试验记录。

4）完成试验结果计算，并能科学分析试验数据，完成试验报告的编制。

5）正确理解注意事项，并能够在试验过程中解决常见问题。

技能训练内容及依据

罐头检验专项技能训练的内容及依据见表1-3-20。

表1-3-20　罐头检验专项技能训练的内容及依据

序　号	训练项目名称	国家标准依据
1	罐头的感官检验	GB/T 10786—2006
2	罐头中可溶性固形物的测定	GB 10786—2006
3	罐头的净含量和固形物的测定	GB/T 10786—2006

技能训练1　罐头的感官检验

1. 原理

食品质量的优劣最直接地表现在它的感官性状上。通过感官指标来鉴别食品的优劣和真伪，不仅简便易行，而且灵敏度高，直观而实用。它与使用各种理化、微生物的仪器进行分析相比，有很多优点，因而它也是食品的生产、销售、管理人员所必须掌握的一项技能。感官鉴别不仅能直接发现食品感官性状在宏观上出现的异常现象，而且当食品感官性状发生微观变化时，也能很敏锐地被察觉到。食品的感官质量鉴别有着理化和微生物检验方法所不能替代的优越性。

2. 仪器

白瓷盘、匙、不锈钢圆筛（丝的直径为1mm，筛孔尺寸为2.8mm×2.8mm）、烧杯、量筒、开罐刀等。

3. 操作步骤

（1）组织与形态检验

1）畜肉、禽、水产类罐头：先加热至汤汁溶化（有些罐头如午餐肉、凤尾鱼等，不经加热），然后将内容物倒入白瓷盘中，观察其组织、形态是否符合标准。

2）糖水水果类及蔬菜类罐头：在室温下将罐头打开，先滤去汤汁，然后将内容物倒入白瓷盘中，观察其组织、形态是否符合标准。

3）糖浆类罐头：开罐后，将内容物平倾于不锈钢圆筛中，静置3min，观察其组织、形态是否符合标准。

4）果酱类罐头：在室温（15~20℃）下开罐后，用匙取果酱（约20g）置于干燥的白瓷盘上，在1min内视其酱内有无流散现象和汁液析出现象。

5）果汁类罐头：打开后将内容物倒在玻璃容器内静置30min后，观察其沉淀程度、分层情况和油圈现象。

6）其他类罐头参照上述方法。

（2）色泽的检验

1）畜肉、禽、水产类罐头：在白瓷盘中观察其色泽是否符合标准，将汤汁注入量筒中，静置3min后，观察其色泽和澄清程度。

2）糖水水果类及蔬菜类罐头：在白瓷盘中观察其色泽是否符合标准；将汁液倒在烧杯中，观察其汁液是否清亮透明，有无夹杂物及引起浑浊的果肉碎屑。

3）糖浆类罐头将糖浆：全部倒入白瓷盘中观察其是否浑浊，有无胶冻和大量果屑及夹杂物存在：将不锈钢圆筛上的果肉倒入盘内，观察其色泽是否符合标准。

4）果酱类罐头及番茄酱罐头：将酱体全部倒入白瓷盘中，随即观察其色泽是否符合标准。

5）果汁类罐头：将其内容物倒在玻璃容器中静置30min后，观察其色泽是否符合标准。

（3）滋味和气味的检验

1）畜肉、禽及水产类罐头：检验其是否具有该产品应有的滋味与气味，有无哈喇味及异味。

2）果蔬类罐头：检验其是否具有与原果蔬相近似的香味。对于果汁类罐头，应先嗅其香味（浓缩果汁应稀释至规定浓度），然后评定酸甜是否适口。

注意：参加感官检验的人员必须有正常的味觉与嗅觉，感官鉴定过程不得超过2h。

技能训练2　罐头中可溶性固形物的测定

1. 原理

于20℃用折光计测量试验溶液的折光率，并用折光率与可溶性固形物含量的换算表得出或从折光计上直接读出可溶性固形物的含量。用折光计法测定的可溶性固形物含量，以质量分数表示。

2. 仪器

阿贝折光计、组织捣碎器。

3. 操作步骤

（1）测试溶液的制备

1）透明的液体制品：充分混匀待测样品后直接测定。

2）非黏稠制品（果蔬、菜浆制品）：充分混匀待测样品，用四层纱布挤出滤液，用于测定。

3）黏稠制品（果酱、果冻等）

① 称取适量（40g 以下）（精确到 0.01g）的待测样品置于已称重的烧杯中，加 100～150mL 蒸馏水，用玻璃棒搅拌，并缓和煮沸 2～3min，冷却并充分混匀。

② 20min 后称重，精确到 0.01g，然后用槽纹漏斗或布氏漏斗将样品过滤到干燥容器里，留滤液供测定用。

4）固相和液相分开的制品：按固液的比例，将样品用组织捣碎器捣碎后，用四层纱布挤出滤液用于测定。

（2）测定

1）折光计在测定前按说明书进行校正。

2）分开折光计的两面棱镜，用脱脂棉蘸乙醚或酒精擦净。

3）用末端熔圆的玻璃棒蘸取制备好的样液 2 滴或 3 滴，仔细滴于折光计棱镜平面的中央（注意，勿使玻璃棒触及棱镜）。

4）迅速闭合上下两棱镜，静置 1min，要求液体均匀无气泡并充满视野。

5）对准光源，由目镜观察，调节指示规，使视野分成明暗两部分，再旋动微调螺旋，使两部界限明晰，其分线恰在接物镜的十字交叉点上，读取读数。

6）若折光计标尺刻度为百分数，则读数即为可溶性固形物的百分率，按可溶性固形物含量对温度的校正表（见表 1-3-21 和表 1-3-22）换算成 20℃ 时标准的可溶性固形物含量。

7）若折光计读数标尺刻度为折光率，则可读出其折光率，然后按折光率与可溶性固形物含量换算表（见表 1-3-23）查得样品中可溶性固形物的含量，再按可溶性固形物含量对温度的校正表换算成 20℃ 标准的可溶性固形物含量。

（3）测定温度　测定时温度最好控制在 20℃ 左右，以尽可能缩小校正范围。

（4）测定次数　对同一个样品进行两次测定。

表 1-3-21　可溶性固形物含量对温度的校正表（减校正值）

温度/℃	可溶性固形物含量（质量分数%）									
	5	10	15	20	25	30	40	50	60	70
15	0.29	0.31	0.33	0.34	0.34	0.35	0.37	0.38	0.39	0.40
16	0.24	0.25	0.26	0.27	0.28	0.28	0.30	0.30	0.31	0.32
17	0.18	0.19	0.20	0.21	0.21	0.21	0.22	0.23	0.23	0.24
18	0.13	0.13	0.14	0.14	0.14	0.14	0.15	0.15	0.16	0.16
19	0.06	0.06	0.07	0.07	0.07	0.07	0.08	0.08	0.08	0.08

表 1-3-22 可溶性固形物对温度的校正表（加校正表）

温度/℃	可溶性固形物含量（质量分数，%）									
	5	10	15	20	25	30	40	50	60	70
21	0.07	0.07	0.07	0.07	0.08	0.08	0.08	0.08	0.08	0.08
22	0.13	0.14	0.14	0.15	0.15	0.15	0.15	0.16	0.16	0.16
23	0.20	0.21	0.22	0.22	0.23	0.23	0.23	0.24	0.24	0.24
25	0.27	0.28	0.29	0.30	0.30	0.31	0.31	0.31	0.32	0.32
25	0.35	0.36	0.37	0.38	0.38	0.39	0.40	0.40	0.40	0.40

表 1-3-23 折光率与可溶性固形物含量换算表

折光率 n_D^{20}	可溶性固形物含量（质量分数，%）	折光率 n_D^{20}	可溶性固形物含量（质量分数，%）	折光率 n_D^{20}	可溶性固形物含量（质量分数，%）	折光率 n_D^{20}	可溶性固形物含量（质量分数，%）
1.3330	0	1.3672	22	1.4076	44	1.4558	66
1.3344	1	1.3689	23	1.4096	45	1.4582	67
1.3359	2	1.3706	24	1.4117	46	1.4606	68
1.3373	3	1.3723	25	1.4137	47	1.4630	69
1.3388	4	1.3740	26	1.4158	48	1.4654	70
1.3403	5	1.3758	27	1.4179	49	1.4679	71
1.3418	6	1.3775	28	1.4301	50	1.4703	72
1.3438	7	1.3793	29	1.4222	51	1.4728	73
1.3448	8	1.3811	30	1.4243	52	1.4753	74
1.3463	9	1.3829	31	1.4265	53	1.4778	75
1.3478	10	1.3847	32	1.4286	54	1.4803	76
1.3494	11	1.3865	33	1.4308	55	1.4829	77
1.3509	12	1.3883	34	1.4330	56	1.4854	78
1.3525	13	1.3902	35	1.4352	57	1.4880	79
1.3541	14	1.3920	36	1.4374	58	1.4906	80
1.3557	15	1.3939	37	1.4397	59	1.4993	81
1.3573	16	1.3958	38	1.4419	60	1.4959	82
1.3589	17	1.3978	39	1.4442	61	1.4985	83
1.3605	18	1.3997	40	1.4465	62	1.5012	84
1.3622	19	1.4016	41	1.4488	63	1.5039	85
1.3638	20	1.4036	42	1.4511	64		
1.3655	21	1.4056	43	1.4535	65		

4. 结果计算

如果是不经稀释的透明液体，或非黏稠制品，或固相和液相分开的制品，则可溶性固形物的含量与折光计上所读的数相等。

如果是经稀释的黏稠制品，则可溶性固形物的含量按式（1-3-51）计算。

$$X = \frac{D \times m_1}{m_0} \tag{1-3-51}$$

式中 X——可溶性固形物的含量；

D——稀释溶液里可溶性固形物的质量分数；

m_1——稀释后的样品质量（g）；

m_0——稀释前的样品质量（g）。

如果测定的重现性已能满足要求，则取两次测定的算术平均值作为结果。由同一个分析者紧接着进行两次测定的结果之差，应不得超过0.5%。

技能训练3　罐头的净含量和固形物的测定

1. 原理

本项目采用减重法测定。

2. 仪器

天平、圆筛（圆筛的规格：净含量小于1.5kg的罐头，用直径为200mm的圆筛；净含量等于或大于1.5kg的罐头，用直径为300mm的圆筛；圆筛用不锈钢丝织成，其直径为1mm，孔眼尺寸为2.8mm×2.8mm）。

3. 操作步骤

（1）净含量　擦净罐头外壁，用天平称取罐头总质量。畜肉、禽及水产类罐头需将罐头加热，使凝冻熔化后开罐；果蔬类罐头不经加热，直接开罐。将罐头内容物倒出后，将空罐洗净、擦干后称重，按式（1-3-52）计算净含量。

$$m_1 = m_3 - m_2 \tag{1-3-52}$$

式中 m_1——罐头净含量（g）；

m_3——罐头总质量（g）；

m_2——空罐质量（g）。

（2）固形物含量

1）水果、蔬菜类罐头：开罐后，将内容物倾倒在预先称重的圆筛上，不搅动产品，倾斜筛子，沥干2min后，将圆筛和沥干物一并称重，按式（1-3-53）计算固形物含量。

$$X_1 = \frac{m_5 - m_4}{m_6} \times 100\% \tag{1-3-53}$$

式中 X_1——固形物的含量（以质量分数表示）；

m_5——果肉或蔬菜沥干物加圆筛的质量（g）；

m_4——圆筛质量（g）；

m_6——罐头标明的净含量（g）。

注意：带有小配料的蔬菜罐头，称量沥干物时应扣除小配料。

2）畜肉罐头、禽肉罐头、水产类罐头和黏稠的粥类罐头：将罐头在50℃±5℃的

水浴中加热 10～20min 或在 100℃水中加热 2～7mim（视罐头大小而定），使凝冻的汤汁熔化，开罐后，将内容物倒在预先称重的圆筛上，圆筛下方配接漏斗，架于容量合适的量筒上，不搅动产品，倾斜圆筛，沥干 3min（黏稠的粥类罐头沥干 5min）后，将筛子和沥干物一并称量。将量筒静置 5min，使油与汤汁分成两层，量取油层的体积乘以密度，即得油层质量，按式（1-3-54）计算固形物含量。

$$X_2 = \frac{(m_5 - m_4) + m_7}{m_6} \times 100\% \tag{1-3-54}$$

式中　X_2——固形物的含量（以质量分数表示）；

m_5——沥干物加圆筛的质量（g）；

m_4——圆筛质量（g）；

m_7——油脂质量（g）；

m_6——罐头标明的净含量（g）。

第八节　肉、蛋及其制品的检验

技能训练目标

1）了解样品检验前的取样方法，以及 pH 值、水分、灰分的测定方法，感官评定试验原理。

2）熟悉仪器与试剂，并能够规范操作试验仪器，科学配制相关试剂。

3）规范完成各试验操作步骤，科学读取相关数据，并做好试验记录。

4）完成试验结果计算，并能科学分析试验数据，完成试验报告的编制。

5）正确理解注意事项，并能够在试验过程中解决常见问题。

技能训练内容及依据

肉、蛋及其制品检验专项技能训练的内容及依据见表 1-3-24。

表 1-3-24　肉、蛋及其制品检验专项技能训练的内容及依据

序　号	训练项目名称	国家标准依据	备　注
1	样品检验前的取样方法	GB/T 9695. 19—2008	其他未列国家标准为食品理化检验国家标准 5009 系列
2	肉、蛋及其制品 pH 值的测定	GB/T 9695. 5—2008	
3	肉、蛋及其制品中水分的测定	GB/T 9695. 15—2008 GB 5009. 3—2010	
4	肉、蛋及其制品感官、净含量、标签的测（判）定	GB 7718—2011 GB/T 5009. 47—2003 GB/T 22210—2008	

技能训练 1　样品检验前的取样方法

1. 取样的一般要求

1）取样人员应该经过技术培训，能独立完成取样工作。

2）取样容器应该防水、防油、清洁、干燥，不能影响样品的气味、风味和成分组成，满足取样量和样品性状的要求。

3）所取样品应尽可能有代表性，应抽取同一批次同一规格的产品。

4）取样要在干燥、洁净的环境中进行，避免取样或容器受到污染。

5）取样完成后，随即填写取样报告。

2. 取样的基本要求

取样量应该满足分析的要求，不得少于分析取样、复验和留样备查的总量。不同产品有不同的取样方法及取样量，见表 1-3-25。

表 1-3-25　取样方法和取样量

产品名称	取样方法及取样量
鲜肉	从 3～5 片胴体或者同规格的分割肉上取若干小块混为一份样品，每份样品的质量为 500～1500g
冻肉	成堆产品：在堆放空间的四角和中间设采样点，每点从上、中、下三层取若干小块混为一份样品，每份样品的质量为 500～1500g
	包装冻肉：随机取 3～5 包混合，总量不得少于 1000g
肉制品	每件质量在 500g 以上的产品：随机从 3～5 件上取若干小块混合，共 500～1500g
	每件质量在 500g 以下的产品：随机取 3～5 件混合，总量不得少于 1000g
	小块碎肉：从堆放平面的四角和中间取样混合，共 500～1500g

3. 样品制作方法

（1）取混合样品的方法　将抽取的全部基础样品混合均匀。将混合样品等分为四份，每一份即为实验室样品：一份给实验室分析检验，一份给买方，一份给卖方，再一份当场封存作为仲裁样品。

（2）实验室样品的取样方法　实验室样品的数量应按照合同要求，或按检验项目所需样品量的 3 倍从混合样品中取样，其中一份用于检验，一份用于复验，一份用于备查。

4. 实验室样品的包装和标志

（1）样品的包装　实验室样品要放在洁净、干燥的玻璃容器内，容器的大小以样品全部充满为宜。容器装入样品后，立即加盖密封。

（2）样品的标志　实验室样品必须做好标签。标签内容包括：样品名称、规格、等级；样品特性；样品的商品代码和批号；取样人的姓名和单位名称与地址；取样地点和日期。

取样时若发现样品有污染，则必须记录下来。

5. 实验室样品的储存和运送

用于分析的实验室样品要尽快地运达实验室；实验室样品应在冰箱或者特殊条件下储存，应保证不影响分析结果；在运输过程中必须保证样品不受损或者发生变化，保证样品完好无损；需长期储存的样品要存放于阴凉、干燥的地方。

6. 填写取样报告

取样报告内容包括实验室样品标签所要求的信息、被取样单位的名称和负责人姓名、生产日期、产品数量、取样数量、取样方法、取样目的、样品保存的条件和运输环境等。

技能训练2　肉及其制品pH值的测定

1. 原理

测定浸没在肉及肉制品试样中的玻璃电极和参比电极之间的电位差。

2. 仪器与试剂

（1）仪器　绞肉机（孔径不超过4mm）、pH计（准确度为0.01，有温度补偿系统）、复合电极（由玻璃指示电极和甘汞电极，或者银/氯化银电极）、均质器（转速可达20000r/min）、磁力搅拌器。

（2）试剂

1）用于校正pH计的缓冲溶液。

2）氢氧化钠溶液（1.0mol/L）：称取40g氢氧化钠溶于水中，用水稀释至1000mL。

3）氯化钾溶液（0.1mol/L）：称取7.5g氯化钾置于1000mL容量瓶中，加水溶解，用水稀释至刻度。

4）清洗液：乙醚（用水饱和）、乙醇（体积分数95%）。

3. 样品的制备

（1）非均质化的试样　在试样中选取有代表性的测试点，直接用pH计测定。

（2）均质化的试样　使用适当的设备将样品均质，避免试样温度超过25℃。若使用绞肉机，则应该至少通过该设备2次。

试样制备后装入密封的容器，防止变质和成分变化。试样应尽快进行分析，均质化后最迟不超过24h。

4. 操作步骤

（1）pH计的校正　用两个接近待测试样pH值的标准缓冲溶液，在测定温度下用磁力搅拌器搅拌的同时校正pH计。

（2）试样　在均质化的试样中加入10倍于待测试样质量的氯化钾溶液，用均质器进行均质。

（3）均质化试样的测定　取一定量（能够浸没电极）的试样，将电极插入试样中，将pH计的温度补偿系统调至试样的温度。边搅拌边检测，读数稳定后直接读数，准确至0.01。

（4）非均质化试样的测定　用小刀或者大头针在试样上打一个孔，插入复合电极，将 pH 计的温度补偿系统调至试样温度，待读数稳定后直接读数，准确至 0.01。

（5）电极的清洗　用脱脂棉先后蘸取乙醚和乙醇擦拭电极，最后用水清洗并按照生产商的要求保存电极。

5. 结果描述

（1）均质化的试样　结果准确至 0.05。

（2）非均质化的试样　对于同一试样的同一点的测定，取两次测定值的算术平均值作为结果，准确至 0.05；对于同一试样的不同点的测定，描述所有测定点及各自的 pH 值。

技能训练 3　肉、蛋及其制品中水分的测定

1. 蒸馏法

（1）原理　将试样中的水分与甲苯或二甲苯共同蒸出，收集馏出液于接收管中，根据馏出液的体积计算水分含量。

（2）仪器与试剂

1）仪器：水分测定器（如图 1-3-9 所示，带可调电热套，水分接收管容量为 5mL，最小分度值为 0.1mL，容量误差小于 0.1mL）、天平（感量为 0.1mg）。

2）试剂：甲苯或二甲苯（取甲苯或二甲苯，先以水饱和后，分去水层，进行蒸馏，收集馏出液备用）。

（3）操作步骤

1）取适量样品（不少于 200g），用绞肉机绞两次并混匀。

2）准确称取适量试样（精确至 0.001g，应使最终蒸出的水为 2～4mL，但最大取样量不得超过蒸馏瓶的 2/3），放入 250mL 锥形瓶中，加入新蒸馏的甲苯（或二甲苯）75mL，连接冷凝管与水分接收管，从冷凝管顶端注入甲苯，装满水分接收管。加热慢慢蒸馏，使每秒钟的馏出液为 2 滴，待大部分水分蒸出后，加速蒸馏，约每秒钟 4 滴。在水分全部蒸出后，接收管内水分的体积不再增加时，从冷凝管顶端加入甲苯冲洗。若冷凝管壁附有水滴，则可用附有小橡胶头的铜丝将其擦下，再蒸馏片刻，至接收管上部及冷凝管壁无水滴附着，接收管水平面保持 10min 不变为蒸馏终点，读取接收管水层的体积。

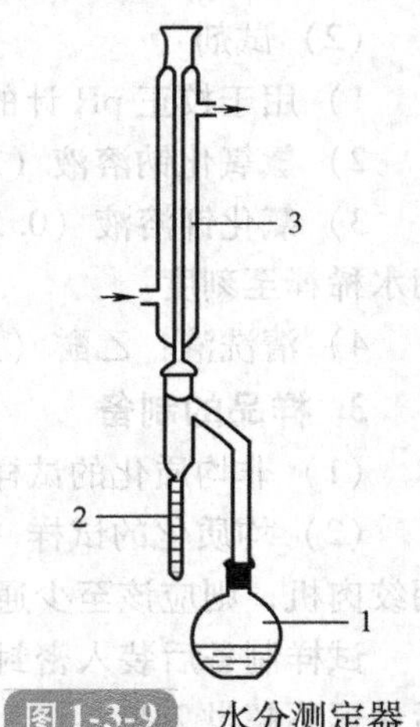

图 1-3-9　水分测定器

1—250mL 蒸馏瓶
2—水分接收管（有刻度）
3—冷凝管

（4）结果计算　试样中水分的含量按式（1-3-55）进行计算。

$$X = \frac{V}{m} \times 100 \tag{1-3-55}$$

式中　X——试样中水分的含量（mL/100g）（或按水在 20℃ 的密度 0.99820g/mL 计算

质量）；

V——接收管内水的体积（mL）；

m——试样的质量（g）。

当平行分析结果符合精密度要求时，取两次独立测定结果的算术平均值作为结果，精确到0.1%。

（5）精密度 在同一实验室由同一操作者在短暂的时间间隔内，用同一设备对同一试样获得的两次独立测定结果的绝对差值不得超过1%。

技能训练4 肉、蛋及其制品感官、净含量、标签的测（判）定

1. 感官评定

凭借人体的自身感觉器官，包括眼、鼻、口（包括唇和舌）和手等对食品的品质进行评价。

（1）实验室要求 符合GB/T 13868—2009的规定，用水应该为双蒸水、去离子水或者经过过滤除去异味的水。

（2）感官评定人员的要求

1）感官评定人员应该经过体检合格，其视觉、嗅觉、味觉以及触觉等符合感官评定的要求，且在文化上、种族上、宗教上或者其他方面对所评定的肉及肉制品没有禁忌。

2）感官评定人员应该经过专门培训和考核，取得职业资格证书，符合感官分析要求，熟悉评定样品的色、香、味、质地、类型、风格、特征及所需要的方法，掌握有关感官评定术语。

3）感官评定的当天，评定人员不得使用有气味的化妆品，不得吸烟，患病人员不得参加；感官评定时，感官评定人员应该穿着清洁、无异味的工作服；感官评定工作不应该在评定人员饥饿、疲劳、饮酒后的情况下进行。

4）感官评定人员应该在评定开始前1h漱口、刷牙，并在此后至检测开始前，除了饮水，不吃任何东西；对每个品种进行感官评定时，应先用优质干红葡萄酒，后用清茶漱口，再改用清水漱口；在感官评定的过程中，评价人员应该独自打分，禁止相互交换意见。

（3）感官评定样品的要求

1）供感官评定的样品，样品的处理方法及程序应完全一致；在品评过程中应给每个评定人员相同体积、质量、形状、部位的样品评定；提供样品的量应根据样品本身的情况，以及感官评定时研究的特性来定；供感官评定人员品评的样品温度应适宜，并且分发到每个品评人员手中的样品温度应一致。

2）供评定的样品应采用随机的三位数编码，避免使用喜爱、忌讳或容易记忆的数字；评定过程中盛装样品的容器应采用同一规格、相同颜色的无味容器。

（4）感官评定程序

1）样品的采集及运输。采集样品时，不得破坏样品的感官品质，需要包装的样品

应采用食品级聚乙烯薄膜及时包装。运输工具应清洁、卫生，使用前应进行清洗、消毒。样品不得与有异味、有毒、有害的物品混装运输；在样品运输途中应防止样品变质。将样品送达感官分析实验室后，对于不能立即进行检验的样品，应以恰当的方式及时储藏；热鲜肉、冷冻肉应在样品到达的当天立即进行评定。

2）样品的制备

① 冷冻状态样品的制备要求：冷冻状态的样品应先在冻结状态下进行检查，然后采用室温自然解冻的方式进行解冻，待样品中心温度达到2～3℃时制样。

②需加热样品的制备要求：制备需加热的样品时，应先经试验确定样品的加热时间及条件。样品制备中采用的不同加热方式应满足下列要求：

a. 烤：将样品用铝箔包裹好，平放于平底煎锅中，将样品中心温度加热至65～70℃。

b. 蒸：将样品用铝箔包好，放入蒸锅中，将样品中心温度加热至65～70℃。

c. 隔水煮：将样品密封入耐热、不透水的薄膜袋中，于沸水中将样品中心温度加热至65～70℃。

d. 微波加热：将样品放入适合微波加热、无异味的容器中，用微波将样品中心温度加热至65～70℃。

e. 煮沸后肉汤的制备：按 GB/T 5009.44—2003 操作。

3）样品的评定

① 冷冻肉的评定：在冻结状态下观察冷冻肉表面的变色脱水程度，有无霉斑、光泽等。

② 热鲜肉、冷却肉及解冻肉的评定：分割鲜、冻猪瘦肉，按 GB/T 9959.2—2008 的要求，分割鲜、冻牛肉按 GB/T 17238—2008、GB/T 9961—2008 的要求，分割鲜、冻兔肉按 GB/T 17239—2008 的要求，分割鲜、冻禽肉按 GB 16869—2005 评定并做好详细记录。

③ 肉制品的评定：咸肉类、腊肉类、风干肉类、生培根类、生香肠类、中国腊肠类和中国火腿类腌腊肉制品按 GB 2730—2005 的要求，评定产品有无黏液、霉斑、异味、酸败味，并做好记录；咸肉类感官等级按 SB/T 10294—2008 的要求评定分级；中式香肠按 SB/T 10278—2001，广式腊肠按 SB/T 10003—1992，宣威火腿按 GB/T 18357—2008，金华火腿按 GB/T 19088—2008 的要求，进行综合评定或评分。

白煮肉类、酱卤肉类、肉松类、肉干类、油炸肉类、肉糕类、肉冻类酱卤肉制品按 GB 2726—2005 的要求，评定产品有无异味、酸败味、异物，熟肉干制品中有无焦斑和霉斑，并做好记录；肉松按 SB/T 10281—2007，肉干按 SB/T 10282—2007 的要求，进行综合评定或评分。

熏烤肉类、烧烤肉类、肉脯类、熟培根类熏烧烤肉制品按 GB 2726—2005 的要求，评定产品有无异味、酸败味、异物，熟肉干制品中有无焦斑和霉斑，并做好记录；肉脯类按 SB/T 10283—2007 的要求，进行综合评定或评分。

熏煮香肠火腿类制品按 GB 2726—2005 评定产品有无异味、酸败味、异物，熟肉干制品中有无焦斑和霉斑，并做好记录；熏煮香肠按 SB/T 10279—2008，火腿肠按 GB/T

20712—2006，熏煮火腿按 GB/T 20711—2006 的要求，进行综合评定或评分。

2. 标签及净含量等的判定

（1）有关定义

1）预包装食品：预先定量包装或者制作在包装材料和容器中的食品，包括预先定量包装以及预先定量制作在包装材料和容器中并且在一定量限范围内具有统一的质量或体积标识的食品。

2）食品标签：食品包装上的文字、图形、符号及一切说明物。

3）配料：在制造或加工食品时使用的，并存在（包括以改性的形式存在）于产品中的任何物质，包括食品添加剂。

4）生产日期（制造日期）：食品成为最终产品的日期，也包括包装或灌装日期，即将食品装入（灌入）包装物或容器中，形成最终销售单元的日期。

5）保质期：预包装食品在标签指明的储存条件下，保持品质的期限。在此期限内，产品完全适于销售，并保持标签中不必说明或已经说明的特有品质。

6）规格：同一预包装内含有多件预包装食品时，对净含量和内含件数关系的表述。

7）主要展示版面：预包装食品包装物或包装容器上容易被观察到的版面。

（2）基本要求

1）应符合法律、法规的规定，并符合相应食品安全标准的规定；应清晰、醒目、持久，应使消费者购买时易于辨认和识读；应通俗易懂，有科学依据，不得标示封建迷信、色情、贬低其他食品或违背营养科学常识的内容；应真实、准确，不得以虚假、夸大、会使消费者误解或欺骗性的文字和图形等方式介绍食品，也不得利用字号大小或色差误导消费者。

2）不应直接或以暗示性的语言、图形、符号，误导消费者将购买的食品或食品的某一性质与另一产品混淆；不应标注或者暗示具有预防、治疗疾病作用的内容，非保健食品不得明示或者暗示具有保健作用；不应与食品或者其包装物（容器）分离；应使用规范的汉字（商标除外）；具有装饰作用的各种艺术字，应书写正确，易于辨认；可以同时使用拼音或少数民族文字，拼音不得大于相应汉字；可以同时使用外文，但应与中文有对应关系（商标、进口食品的制造者和地址、国外经销者的名称和地址、网址除外）；所有外文不得大于相应的汉字（商标除外）。

3）预包装食品包装物或包装容器最大表面积大于 $35cm^2$ 时（最大表面积计算方法见 GB 7718—2011 中的附录 A），强制标示内容的文字、符号、数字的高度不得小于 1.8mm。

4）一个销售单元的包装中含有不同品种、多个独立包装可单独销售的食品，每件独立包装的食品标识应当分别标注。若外包装易于开启识别或透过外包装物能清晰地识别内包装物（容器）上的所有强制标示内容或部分强制标示内容，则可不在外包装物上重复标示相应的内容，否则应在外包装物上按要求标示所有强制标示内容。

（3）标示内容

1）直接向消费者提供的预包装食品标签标示内容

① 一般要求：直接向消费者提供的预包装食品标签标示内容应包括食品名称、配料表、净含量和规格，生产者和（或）经销者的名称、地址和联系方式，食品生产日期、保质期和储存条件，食品生产许可证编号、产品标准代号及其他需要标示的内容。

② 食品名称：应在食品标签的醒目位置，清晰地标示反映食品真实属性的专用名称；当国家标准、行业标准或地方标准中已规定了某食品的一个或几个名称时，应选用其中的一个或等效的名称；无国家标准、行业标准或地方标准规定的名称时，应使用不使消费者误解或混淆的常用名称或通俗名称。

标示新创名称、奇特名称、音译名称、牌号名称、地区俚语名称或商标名称时，应在所示名称的同一展示版面标示反映食品真实属性的名称。当新创名称、奇特名称、音译名称、牌号名称、地区俚语名称或商标名称含有易使人误解食品属性的文字或术语（词语）时，应在所示名称的同一展示版面邻近部位使用同一字号标示食品真实属性的专用名称。当食品真实属性的专用名称因字号或字体颜色不同易使人误解食品属性时，也应使用同一字号及同一字体颜色标示食品真实属性的专用名称。

为不使消费者误解或混淆食品的真实属性、物理状态或制作方法，可以在食品名称前或食品名称后附加相应的词或短语，如干燥的、浓缩的、复原的、煎制的、油炸的、粉末的、粒状的等。

③ 配料表。预包装食品的标签上应标示配料表。配料表中的各种配料应按上述要求标示具体名称，食品添加剂也应按上述要求标示名称。

配料表应以“配料”或“配料表”为引导词。当加工过程中所用的原料已改变为其他成分（如酒、酱油、食醋等发酵产品）时，可用“原料”或“原料与辅料”代替“配料”或“配料表”，并按要求标示各种原料、辅料和食品添加剂。加工助剂不需要标示。

各种配料应按制造或加工食品时加入量的递减顺序一一排列；加入量不超过2%的配料可以不按递减顺序排列。

如果某种配料是由两种或两种以上的其他配料构成的复合配料（不包括复合食品添加剂），则应在配料表中标示复合配料的名称，随后将复合配料的原始配料在括号内按加入量的递减顺序标示。当某种复合配料已有国家标准、行业标准或地方标准，且其加入量小于食品总量的25%时，不需要标示复合配料的原始配料。

食品添加剂应当标示其在GB 2760—2011中的食品添加剂通用名称。食品添加剂通用名称可以标示为食品添加剂的具体名称，也可标示为食品添加剂的功能类别名称并同时标示食品添加剂的具体名称或国际编码（INS号）。在同一预包装食品的标签上，应选择GB 7718—2011附录B中的一种形式标示食品添加剂。当采用同时标示食品添加剂的功能类别名称和国际编码的形式时，若某种食品添加剂尚不存在相应的国际编码，或因致敏物质标示需要，则可以标示其具体名称。食品添加剂的名称不包括其制法。加入量小于食品总量25%的复合配料中含有的食品添加剂，若符合GB 2760—2011规定的带入原则且在最终产品中不起工艺作用，则不需要标示。

在食品制造或加工过程中，加入的水应在配料表中标示。在加工过程中已挥发的水或其他挥发性配料不需要标示。

可食用的包装物也应在配料表中标示原始配料，国家另有法律法规规定的除外。

下列食品配料，可以按表 1-3-26 给出的方式标示。

表 1-3-26　配料标示方式

配料类别	标示方式
各种植物油或精炼植物油，不包括橄榄油	植物油或精炼植物油，若经过氢化处理，则应标示为"氢化"或"部分氢化"
各种淀粉，不包括化学改性淀粉	"淀粉"
加入量不超过 2% 的各种香辛料或香辛料浸出物（单一的或合计的）	"香辛料""香辛料类"或"复合香辛料"
胶基糖果的各种胶基物质制剂	"胶姆糖基础剂"或"胶基"
添加量不超过 10% 的各种果脯蜜饯水果	"蜜饯"或"果脯"
食用香精、香料	"食用香精""食用香料"或"食用香精香料"

④ 配料的定量标示

a. 如果在食品标签或食品说明上特别强调添加了或含有一种或多种有价值、有特性的配料或成分，应标示所强调配料或成分的添加量或在成品中的含量。

b. 如果在食品的标签上特别强调一种或多种配料或成分的含量较低或无时，应标示所强调配料或成分在成品中的含量。

c. 若食品名称中提及的某种配料或成分未在标签上特别强调，则不需要标示该种配料或成分的添加量或在成品中的含量。

⑤ 净含量和规格

a. 净含量的标示应由净含量、数字和法定计量单位组成（标示形式参见 GB 7718—2011 中的附录 C）。

b. 应依据法定计量单位，按以下形式标示包装物（容器）中食品的净含量：

- 液态食品：用升（L）、毫升（mL），或用质量克（g）、千克（kg）标示。
- 固态食品：用克（g）、千克（kg）标示。
- 半固态或黏性食品：用克（g）、千克（kg），或升（L）、毫升（mL）标示。

c. 净含量的计量单位应按表 1-3-27 给出的方式标示。

表 1-3-27　净含量计量单位的标示方式

计量方式	净含量（Q）的范围	计量单位
体积	$Q<1000$mL	毫升（mL）
	$Q\geqslant1000$mL	升（L）
质量	$Q<1000$g	克（g）
	$Q\geqslant1000$g	千克（kg）

d. 净含量字符的最小高度应符合表 1-3-28 的规定。

表 1-3-28　净含量字符的最小高度

净含量（Q）的范围	字符的最小高度/mm
$Q\leqslant50$mL；$Q\leqslant50$g	2
50mL < $Q\leqslant200$mL；50g < $Q\leqslant200$g	3
200mL < $Q\leqslant1$L；200g < $Q\leqslant1$kg	4
$Q>1$L ；$Q>1$kg	6

e. 净含量应与食品名称在包装物或容器的同一展示版面标示。

f. 容器中含有固、液两相物质的食品，且固相物质为主要食品配料时，除标示净含量外，还应以质量或质量分数的形式标示沥干物（固形物）的含量（标示形式参见 GB 7718—2011 中的附录 C）。

g. 同一预包装内含有多个单件预包装食品时，大包装在标示净含量的同时还应标示规格。

h. 规格的标示应由单件预包装食品净含量和件数组成，或只标示件数，可不标示“规格”二字。单件预包装食品的规格即指净含量（标示形式参见 GB 7718—2011 中的附录 C）。

⑥ 生产者和经销者的名称、地址、联系方式

a. 应当标注生产者的名称、地址和联系方式。生产者名称和地址应当是依法登记注册，能够承担产品安全质量责任的生产者的名称、地址。有下列情形之一的，应按下列要求予以标示：

- 依法独立承担法律责任的集团公司、集团公司的子公司，应标示各自的名称和地址。
- 不能依法独立承担法律责任的集团公司的分公司或集团公司的生产基地，应标示集团公司和分公司（生产基地）的名称、地址，或仅标示集团公司的名称、地址及产地，产地应当按照行政区划标注到地市级地域。
- 受其他单位委托加工预包装食品的，应标示委托单位和受委托单位的名称和地址，或仅标示委托单位的名称和地址及产地，产地应当按照行政区划标注到地市级地域。

b. 依法承担法律责任的生产者或经销者的联系方式应标示：电话、传真、网络联系方式等中的至少一项内容，或与地址一并标示的邮政地址。

c. 进口预包装食品应标示原产国国名或地区区名，以及在我国依法登记注册的代理商、进口商或经销者的名称、地址和联系方式，可不标示生产者的名称、地址和联系方式。

⑦ 日期标示

a. 应清晰标示预包装食品的生产日期和保质期。若日期标示采用“见包装物某部位”的形式，则应标示所在包装物的具体部位。日期标示不得另外加贴、补印或篡改

（标示形式参见 GB 7718—2011 中的附录 C）。

b. 当同一预包装内含有多个标示了生产日期及保质期的单件预包装食品时，外包装上标示的保质期应按最早到期的单件食品的保质期计算。外包装上标示的生产日期应为最早生产的单件食品的生产日期，或外包装形成销售单元的日期，也可在外包装上分别标示各单件装食品的生产日期和保质期。

c. 应按年、月、日的顺序标示日期。如果不按此顺序标示，则应注明日期标示顺序（标示形式参见 GB 7718—2011 中的附录 C）。

⑧ 储存条件：预包装食品标签应标示储存条件（标示形式参见 GB 7718—2011 中的附录 C）。

⑨ 食品生产许可证编号：预包装食品标签应标示食品生产许可证编号的，标示形式按照相关规定执行。

⑩ 产品标准代号：在国内生产并在国内销售的预包装食品（不包括进口预包装食品）应标示产品所执行的标准代号和顺序号。

⑪ 其他标示内容

a. 辐照食品：经电离辐射线或电离能量处理过的食品，应在食品名称附近标示“辐照食品”；经电离辐射线或电离能量处理过的配料，应在配料表中标明。

b. 转基因食品：转基因食品的标示应符合相关法律、法规的规定。

c. 营养标签：特殊膳食类食品和专供婴幼儿的主辅类食品，应当标示主要营养成分及其含量，标示方式按照 GB 13432—2004 执行；其他预包装食品若需标示营养标签，则标示方式参照相关法规标准执行。

d. 质量（品质）等级：食品所执行的相应产品标准已明确规定质量（品质）等级的，应标示质量（品质）等级。

2）非直接提供给消费者的预包装食品标签标示内容。非直接提供给消费者的预包装食品标签应按照要求标示食品名称、生产日期、保质期和储存条件。其他内容若未在标签上标注，则应在说明或在合同中注明。

3）标示内容的豁免

① 可以免除标示保质期的预包装食品有：酒精度大于等于 10% 的饮料酒、食醋、食用盐、固态食糖、味精。

② 当预包装食品包装物或包装容器的最大表面积小于 $10cm^2$ 时（最大表面积的计算方法参见 GB 7718—2011 中的附录 A），可以只标示产品名称、净含量、生产者（或经销商）的名称和地址。

4）推荐标示内容

① 批号：根据产品需要，可以标示产品的批号。

② 食用方法：根据产品需要，可以标示容器的开启方法、食用方法、烹调方法、复水再制方法等对消费者有帮助的说明。

③ 致敏物质

a. 某些食品及其制品可能导致过敏反应，如果用作配料，宜在配料表中使用易辨识的名称，或在配料表邻近位置加以提示。例如，含有麸质的谷物及其制品（如小麦、黑麦、大麦、燕麦、斯佩耳特小麦或它们的杂交品系）、甲壳纲类动物及其制品（如虾、龙虾、蟹等）、鱼类及其制品、蛋类及其制品、花生及其制品、大豆及其制品、乳及乳制品（包括乳糖）、坚果及其果仁类制品。

b. 若加工过程中可能带入致敏物质，则宜在配料表临近位置加以提示。

5）其他：按国家相关规定需要特殊审批的食品，其标签标识按照相关规定执行。

第九节　调味品、酱腌制品的检验

技能训练目标

1）了解样品检验前的取样方法，食盐、总固形物及食盐白度的试验原理。

2）熟悉仪器与试剂，并能够规范操作试验仪器，科学配制相关试剂。

3）规范完成各试验操作步骤，科学读取相关数据，并做好试验记录。

4）完成试验结果计算，并能科学分析试验数据，完成试验报告的编制。

5）正确理解注意事项，并能够在试验过程中解决常见问题。

技能训练内容及依据

调味品、酱腌制品检验专项技能训练的内容及依据见表 1-3-29。

表 1-3-29　调味品、酱腌制品检验专项技能训练的内容及依据

序　号	训练项目名称	国家标准依据
1	样品检验前的取样方法	GB/T 12729. 2—2008
2	样品检验前的处理	不同物理状态常规前处理方法
3	样品稀释液的制备	不同物理状态常规制备方法
4	蚝油中食盐的测定	GB/T 21999—2008
5	蚝油中总固形物的测定	GB/T 21999—2008
6	食盐白度的测定	GB/T 13025. 2—2008

技能训练 1　样品检验前的取样方法

1. 取样的一般要求

取样应在贸易双方协商一致后进行，并由贸易双方指定取样人员；在取样之前，要核实被检货物；要保证取样工具或容器清洁、干燥；取样要在干燥、洁净的环境中进行，避免取样或容器受到污染；取样完成后，随即填写取样报告。

2. 取样方法

（1）基础样品的取样方法　取样人员从批中抽取包装进行检验。抽取包装的数目

（n）取决于批的大小（N），具体见表1-3-30。

表1-3-30　批与抽取包装数

批的大小（N）	抽取包装数（n）
1～4个包装	全部包装
5～49个包装	5个包装
50～100个包装	10%的包装
100个包装以上	包装数的平方根，四舍五入为整数

在装货、卸货，或码垛、倒垛时，从任一包装开始，每数到N/n时从批中取出包装，在选出包装的不同位置取基础样品。

（2）取混合样品的方法　将抽取的全部基础样品混合均匀，将混合样品等分为四份，每一份均为实验室样品：一份给实验室用于分析检验，一份给买方，一份给卖方，剩余的一份当场封存作为仲裁样品。

（3）实验室样品的取样方法　实验室样品的数量应按照合同要求，或按检验项目所需样品量的3倍从混合样品中取样，其中一份用于检验，一份用于复验，一份用于备查。

3. 实验室样品的包装和标志

（1）样品的包装　实验室样品要放在洁净、干燥的玻璃容器内，容器的大小以样品全部充满为宜。容器中装入样品后，立即加盖密封。

（2）样品的标志　实验室样品必须做好标签，标签内容包括：产品名称、种类、品种、等级，产地，进货日期，取样人姓名和地址，取样地点，取样时间。若取样时发现样品污染，则必须记录下来。

4. 实验室样品的储存和运送

实验室样品应在常温下保存，需长期储存的样品要存放于阴凉、干燥的地方。用于分析的实验室样品要尽快地运达实验室。

技能训练2　样品检验前的处理

（1）酿造酱油、食醋、调味料酒、老陈醋半成品或成品的制备　将样品充分振摇后，用干滤纸滤入干燥的250mL锥形瓶中备用。

（2）豆酱、面酱、腐乳类　将样品置于漏斗中静止30min，以除去滤汤，取约150g样品放于干燥、洁净的研钵中研磨成糨糊，备用。

（3）酱腌菜类　取约20g样品，置于组织捣碎机中捣碎，混匀，备用。

技能训练3　样品稀释液的制备

1. 液体样品稀释液的制备

称取5g（精确到±001g）试样置于100mL烧杯中，加50mL水，充分搅拌溶解（必要时加热），移入100mL容量瓶中，用少量水分数次洗涤烧杯，将洗液并入容量瓶中，并加水至刻度，混匀。

2. 固体、半固体样品稀释液的制备

称取约20.000g过滤试样置于150mL烧杯中，加入80mL60℃的水，搅拌均匀并置于电炉上加热，煮沸后取下，冷却至室温（每隔0.5h搅拌一次），然后移入200mL容量瓶中，用少量水分数次洗涤烧杯，将洗液并入容量瓶中，加水至刻度，混匀。使用前用干燥滤纸过滤。

技能训练4　蚝油中食盐的测定

1. 原理

用硝酸银标准溶液滴定试样中的氯化钠，生成氯化银沉淀，待氯化银全部沉淀后，多滴加的硝酸银与铬酸钾指示剂生成铬酸银，使溶液呈橘红色即为终点，由硝酸银标准溶液的消耗量计算氯化钠的含量。

2. 仪器与试剂

（1）仪器　10mL微量滴定管。

（2）试剂

1）硝酸银标准溶液［$c(AgNO_3)=0.100mol/L$］。

2）铬酸钾溶液（50g/L）：称取5g铬酸钾，用少量水溶解后定容至100mL。

3. 操作步骤

称取5g（精确到±0.1g）试样置于100mL烧杯中，加50mL水，充分搅拌溶解（必要时加热），移入100mL容量瓶中，用少量水分数次洗涤烧杯，将洗液并入容量瓶中，加水至刻度，混匀。吸取2.0mL试样稀释液，置于150～200mL锥形瓶中，加100mL水及1mL铬酸钾溶液（50g/L），混匀，用硝酸银标准溶液（0.100mol/L）滴定至初显橘红色。

4. 结果计算

试样中食盐（以氯化钠计）的含量按式（1-3-56）进行计算。计算结果保留三位有效数字。

$$X=\frac{(V_1-V_2)\times c\times 0.0585}{m\times 2/100}\times 100 \tag{1-3-56}$$

式中　X——试样中食盐（以氯化钠计）的含量（g/100mL）；

V_1——测定用试样稀释液消耗硝酸银标准溶液的体积（mL）；

V_2——试剂空白消耗硝酸银标准溶液的体积（mL）；

c——硝酸银标准溶液的浓度（mol/L）；

m——试样取用量（g）；

0.0585——与1.00mL硝酸银标准溶液［$c(AgNO_3)=1.000mol/L$］相当的氯化钠的质量（g/mmol）；

2——吸取试样稀释液的体积（mL）。

5. 精密度

在重复性条件下获得的两次独立测定的绝对差值不得超过算术平均值的10%。

技能训练 5 蚝油中总固形物的测定

1. 原理

用直接干燥法在 95 ~ 105℃温度下干燥样品，样品失去水分后剩下的物质含量即为总固形物含量。

2. 仪器与试剂

（1）仪器　分析天平（感量为 0.1mg）、电热恒温干燥箱、干燥器、蒸发皿。

（2）试剂　海砂：取用水洗去泥土的海砂或河砂，先用 6mol/L 盐酸煮沸 0.5h，并用水洗至中性，再用 6mol/L 氢氧化钠溶液煮沸 0.5h，用水洗至中性，经 105℃ 干燥备用。

3. 操作步骤

1）取洁净的蒸发皿，内加 100g 海砂及一根小玻璃棒，置于 95 ~ 105℃的干燥箱中，干燥 0.5 ~ 1.0h 后取出，放在干燥器内冷却 0.5h 后称量，并重复干燥至恒重。

2）精密称取 1 ~ 2g 试样，置于蒸发皿中，用小玻璃棒搅匀后放在沸水浴中蒸干，并随时搅拌，擦去皿底的水滴，置于 95 ~ 105℃ 干燥箱中干燥 4h 后盖好取出，放在干燥器内冷却 0.5h 后称量。

3）放入 95 ~ 105℃ 干燥箱中干燥 1h 左右，取出，放在干燥器内冷却 0.5h 后再称量。至前后两次质量差不超过 2mg，即为恒重。

4. 结果计算

试样中总固形物含量按式（1-3-57）进行计算。

$$X = \frac{m_3 - m_1}{m_2 - m_1} \times 100 \tag{1-3-57}$$

式中　X——总固形物含量（g/100g）；

m_1——蒸发皿加海砂和玻璃棒的质量（g）；

m_2——蒸发皿加海砂、玻璃棒和样品干燥前的质量（g）；

m_3——蒸发皿加海砂、玻璃棒和样品干燥后的质量（g）。

计算结果保留三位有效数字。

5. 精密度

在重复性条件下获得的两次独立测定结果的绝对差值不得超过算术平均值的 5%。

技能训练 6 食盐白度的测定

1. 原理

白度是表征物体白的程度。白度值越大，则物体白的程度越大。完全漫反射（PRD）的白度值为 100。蓝光白度是仪器光谱响应在有效波长为 457mm ± 2nm，半宽度为 44nm 的蓝光条件下测定的反射因素。

2. 仪器

1）白度计：本训练采用的白度计以 D65 或 A 光源照明，照明和观测条件采用垂直/漫射（0/d）、漫射/垂直（d/0）、45/垂直（45/0）中的任何一种；仪器的有效峰值波长（主波长）为457nm±5nm，半宽度（半波宽）为44nm，黑筒的绝对反射因数不大于0.1%，10°视场；仪器的技术要求不低于JJG 512—2002要求的二级指标；仪器的读数精度要求达到小数点后一位；白度计应按JJG 512—2002的要求进行检定。

2）标准白板：应符合GB/T 9086—2007的规定，应按JJG 512—2002的要求进行检定，应置于干燥器中避光保存。

3）工作白板：为了测定方便，可用表面平整、无污点、无裂纹和不影响其使用性能的白色陶瓷板作为日常校正仪器量值的工作白板。工作白板应每月用标准白板自行校正，平行测定三次，极差不大于0.3，以校正结果的算术平均值作为工作白板的白度值。工作白板应置于干燥器中避光保存。

4）恒压粉体压样器（见图1-3-10）。

3. 操作步骤

（1）试样的压制

1）手工制作：将洁净的玻璃板的毛面放置于样品盒上，用压盖压住，拧紧，翻转180°，将装样盒口朝上置于平台面上；将试样加入样品盒内，以满为宜，在台面上约1cm高处自由落下20次，让试样充实于样品盒内；将压块放置于试样上面，手工压紧，轻轻旋转后取出压块，将底盖拧到样品盒上压住试样，拧紧即可；翻转样品盒180°，拧下压盖，在旋动中移动玻璃板，这样即完成了试样的压制工作。

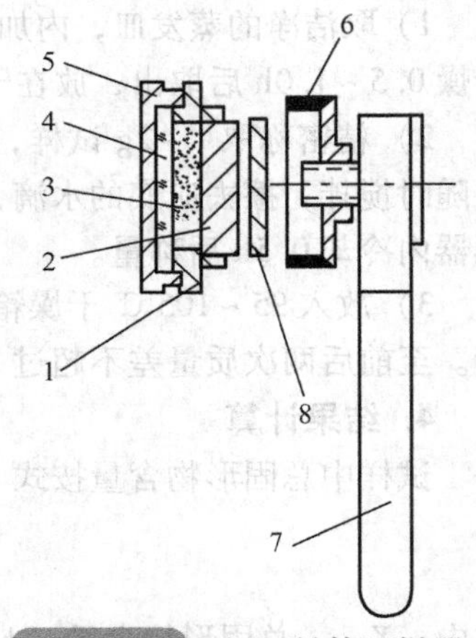

图1-3-10 恒压粉体压样器

1—压容器（样品盒） 2—压块 3—试样 4—玻璃板 5—压盖 6—压样器螺母 7—手柄 8—底盖

2）压样器制样：将洁净的玻璃板的毛面放置于样品盒上，用压盖压住，拧紧，翻转180°，将装样盒口朝上置于平台面上；将试样加入样品盒内，以满为宜，在台面上约1cm高处自由落下20次，让试样充实于样品盒内；将压块放置于试样上面，再将压样器螺母拧到样品盒上，顺时针旋转2~3圈，再顺时针旋转手柄，通过螺杆加压于试样上，当压力达到一定值时，手柄便产生滑动，听到响声后停止加压；逆时针旋转手柄2~3圈，再逆时针旋转卸下压样器螺母，轻轻旋转后取出压块，将底盖拧到样品盒上压住试样，拧紧即可；翻转样品盒180°，拧下压盖，旋动中移动玻璃板，这样即完成了试样的压制工作。

（2）白度的测定　按仪器说明书要求对仪器进行调校，并对压制后的试样进行测定。若同一试样测定后若发现有压痕，则测定数据无效，应重测。

4. 结果表示

试样的蓝光白度值即为试样的白度。

在同一测定条件下，两平行样测定值之差不大于1.0，日晒盐平行测定三次，极差不大于2.0。符合以上要求的，以测定结果平均值报告试样白度。

第十节　茶叶的检验

技能训练目标

1）了解茶叶感官判定，以及粉末和碎茶含量、浸出物、净含量的测定原理。

2）熟悉仪器与试剂，并能够规范操作试验仪器，科学配制相关试剂。

3）规范完成各试验操作步骤，科学读取相关数据，并做好试验记录。

4）完成试验结果计算，并能科学分析试验数据，完成试验报告的编制。

5）正确理解注意事项，并能够在试验过程中解决常见问题。

技能训练内容及依据

茶叶检验专项技能训练的内容及依据见表1-3-31。

表1-3-31　茶叶检验专项技能训练的内容及依据

序　号	训练项目名称	国家标准依据
1	茶叶中粉末和碎茶含量的测定	GB/T 8311—2013
2	茶叶中水浸出物的测定	GB/T 8305—2013
3	茶叶感官、净含量、标签的测（判）定	GB/T 23776—2009

技能训练1　茶叶中粉末和碎茶的测定

1. 原理

粉末和碎茶是指按一定的操作规程，用规定的转速和孔径筛，筛分出的各种茶叶试样中的筛下物。

2. 仪器

（1）分样器和分样板或分样盘　盘两对角开有缺口。

（2）电动筛分机　转速为200r/min±10r/min，回旋幅度为60mm±3mm。

（3）检验筛　铜丝编织的方孔标准筛，具有筛底和筛盖，直径为200mm。

（4）粉末筛　孔径为0.63mm，用于条、圆形茶；孔径为0.45mm，用于碎形茶和粗形茶；孔径为0.23mm，用于片形茶；孔径为0.18mm，用于末形茶。

（5）碎茶筛　孔径为1.25mm，用于条、圆形茶；孔径为1.60mm，用于粗形茶。

3. 操作步骤

（1）试样的制备

1）取样。按GB/T 8302—2013的规定取样如下：

① 大包装茶取样

a. 取样件数：1～5件，取样1件；6～50件，取样2件；51～500件，每增加50件

（不足50件者按50件计）增取1件；501～1000件，每增加100件（不足100件者按100件计）增取1件；1000件以上，每增加500件（不足500件者按500件计）增取1件。

在取样时若发现茶叶品质、包装或堆存有异常情况，则可酌情增加或扩大取样数量，以保证样品的代表性，必要时应停止取样。

b. 取样步骤

• 包装时取样：即在产品包装过程中取样。在茶叶定量装件时，抽取规定的件数，每件用取样铲取出样品约250g，盛于有盖的专用茶箱中，然后混匀，用分样器或四分法逐步缩分至500～1000g，作为平均样品，分装于两个茶样罐中，供检验用。检验用的试验样品应有所需的备份，以供复验或备查之用。

• 包装后取样：即在产品成件、打包、刷唛后取样。在整批茶叶包装完成后的堆垛过程中，抽取规定的件数，逐件开启后，分别将茶叶全部倒在塑料布上，用取样铲各取出有代表性的样品约250g，置于有盖的专用茶箱中，混匀，用分样器或四分法逐步缩分至500～1000g，作为平均样品，分装于两个茶样罐中，供检验用。检验用的试验样品应有所需的备份，以供复验或备查之用。

② 小包装茶取样

a. 取样件数：同上。

b. 取样步骤

• 包装时取样：同上。

• 包装后取样：在整批包装完成后的堆垛中，抽取规定的件数，逐件开启。从各件内不同位置处，取出2盒（听、袋）或3盒（听、袋）。所取样品保留数盒（听、袋），盛于防潮的容器中，供单个检验。其余部分现场拆封，倒出茶叶混匀，再用分样器或四分法逐步缩分至500～1000g，作为平均样品，分装于两个茶样罐中，供检验用。检验用的试验样品应有所需的备份，以供复验或备查之用。

③ 紧压茶取样

a. 取样件数：同上。

b. 取样步骤

• 沱茶取样：抽取规定件数，每件取1个（约100g）。若取样总数大于10个，则在取得的总个数中，随机抽取6～10个作为平均样品，分装于两个茶样罐或包装袋中，供检验用。检验用的试验样品应有所需的备份，以供复验或备查之用。

• 砖茶、饼茶、方茶取样：抽取规定的件数，逐件开启，取出1块或2块。若取出的总块数较多，则在取得的总块数中，单块质量在500g以上的留取2块，500g及500g以下的留取4块，分装于两个包装袋中，供检验用。检验用的试验样品应有所需的备份，以供复验或备查之用。

• 捆包的散茶取样：抽取规定的件数，从各件的上、中、下部取样，再用分样器或四分法缩分至500～1000g，作为平均样品，分装于两个茶样罐或包装袋中，供检验用。检验用的试验样品应有所需的备份，以供复验或备查之用。

2）分样。可采用四分法或分样器分样。

① 四分法：将试样置于分样盘中，来回倾倒，每次倒时应使试样均匀撒落盘中，呈宽、高基本相等的样堆，将茶堆十字分割，取对角两堆样，充分混匀后，即成两份试样。

② 分样器分样：将试样均匀倒入分样斗中，使其厚度基本一致，并不超过分样斗边沿，打开隔板，使茶样经多格分隔槽，自然撒落于两边的接茶器中。

（2）操作步骤

1）条、圆形茶：称取充分混匀的试样 100g（精确至 0.1g），倒入规定的碎茶筛和粉末筛的检验套筛内，盖上筛盖，按下起动按钮，筛动 100 转，称量粉末筛的筛下物（精确至 0.1g），即得粉末含量；移去碎茶筛的筛上物，再将粉末筛筛面上的碎茶重新倒入下接筛底的碎茶筛内，盖上筛盖，放在电动筛分机上筛动 50 转，称量将筛下物（精确至 0.1g），即得碎茶含量。

2）粗形茶：称取充分混匀的试样 100g（精确至 0.1g），倒入规定的碎茶筛和粉末筛的检验套筛内，盖上筛盖，筛动 100 转，称量粉末筛的筛下物（精确至 0.1g），即得粉末含量；称量粉末筛面上的碎茶（精确至 0.1g），即得碎茶含量。

3）碎、片、末形茶：称取充分混匀的试样 100g（精确至 0.1g），倒入规定的粉末筛内，筛动 100 转，称量筛下物（精确至 0.1g），即得粉末含量。

4. 结果计算

茶叶粉末含量（以质量分数计）按式（1-3-58）计算。

$$w(\text{粉末}) = \frac{m_1}{m} \times 100\% \tag{1-3-58}$$

茶叶碎茶含量（以质量分数计）按式（1-3-59）计算。

$$w(\text{碎茶}) = \frac{m_2}{m} \times 100\% \tag{1-3-59}$$

式中 m_1——筛下粉末的质量（g）；

m_2——筛下碎茶的质量（g）；

m——试样的质量（g）。

5. 重复性

1）当测定值小于或等于 3% 时，同一样品的两次测定值之差不得超过 0.2%，若超过，则需重新分样检测；当测定值在大于 3%，小于或等于 5% 时，同一样品的两次测定值之差不得超过 3%，否则需重新分样检测；当测定值大于 5% 时，同一样品的两次测定值之差不得超过 0.5%，否则需重新分样检测。

2）平均值计算：将未超过误差范围的两测定值平均后，再按数值修约规则修约至小数点后一位数，即为该试样的实际碎茶、粉末含量。

技能训练 2 茶叶中水浸出物的测定

1. 原理

在规定的条件下，用沸水从茶叶中浸出的水可溶性物质称为茶叶中的水浸出物。用沸水回流提取茶叶中的水可溶性物质，再经过滤、冲洗、干燥，最后称量浸提后的茶渣，计算水浸出物的含量。

2. 仪器

鼓风电热恒温干燥箱（温控120℃ ±2℃）、沸水浴、布氏漏斗连同抽滤装置、铝质或玻璃质烘皿（具盖，内径为75～80mm）、干燥器（内盛有效干燥剂）、分析天平（感量为0.001g）、锥形瓶（500mL）、磨碎机（由不吸收水分的材料制成；死角尽可能小，易于清扫；内装孔径为3mm的筛）。

3. 操作步骤

（1）试样的制备

1）取样：按GB/T 8302—2013的规定取样，见本书技能训练1。

2）试样的制备：先用磨碎机将少量试样磨碎，弃去，再磨碎其余部分。

3）烘皿的准备：将烘皿连同15cm定性快速滤纸置于120℃ ±2℃的恒温干燥箱内，烘干1h，取出，在干燥器内冷却至室温，称量（精确至0.001g）。

（2）操作步骤

1）称取2g（准确至0.001g）磨碎的试样置于500mL锥形瓶中，加沸蒸馏水300mL，立即移入沸水浴中，浸提45min（每隔10min摇动一次）。

2）浸提完毕后立即趁热减压过滤（用经处理的滤纸过滤）。

3）用约150mL沸蒸馏水洗涤茶渣数次，将茶渣连同已知质量的滤纸移入铝盒内，然后移入120℃ ±2℃的恒温干燥箱内烘1h，加盖取出，冷却1h再烘1h，立即移入干燥器内冷却至室温，称量。

4. 结果计算

茶叶中水浸出物以干态质量分数表示，按式（1-3-60）计算。

$$w(\text{水浸出物}) = \left(1 - \frac{m_1}{m_0 \times w(\text{干})}\right) \times 100\% \quad (1\text{-}3\text{-}60)$$

式中 m_1——干燥后的茶渣质量（g）；

w（干）——试样中干物质的质量分数；

m_0——试样质量（g）。

如果符合重复性的要求，取两次测定的算术平均值作为结果，保留至小数点后一位。

5. 重复性

在重复性条件下，同一样品获得的测定结果的绝对差值不得超过算术平均值的2%。

技能训练3　茶叶感官、净含量、标签测（判）定

根据GB/T 23776—2009的规定，茶叶的感官判定指的是审评人员用感官来鉴别茶叶品质的过程。即按照该标准规定的方法，审评人员运用正常的视觉、嗅觉、味觉、触觉的辨别能力，对茶叶产品的外形、汤色、香气、滋味与叶底等品质因子进行审评，从而达到鉴定茶叶品质的目的。

1. 环境

1）茶叶感官审评室应坐南朝北，北向开窗，面积按评茶人数和日常工作量而定，最小不得小于15m^2。室内色调为白色或浅灰色，无色彩、无异味干扰。

2）室内光线应柔和，为自然光，明亮，无阳光直射。干评台工作面照度宜为1000lx，湿评台工作面照度不低于750lx。自然光线不足时，应有辅助照明装置。辅助光源光线应均匀、柔和、无投影。

3）评茶时，应保持安静，控制噪声不得超过50dB，室内温度宜保持在15～27℃。

2. 用具

（1）审评台　干评台高度为800～900mm，宽度为600～750mm，台面为黑色亚光，湿评台高度为750～800mm，宽度为450～500mm，台面为白色亚光。审评台长度视实际需要而定。

（2）评茶专用杯碗　白色瓷质，大小、厚薄、色泽一致。

1）初制茶（毛茶）审评杯碗：杯呈圆柱形，高度为76mm，外径为82mm，内径为76mm，容量为250mL，具盖，杯盖上有一个小孔，与杯柄相对的杯口上缘有一个月牙形的滤茶口，口中心深度为5mm，宽为15mm；碗高度为60mm，上口外径为100mm，上口内径为95mm，底外径为65mm，底内径为60mm，容量为300mL。

2）精制茶（成品茶）审评杯碗：杯呈圆柱形，高度为65mm，外径为66mm，内径为62mm，容量为150mL，具盖，盖上有一个小孔，杯盖上面外径为72mm，下面内圈外径为60mm，与杯柄相对的杯口上缘有三个呈锯齿形的滤茶口，口中心深度为3mm，宽度为2.5mm；碗高度为55mm，上口外径为95mm，上口内径为90mm，下底外径为60mm，下底内径为54mm，容量为250mL。

3）乌龙茶审评杯碗：杯呈倒钟形，高度为55mm，上口外径为82mm，上口内径为78mm，底外径为46mm，底内径为40mm，容量为110mL，具盖，盖外径为70mm；碗高度为52mm，上口外径为95mm，上口内径为90mm，底外径为46mm，底内径为40mm，容量为150mL。

（3）评茶盘　由木板或胶合板制成，呈正方形，外围边长为230mm，边高为33mm；盘的一角开有缺口，缺口呈倒等腰梯形，上宽为50mm，下宽为30mm；涂以白色油漆，要求无气味。

（4）分样盘　由木板或胶合板制成，呈正方形，内围边长为320mm，边高为35mm；盘的两端各开一缺口，涂以白色，要求无气味。

（5）叶底盘　黑色小木盘和白色搪瓷盘。小木盘为正方形，边长为100mm，边高为15mm，供审评精制茶用；搪瓷盘为长方形，长度为230mm，宽度为170mm，边高为30mm，一般供审评初制茶和名优茶叶用。

（6）称量用具　天平，感量为0.1g。

（7）计时器　定时钟或特制砂时计，精确到秒。

（8）其他　刻度尺（刻度精确到毫米）、网匙（不锈钢网制半圆形小勺子，用于捞取碗底沉淀的碎茶）、茶匙（不锈钢或瓷匙，容量约为10mL）、烧水壶、电炉、塑料桶等。

3. 用水

审评用水的理化指标及卫生指标参照 GB 5749—2006 执行。同一批茶叶审评用水水质应一致。

4. 人员

茶叶审评人员应获有评茶员国家职业资格证书，或具备相应的专业技能，身体健康，个人卫生条件好，审评过程中不能使用化妆品，禁止吸烟。

5. 审评

（1）取样方法

1）精制茶取样：按照 GB/T 8302—2013 规定执行，见本节技能训练 1。

2）初制茶取样

① 匀堆取样法：将该批茶叶拌匀成堆，然后从堆的各个部位分别扦取样茶，扦样点不得少于 8 点。

② 就件取样法：从每件上、中、下、左、右五个部位各扦取一把小样置于扦样匾（盘）中，并查看样品间品质是否一致。若单件的上、中、下、左、右五部分样品差异明显，则应将该件茶叶倒出，充分拌匀后，再扦取样品。

③ 随机取样法。按 GB/T 8302—2013 规定的抽取件数随机抽件，再按就件扦取法扦取。

注意：*上述各种方法均应将扦取的原始样茶充分拌匀后，用对角四分法扦取 200～300g 作为审评用样，共扦取两份，其中一份直接用于审评，另一份留存备用。*

3）压制茶取样：采用每块（个）中段或对角线的部分取样，不少于 5 点，用手或工具解散法，然后用四分法缩分到约 200g，用于外形与内质的审评。

（2）审评内容

1）审评因子

① 名优茶和初制茶审评因子：茶叶的外形（包括形状、嫩度、色泽、匀整度和净度）、汤色、香气、滋味和叶底。

② 精制茶审评因子：茶叶外形的形态、色泽、匀整度和净度，内质的汤色、香气、滋味和叶底。

2）审评因子的审评要素

① 外形：干茶的形状、嫩度、色泽、匀整度和净度。形状是指产品的造型、大小、粗细、宽窄、长短等；嫩度是指产品原料的生长程度；色泽是指产品的颜色与光泽度；匀整度是指产品整碎的完整程度；净度是指茶梗、茶片及非茶叶夹杂物的含量。对于压制成块、成个的茶（如沱茶、砖茶、饼茶）的外形，应审评产品压制的松紧度、匀整度、表面光洁度、色泽和规格。对于分里、面茶的压制茶的外形，应审评是否起层脱面，包心是否外露等。

② 汤色：茶汤的颜色种类与色度、明暗度和清浊度等。

③ 香气：香气的类型、浓度、纯度、持久性。

④ 滋味：茶汤的浓淡、厚薄、醇涩、纯异和鲜钝等。

⑤ 叶底：叶底的嫩度、色泽、明暗度和匀整度（包括嫩度的匀整度和色泽的匀整度）。

（3）审评方法

1）外形审评方法：将缩分后的有代表性的茶样 200～300g，置于评茶盘中，双手握住茶盘对角，用回旋筛转法，使茶样按粗细、长短、大小、整碎顺序分层并顺势收于评茶盘中间，使其呈圆馒头形，根据上层（也称面张、上段）、中层（也称中段、中档）、下层（也称下段），按上述审评内容，用目测、手感等方法，通过调换位置、反复察看来比较外形。

① 初制茶：按上述外形审评方法，用目测审评面张茶后，审评人员用手轻轻地将大部分上、中段茶抓在手中，审评没有抓起的留在评茶盘中的下段茶的品质，然后将抓茶的手反转，手心朝上摊开，将茶摊放在手中，用目测审评中段茶的品质。同时，用手掂估同等体积茶（身骨）的重量。

② 精制茶：按上述外形审评方法，用目测审评面张茶后，审评人员双手握住评茶盘，用“簸”的手法，让评茶盘中的茶叶按形态的大小从里向外、从大到小在评茶盘中排布，在评茶盘中分出上、中、下档，然后目测审评。

2）茶汤制备方法与审评顺序

① 红茶、绿茶、黄茶、白茶、乌龙茶：从评茶盘中扦取充分混匀的有代表性的茶样 3.0～5.0g，茶、水质量比为 1:50，置于相应的评茶杯中，注满沸水，加盖，计时，根据表 1-3-32 中茶类要求选择冲泡时间，到规定时间后按冲泡顺序依次等速将茶汤滤入评茶碗中，留叶底于杯中，按香气（热嗅）、汤色、香气（温嗅）、滋味、香气（冷嗅）、叶底的顺序逐项审评。

表 1-3-32　各类茶茶汤准备冲泡时间

茶　类	冲泡时间/min
普通（大宗）绿茶	5
名优绿茶	4
红茶	5
乌龙茶（条型、蜷曲型、螺钉型）	5
乌龙茶（颗粒型）	6
白茶	5
黄茶	5

② 乌龙茶（盖碗审评法）：先用沸水将评茶杯碗烫热，随即称取有代表性的茶样 5.0g，置于 110mL 倒钟形评茶杯中，迅速注满沸水，并立即用杯盖刮去液面泡沫，加盖，1min 后揭盖嗅盖香，评茶叶香气，2min 后将茶汤沥入评茶碗中，用于评汤色和滋味，并闻嗅叶底香气。接着第二次注满沸水，加盖，2min 后，揭盖嗅盖香，评茶叶香气，3min 后将茶汤沥入评茶碗中，再评茶水的汤色和滋味，并闻嗅叶底香气。接着第

三次再注满沸水，加盖，3min 后，揭盖嗅盖香，评茶叶香气，5min 后将茶汤沥入评茶碗中，再用于评汤色和滋味，比较其耐泡程度，然后审评叶底香气。最后，将杯中叶底倒入叶底盘中，审评叶底。

③ 黑茶与紧压茶：称取有代表性的茶样 5.0g，置于 250mL 毛茶审评杯中，注满沸水，加盖浸泡 2min，按冲泡次序依次等速将茶汤沥入评茶碗中，用于审评汤色与滋味，留叶底于杯中，审评香气。然后，第二次注入沸水，加盖浸泡至 5min，按冲泡次序依次等速将茶汤沥入评茶碗中，按先汤色、香气，后滋味、叶底的顺序逐项审评。汤色结果以第一次为主要依据，香气、滋味以第二次为主要依据。

④ 花茶：首先拣除茶样中的花干、花萼等花的成分，然后称取有代表性的茶样 3.0g，置于 150mL 精制茶评茶杯中，注满沸水，加盖，计时，浸泡至 3min，按冲泡次序依次等速将茶汤沥入评茶碗中，用于审评汤色与滋味，留叶底于杯中，审评杯内叶底香气的鲜灵度和纯度。然后，第二次注满沸水，加盖，计时，浸泡至 5min，再按冲泡次序依次等速将茶汤沥入评茶碗中，再次评汤色和滋味，留叶底于杯中，用于审评香气的浓度和持久性。接着综合审评汤色、香气和滋味，最后审评叶底。

⑤ 袋泡茶：取一个有代表性的茶袋置于 150mL 审评杯中，注满沸水并加盖，冲泡 3min 后揭盖，上下提动袋茶两次（每分钟一次），提动后随即盖上杯盖，至 5min 时将茶汤沥入茶碗中，依次审评汤色、香气、滋味和叶底。对于叶底，应审评茶袋冲泡后的完整性，必要时可检视茶渣的色泽、嫩度与均匀度。

⑥粉茶：扦取 0.4g 茶样，置于 200mL 的评茶碗中，冲入 150mL 的沸水，依次审评其汤色与香味。

3）内质审评方法

① 汤色：审评汤色时用目测法根据上述审评内容审评茶汤，应注意光线、评茶用具对茶汤审评结果的影响，可随时调换审评碗的位置，以减少环境对汤色审评的影响。

② 香气：审评香气时，一只手持杯，另一只手持盖，靠近鼻孔，半开杯盖，嗅评从杯中散发出来的香气，每次持续 2~3s，随即合上杯盖，可反复 1 次或 2 次，根据上述审评内容判断香气的质量，并热嗅（杯温约为 75℃）、温嗅（杯温约为 45℃）、冷嗅（杯温接近室温）结合进行。

③ 滋味：审评滋味时，用茶匙取适量（约 5mL）茶汤放于口内，用舌头让茶汤在口腔内循环打转，使茶汤与舌头各部位充分接触，并感受刺激，随后将茶汤吐入吐茶桶中或咽下，根据上述审评内容审评滋味。审评滋味时最适宜的茶汤温度在 50℃ 左右。

④ 叶底：审评叶底时，精制茶采用黑色木制叶底盘，毛茶与名优绿茶采用白色搪瓷叶底盘。操作时应将杯中的茶叶全部倒入叶底盘中，其中白色搪瓷叶底盘中要加入适量清水，让叶底漂浮起来，根据上述审评内容，用目测、手感等方法审评叶底。

6. 审评结果与判定

（1）对样审评

1）级别判定：对照一组标准样品，比较未知茶样品与标准样品之间某一级别在外形和内质方面的相符程度（或差距）。首先，对照一组标准样品的外形，从形状、嫩度、色泽、整碎和净度五个方面综合判定未知样品等于或约等于标准样品中的某一级别，即定为该未知样品的外形级别，然后从内质的汤色、香气、滋味与叶底四个方面综合判定未知样品等于或约等于标准样品中的某一级别，即定为该未知样品的内质级别。未知样品最后的级别判定结果计算见式（1-3-61）。

$$未知样品的级别 = (外形级别 + 内质级别)/2 \qquad (1\text{-}3\text{-}61)$$

2）合格判定

① 评分：以成交样品或（贸易）标准样品相应等级的色、香、味、形的品质要求为水平依据，按规定的审评因子（大多数为八因子，具体见表1-3-33）和审评方法，将生产样品对照（贸易）标准样品或成交样品逐项对比审评，判断结果按“七档制”（见表1-3-34）方法进行评分。

表1-3-33　各类成品茶品质审评因子

茶类	外形				内质			
	形状（A_1）	整碎（B_1）	净度（C_1）	色泽（D_1）	香气（E_1）	汤色（F_1）	滋味（G_1）	叶底（H_1）
绿茶	✓	✓	✓	✓	✓	✓	✓	✓
红茶	✓	✓	✓	✓	✓	✓	✓	✓
白茶	✓	✓	✓	✓	✓	✓	✓	✓
黑茶	✓	✓	✓	✓	✓	✓	✓	✓
压制茶	✓	✓	✓	✓	✓	✓	✓	✓
黄茶	✓	✓	✓	✓	✓	✓	✓	✓
花茶	✓	✓	✓	✓	✓	✓	✓	✓
袋泡茶	✓	✓	✓	✓	✓	✓	✓	✓
粉茶	✓	✓	✓	✓	✓	✓	✓	×

注：“×”为非评因子。

表1-3-34　七档次审评方法

七档制	评分	说明
高	+3	差异大，明显好于标准样品
较高	+2	差异较大，好于标准样品
稍高	+1	仔细辨别才能区分，稍好于标准样品
相当	0	标准样品或成交样品的水平
稍低	−1	仔细辨别才能区分，稍差于标准样品
较低	−2	差异较大，差于标准样品
低	−3	差异大，明显差于标准样品

② 结果计算：审评结果按式（1-3-62）计算。

$$Y = A_1 + B_1 + \cdots + H_1 \quad (1\text{-}3\text{-}62)$$

式中 Y——茶叶审评总得分；

A_1、B_1、…、H_1——各审评因子的得分。

③ 结果判定：任何单一审评因子中得 -3 分者判为不合格，总得分小于或等于 -3 分者为不合格。

（2）茶叶品质顺序排列

1）评分

①评分的形式

a. 独立评分：整个评审过程由一个或若干个评茶员独立完成。

b. 集体评分：整个审评过程由三个或三个以上（奇数）评茶员一起完成。参加审评的人员组成一个审评小组，推荐其中一人为主评。在审评过程中，由主评先评出分数，其他人员根据品质标准对主评出具的分数进行修改与确认，对观点差异较大的茶进行讨论，最后共同确定分数，若有争论，则投票决定，并加注评语（评语应引用 GB/T 14487—2008 中的术语）。

② 评分的方法：茶叶品质顺序的排列样品应在两个以上；评分前工作人员对茶样进行分类、密码编号；审评人员在不了解茶样的来源、密码条件下进行盲评，根据审评知识与品质标准，按外形、汤色、香气、滋味和叶底五因子（见表 1-3-35），采用百分制，在公平、公正条件下给每个茶样的每项因子进行评分，并加注评语（评语应引用 GB/T 14487—2008 中的术语）。

③ 分数的确定

a. 每个评茶员所评的分数相加的总和除以参加评分的人数所得的分数。

b. 当独立评分评茶员人数达五人以上时，可在评分的结果中去除一个最高分和一个最低分，其余的分数相加的总和除以其人数所得分数。

c. 结果计算：将单项因子的得分与该因子的评分系数相乘，并将各个乘积值相加，即为该茶样审评的总得分。计算公式为

$$Y = A \times a + B \times b + \cdots + E \times e \quad (1\text{-}3\text{-}63)$$

式中 Y——茶叶审评总得分；

A、B、…、E——各品质因子的审评得分；

a、b、…、e——各品质因子的评分系数。

表 1-3-35 各类茶品质因子评分系数

茶类	外形（a）	汤色（b）	香气（c）	滋味（d）	叶底（e）
名优绿茶	25	10	25	30	10
普通（大宗）绿茶	20	10	30	30	10
工夫红茶	25	10	25	30	10
（红）碎茶	20	10	30	30	10

（续）

茶类	外形（a）	汤色（b）	香气（c）	滋味（d）	叶底（e）
乌龙茶	20	5	30	35	10
黑茶（散茶）	20	15	25	30	10
压制茶	25	10	25	30	10
白茶	25	10	25	30	10
黄茶	25	10	25	30	10
花茶	20	5	35	30	10
袋泡茶	10	20	30	30	10
粉茶	10	20	35	35	0

2）结果评定：根据计算结果，审评的名次按分数从高到低的次序排列。若遇分数相同者，则按滋味→外形→香气→汤色→叶底的次序比较单一因子得分的高低，高者居前。

7. 样品的包装和标签

（1）样品的包装　所取的平均样品应迅速装在茶样罐或包装袋内并贴封样条。

（2）样品标签　每个样品的茶样罐或包装袋上都应有标签，详细标明样品名称、等级、生产日期、批次、产地、数量，取样地点、次数、日期，取样者的姓名及所需说明的重要事项。

资料库　实践技能的培养应当包括的内容

所有科学知识的获得与证实都离不开实践技能，掌握高超的实践技能对于进行专业理论知识的探索，验证生产过程工艺控制的质量，了解成品质量具有十分重要的作用。实践技能包括观察与测量、记录数据、分析并解释试验结果以及提交试验报告四个方面。

一、观察与测量

实践技能的获得开始于对试验现象的观察。养成对试验现象细致入微的观察习惯，有利于在试验中发现问题，也只有发现问题，才能解决问题。观察分为定性观察与定量观察两种。前者是用文字或术语而不是用数字进行描述，如颜色、形态、气味等变量的客观描述；后者是借助于一些试验仪器，对试验变量进行计数或测量，从而获得试验数据。无论是定性观察还是定量观察，在试验过程中都十分重要。同时，采用统计学方法进行客观观察与测量是提高试验结果准确度的重要途径。

二、记录数据

科学地记录试验数据，是科学研究的基础性工作。一个良好的试验记录应当能够完整地重现整个试验或反映试验过程中观察到的所有信息。试验记录通常采用两次记录方式：第一次是原始记录，它通常在实验室内完成，主要记录试验用材料、试验方法、试验过程、试验结果与试验结论等方面的细节；第二次记录是原始记录的升华，它与其他相关数据联系，采用图表或曲线的形式记录试验数据，为获得试验结论、解释试验现象奠定基础。

三、分析并解释试验结果

试验结果不经科学分析是很难得出正确结论的，更不能达到试验目的。对试验结果进行分析应当包括试验数据的处理和试验结论的验证。分析试验数据通常需要分三步进行：第一步，运用统计学方法处理试验数据；第二步，运用统计学的方法分析试验数据的变化趋势；第三步，从以上分析中推断出试验结论。试验结论验证是指通过重复性试验，再现先前试验过程，通过对前后两个试验结论的比较性分析，进一步验证与证实试验结论的准确性和真实性。

四、提交试验报告

书面交流是所有科学都离不开的部分。常规的试验报告应当包括六项内容，即试验目的的说明、试验材料的介绍、试验过程的描述、试验结果的记录、试验数据的分析、试验结论的总结。试验报告的书写要简明扼要，应达到试验目的表述明确、试验材料选择恰当、试验过程规范合理、试验结果真实可靠、试验数据分析科学、试验结论总结正确的效果。

第二部分　食品检验中级工技能训练

第一章　检验仪器的使用与维护及微生物检验基本技术

第一节　常用设备的使用及维护

一　分光光度计

物质对光的吸收有选择性，各种物质均有其特定的吸收波长。根据朗伯-比尔定律，当一束单色光通过均匀液体时，其吸光度与溶液的浓度和液层厚度的乘积成正比。因此，通过测定溶液的吸光度就可以确定被测组分的含量。

1. 分光光度计的主要部件

分光光度计有多种，分别为紫外分光光度计、可见分光光度计（或比色计）、红外分光光度计和原子吸收分光光度计。各种类型的分光光度计的基本构造相似，都由光源、单色器、吸收池、检测器和读数指示器等主要部件组成。仪器各个部件的性能和构造随着所适用的波长区域和数据精度要求的不同而有所不同，然而每一组成部分的作用都是相同的。

（1）光源

1）钨丝灯。钨丝灯能发射波长为350～1250nm的连续光谱，最适宜的使用范围是360～1000nm，常用作可见分光光度计的光源。

2）氢灯或氘灯。氘灯能发射波长为150～400nm的连续光谱，常用作紫外分光光度计的光源。它的优点是在和氢灯同样的工作条件下产生连续光谱，强度为氢灯的3～5倍，氘灯的使用寿命比氢灯长。

3）光源应该有足够的发射强度而且稳定。由于光源发射强度受电源电压变化的影响较大，因此为了得到准确的测量结果，需要使用稳压器提供稳定电源电压，以保证光源输出的稳定性。

（2）单色器　在分光光度计中采用棱镜或光栅构成的单色器来获得纯度较高的单色光。单色器是将光源发射的连续光谱按波长顺序分散成单色光的装置。光通过入射狭缝，经透镜以一定角度射到棱镜上时，在棱镜的两界面上发生折射而色散。色散了的光被聚焦在一个微微弯曲并带有出射狭缝的表面上。移动棱镜或移动出射狭缝的位置，就可使所需波长的光通过狭缝照到试液上。

狭缝对于单色器的质量有重大影响。狭缝越小，出射谱带越窄，单色光的纯度就会越高，但光强度会减弱。因此，必须调节适当的狭缝宽度，以获得纯度较高、强度足够的光照射到试液上，供准确测定。

（3）吸收池　一般分光光度计都配有各种厚度（即光程）的吸收池，有 0.5cm、1cm、2cm、3cm、5cm 等。吸收池的光程要准确，同一吸收池的上下厚度必须一致。不同吸收池的厚度也要一致，否则会影响测定的准确度。在定量分析中，所用的一组吸收池一定要互相匹配，事先需经过选择。测定时吸收池要用被测溶液冲洗几次，避免被测溶液的浓度改变。每次用后，要立即用自来水冲洗，洗不净时可用盐酸或适当溶剂洗涤，不要用碱（会腐蚀玻璃）及过强的氧化剂（如 $K_2Cr_2O_7$洗液，会使吸收池脱胶和被吸收池吸附而着色），最后用纯水洗净。

（4）检测器　检测器是测量光线透过溶液以后强弱变化的一种装置，一般利用光电效应，将光线照射在检测器上，产生光电流进行测量。良好的检测器对波长范围较宽的光有响应，而且响应时间短。它所产生的信号直接与投射到它上面的光束强度成正比。

（5）检流计　光电池产生的光电流通过检流计检测出来。常用的检流计是光电反射式微电计。其标尺上有两种刻度：一种是等分的透射比（*T*），另一种不等分刻度的为吸光度（*A*）。在实际工作中，使用吸光度比较方便。

2. 分光光度计的使用

分光光度计使用的简要流程及要求如图 2-1-1 所示。

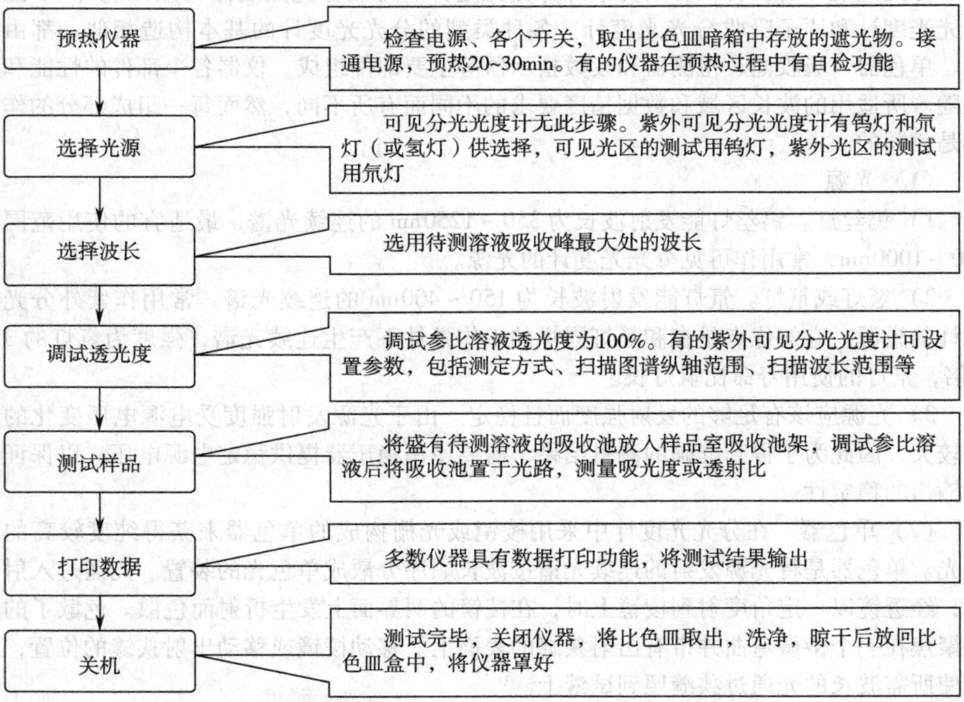

步骤	要求
预热仪器	检查电源、各个开关，取出比色皿暗箱中存放的遮光物。接通电源，预热20~30min。有的仪器在预热过程中有自检功能
选择光源	可见分光光度计无此步骤。紫外可见分光光度计有钨灯和氘灯（或氢灯）供选择，可见光区的测试用钨灯，紫外光区的测试用氘灯
选择波长	选用待测溶液吸收峰最大处的波长
调试透光度	调试参比溶液透光度为100%。有的紫外可见分光光度计可设置参数，包括测定方式、扫描图谱纵轴范围、扫描波长范围等
测试样品	将盛有待测溶液的吸收池放入样品室吸收池架，调试参比溶液后将吸收池置于光路，测量吸光度或透射比
打印数据	多数仪器具有数据打印功能，将测试结果输出
关机	测试完毕，关闭仪器，将比色皿取出，洗净，晾干后放回比色皿盒中，将仪器罩好

图 2-1-1　分光光度计使用的简要流程

3. 分光光度计使用注意事项

1）安放仪器的房间应远离电磁场，并且干净、通风、防尘。

2）安放仪器的桌子要注意防震，最好采用水泥制作，比较稳定，并且不容易受周围震动源的影响。另外，仪器不能被太阳光直接照射。

3）仪器的每个部分都不允许受潮，否则将会使有关的元器件损坏或性能变坏。

如果仪器较长时间不用，则应每隔 7 天开机 1～2h，以去除潮湿，避免光学元件和电子元器件受潮。仪器的周围应干燥，每次使用完毕后，比色皿暗箱内应放置防潮硅胶袋，并用塑料套罩严，同时在套子内放置数袋防潮硅胶。应经常检查防潮硅胶是否受潮，如果受潮，则应及时调换或将其烘干。

仪器底部配有 2 只干燥剂筒，用以保持仪器的干燥。要注意经常检查其是否受潮，如果受潮，则要及时更换里面的干燥剂。

4）经常检验仪器的技术指标。为保证仪器测试结果准确、可靠，对新购进、使用中和维修后的分光光度计都应定期进行检验。经常检验的技术指标一般有比色皿的配套性、波长准确性、透光度准确性等。

5）保持仪器机械运动部件活动自如，如光栅的扫描机构、狭缝的传动机构、光源转换机构等。

6）仪器的连续使用时间不能超过 2h，使用后必须间歇 0.5h 才能再用。

7）比色皿在使用前、后必须彻底清洗。在使用和清洗过程中，不能用硬质纤维和手指擦拭或触摸透光面，只能拿其不透光的两个毛玻璃面。更不能用毛刷洗比色皿，必须保持比色皿透光面的完好无损和清洁。

比色皿使用后应立即清洗，可先浸泡在肥皂水中，再用自来水和蒸馏水冲洗干净。被有色物质污染的比色皿可以用 3mol/L 的盐酸和等体积乙醇的混合液浸泡洗涤，倒置晾干备用，绝对不能烘烤。一旦比色皿被黏附力很强的试样严重沾污，就很难清洗干净，即使是浸在王水中也很难洗净，这时，可用超声波清洗。比色皿外边沾有水珠或待测溶液时，可先用滤纸吸干，再用镜头纸拭净。

二　培养箱

培养箱是培养微生物的主要设备。其原理是应用人工的方法在培养箱内形成微生物和细胞生长繁殖的环境，如控制一定的温度、湿度、气体等。目前使用的培养箱主要分为四种，即直接电热式培养箱、隔水电热式培养箱、生化培养箱和二氧化碳培养箱。

1. 培养箱的使用

1）操作人员需仔细阅读使用说明，只有在了解、熟悉了培养箱的功能后才能接通电源。

2）接通电源，把温、湿度等调整为适宜所培养微生物生长繁殖的条件。

3）在微生物培养过程中，不能出现断电现象，且尽量减少开箱，以确保培养环境的稳定。

2. 培养箱的维修与保养

1）箱内的培养物不宜放置得过挤，以便于热空气对流。无论放入或取出物品，都应随手关门，以免温度波动。

2）电热式培养箱应在箱内放一个盛水的容器，以保持一定的湿度。

3）对于隔水式培养箱，应注意先加水再通电，同时应经常检查水位，及时加水。

4）电热式培养箱在使用时应将风顶适当旋开，以利于调节箱内的温度。

5）仪器不宜在高压、强电流、强磁场条件下使用，以免干扰温控仪及发生触电危险。

6）勿放置易燃易爆物品，以防发生危险。

7）勿放置高酸高碱物品，以防止箱体腐损。

三 超净工作台

超净工作台的原理是：在特定的空间内，室内空气经预过滤器初滤，由小型离心风机压入静压箱，再经空气高效过滤器二级过滤，从空气高效过滤器出风面吹出的洁净气流具有均匀的断面风速，可以排除工作区原来的空气，将尘埃颗粒和生物颗粒带走，以形成无菌的高洁净的工作环境。

超净工作台根据气流的方向可分为垂直流超净工作台和水平流超净工作台，根据操作结构可分为单边操作及双边操作两种形式，按用途又可分为普通超净工作台和生物（医药）超净工作台。

1. 超净工作台的使用

（1）安放点的选择

1）最好将其置于一间有空气消毒设施的无菌室内。如果条件不具备，就应将机器安放于人员走动少、较清洁的房间中。

2）调整各脚的高度，以保证稳妥和操作面的水平。超净工作台应采用一条专门电路供电，以避免电路过载而造成空气流速的改变。

（2）使用前的检查

1）接通超净工作台的电源。

2）旋开风机开关，使风机开始正常运转，这时应检查高效过滤器出风面是否有风送出。

3）检查照明及紫外设备能否正常运行，若不能正常运行，则通知工程部检验。

4）工作前必须对工作台四周环境及空气进行超净处理，认真做好清洁工作，并采用紫外线灭菌法进行灭菌处理。

5）净化工作区内严禁存放不必要的物品，以保持洁净气流活动不受干扰。

（3）使用

1）使用超净工作台时，应先用清洁液浸泡的纱布擦拭台面，再用消毒剂擦拭。

2）接通电源，提前50min打开紫外灯照射消毒，处理净化工作区内工作台表面积累的微生物，30min后封闭紫外灯，开启送风机。

3）工作台面上不要存放不必要的物品，以保持工作区内的洁净气流不受干扰。

4）操作结束后，清理工作台面，收集各废弃物，封闭风机及照明开关，用清洁剂及消毒剂擦拭消毒。

5）最后开启工作台紫外灯，照射消毒 30min 后，封闭紫外灯，切断电源。

6）按时用风速计测量工作区内的均匀风速，若发现其不符合技术标准，则应调节调压器手柄，改变风机输入电压，使工作台处于最佳状况。

7）每月进行一次维护检查，并填写维护记录。

(4) 清洁

1）每次使用完毕，立即清洁仪器，悬挂标志，并填写仪器使用记录。

2）取样结束后，先用毛刷清理工作区的杂物和浮尘。

3）用细软布擦拭工作台表面污迹、污垢，目测无清洁剂残留，并用清洁布擦干。

4）要经常用纱布蘸上酒精将紫外灯表面擦干净，保持其表面清洁，否则会影响杀菌能力。

5）效果评价：设备内外表面应该光亮、整洁，没有污迹。

2. 超净工作台使用注意事项

超净工作台是比较精密的电气设备，对其进行常规的保养和维护是非常重要的。

1）保持室内干燥和清洁。潮湿的空气不但锈蚀制造材料，影响电气电路的正常工作，而且利于细菌、霉菌的生长。清洁的环境可延长滤板的使用寿命。

2）在使用超净工作台前应开紫外灯 15min 以上照射灭菌，但照射不到之处仍是有菌的。紫外灯开启时间较长时，可激发空气中的氧分子与臭氧分子结合。这种分子有很强的杀菌作用，可以对紫外线没有直接照到的角落产生灭菌效果。由于臭氧对人体健康有害，因此在进入室内操作之前应先关掉紫外灯，十多分钟后即可入内。

3）新购买的和久置未用的超净工作台除用紫外灯等照射外，最好能进行熏蒸处理，然后在机器处于工作状态时在操作区的四角及中心位置各放一个打开的营养琼脂平板，2h 后盖上盖并置于 37℃ 培养箱中培养 24h，计算出菌落数。平均每个平皿菌落数必须少于 0.5 个。对于新安装的或长期未使用的工作台，在使用前必须先用超静真空吸尘器或用不产生纤维的工具对其和周围环境进行清洁，再采用药物灭菌法或紫外线灭菌法进行灭菌处理。

四　高压蒸汽灭菌锅

高压蒸汽灭菌是指将待灭菌的物品放在一个密闭的加压灭菌锅内，通过加热，使灭菌锅隔套间的水沸腾而产生蒸汽，待蒸汽急剧地将锅内的冷空气从排气阀中排尽后，关闭排气阀，继续加热，此时由于蒸汽不能溢出，从而增加了灭菌器内的压力，使沸点增大，得到高于 100℃ 的温度，导致菌体蛋白质凝固变性而达到灭菌的目的。

1. 高压蒸汽灭菌锅的使用

(1) 设备的检查　检查门开关是否灵活，橡胶圈有无损坏及是否平整。对于有自动电子程序控制装置的灭菌器，在使用前应检查规定的程序是否符合灭菌处理的要求。

(2) 加水　检查锅内蒸馏水量是否充足，若不充足，则将内层灭菌桶取出，再向外层锅内加入适量的水，使水面与三角搁架相平为宜。

（3）放置待灭菌物品　放回灭菌桶，并装入待灭菌物品。注意，不要装得太挤，以免妨碍蒸汽流通而影响灭菌效果。锥形瓶与试管口端均不要与桶壁接触，以免冷凝水淋湿包口的纸而透入棉塞。

（4）加盖　盖上锅盖，并将盖上的排气软管插入内层灭菌桶的排气槽内，再以两两对称的方式同时旋紧相对的两个螺栓，使螺栓松紧一致，确保不漏气。

（5）加热灭菌　用电炉或煤气加热，同时打开排气阀，使水沸腾以排除锅内的冷空气。待将冷空气完全排尽后，关上排气阀，让锅内的温度随着蒸汽压力的增加而逐渐上升。当锅内压力升到所需压力时，控制热源，维持压力至所需时间。

（6）降温取物　在达到灭菌所需时间后，切断电源或关闭煤气，让灭菌锅内温度自然下降。当压力表的压力降至0Pa时，打开排气阀，旋松螺栓，打开盖子，取出灭菌物品。如果压力未降到0Pa就打开排气阀，则会因锅内压力突然下降，使容器内的培养基由于内外压力不平衡而冲出锥形瓶口或试管口，造成棉塞沾染培养基而污染。

（7）无菌检查　将取出的灭菌培养基放入37℃温箱内培养24h，经检查无杂菌生长，即可待用。

2. 高压蒸汽灭菌锅使用注意事项

1）锅内的水必须用蒸馏水或纯化水。

2）锅盖螺栓必须对称拧紧。

3）一定要在放气阀排出大量蒸汽后再关闭灭菌锅。

4）当到达设定的灭菌时间时，必须等到压力表归零后再打开灭菌锅。

5）在灭菌锅超过最大耐受压力后，放气阀会自动弹开，此时不能保证锅内物品完全灭菌，需从新灭菌。

第二节　微生物检验的基本技术

要得到正确反映食品卫生质量的准确、有效的数据，就必须在采样、取样及检验等各个环节中进行严格的无菌操作，否则检验工作就毫无意义。无菌是指物体中没有活的微生物存在。防止微生物进入的操作方法称为无菌技术或无菌操作。概括来说，微生物无菌操作技术主要包括三个方面：一是检验器材的无菌要求及处理技术，二是检验实施场所的无菌要求及处理技术，三是检验操作的无菌要求及技术。

一　微生物检验器皿消毒灭菌方法

微生物检验无菌技术的基础是要求检验所用的培养基、器皿、用具等都必须是无菌的。借助于不同的消毒和灭菌技术手段，可不同程度地减少或完全杀灭环境中的微生物。消毒灭菌技术也是微生物最基本的试验技术之一，是微生物检验工作的基础。

1. 常用概念

（1）灭菌　灭菌是采用强烈的理化因素杀死物体表面及内部的所有微生物（包括

病原微生物和非病原微生物）繁殖体及芽孢的过程。灭菌后的物体不再有任何可存活的微生物营养体及其芽孢、孢子，即处于无菌状态，否则就是灭菌不彻底。

（2）消毒　消毒是用较为温和的理化因素仅杀死物体表面或内部一部分对人或动、植物有害的病原微生物，而对被消毒的对象基本无害的措施。具有消毒作用的药物称为消毒剂。一般消毒剂在常用浓度下只对细菌的营养体有效，对细菌的芽孢则无杀灭作用。

（3）无菌　无菌是指不含活的微生物。只有通过彻底灭菌，才能达到无菌要求。灭菌是无菌的先决条件，无菌是灭菌的后果。食品微生物检验操作必须在无菌环境中用无菌操作进行。

（4）防腐　防腐是利用理化因素完全抑制微生物的生长繁殖，防止食品、生物制品等霉变腐败的措施。用于防腐的药剂称为防腐剂。某些药物在低浓度时是防腐剂，在高浓度时是消毒剂。低温、干燥、无氧、高渗透压等都是常用的防腐措施。

（5）商业无菌　经过适度的杀菌后，不含有致病性微生物，也不含有在通常温度下能繁殖的非致病性微生物的状态叫做商业无菌。

2. 常用的消毒与灭菌方法

消毒与灭菌的方法很多，可分为物理法和化学法两大类。物理法包括加热灭菌（干热灭菌和湿热灭菌）、过滤除菌、紫外线辐射灭菌等。化学法主要是利用无机或有机化学药剂对试验用具和其他物体表面进行消毒与灭菌。人们可根据微生物的特点、待灭菌材料与试验目的和要求来选用具体方法。一般来说，玻璃器皿可用干热灭菌法，培养基用高压蒸汽灭菌法，某些不耐高温的培养基（如血清、牛乳等）可用巴斯德消毒法、间歇式灭菌法或过滤除菌法，无菌室和无菌罩等可用紫外线辐射、化学药剂喷雾或熏蒸等方法灭菌。

（1）加热灭菌　利用加热方法进行灭菌、消毒或防腐，是最常用而又方便有效的方法。高温可使微生物细胞内的蛋白质和酶类变性而失去活力，从而起到灭菌作用。

加热灭菌法包括干热灭菌和湿热灭菌两种。在同一温度下，湿热灭菌的杀菌效力比干热灭菌大，穿透能力强。另外，湿热灭菌时的蒸汽有潜热存在，能迅速提高被灭菌物品的温度。

1）干热灭菌法：通过使用干热空气杀灭微生物及其芽孢的说法叫干热灭菌法。干热灭菌包括烘箱热空气灭菌和火焰灼烧灭菌两种方法。

① 烘箱热空气灭菌：将耐热待灭菌物品放于鼓风干燥箱内，利用热空气进行灭菌的方法。由于空气的传热性和穿透力不及饱和蒸汽，再加上菌体在脱水情况下不易被热能杀死，所以烘箱热空气灭菌需要较高的温度和较长的时间，一般于160℃加热2h。灭菌时间可根据被灭菌物品体积进行适当调整。此方法适用于对体积较大的玻璃、金属器皿和其他耐干燥物品进行灭菌，如培养皿、锥形瓶、吸管、烧杯、金属用具等。这种方法的优点是能使灭菌物品保持干燥。

采用烘箱热空气灭菌法时要注意：玻璃器皿要先洗净、干燥，然后用纸巾正确包裹和加塞，而后才能放入烘箱中灭菌，以保证玻璃器皿灭菌后不被外界杂菌污染；金属器皿要放入带盖磁盘或其他耐热容器内进行灭菌；升温或降温不能过急；箱温不要超过180℃，以免引起包装纸自燃；箱内温度降到60℃以下时才能开箱取物；灭菌后的物品应随用随打开包装纸。

玻璃器皿的包装方法为：培养皿常用报纸包装，一般以5～10套为宜，或者装在金属平皿筒内；对于试管和锥形瓶，应在试管管口和锥形瓶瓶口内塞好棉花塞或硅胶泡沫塑料塞，再包以厚纸，用棉绳以活结扎紧，以防灭菌后瓶口被外部杂菌污染；对于封口的试管，可按试验需要将数个扎成捆进行干热或湿热灭菌；对于吸管，应在其顶端塞一小段棉花，以免使用时将杂菌吹入吸管中或将微生物吸出吸管外，将每支吸管尖端斜放在旧报纸条的近右端，与纸条约成45°角，并利用余下的一段纸条将吸管卷好（见图2-1-2），按此方法包好的吸管可单独灭菌，也可集中用报纸扎成捆后进行干热或湿热灭菌。

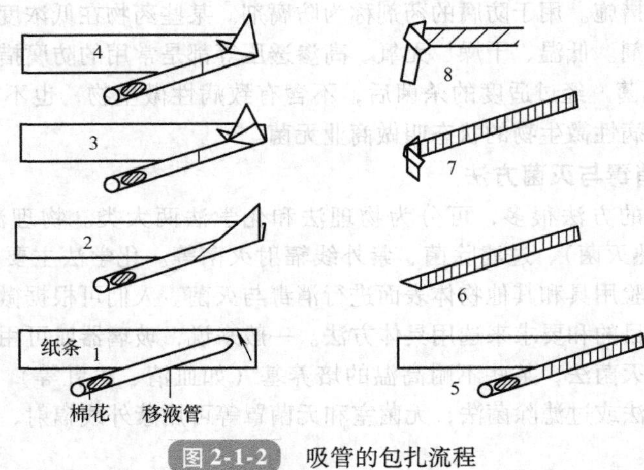

图2-1-2 吸管的包扎流程

② 火焰灼烧灭菌：将待灭菌物品在酒精灯火焰上灼烧以杀死其中的微生物的灭菌方法。这是一种最简便、快捷的干热灭菌方法，但只适用于体积较小的金属器皿或玻璃仪器，如接种环、接种针、试管口或玻璃棒的灭菌。

2）湿热灭菌法：一种用煮沸或饱和热蒸汽杀死微生物的方法。与干热灭菌法相比，其灭菌温度较低，灭菌时间短。湿热灭菌的范围比干热灭菌广。湿热灭菌法有高压蒸汽灭菌法、间歇灭菌法和巴斯德消毒法。

① 高压蒸汽灭菌法。利用高压蒸汽灭菌锅内温度高于100℃的蒸汽杀灭微生物的方法称为高压蒸汽灭菌法。其原理是水的沸点随着蒸汽压力的增加而升高，加大压力是为了提高水的沸点。在密闭系统中，蒸汽压力增高，温度也随着增高，从而提高杀菌效力。

高压蒸汽灭菌所使用的灭菌压力和时间因被灭菌的物品的不同而有差异。一般灭菌时，采用104kPa的压力（温度为121.3℃），灭菌时间为20～30min；一些耐高温、容积大的物品，压力一般为154kPa，温度为128℃，时间延长到1～2h；在高温下易破坏的物质，可采用67kPa、68kPa的压力，温度为115℃，灭菌时间为35min左右。灭菌时间从达到要求的温度或压力时开始算起。

影响高压蒸汽灭菌效果的主要因素有：

a. 灭菌物体的含菌量。

b. 灭菌锅内空气的排除程度。利用高压蒸汽灭菌时，必须彻底排除灭菌锅内的残余空气。

c. 灭菌对象的pH值。pH值为6.0～8.0时，微生物较不易死亡；pH<6.0时，最易引起微生物死亡。

d. 灭菌对象的体积。在实验室内对培养基进行灭菌时，要防止用常规的压力和时间对锅内大容量培养基进行灭菌。

e. 加热与散热速度。在高压蒸汽灭菌时，预热、散热的速度对灭菌效果和培养基成分都会产生影响。

② 间歇灭菌法。利用常压蒸汽反复多次进行灭菌的方法称为间歇灭菌法。该方法主要适用于一些不宜高压灭菌的培养基的灭菌，如糖类、明胶、牛奶等。此方法是在常压下加热到100℃，维持30～60min，以杀死微生物营养体，冷却后，于适宜温度（37℃）下培养1天，次日再用相同的方法灭菌，如此反复3次，即可达到灭菌目的。适温培养的目的是诱导未死亡的芽孢萌发成耐热性差的营养体，便于在下次灭菌时将其杀灭。其缺点是手续麻烦，时间长。

③ 巴斯德消毒法。该方法适用于在高热下易被破坏营养成分的食品，如牛奶、啤酒、果酒和酱油等。该方法把液体物质在较低的温度下消毒，既可杀死液体中致病菌的营养体，又不破坏液体物质中原有的营养成分。典型的温度时间组合有两种：63℃，30min；72℃，15s。巴斯德消毒法在食品工业上常被采用。

（2）煮沸消毒法　直接将要消毒的物品放入清水中，煮沸15min，即可杀死细菌的全部营养体和部分芽孢。若在清水中加入碳酸钠或苯酚，则效果更好。此方法适用于注射器、毛巾及解剖用具的消毒。

（3）紫外线杀菌法　紫外线是一种短波光，大剂量为杀菌剂，小剂量为诱变剂。它的杀菌原理主要是：紫外线引起核酸形成胸腺嘧啶二聚体，从而干扰核酸的复制。此外，紫外线还可使空气中的氧变为臭氧，而臭氧不稳定，易分解，放出氧化能力强的新生态氧［O］，具有杀菌作用。紫外线的杀菌效果与波长有关，波长约为260nm的紫外线杀菌能力最强。

紫外线是接种室、培养室和手术室进行空气灭菌的常用工具。市售紫外灯有30W、20W和15W等多种规格。灭菌时常选用30W紫外灯，菌种诱变时多时选用15W紫外灯。紫外灯的有效作用距离为1.5～2.0m，以1m内效果为最好。使用前应做好被照射区域的卫生，照射30min即可。紫外灯的杀菌效果会随着照射时间的延长而降低，应适时更换。紫外灯照射不久，空气中就会产生臭氧，可根据臭氧产生的速度和强弱，粗略判断灯管的质量。有些经照射受损害的菌体若再暴露于可见光中，则会发生光复活。为了避免光复活现象出现，应在黑暗中保持30min。紫外线对真菌作用的效果较差，使用时应配合其他消毒灭菌方法。

紫外线的穿透力很弱，一薄层玻璃或水都能将其大部分过滤掉，因此紫外线只能用作物体表面消毒或空气灭菌，如对灭菌室的灭菌和对一些不能用热或化学物质灭菌的器械的灭菌。紫外线对人的皮肤、眼黏膜及视神经有损伤作用，因此应避免直视紫外灯灯管和在紫外线照射下工作。

（4）过滤除菌法　过滤除菌法是指将含菌的液体或气体通过一个称为细菌滤器的装置，使杂菌受到机械的阻力而留在滤器或滤板上，从而达到去除杂菌的目的。凡不能耐受高温或化学药物灭菌的药液、毒素、血液等，可采用过滤除菌法灭菌。

二　操作环境无菌要求及消毒方法

1. 无菌室

无菌室通过空气的净化和空间的消毒为微生物检验提供了一个相对无菌的工作环境。在微生物检验中，要求严格的，要在无菌室内再结合使用超净工作台。

无菌室一般是在微生物实验室内专辟一个小房间，面积不宜过大，为4～5m^2即可，高度为2.5m左右。无菌室外要设一个缓冲间，缓冲间的门和无菌室的门不要朝向同一方向，以免气流带进杂菌。无菌室和缓冲间都必须密闭，室内装备的换气设备必须有空气过滤装置。无菌室内的地面、墙壁必须平整，这样不易藏污纳垢，且便于清洗。无菌操作间的洁净度应达到10000级，室内温度应保持在20～24℃，湿度保持在45%～60%。超净工作台的洁净度应达到100级。无菌室和缓冲间都应装有紫外灯，无菌室的紫外灯应距离工作台面1m。

（1）无菌室使用要求

1）工作人员进入无菌室前，必须用肥皂或消毒液洗手消毒，然后在缓冲间更换专用（灭过菌）的工作服、鞋、帽子、口罩和手套（或用70%的乙醇再次擦拭双手），方可进入无菌室进行操作。

2）无菌室应定期用适宜的消毒液灭菌清洁，以保证无菌室的洁净度符合要求。无菌室应备有工作浓度的消毒液，如5%的甲酚溶液、70%的酒精、0.1%的新洁尔灭溶液等。

3）处理和接种食品标本时，不得随意出入无菌间，若需要传递物品，则可通过传递窗传递。

4）在检验工作中将样品及无菌物打开后，操作者在操作时应与样品及无菌物保持一定距离。未经消毒的物品及手绝对不可直接接触样品及无菌物品。样品及无菌物不可在空气中暴露过久，操作要正确。取样时必须用无菌工具（如镊子、勺子）等，手臂不可从样品及无菌物面上横过。从无菌容器或样品中取出之物虽未被污染，但也不可放回原处。瓶口、袋口开启前要用蘸75%酒精的棉球反复擦拭至少三遍（瓶口由中央到边沿，袋口由上至下擦拭）。

5）禁止在无菌室内谈笑，尽量少走动。

6）定期对实验室内的沉降菌进行计数，以检查无菌实验室内微生物的生长繁殖动态。检查空气含菌的方法：采用营养琼脂平板，开盖暴露5min后，原位盖好，于30～32℃恒温培养2天，菌落数不超过3个。

（2）无菌室消毒要求

1）紫外线杀菌：每次打开紫外灯 20 ~ 30min，就能达到空间杀菌的目的。在使用无菌室前，必须打开无菌室的紫外灯辐照灭菌 30min 以上。操作完毕，应及时清理无菌室，再用紫外灯辐照灭菌 30min。

2）甲醛和高锰酸钾混合熏蒸：一般每平方米需 40% 甲醛 10mL、高锰酸钾 8mL，进行熏蒸。使用时，先密闭门窗，量取甲醛溶液置于容器中，然后倒入量好的高锰酸钾，人员随之离开接种室，关紧房门，熏蒸 20 ~ 30min 即可。

3）化学消毒剂喷雾：根据无菌室的净化情况和空气中含有的杂菌种类，可采用不同的化学消毒剂。如果霉菌较多，则先用 3% ~ 5% 的苯酚溶液喷洒室内，再用甲醛熏蒸。如果细菌较多，则可采用甲醛和乳酸交替熏蒸。

2. 超净工作台

超净工作台是为实验室工作提供无菌操作环境的设施，以保护试验免受外部环境的影响，同时为外部环境提供某种程度的保护，以防污染并保护操作者。与简陋的无菌罩相比，超净工作台具有允许操作者自由活动、容易达到操作区的任何地方以及安全性较高等优点。其工作原理为：通过风机将空气吸入预过滤器，经由静压箱进入高效过滤器过滤，将过滤后的空气以垂直或水平气流的状态送出，使操作区域达到百级洁净度，保证生产对环境洁净度的要求。工作人员在这样的无菌条件下操作，可保持无菌材料在转移接种过程中不受污染。

三　检验操作的无菌要求及技术

在微生物检验过程中，除了要求微生物检验用的器皿、环境无菌之外，防止一切其他微生物侵入的无菌操作技术也十分重要。

1. 操作人员无菌操作的整体要求

食品微生物实验室操作人员必须有严格的无菌观念，因为许多试验要求在无菌条件下进行。操作人员应穿专用试验服，戴专用试验帽子和口罩，试验前先用肥皂洗手，再用酒精擦拭双手等。此外，在操作过程中要注意以下几点：

1）动作要轻，不能太快，以免搅动空气而增加污染；应轻取轻放玻璃器皿，以免其破损后污染环境。

2）操作应在近火焰区进行。

3）接种所用的吸管、平面皿及培养基等必须经消毒灭菌处理，打开包装未使用完的器皿不能放置后再使用，金属用具应高压灭菌或用 95% 酒精点燃烧灼三次后使用。

4）从包装中取出吸管时，吸管尖部不能触及外露部位；使用吸管接种于试管或平面皿时，吸管尖不得触及试管或平面皿边。

5）使用吸管时，切勿用嘴直接吸、吹吸管，而必须用洗耳球操作。

6）观察平板时不要开盖，若欲蘸取菌落检查，则必须靠近火焰区操作；平面皿盖也不能大开，而应将上、下盖适当开缝。

7）进行可疑致病菌涂片染色时，应使用夹子夹持玻璃片，切勿用手直接拿玻璃片，以免造成污染。用过的玻璃片也应置于消毒液中浸泡消毒，然后再洗涤。

8）工作结束，收拾好工作台上的样品及器材，最后用消毒液擦拭工作台。

2. 几种重要微生物的无菌操作

（1）接种操作　培养基经高压灭菌后，用经过灭菌的工具（如接种针或吸管等）在无菌条件下将含菌材料（如样品、菌苔或菌悬液等）接种于培养基或活的生物体上，这个过程叫做无菌操作。无菌操作是微生物接种技术的关键。为获得微生物的纯种培养，要求接种过程中必须严格进行无菌操作，一般要求在无菌室、超净工作台上进行。常用的接种工具有接种针、接种环、玻璃棒等，其灭菌方法如图 2-1-3 所示。实验室常用的接种方法有斜面接种、液体接种及穿刺接种等。

空气中的杂菌在气流小的情况下随着灰尘落下，所以接种时，打开培养皿的时间应尽量短。用于接种的器具必须经干热或火焰等方法灭菌。接种环的火焰灭菌方法为：将接种环在火焰上充分烧红（将接种柄一边转动一边慢慢地来回通过火焰三次），冷却，先接触一下培养基，待接种环冷却到室温后，方可用它来挑取含菌材料或菌体，并迅速地接种到新的培养基上，然后将接种环从柄部至环端逐渐通过火焰灭菌，复原。不要直接烧接种环，以免残留在接种环上的菌体爆溅而污染空间。平板接种时，通常把平板的面倾斜，把培养皿的盖打开一小部分进行接种。在向培养皿内倒培养基或接种时，试管口或瓶壁外面不要接触底皿边，试管或瓶口应倾斜一下在火焰上通过。

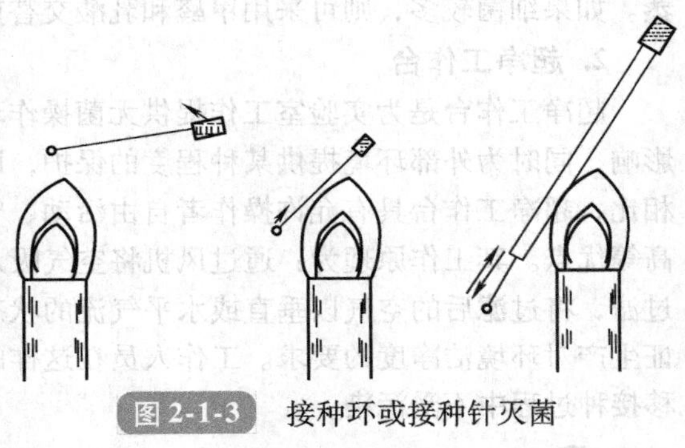

图 2-1-3　接种环或接种针灭菌

1）斜面接种

步骤一：准备工作，在待接种斜面试管上标明待接种的菌种名称、菌株号、日期和接种者。若需贴标签，则应在离试管口 1/3 处贴。

步骤二：点燃酒精灯。

步骤三：将菌种试管和空白斜面试管用左手大拇指和其余四指握在左手中，将试管底部放在手掌内并使中指位于两试管间，使斜面向上呈水平状，在火焰边用右手松动试管塞，以利于接种时拔出。

步骤四：右手拿接种环通过火焰灼烧的方法灭菌，在火焰边用右手的手掌边缘和小指，小指和无名指分别夹持棉塞将其取出，并灼烧管口。

步骤五：将灭菌的接种环伸入接种试管中，先使接种环接触试管内壁或未长菌的培养基，使接种环的温度冷却，然后挑取少量菌苔；将接种环退出菌种试管，迅速伸入待接种的斜面试管，用接种环在斜面上自试管底部向上轻轻划波浪线，如图 2-1-4 所示。

步骤六：在将接种环退出斜面试管后，用火焰灼烧试管口，并在火焰边塞好试管。接种环应逐渐接近火焰再灼烧，如果接种环上粘的菌体较多，则应先将其在火焰边烤

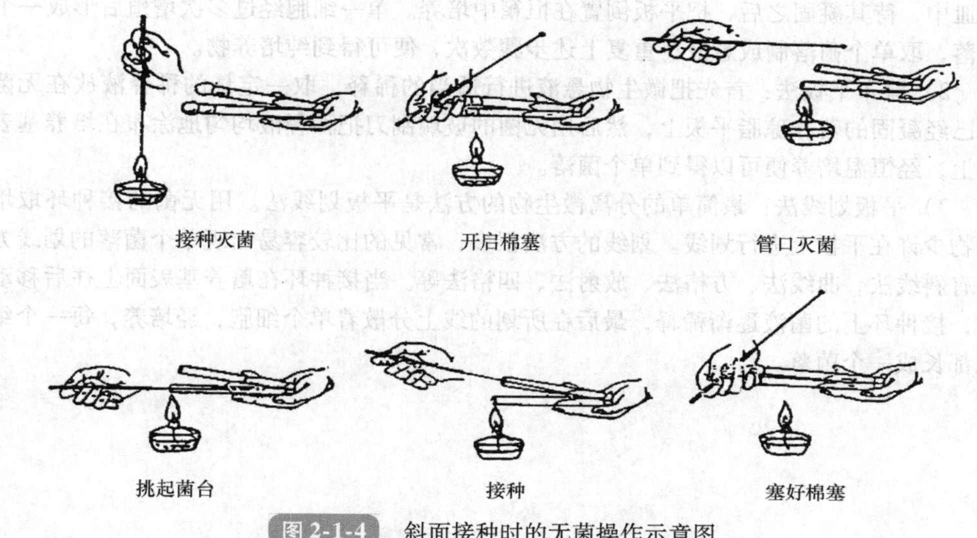

图 2-1-4 斜面接种时的无菌操作示意图

干，然后再灼烧，以免未烧死的菌体飞溅而污染环境。这在接种病原菌时尤为必要。

2）液体接种

步骤一：接种环、试管的灼烧灭菌方法与斜面接种时相同。

步骤二：将蘸有菌种的接种环插入液体培养基中轻轻搅拌，使菌体分散于液体中。接种后塞好棉塞，轻摇培养基使菌体均匀分布，以利于生长。

从液体培养基中接种到新鲜液体培养基时，需用无菌的移液管或滴管。在火焰旁将移液管伸入试管内，吸取菌液，转接到待接种的培养基内，塞好棉塞，轻摇培养基使菌体均匀分布，以利于菌体生长。

3）穿刺接种。该法常用来接种厌氧菌，检查细菌的运动能力，或用于保藏菌种。具有运动能力的细菌，经穿刺接种培养后，能沿着穿刺方向向外运动生长，故形成菌的生长线粗且边缘不整齐；不能运动的细菌仅能沿穿刺线生长，形成细而整齐的菌生长线。

步骤一：接种前的准备工作与斜面接种时相同。

步骤二：灼烧接种针，用接种针挑取少量菌苔，从半固体培养基的中心垂直刺入并接近试管底部，但不要穿透，然后沿原穿刺线路将针退出，塞好试管。

步骤三：塞好棉塞，灼烧接种针。

（2）常用分离纯化技术　含有一种以上的微生物培养物称为混合培养物。如果在一个菌落中所有细胞均来自于一个亲代细胞，那么这个菌落称为纯培养。在进行菌种鉴定时，所用的微生物一般均要求为纯的培养物。得到纯培养的过程称为分离纯化，方法有多种。

1）倾注平板法：首先把微生物悬液通过一系列稀释，取一定量的稀释液与熔化好的温度保持在 40 ~ 50℃ 的营养琼脂培养基充分混合，然后把该混合液倾注到无菌的培养皿中，待其凝固之后，把平板倒置在恒箱中培养。单一细胞经过多次增殖后形成一个菌落，取单个菌落制成悬液，重复上述步骤数次，便可得到纯培养物。

2）涂布平板法：首先把微生物悬液进行适当的稀释，取一定量的稀释液放在无菌的已经凝固的营养琼脂平板上，然后用无菌的玻璃刮刀把稀释液均匀地涂布在培养基表面上，经恒温培养便可以得到单个菌落。

3）平板划线法：最简单的分离微生物的方法是平板划线法。用无菌的接种环取培养物少许在平板上进行划线。划线的方法很多，常见的比较容易出现单个菌落的划线方法有斜线法、曲线法、方格法、放射法、四格法等。当接种环在培养基表面上往后移动时，接种环上的菌液逐渐稀释，最后在所划的线上分散着单个细胞，经培养，每一个细胞都长成一个菌落。

第二章　基本技能训练

第一节　常用仪器的使用方法

技能训练目标

掌握食品卫生学检验常用仪器的使用方法，掌握分光光度计的操作规范，掌握标准曲线的绘制方法。

仪器和试剂准备

仪器：分光光度计、比色皿、比色管、比色管架

试剂：0.1mol/L 高锰酸钾标准溶液

技能训练　分光光度计的使用

1. 标准色阶的准备

1）分别准备六只 50mL 比色管，洗涤、编号。

2）分别向六只比色管中准确移取 0mL、1mL、2mL、3mL、4mL、5mL 0.1mol/L 的高锰酸钾标准溶液。

3）定容。

2. 测定吸光度

1）预热仪器。

2）仪器调零。

3）分别测定六只比色管中溶液的吸光度并记录数据。

3. 绘制标准曲线

1）以高锰酸钾含量为横坐标，吸光度值为纵坐标，构建坐标系。

2）根据各个比色管的高锰酸钾含量和测得的对应吸光度描点。

3）过原点画一条直线，即为标准曲线。

第二节　食品中细菌总数与大肠菌群的测定

技能训练目标

1）掌握食品中细菌总数与大肠菌群测定的规范操作。

2）依据相应的国家标准，独立、规范、熟练地完成全部相关检测项目；能够独立计算试验结果，在相关人员帮助下准确描述试验结果并编写合格的试验报告。

技能训练内容及依据

食品卫生学检测专项技能训练的内容及依据见表2-2-1。

表 2-2-1　食品卫生学技能训练的内容及依据

序　号	技能训练项目名称	国家标准依据
1	细菌总数的测定	GB 4789. 2—2010
2	大肠菌群的测定（大肠菌群 MPN 计数法）	GB 4789. 3—2010

技能训练 1　细菌总数的测定

1. 检验程序

菌落总数的检验程序如图2-2-1所示。

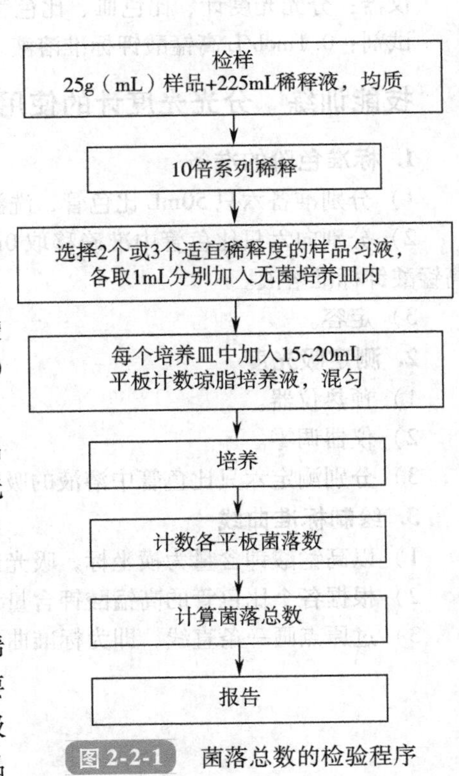

图 2-2-1　菌落总数的检验程序

2. 样品的稀释

1）固体和半固体样品：称取25g样品置于盛有225mL磷酸盐缓冲液或生理盐水的无菌均质杯内，以8000～10000r/min转速均质1～2min，或放入盛有225mL稀释液的无菌均质袋中，用拍击式均质器拍打1～2min，制成1:10的样品匀液。

2）液体样品：用无菌吸管吸取25mL样品置于盛有225mL磷酸盐缓冲液或生理盐水的无菌锥形瓶（瓶内预置适当数量的无菌玻璃珠）中，充分混匀，制成1:10的样品匀液。

3）用1mL无菌吸管或微量移液器吸取1:10样品匀液1mL，沿管壁缓慢注入盛有9mL稀释液的无菌试管中（注意吸管或吸头尖端不要触及稀释液面），振摇试管或换用1支无菌吸管反复吹打使其混合均匀，制成1:100的样品匀液。

4）按上述操作程序，制备10倍系列稀释样品匀液。每递增稀释一次，换用1次1mL无菌吸管或吸头。

5）根据对样品污染状况的估计，选择2个或3个适宜稀释度的样品匀液（液体样品可包括原液），在进行10倍递增稀释时，吸取1mL样品匀液置于无菌平面皿内，每个稀释度做两个平面皿。同时，分别吸取1mL空白稀释液加入两个无菌平面皿内作空白对照。

6）及时将15~20mL冷却至46℃的平板计数琼脂培养基（可放置于46℃±1℃恒温水浴箱中保温）倾注平面皿，并转动平面皿使其混合均匀。

3. 培养

待琼脂凝固后，将平板翻转，于36℃±1℃培养48h±2h，（水产品于30℃±1℃培养72h±3h）。如果样品中可能含有在琼脂培养基表面弥漫生长的菌落，则可在凝固后的琼脂表面覆盖薄薄的一层琼脂培养基（约4mL），凝固后翻转平板，进行培养。

4. 菌落计数

可用肉眼观察，必要时用放大镜或菌落计数器记录稀释倍数和相应的菌落数量。菌落计数以菌落形成单位CFU表示。

选取菌落数在30~300CFU之间、无蔓延菌落生长的平板计数菌落总数，选菌落数低于30CFU的平板记录具体菌落数，菌落数大于300CFU的平板可记录为多不可计。每个稀释度的菌落数应采用两个平板的平均数。

其中一个平板有较大片状菌落生长时，则不宜采用，而应以无片状菌落生长的平板作为该稀释度的菌落数。若片状菌落数不到平板总菌落数的1/2，而其余一半中菌落分布又很均匀，则可在计算半个平板后乘以2，代表一个平板菌落数。

当平板上的菌落间出现无明显界线的链状生长现象时，应将每条单链作为一个菌落计数。

5. 结果与报告

（1）菌落总数的计算方法

1）若只有一个稀释度平板上的菌落数在适宜计数范围内，则计算两个平板菌落数的平均值，再将平均值乘以相应的稀释倍数，作为每克（毫升）样品中的菌落总数。

2）若有两个连续稀释度的平板菌落数在适宜计数范围内，则按式（2-2-1）计算。

$$N = \sum C/(n_1 + 0.1n_2)d \qquad (2\text{-}2\text{-}1)$$

式中　N——样品中菌落数；

$\sum C$——平板（含适宜范围菌落数的平板）菌落数之和；

n_1——第一次稀释度（低稀释倍数）的平板个数；

n_2——第二次稀释度（低稀释倍数）的平板个数；

d——稀释因子（第一稀释度）。

3）若所有稀释度的平板上菌落数均大于300CFU，则对稀释度最高的平板进行计数，其他平板可记录为多不可计，结果按平均菌落数乘以最高稀释倍数计算。

4）若所有稀释度的平板菌落数均小于30CFU，则应按稀释度最低的平均菌落数乘以稀释倍数计算。

5）若所有稀释度（包括液体样品原液）的平板均无菌落生长，则以小于1乘以最低稀释倍数计算。

6）若所有稀释度的平板菌落数均不在30～300CFU之间，且其中一部分小于30CFU或大于300CFU，则以最接近30CFU或300CFU的平均菌落数乘以稀释倍数计算。

（2）菌落总数的报告

1）当菌落数小于100CFU时，按“四舍五入”的原则修约，以整数报告。

2）当菌落数大于或等于100CFU时，第3位数字采用“四舍五入”的原则修约后，取前两位数字，后面用0代替位数；也可用10的指数形式来表示，按“四舍五入”的原则修约后，采用两位有效数字。

3）若所有平板上为蔓延菌落而无法计数，则报告菌落蔓延。

4）若空白对照上有菌落生长，则此次检测结果无效。

5）称重取样以CFU/g为单位报告，体积取样以CFU/mL为单位报告。

技能训练2　大肠菌群的测定（大肠菌群MPN计数法）

1. 检验程序

大肠菌群MPN计数法检验程序如图2-2-2所示。

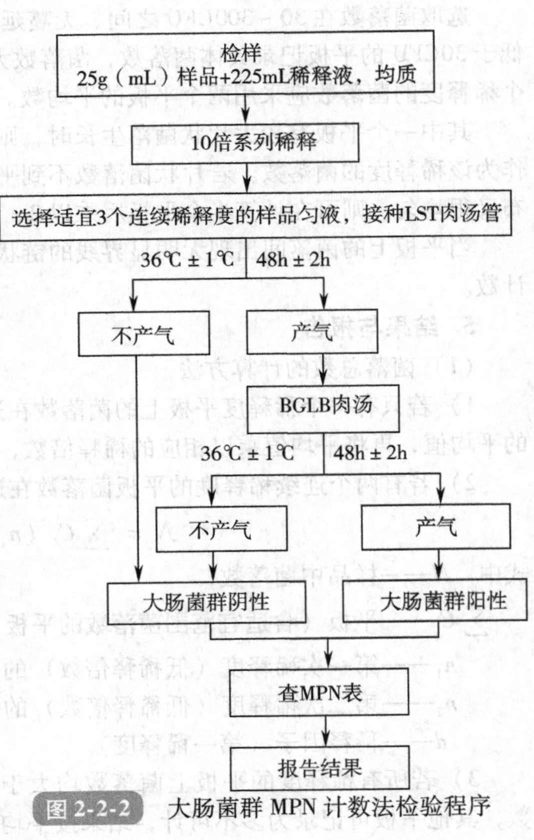

图2-2-2　大肠菌群MPN计数法检验程序

2. 样品的稀释

1）固体和半固体样品：称取25g样品，放入盛有225mL磷酸盐缓冲液或生理盐水的无菌均质杯内，以8000～10000r/min的转速均质1～2min；或放入盛有225mL磷酸盐缓冲液或生理盐水的无菌均质袋中，用拍击式均质器拍打1～2min，制成1:10的样品匀液。

2）液体样品：用无菌吸管吸取25mL样品置盛有225mL磷酸盐缓冲液或生理盐水的无菌锥形瓶（瓶内预置适当数量的无菌玻璃珠）中，充分混匀，制成1:10的样品匀液。样品匀液的pH值应为6.5～7.5，必要时分别用1mol/L的NaOH溶液或1mol/L的HCl溶液调节。

3）用1mL无菌吸管或微量移液器吸取1:10样品匀液1mL，沿管壁缓缓注

入盛有 9mL 磷酸盐缓冲液或生理盐水的无菌试管中（注意吸管或吸头尖端不要触及稀释液面），振摇试管或换用 1 支 1mL 无菌吸管反复吹打，使其混合均匀，制成 1:100 的样品匀液。

4）根据对样品污染状况的估计，按上述操作，依次制成 10 倍递增系列稀释样品匀液。每递增稀释一次，换用 1 支 1mL 无菌吸管或吸头。从制备样品匀液至样品接种完毕，全过程的时间不得超过 15min。

3. 初发酵试验

每个样品选择 3 个适宜的连续稀释度的样品匀液（液体样品可以选择原液），每个稀释度接种 3 管月桂基硫酸盐胰蛋白胨（LST）肉汤，每管接种 1mL（若接种量超过 1mL，则用双料 LST 肉汤），于 36℃ ±1℃培养 24h ±2h，观察倒管内是否有气泡产生。对 24h ±2h 内产气者进行复发酵试验；若未产气，则继续培养至 48h ±2h，对于产气者进行复发酵试验，而未产气者为大肠菌群阴性。

4. 复发酵试验

用接种环从产气的 LST 肉汤管中分别取培养物 1 环，移种于煌绿乳糖胆盐（BGLB）肉汤管中，于 36℃ ±1℃培养 48h ±2h，观察产气情况，将产气者计为大肠菌群阳性管。

5. 大肠菌群最可能数（MPN）的报告

按确证的大肠菌群 LST 阳性管数，检索 MPN 表（见附录 B），报告每克（毫升）样品中大肠菌群的 MPN 值。

第三章　专项技能实训

第一节　粮油及其制品的检验

技能训练目标

1）了解动、植物油脂酸值和酸度、过氧化值、碘值、皂化值、不皂化物，粮食中粗纤维，植物油脂羰基价，粮油及其制品脂肪酸值的测定原理。

2）熟悉仪器与试剂，并能够规范操作试验仪器，科学配制相关试剂。

3）规范完成各试验操作步骤，科学读取相关数据，并做好试验记录。

4）完成试验结果计算，并能科学分析试验数据，完成试验报告的编制。

5）正确理解注意事项，并能够在试验过程中解决常见问题。

技能训练内容及依据

粮油及其制品检验专项技能训练的内容及依据见表2-3-1。

表 2-3-1　粮油及其制品检验专项技能训练的内容及依据

序　号	技能训练项目名称	国家标准依据
1	动、植物油脂酸值和酸度的测定	GB/T 5530—2005
2	动、植物油脂过氧化值的测定	GB/T 5538—2005
3	粮食中粗纤维的测定	GB/T 5515—2008
4	植物油脂羰基价的测定	GB/T 5009. 37—2003
5	动、植物油脂碘值的测定	GB/T 5532—2008
6	动、植物油脂皂化值的测定	GB/T 5534—2008
7	动、植物油脂中不皂化物的测定	GB/T 5535. 1—2008　GB/T 5535. 2—2008
8	动、植物油脂色泽的测定	GB/T 22460—2008
9	粮油及其制品脂肪酸值的测定	GB/T 5510—2011

技能训练 1　动、植物油脂酸值和酸度的测定

1. 油脂酸价的测定（热乙醇测定法）

（1）原理　试样溶解在热乙醇中，用氢氧化钠或氢氧化钾标准水溶液滴定。

（2）仪器与试剂

1）仪器：微量滴定管（10mL，最小刻度为0.02mL）、锥形瓶（250mL）、分析天平（感量为0.01g、0.001g、0.0001g）、温度计、电炉、秒表等。

2）试剂：乙醇（最小体积分数为95%）、氢氧化钠或氢氧化钾标准溶液（$c=0.1mol/L$、$c=0.5mol/L$）、酚酞指示剂（10g/L，即10g的酚酞溶解于1L体积分数为95%的乙醇溶液中）、碱性蓝6B或百里酚酞（适用于深色油脂；20g/L，即20g碱性蓝6B或百里酚酞溶解于1L体积分数为95%的乙醇溶液中）。

（3）操作步骤

1）扦样：所取样品应具有代表性，且在运输与储存过程中无损坏或变质。扦样方法推荐采用ISO 5555：2001规定的方法。

2）样品的制备：按照GB/T 15687—2008制备试验样品。若样品含有挥发性脂肪酸，则不得加热或过滤。

3）称样：根据样品的颜色和估计的酸值按表2-3-2称样，装入锥形瓶中。

表2-3-2　试样称样表

估计的酸值	试样量/g	试样称重的精确度/g
<1	20	0.05
1～4	10	0.02
4～15	2.5	0.01
15～75	0.5	0.001
>75	0.1	0.0002

注：试样的量和滴定液的浓度应使得滴定液的用量不超过10mL。

4）测定

① 将含有0.5mL酚酞指示剂的50mL乙醇溶液置于锥形瓶中，加热至沸腾，当乙醇的温度高于70℃时，用0.1mol/L的氢氧化钠或氢氧化钾标准溶液滴定至溶液变色，并保持溶液15s不退色，即为终点。

② 将中和后的乙醇转移至装有测试样品的锥形瓶中，充分混合，煮沸，然后用氢氧化钠或氢氧化钾标准溶液滴定，滴定过程中要充分摇动，至溶液颜色发生变化，并保持15s不退色，即为滴定终点，记下消耗碱液的体积（V）。

（4）结果计算

1）油脂酸值（S）按下列公式计算：

$$S=\frac{56.1Vc}{m} \tag{2-3-1}$$

式中　V——所用氢氧化钠或氢氧化钾标准溶液的体积（mL）；

c——所用氢氧化钠或氢氧化钾标准溶液的浓度（mol/L）；

m——试样的质量（g）；

56.1——氢氧化钾的摩尔质量（g/mol）。

2）油脂酸度（S'）以质量分数表示，数值以10^{-2}或%计，根据脂肪酸的类型（见表2-3-3），按式（2-3-2）计算。

$$S' = V \times c \times \frac{M}{1000} \times \frac{100}{m} = \frac{VcM}{10m} \quad (2\text{-}3\text{-}2)$$

式中 V——所用氢氧化钠或氢氧化钾标准溶液的体积（mL）；

c——所用氢氧化钠或氢氧化钾标准溶液的浓度（mol/L）；

M——表示结果所用脂肪酸的摩尔质量（g/mol）；

m——试样质量（g）。

表2-3-3 表示酸度的脂肪酸类型

油脂的种类	表示的脂肪酸	
	名称	摩尔质量/（g/mol）
椰子油、棕榈仁油及类似的油	月桂酸	200
棕榈油	棕榈酸	256
从某些十字花科植物得到的油	芥酸	338
所有其他油脂①	油酸	282

注：1. 如果结果仅以“酸度”表示，没有进一步的说明，通常为油酸。

2. 当样品含有矿物酸时，通常按脂肪酸测定。

①芥酸含量低于5%（质量分数）的菜籽油，酸度仍用油酸表示。

2. 油脂酸价的测定（冷溶剂法）

（1）原理　将油脂试样溶解在中性乙醇-乙醚混合溶剂中，用氢氧化钾乙醇标准溶液滴定。

（2）仪器与试剂

1）仪器：微量滴定管（10mL，最小刻度为0.02mL）、锥形瓶（250mL）、分析天平（感量为0.0001g）、容量瓶、移液管、试剂瓶、量筒、烧杯等。

2）试剂

① 中性乙醚和体积分数为95%的乙醇混合溶剂（1:1体积混合溶剂），临用前每100mL混合溶液加入0.3mL酚酞溶液，用0.1mol/L氢氧化钾乙醇溶液准确中和。

② 氢氧化钾乙醇标准溶液：$c(KOH)=0.1mol/L$（A液）或$c(KOH)=0.5mol/L$（B液）。

③ 酚酞指示剂：10g/L，即10g的酚酞溶解于1L体积分数为95%的乙醇溶液中。

（3）操作步骤

1）扦样：同热乙醇测定法。

2）样品的制备：同热乙醇测定法。

3）称样：根据样品的颜色和估计的酸值按表2-3-2称样，装入250mL锥形瓶中。

4）操作：将样品溶解在50～150mL预先中和过的混合溶剂中，摇动使试样溶解，加三滴酚酞指示剂，用氢氧化钾乙醇标准溶液边摇动边滴定，直至出现微红色并且15s内不退色，记下消耗碱液的体积（V）。

5）结果计算：同热乙醇测定法。

3. 注意事项

1）热乙醇测定法是适用于测定油脂酸值的基准方法。

2）在测定颜色较深的样品时，每100mL酚酞指示剂溶液可加入1mL质量分数为0.1%的次甲基蓝溶液观察滴定终点。

3）重复性。在很短的时间间隔内，在同一实验室，由同一操作者使用相同仪器，采用相同的方法，相继或同时对同一试样进行两次测定，所得到的两个独立测定值：当酸度小于或等于3%时，两次测试结果的绝对差值不应大于其平均值的3%；当酸度大于3%时，两次测试结果的绝对差值不应大于其平均值的1%。

4）再现性。在不同的实验室，由不同的操作者使用不同的仪器，采用相同的方法，测定同一份试样，所得到的两个独立的测定值：当酸度小于或等于3%时，两次测试结果的绝对差值不应大于其平均值的15%；当酸度大于3%时，两次测试结果的绝对差值不应大于其平均值的5%。

5）冷溶剂法适用于浅色油脂的测定。

6）冷溶剂法中，当滴定所需A液的体积超过10mL时，可改用B液。

7）冷溶剂法中，当滴定过程中溶液浑浊时，可补加适量混合溶剂至澄清。

8）乙醚极易燃，并能生成爆炸性过氧化物，使用时必须特别谨慎。

9）冷溶剂法中使用的混合溶剂可用以下溶剂替代：

① 甲苯和体积分数为95%乙醇，按1:1体积混合。

② 甲苯和体积分数为99%异丙醇，按1:1体积混合。

③ 测定原油和精炼植物脂时，可用体积分数为99%的异丙醇替代混合溶剂。

10）冷溶剂法可以用氢氧化钾或氢氧化钠标准溶液来替代氢氧化钾乙醇标准溶液，但加水量不得造成滴定液两项分离。

11）氢氧化钠或氢氧化钾标准溶液的浓度随温度变化而发生变化，可用式（2-3-3）校正。

$$V' = V_t[1 - 0.0011(t - t_0)] \tag{2-3-3}$$

式中　V'——校正后氢氧化钠或氢氧化钾标准溶液的体积（mL）；

V_t——在温度t时测得的氢氧化钠或氢氧化钾标准溶液的体积（mL）；

t——测量时的温度（℃）；

t_0——标定氢氧化钠或氢氧化钾标准溶液温度（℃）。

技能训练2　动、植物油脂过氧化值的测定

1. 原理

试样溶解在乙酸和异辛烷溶液中，与碘化钾溶液反应，用硫代硫酸钠标准溶液滴定析出的碘。

2. 仪器与试剂

（1）仪器　实验室常用仪器、磨口具塞锥形瓶（250mL）。使用的所有器皿不得含

有还原性或氧化性物质，磨砂玻璃表面不得涂油。

（2）试剂

1）冰乙酸：用纯净、干燥的惰性气体（二氧化碳或氮气）气流清除氧。

2）异辛烷：用纯净、干燥的惰性气体（二氧化碳或氮气）气流清除氧。

3）冰乙酸与异辛烷混合液（体积比为60∶40）：将3份冰乙酸与2份异辛烷混合。

4）碘化钾饱和溶液：新配制且不含有游离碘和碘酸盐。

5）硫代硫酸钠溶液［$c(Na_2S_2O_3)$ = 0.1mol/L］：将24.9g五水硫代硫酸钠（$Na_2S_2O_3$、$5H_2O$）溶解于蒸馏水中，稀释至1L，临用前标定。

6）硫代硫酸钠溶液［$c(Na_2S_2O_3)$ = 0.01mol/L］：由0.1mol/L硫代硫酸钠稀释而成，临用前标定。

7）5g/L淀粉溶液：将1g可溶性淀粉与少量冷蒸馏水混合，在搅拌的情况下溶于200mL沸水中，添加250mL水杨酸作为防腐剂并煮沸3min，立即从热源上取下并冷却。

3. 操作步骤

（1）扦样　所取样品应具有代表性，且在运输与储存过程中无损坏或变质。扦样方法推荐采用ISO5555：2001规定的方法。

（2）样品的制备　确认样品包装无损坏且密封完好。若必须测定其他参数，则从实验室样品中首先分出用于过氧化值测定的样品。

（3）称样　用纯净干燥的二氧化碳或氮气冲洗锥形瓶，根据估计的过氧化值，按表2-3-4称取混匀和过滤的油样，装入锥形瓶中。

表2-3-4　取样量和称量的精确度

估计的过氧化值/［mmol/kg(meq/kg)］	样品量/g	称量的精确度/g
0～6（0～12）	5.0～2.0	±0.01
6～10（12～20）	2.0～1.2	±0.01
10～15（20～30）	1.2～0.8	±0.01
15～25（30～50）	0.8～0.5	±0.001
25～45（50～90）	0.5～0.3	±0.001

（4）测定

1）将50mL冰乙酸-异辛烷混合液加入锥形瓶中，盖上塞子，摇动至样品溶解。

2）加入0.5mL碘化钾饱和溶液，盖上塞子使其反应，时间为1min±1s，在此期间摇动锥形瓶至少3次，然后立即加入30mL蒸馏水。

3）用0.01mol/L硫代硫酸钠溶液滴定上述溶液。滴定时应逐渐地并且不间断地添加滴定液，同时伴随有力的搅动，直到黄色几乎全部消失，然后添加约0.5mL淀粉溶液，继续滴定，临近终点时，不断摇动，使所有的碘从溶剂层释放出来，逐滴添加滴定液，至蓝色消失，即为终点。

4）当油样（如硬脂或动物脂肪）溶解性较差时，按以下步骤操作：在锥形瓶中加入20mL异辛烷，摇动使样品溶解，加30mL冰乙酸，再按上述方法测定。

（5）空白试验　同时进行空白试验，当空白试验消耗0.01mol/L硫代硫酸钠溶液超过0.1mL时，应更换试剂，重新对样品进行测定。

4. 结果计算

1）过氧化值（P）以每千克油脂中含活性氧的毫克当量（meq/kg）表示，按式（2-3-4）计算。

$$P = \frac{1000(V_1 - V_2)c}{m} \tag{2-3-4}$$

式中　V_1——试样所消耗的硫代硫酸钠溶液的体积（mL）；

V_2——空白试验所消耗的硫代硫酸钠溶液的体积（mL）；

c——硫代硫酸钠溶液的浓度（mol/L）；

m——试样质量（g）。

2）过氧化值（P'）以毫摩尔每千克（mmol/kg）表示，则有：

$$P' = \frac{1000(V_1 - V_2)c}{2m} \tag{2-3-5}$$

当双试验允许差符合要求时，求其平均数，即为测定结果。结果小于12时保留一位小数，大于12时保留到整数位。

5. 注意事项

1）油脂过氧化值是指油脂试样在标准规定的条件下氧化碘化钾的物质的量，以每千克油脂中活性氧的毫摩尔量（或毫克当量）表示。在工业生产中过氧化值通常以每千克毫克当量表示。过氧化值也可用毫摩尔每千克（国际单位）表示，每千克毫摩尔的值是每千克毫克当量值的1/2。

2）冰乙酸对皮肤和组织有强刺激性，有中等毒性，不要误食或吸入。异辛烷是易燃物，在空气中的爆炸极限为1.1%～6.0%（体积分数），并且异辛烷有毒，不要误食或吸入，操作应在通风橱中进行。

3）淀粉溶液在4～10℃的冰箱中可储藏2～30周，当滴定终点从蓝色到无色不明显时，需重新配制。淀粉灵敏度的检验方法：将5mL淀粉溶液加入100mL水中，添加质量分数为0.05%的碘化钾溶液和一滴质量分数为0.05%的次氯酸钠溶液，当滴入硫代硫酸钠溶液的体积在0.05mL以上时，深蓝色消失，即表示灵敏度不够了。

4）样品应装在深色玻璃瓶中，并充满容器，用磨口玻璃塞盖上并密封。样品的传递与存放应避免强光，放在阴凉干燥处。光线会影响本试验测定结果，建议在漫射日光或人造光源下进行。本试验使用的所有试剂为分析纯试剂，试剂与水均不得含有溶解氧。

5）异辛烷漂浮在水相的表面，溶剂和滴定液需要充分的时间混合。当油脂过氧化值大于或等于35mmol/kg（70meq/kg）时，用淀粉溶液指示终点，会滞后15～30s。为充分释放碘，可加入少量的含量为0.5%～1%的高效HLB乳化剂（如Tween60），以缓解反应液的分层和缩短碘释放的滞后时间。

6. 重复性

在很短的时间间隔内，在同一实验室，由同一操作者使用相同仪器，采用相同的方法，相继或同时对同一试样进行两次测定，所得到的两个独立测定结果：当过氧化值小于或等于 5mmol/kg（10meq/kg）时，对于两次测试结果的绝对差值大于其平均值的 10% 的测定，不得超过 5%。

7. 再现性

在不同的实验室，由不同的操作者使用不同的仪器，采用相同的方法，测定同一份试样，所得到的两个独立的测定值：当过氧化值小于或等于 5mmol/kg（10meq/kg）时，对于两次测试结果的绝对差值大于其平均值的 75% 的测定，不得超过 5%。

技能训练 3　粮食中粗纤维的测定

1. 原理

试样用沸腾的稀硫酸处理，残渣经过滤分离、洗涤，用沸腾的氢氧化钾溶液处理。处理后的残渣经过滤分离、洗涤、干燥并称量，然后灰化。灰化中损失的质量相当于试样中粗纤维的质量。

2. 仪器与试剂

（1）仪器

1）实验室常用仪器。

2）粉碎设备：能将样品粉碎，使其全部通过孔径为 1.0mm 的筛。

3）分析天平：感量为 0.1mg。

4）滤埚：石英、陶瓷或者硬质玻璃材质，带有烧结的滤板，孔径为 40～100μm。在初次使用前，将新滤埚小心地逐步加热，温度不超过 525℃，并在 500℃ ±25℃ 下保持数分钟。也可以使用具有同样性能特性的不锈钢坩埚，其不锈钢滤板的孔径为 90μm。

5）陶瓷筛板。

6）灰化皿。

7）烧杯或锥形瓶：容量为 500mL，带有配套的冷却装置。

8）干燥箱：电加热，可通风，能将温度保持在 130℃ ±2℃。

9）干燥器：盛有蓝色硅胶干燥剂，内有厚度为 2～3mm 的多孔板，最好为铝或不锈钢材质。

10）马弗炉：电加热，可通风，温度可以调控，在 475～525℃ 条件下能够保持滤埚周围温度准确至 ±25℃。

11）冷提取装置：需带有滤埚支架，以及连接真空、液体排出孔的有旋塞排放管和连接滤埚的连接环等部件。

12）加热装置（适用于手工操作法）：带有冷却装置，以保证溶液沸腾时体积不发生变化。

13）加热装置（适用于半自动操作法）：用于酸碱消解，需包括滤埚支架，连接真空和液体排出孔的有旋塞排放管，容积至少为 270mL 的消解圆筒（供消解用，并带有

回流冷凝器），以及连接加热装置、滤埚和消解圆筒的连接环。压缩空气可以选配。装置在使用前用沸水预热5min。

（2）试剂

1）盐酸溶液（0.5mol/L）、硫酸溶液（0.13mol/L±0.005mol/L）、氢氧化钾溶液（0.23mol/L±0.005mol/L）、丙酮、消泡剂（如正辛醇）、石油醚（沸程为30～60℃）。

2）过滤辅料：海砂或硅藻土，或质量相当的其他材料。使用前，海砂用沸腾的盐酸（4mol/L）溶液处理，用水洗涤至中性，然后在500℃±25℃下至少加热1h。其他滤器材料在500℃±25℃下至少加热4h。

3. 操作步骤

（1）扦样　所取样品应具有代表性，且在运输与储存过程中无损坏或变质现象。扦样方法推荐采用ISO6497：2005规定的方法。

（2）样品的制备　按照GB/T 20195—2006制备样品。用粉碎机将实验室风干的样品粉碎，使其能全部通过孔径为1.0mm的筛，然后将样品充分混合均匀。

（3）手工操作方法

1）试料：称取1g制备好的试样，准确至0.1mg（m_1）。如果试样脂肪含量超过100g/kg，或试样中的脂肪不能用石油醚提取，则将试样转移至滤埚中，按下面的“2）预脱脂”步骤处理；如果试样脂肪含量不超过100g/kg，则将试样转移至烧杯中。如果其碳酸盐（以碳酸钙计）含量超过50g/kg，则按下面的“3）除去碳酸盐”步骤处理；如果其碳酸盐（以碳酸钙计）含量不超过50g/kg，则按下面的“4）酸消解”步骤进行操作。

2）预脱脂：在冷提取装置中，在真空条件下，试样用30mL石油醚脱脂后，抽吸干燥残渣，重复3次，将残渣转移至烧杯中。

3）除去碳酸盐：向样品中加入100mL盐酸，连续振摇5min，小心地将溶液倒入铺有过滤辅料的滤埚中，小心地用水洗涤2次，每次100mL，应充分洗涤，以使尽可能少的物质留在过滤辅料上。把滤埚中的物质转移至原来的烧杯中，按下面的“4）酸消解”步骤操作。

4）酸消解：向装有试样的烧杯中加入150mL硫酸溶液，尽快加热使其沸腾，并保持沸腾状态30min±1min。在开始沸腾时，缓慢转动烧杯，如果起泡，则加入数滴消泡剂。开启冷却装置，保持溶液体积不发生变化。

5）第一次过滤：在滤埚中铺一层过滤辅料（其厚度约为滤埚高度的1/5），在过滤辅料上可盖筛板以防其溅起，当酸消解结束时，把液体通过搅拌棒倾入滤埚内，用弱真空抽滤，使150mL酸消解液几乎全部通过。当在抽滤过程中，因堵塞而无法抽滤时，用搅拌棒小心地拨开覆盖在过滤辅料上的粗纤维。残渣用热水洗涤5次，每次用水约10mL。注意使滤埚的筛板始终有过滤辅料覆盖，以使粗纤维不接触筛板。停止抽气，加入一定体积的丙酮，使其刚好能覆盖残渣。静置数分钟后，慢慢抽滤去除丙酮，继续抽气，使空气通过残渣，使其干燥。如果试样中的脂肪不能直接用石油醚提取，则按照下面的“6）脱脂”步骤操作，反之则按照下面的“7）碱消解”步骤操作。

6）脱脂：在冷凝装置中，于真空条件下，用30mL石油醚对试样进行脱脂并抽吸干燥，重复3次。

7）碱消解：将残渣定量转移至酸消解用的同一烧杯中，加入150mL氢氧化钾溶液，尽快加热使其沸腾，并保持沸腾状态30min±1min。开启冷却装置，保持溶液体积不发生变化。

8）第二次过滤：在滤埚中铺一层过滤辅料（其厚度约为滤埚高度的1/5），过滤辅料上可盖筛板以防其溅起，将烧杯中的物质过滤到滤埚里，残渣用热水洗涤至中性。残渣在负压条件下用丙酮洗涤3次，每次用丙酮30mL，每次洗涤后继续抽气以干燥残渣。

9）干燥：将滤埚置于灰化皿中，在130℃的干燥箱中至少干燥2h。在加热或冷却的过程中，滤埚的烧结滤板可能会部分松散，导致分析结果错误，因此应将滤埚置于灰化皿中。滤埚和灰化皿在干燥器中冷却，从干燥器中取出后，立即对滤埚和灰化皿进行称量（m_2），准确至0.1mg。

10）灰化：将滤埚和灰化皿放到马弗炉中，在500℃±25℃下灰化。每次灰化后，让滤埚和灰化皿在马弗炉中初步冷却，待温热时取出，置于干燥器中，使其完全冷却，再进行称量，直至冷却后两次的称量差值不超过2mg，将最后一次称量结果记为m_3，准确至0.1mg。

11）空白测定：用大约相同数量的滤器辅料按上述“酸消解”至“灰化”的步骤进行空白测定，但不加试样。灰化引起的质量损失不应超过2mg。

（4）半自动操作法

1）试料：称取1g制备好的试样，准确至0.1mg（m_1），转移至带有约2g过滤辅料的滤埚中。如果试样脂肪含量超过100g/kg，或试样中的脂肪不能用石油醚提取，则将试样转移至滤埚中，按下面的“2）预脱脂”步骤处理；如果试样脂肪含量不超过100g/kg，则将试样转移至烧杯中。如果其碳酸盐（以碳酸钙计）含量超过50g/kg，则按下面的“3）除去碳酸盐”步骤处理；如果其碳酸盐（以碳酸钙计）含量不超过50g/kg，则按下面的“4）酸消解”步骤进行操作。

2）预脱脂：连接滤埚和冷提取装置，在真空条件下将试样用30mL石油醚脱脂后，抽吸干燥残渣，重复3次。如果其碳酸盐（以碳酸钙计）超过50g/kg，则按下面的“3）除去碳酸盐”步骤处理；如果其碳酸盐（以碳酸钙计）含量不超过50g/kg，则按下面的“4）酸消解”步骤进行操作。

3）除去碳酸盐：连接滤埚和加热装置，加入30mL盐酸，放置1min，洗涤过滤样品，重复3次，然后用约30mL的水洗涤一次，按下面的“4）酸消解”步骤操作。

4）酸消解：连接消解圆筒和滤埚，将150mL沸腾的硫酸加入带有滤埚的圆筒中（如果起泡，则加入数滴消泡剂），尽快加热至沸腾，并保持剧烈沸腾30min±1min。

5）第一次过滤：停止加热，打开排放管旋塞，在真空条件下，通过滤埚将硫酸滤出。残渣每次用30mL热水洗涤，至少洗涤3次，洗涤至中性，每次洗涤后应继续抽气，以干燥残渣。如果过滤器堵塞，则可小心地吹气以排除堵塞。如果试样中的脂肪不能直接用石油醚提取，则按照下面的“6）脱脂”步骤操作，反之则按照下面的“7）

碱消解”步骤操作。

6）脱脂：连接滤埚和冷却装置，在真空条件下用丙酮洗涤残渣 3 次，每次用丙酮 30mL，然后在真空条件下用石油醚洗涤残渣 3 次，每次用石油醚 30mL，每次洗涤后均应继续抽气，以干燥残渣。

7）碱消解：关闭排出孔旋塞，将 150mL 沸腾的氢氧化钾溶液转移至带有滤埚的圆筒中，加入数滴消泡剂，尽快加热使其沸腾，并保持剧烈沸腾状态 30min ± 1min。

8）第二次过滤：停止加热，打开排放管旋塞，在真空条件下通过滤埚将氢氧化钾溶液滤出，每次用 30mL 热水洗涤残渣至少 3 次，洗涤至中性，每次洗涤后继续抽气，以干燥残渣。如果过滤器堵塞，则可小心地吹气以排除堵塞。将滤埚连接到冷提取装置，在真空条件下用丙酮洗涤残渣 3 次，每次用丙酮 30mL，每次洗涤后应继续抽气，以干燥残渣。

9）干燥：将滤埚置于灰化皿中，在 130℃ 的干燥箱中至少干燥 2h。在加热或冷却的过程中，滤埚的烧结滤板可能会部分松散，从而导致分析结果错误，因此应将滤埚置于灰化皿中。滤埚和灰化皿在干燥器中冷却，从干燥器中将其取出后，立即对滤埚和灰化皿进行称量（m_2），准确至 0. 1mg。

10）灰化：将滤埚和灰化皿放到马弗炉中，于 500℃ ±25℃ 下灰化。每次灰化后，让滤埚和灰化皿在马弗炉中初步冷却，待温热时取出，置于干燥器中，使其完全冷却，再进行称量，直至冷却后两次的称量差值不超过 2mg，将最后一次称量结果记为 m_3，准确至 0. 1mg。

11）空白测定：用大约相同数量的滤器辅料按上面的“酸消解”至“灰化”步骤进行空白测定，但不加试样。灰化引起的质量损失不应超过 2mg。

4. 结果计算

试样中粗纤维素的含量按式（2-3-6）计算。

$$W_1 = \frac{m_2 - m_3}{m_1} \tag{2-3-6}$$

式中　W_1——试样中粗纤维的含量（g/kg）；

m_1——试样质量（g）；

m_2——灰化皿、坩埚以及在 130℃ 干燥后获得的残渣的质量（mg）；

m_3——灰化皿、坩埚以及在 500℃ ±25℃ 灰化后获得的残渣的质量（mg）。

双试验结果允许差不应超过平均值的 1%，取平均值作为测定结果，准确至 1g/kg。

5. 注意事项

粗纤维含量是指按照标准规定的分析步骤，使样品经过酸和碱消解，得到的残渣经干燥、灰化后损失的部分占试样的质量分数。粗纤维含量用 g/kg 表示，也可用质量分数表示。

本方法适用于粗纤维含量高于 10g/kg 的谷物、豆类以及动物饲料中粗纤维含量的测定。由于马弗炉的温度读数可能产生误差，因此对马弗炉中的温度要定期进行校正。由于马弗炉的大小及类型不同，因此其内部不同位置的温度也会不同。在将炉门关闭后，必须有充足的空气供应。注意空气体积流速不宜过大，以免带走滤埚中的物质。

在初次使用滤埚前，应将新滤埚小心地逐步加热，温度不超过525℃，并在500℃ ± 25℃保持数分钟。也可以使用具有相同性能的不锈钢坩埚，其不锈钢滤板的孔径为90μm。

技能训练4　植物油脂羰基价的测定

1. 原理

油脂在氧化酸败时会产生许多羰基化合物（醛、酮等）。这些化合物中的羰基都可与2，4－二硝基苯肼反应，生成物在碱性溶液中形成红褐色或酒红色，在440nm处测定其吸光度，计算羰基价。

2. 仪器与试剂

（1）仪器　实验室常规仪器、分光光度计。

（2）试剂

1）精制乙醇：取1000mL无水乙醇，置于2000mL圆底烧瓶中，加入5g铝粉、10g氢氧化钾，接好标准磨口的回流冷凝管，于水浴中加热回流1h，然后用全玻璃蒸馏装置蒸馏并收集蒸馏液。

2）精制苯：取500mL苯，置于1000mL分液漏斗中，加入50mL硫酸，小心振摇5min（开始振摇时注意放气），静置分层，弃除硫酸层，再加50mL硫酸重复处理一次，将苯层移入另一支分液漏斗，用水洗涤三次，然后经无水硫酸钠脱水，用全玻璃蒸馏装置蒸馏并收集蒸馏液。

3）2，4-二硝基苯肼溶液：称取50mg 2，4-二硝基苯肼，溶于100mL精制苯中。

4）三氯乙酸溶液：称取4.3g固体三氯乙酸，加100mL精制苯溶解。

5）氢氧化钾-乙醇溶液：称取4g氢氧化钾，加100mL精制乙醇使其溶解，置于冷暗处过夜，取上部澄清液使用。若溶液变为黄褐色，则应重新配制。

3. 操作步骤

精密称取0.025～0.5g试样，置于25mL容量瓶中，加苯溶解试样并稀释至刻度，从中吸取5.0mL，置于25mL具塞试管中，加3mL三氯乙酸溶液及5mL 2，4-二硝基苯肼溶液，仔细振摇混匀，然后在60℃水浴中加热30min，冷却后，沿试管壁慢慢加入10mL氢氧化钾-乙醇溶液，使其成为二液层，将试管塞好，剧烈振摇混匀，放置10min，以1cm比色杯，用试剂空白调节零点，于波长440nm处测吸光度。

4. 结果计算

试样的羰基价按式（2-3-7）计算。

$$X = \frac{A}{854 \times m \times \frac{V_2}{V_1}} \times 1000 \qquad (2\text{-}3\text{-}7)$$

式中　X——试样的羰基价（meq/kg）；

A——测定时样液的吸光度；

m——试样质量（g）；

V_1——试样稀释后的总体积（mL）；

V_2——测定用试样稀释液的体积（mL）；

854——各种醛的毫克当量吸光系数的平均值。

在重复性条件下获得的两次独立测定结果的绝对差值不得超过其算术平均值的5%。求其平均数，即为测定结果，保留三位有效数字。

5. 注意事项

目前，羰基化合物的测定方法有油脂总羰基直接定量和挥发性或游离羰基分离定量两种方法。挥发性或游离羰基分离定量可采用蒸馏法或柱色谱法。在国家标准中，采用总羰基直接定量法测定羰基价。

通常随着油脂储存时间的增加和不良条件的影响，羰基价呈不断增高的趋势。它与油脂酸败劣变密切相关。

本试验所有试剂都必须精制后方能使用。当空白试管的吸收值超过0.20时，表明试验所用试剂的纯度不符合要求。油样的过氧化值较高时会影响测试结果，建议样品最好先去除过氧化物。

技能训练5　动、植物油脂碘值的测定

1. 原理

在溶剂中溶解试样，加入韦氏（Wijs）试剂反应一定时间后，加入碘化钾和水，用硫代硫酸钠溶液滴定析出的碘。

2. 仪器与试剂

（1）仪器　除实验室常规仪器外还有玻璃称量皿（与试样量配套并可置入锥形瓶中）、磨口具塞锥形瓶（500mL，完全干燥）、分析天平（感量为0.0001g）。

（2）试剂

1）100g/L碘化钾溶液：不含碘酸盐或游离碘。

2）淀粉溶液：将5g可溶性淀粉与30mL水混合，加入1000mL沸水，并煮沸3min，然后冷却。

3）0.1mol/L硫代硫酸钠标准溶液：标定后7天内使用。

4）溶剂：环己烷和冰乙酸等体积混合液。

5）韦氏（Wijs）试剂：含一氯化碘的乙酸溶液。

3. 操作步骤

（1）样品的制备　所取样品应具有代表性，且在运输与储存过程中无损坏或变质现象。扦样方法推荐采用GB/T 5524—2008规定的方法。按照GB/T15687—2008制备试验样品。

（2）称样及空白样品的制备　根据样品预估的碘值，称取适量的样品置于玻璃称量皿中，精确到0.001g。

（3）测定

1）将盛有试样的称量皿放入 500mL 锥形瓶中，根据表 2-3-5 加入相应体积的溶剂溶解试样，然后用移液管准确加入 25mL 韦氏（Wijs）试剂，盖好塞子，摇匀后将锥形瓶置于暗处。

2）除不加试样外，其余按规定制作空白溶液。

3）对碘值低于 150 的样品，锥形瓶应在暗处放置 1h；碘值高于 150、已聚合、含有共轭脂肪酸（如桐油、脱水蓖麻油）、含有任何一种酮类脂肪酸（如不同程度的氢化蓖麻油）以及氧化到相当程度的样品，应置于暗处 2h。

4）到达规定的反应时间后，加 20mL 碘化钾溶液和 150mL 水，用标定过的硫代硫酸钠标准溶液滴定至碘的黄色接近消失，加几滴淀粉溶液继续滴定，并且一边滴定一边用力摇动锥形瓶，直到蓝色刚好消失。也可以采用电位滴定法确定终点。

5）同时做空白溶液的测定。

4. 结果计算

试样的碘值按式（2-3-8）计算。

$$W = \frac{12.69c(V_1 - V_2)}{m} \tag{2-3-8}$$

式中 W——试样的碘值，用每 100g 样品吸取碘的克数表示（g/100g）；

c——硫代硫酸钠标准溶液的浓度（mol/L）；

V_1——空白溶液消耗硫代硫酸钠标准溶液的体积（mL）；

V_2——样品溶液消耗硫代硫酸钠标准溶液的体积（mL）；

m——试样的质量（g）。

5. 注意事项

1）油脂碘价又称为碘值，是指一定质量的样品，在标准规定的条件下吸收卤素的质量，以每 100g 油脂吸收碘的克数来表示。

2）根据油脂碘价，可将油脂分为干性油、半干性油和不干性油三类。碘价大于 130 的油脂属于干性油，在工业上可用作油漆等；碘价小于 100 的油脂属于不干性油；碘价在 100 ~ 130 之间的油脂则属于半干性油，多数为食用油。

3）在我国植物油脂相关国家标准中，碘价是植物油脂质量要求中的特征指标之一。通过对油脂碘价的测定可检验油脂的不饱和程度，定性油脂的种类，判断油脂组成是否正常、有无掺假等，还可以在油脂氢化过程中，按照碘价计算氢化油脂时所需要的加氢量和检查油脂氢化程度。

4）在一般油脂检验工作中，常用氯化碘-乙醇溶液法和溴化碘-乙酸溶液法来测定碘价。在我国植物油脂相关国家标准中，采用氯化碘-乙酸溶液法（韦氏法）测定油脂碘价。

5）含一氯化碘的乙酸溶液配制方法：将 25g 一氯化碘溶于 1500mL 冰乙酸中。

6）韦氏（Wijs）试剂稳定性较差，为使测定结果准确，应做空白样的对照测定。

7）配制韦氏（Wijs）试剂的冰乙酸应符合质量要求，且不得含有还原物质。鉴定其是否含有还原物质的方法：取冰乙酸2mL，加10mL蒸馏水稀释，加入1mol/L高锰酸钾0.1mL，所呈现的颜色应在2h内保持不变，如果红色退去，则说明有还原物质存在。

8）韦氏试剂的精制方法：取冰乙酸800mL放入圆底烧瓶内，加入8～10g高锰酸钾，接上回流冷凝器，加热回流约1h，移入蒸馏瓶中进行蒸馏，收集118～119℃间的馏出物。

9）可以采用市售韦氏（Wijs）试剂。

10）称样时，推荐的称样量见表2-3-5。

表2-3-5　推荐的称样量

预估碘值/（g/100g）	试样质量/g	溶剂体积/mL
<1.5	15.00	25
1.5～2.5	10.00	25
2.5～5	3.00	20
5～20	1.00	20
20～50	0.40	20
50～100	0.20	20
100～150	0.13	20
150～200	0.10	20

注：试样的质量必须能保证所加入的韦氏（Wijs）试剂过量50%～60%，即吸收量的100%～150%。

警告：不可用嘴吸取韦氏（Wijs）试剂。测定结果的取值要求见表2-3-6。

表2-3-6　测定结果的取值要求

W_1/（g/100g）	结果取值到
<20	0.1
20～60	0.5
>60	1

技能训练6　动、植物油脂皂化值的测定

1. 原理

在回流条件下将样品和氢氧化钾-乙醇溶液一起煮沸，然后用标定的盐酸溶液滴定过量的氢氧化钾。

2. 仪器与试剂

（1）仪器　实验室常用仪器、锥形瓶（容量为250mL，用耐碱玻璃制成，带有磨口）、回流冷凝管（带有连接锥形瓶的磨砂玻璃接头）、加热装置（如水浴锅、电热板或其他适合的装置，不能用明火加热）、滴定管（容量为50mL，最小刻度为0.1mL，或者采用自动滴定管）、移液管（容量为25mL，或者采用自动吸管）、分析天平（感量分

别为 0.1g、0.01g、0.001g）。

（2）试剂　氢氧化钾-乙醇溶液（大约 0.5mol 氢氧化钾溶解于 1L 体积分数为 95% 的乙醇中，此溶液应为无色或淡黄色）、盐酸标准溶液［c(HCl) = 0.5mol/L］、0.1g/100mL 的酚酞溶液（溶于体积分数为 95% 的乙醇中）、2.5g/100mL 的碱性蓝 6B 溶液（溶于体积分数为 95% 的乙醇中）、助沸物。

3. 操作步骤

（1）试样的制备　所取样品应具有代表性，且在运输与储存过程中无损坏或变质现象。扦样方法推荐采用 GB/T 5524—2008 规定的方法。按照 GB/T 15687—2008 制备试验样品。

（2）称样　称量 2g 试验样品置于锥形瓶中，精确至 0.005g。

（3）测定

1）用移液管将 25.0mL 氢氧化钾-乙醇溶液加到试样中，并加入一些助沸物，连接回流冷凝管与锥形瓶，并将锥形瓶放在加热装置上慢慢煮沸，不时摇动，使油脂维持沸腾状态 60min。高熔点油脂和难于皂化的样品需煮沸 2h。

2）将 0.5～1mL 酚酞指示剂加到热溶液中，并用盐酸标准溶液滴定到指示剂的粉色刚消失。如果皂化液是深色的，则用 0.5～1mL 的碱性蓝 6B 溶液作为指示剂。

3）按照上述测定要求，不加样品，用 25.0mL 的氢氧化钾-乙醇溶液进行空白试验。

4. 结果计算

$$I_s = \frac{56.1(V_0 - V_1)c}{m} \tag{2-3-9}$$

式中　I_s——皂化值（以 KOH 计）(mg/g)；

V_0——空白试验所消耗的盐酸标准溶液的体积（mL）；

V_1——试样所消耗盐酸标准溶液的体积（mL）；

c——盐酸标准溶液的实际浓度（mol/L）；

56.1——氢氧化钾的摩尔质量（g/mol）；

m——试样的质量（g）。

两次测定结果符合重复性符合要求的，取两次测定的算术平均值作为测定结果。

5. 注意事项

皂化值又叫皂化价，通常是指在规定条件下完全皂化 1g 油脂所需的氢氧化钾毫克数。油脂的皂化就是皂化油脂中的甘油酯和中和油脂中所含的游离脂肪酸。因此，油脂皂化值包含着酸价与酯价（酯价是指皂化 1g 油脂内中性甘油酯和内酯时所需的氢氧化钾毫克数）。油脂皂化值的大小与组成油脂的脂肪酸的相对分子质量有密切关系。一般来说，脂肪酸平均相对分子质量越大，则皂化值越小；脂肪酸平均相对分子质量越小，则皂化值越大。根据皂化值可以判断和鉴别油脂的种类和纯度。同时，在制皂工业中，可根据油脂皂化价来判断某批油脂是否适合于制皂，并推算出所需加碱量及所得肥皂的数量等。通过下列任一方法可制得稳定的氢氧化钾-乙醇无色溶液：

1）将 8g 氢氧化钾和 5g 铝片放在 1L 乙醇中回流 1h 后立刻蒸馏，将需要量（约 35g）

的氢氧化钾溶解于蒸馏物中，静置数天，然后倾出清亮的上层清液，弃去碳酸钾沉淀。

2）加4g特丁醇铝到1L乙醇中，静置数天，倾出上层清液，将需要量的氢氧化钾溶解于其中，静置数天，然后倾出清亮的上层清液，弃去碳酸钾沉淀。

将此溶液储存在配有橡胶塞的棕色或黄色玻璃瓶中备用。

若试样中存在不溶性杂质，则应混合均匀后过滤，并在测试报告中注明。称样时，以皂化值（以KOH计）170～200mg/g、称样量2g为基础，对于不同范围皂化值样品，以称样量约为1/2氢氧化钾-乙醇溶液被中和为依据进行改变。推荐的取样量见表2-3-7。

表2-3-7 推荐的取样量

估计的皂化值（以KOH计）/（mg/g）	取样量/g
150～200	2.2～1.8
200～250	1.7～1.4
250～300	1.3～1.2
>300	1.1～1.0

由于乙醇为易燃溶剂，建议加热时使用的热源应为不见明火的加热装置，如水浴等。

技能训练7 动、植物油脂中不皂化物的测定

1. 乙醚提取法

(1) 原理 油脂与氢氧化钾-乙醇溶液在煮沸回流条件下进行皂化，用乙醚从皂化液中提取不皂化物，蒸发溶剂并将残留物干燥后称重。

(2) 仪器与试剂

1）仪器：实验室常用仪器，特别是圆底烧瓶（带标准磨口的250mL圆底烧瓶）、回流冷凝管（具有与烧瓶配套的磨口）、500mL分液漏斗（使用聚四氟乙烯活塞和塞子）、水浴锅、电烘箱（温度可控制在103℃±2℃）。

2）试剂：乙醚（新蒸过，不含过氧化物和残留物）、丙酮、氢氧化钾-乙醇溶液[c(KOH)≈1mol/L，在50mL水中溶解60g氢氧化钾，然后用体积分数为95%的乙醇稀释至1000mL，溶液应为无色或浅黄色]、氢氧化钾水溶液[c(KOH)≈0.5mol/L]、酚酞指示剂（10g/L的体积分数为95%的乙醇溶液）。

(3) 操作步骤

1）试样的制备：所取样品应具有代表性，且在运输与储存过程中无损坏或变质现象。扦样方法推荐采用ISO5555：2001规定的方法。按照GB/T15687—2008制备试验样品。

2）试样：称取约5g试样，精确至0.01g，置于250mL烧瓶中。

3）皂化：加入50mL氢氧化钾-乙醇溶液和一些沸石。将烧瓶与回流冷凝管连接好后，小心煮沸回流1h，停止加热，从回流管顶部加入100mL水并旋转摇动。

4）不皂化物的提取：冷却后转移皂化液到500mL分液漏斗中，用100mL乙醚分几

次洗涤烧瓶和沸石，并将洗液倒入分液漏斗中，盖好塞子，倒转分液漏斗，用力摇1min，然后小心打开旋塞，间歇地释放内部压力，静置分层后，将下层皂化液尽量完全放入第二只分液漏斗中。如果形成乳化液，则可加少量乙醇或浓氢氧化钾或氯化钠溶液进行破乳。

采用相同的方法，每次用100mL乙醚再提取皂化液两次，收集三次乙醚提取液，放入装有40mL水的分液漏斗中。

5）乙醚提取液的洗涤：轻轻转动装有提取液和40mL水的分液漏斗（不要剧烈地摇动，否则可能会形成乳化液），等待完全分层后弃去下面的水层，用40mL水再洗涤乙醚溶液两次，每次都要剧烈震摇，且在分层后弃去下面的水层。排出洗涤液时需留2mL，然后沿轴线旋转分液漏斗，等待几分钟，让保留的水层分离。弃去水层，当乙醚溶液到达旋塞口时关闭旋塞。用40mL氢氧化钾水溶液和40mL水相继洗涤乙醚溶液后，再用40mL氢氧化钾水溶液进行洗涤，然后用40mL水洗涤至少两次。继续用水洗涤，直到向洗涤液中加入1滴酚酞溶液后不再呈粉红色为止。

6）蒸发溶剂：通过分液漏斗的上口，小心地将乙醚溶液全部转移至250mL烧瓶（此烧瓶需预先于103℃±2℃的烘箱中干燥，冷却后称量，精确至0.1mg）中，然后在沸水浴上蒸馏并回收溶剂；加入5mL丙酮，在沸水浴上转动时倾斜握住烧瓶，在缓缓的空气流下，将挥发性溶剂完全蒸发。

7）残留物的干燥和测定：将烧瓶水平放置在温度为103℃±2℃的烘箱中，干燥15min，然后放在干燥器中冷却，取出称量，准确至0.1mg。按上述方法间隔15min重复干燥，直至两次称量质量相差不超过1.5mg。如果三次干燥后还不恒重，则不皂化物可能被污染，需重新进行测定。当需要对残留物中的游离脂肪酸进行校正时，将称量后的残留物溶于4mL乙醚中，然后加入20mL预先中和到使酚酞指示液呈淡粉色的乙醇中，用0.1mol/L标准氢氧化钾醇溶液滴定到相同的终点颜色，以油酸来计算游离脂肪酸的质量，并以此校正残留物的质量。

8）测定次数及空白试验

① 同一试样需进行两次测定。

② 空白试验：用相同步骤及相同量的所有试剂，但不加试样进行空白试验。如果残留物超过1.5mg，则需对试剂和方法进行检查。

（4）结果计算　试样中的不皂化物含量按式（2-3-10）计算。

$$X = \frac{m_1 - m_2 - m_3}{m_0} \times 100\% \qquad (2\text{-}3\text{-}10)$$

式中 X——试样中不皂化物的含量，以质量分数计；

m_0——试样的质量（g）；

m_1——残留物的质量（g）；

m_2——空白试验的残留物质量（g）；

m_3——游离脂肪酸的质量（g），如果需要，等于$0.28Vc$，其中V为滴定所用标准氢氧化钾-乙醇溶液的体积（mL），c为氢氧化钾-乙醇标准溶液的准确浓度（mol/L），0.28为每毫摩尔油酸的质量（g）。

用两次测定数据的算术平均值作为结果。

2. 己烷提取法

（1）原理　油脂与氢氧化钾-乙醇溶液在煮沸回流条件下进行皂化，用己烷或石油醚从皂化液中提取不皂化物，蒸发溶剂并将残留物干燥后称重。

（2）仪器与试剂

1）仪器：实验室常用仪器，特别是圆底烧瓶（带标准磨口的250mL圆底烧瓶）、回流冷凝管（具有与烧瓶配套的磨口）、250mL分液漏斗（使用聚四氟乙烯活塞和塞子）、水浴锅、电烘箱（温度可控制在103℃±2℃；或者采用真空干燥箱，如旋转蒸发器或其他相似设备）。

2）试剂

① 正己烷或沸点为40～60℃的石油醚：溴价低于1，且不得含有杂质。

② 10%（体积分数）乙醇溶液。

③ 氢氧化钾-乙醇溶液［$c(KOH) \approx 1mol/L$］：在50mL水中溶解60g氢氧化钾，然后用95%（体积分数）乙醇稀释至1000mL，溶液应为无色或浅黄色。

④ 酚酞指示剂：10g/L的95%（体积分数）乙醇溶液。

（3）操作步骤

1）试样的制备：所取样品应具有代表性，且在运输与储存过程中无损坏或变质现象。扦样方法推荐采用ISO5555：2001规定的方法。按照GB/T 15687—2008制备试验样品。

2）试样：称取约5g试样，精确至0.01g，置于250mL烧瓶中。

3）皂化：加入50mL氢氧化钾-乙醇溶液和一些沸石。将烧瓶与回流冷凝管连接好后，小心煮沸回流1h，停止加热，从回流管顶部加入50mL水并旋转摇动。

4）不皂化物的提取：冷却后转移皂化液到250mL分液漏斗中，用50mL己烷分几次洗涤烧瓶和沸石，并将洗液倒入分液漏斗中，盖好塞子，用力摇1min，倒转分液漏斗，小心打开旋塞，间歇地释放内部压力，静置分液漏斗至溶液分层后，尽量将下层皂化液完全放入第二只分液漏斗中。如果形成乳化液，则可加少量乙醇或浓氢氧化钾或氯化钠溶液进行破乳。用相同的方法，每次用50mL己烷再提取皂化液两次，将三次己烷提取液收集在同一分液漏斗中。

5）己烷提取物的洗涤：用乙醇溶液洗涤提取液三次，每次用量25mL，并剧烈摇动，洗涤后弃去乙醇水溶液；每次弃去洗涤液后，保持分液漏斗中剩余2mL洗涤液，然后将分液漏斗沿其轴线旋转；静置数分钟，使剩余的乙醇水相进一步分离，然后将其弃去。当己烷溶液到达旋塞孔道时，关闭旋塞，继续用乙醇水溶液洗涤，直到加入1滴酚酞溶液后洗涤液不呈现粉红色为止。

6）蒸发溶剂：通过分液漏斗的上口小心地将己烷溶液转移到准确称量至0.1mg的250mL烧瓶（烧瓶需预先在103℃烘箱中干燥冷却后称量）中，然后在沸水浴中蒸发溶剂。

7）残留物的干燥和测定。

① 将烧瓶水平放置在103℃烘箱中，干燥残留物15min，然后在干燥器中冷却，并精确称量至0.1mg。也可使用真空干燥器干燥，在最大真空度下，在沸水浴中蒸15min之后，冷却至室温，将烧瓶表面的水擦干，精确称量至0.1mg。重复进行干燥，直至两次称量的质量差不超过1.5mg。如果三次干燥后还不恒重，则不皂化物可能被污染，需重新进行测定。

② 若需用游离脂肪酸进行校正，则将称量后的残留物溶于4mL正己烷中，然后加入20mL预先中和到使酚酞指示剂呈淡粉色的乙醇，用0.1mol/L标准氢氧化钾-乙醇标准溶液滴定至终点。以油酸计算游离脂肪酸的质量，并以此校正残留物的质量。

8）测定次数及空白试验

① 同一试样需进行两次测定。

② 空白试验：用相同步骤及相同量的所有试剂，但不加试样进行空白试验。如果残留物超过1.5mg，则需对试剂和方法进行检查。

（4）结果计算　试样中不皂化物的含量按式（2-3-11）计算。

$$X = \frac{m_1 - m_2 - m_3}{m_0} \times 100\% \qquad (2\text{-}3\text{-}11)$$

式中　X——试样中不皂化物的含量，以质量分数计；

m_0——试样的质量（g）；

m_1——残留物的质量（g）；

m_2——空白试验时的残留物质量（g）；

m_3——游离脂肪酸的质量（g），如果需要，等于$0.28Vc$，其中V为滴定所用标准氢氧化钾-乙醇溶液的体积（mL），c为氢氧化钾-乙醇标准溶液的准确浓度（mol/L），0.28为每毫摩尔油酸的质量（g）。

用两次测定数据的算术平均值作为结果。

（5）注意事项　不皂化物通常是指试样用氢氧化钾皂化后的全部生成物用指定溶剂提取，在规定条件下蒸发溶剂，所余不挥发的所有物质。不皂化物的组成一般包括自然界中的脂类物质，如甾醇、烃类、醇类、脂肪族和萜烯醇类，以及用溶剂在103℃提取时不挥发的外来有机物（如矿物油）。通过对油脂中不皂化物含量的测定，可以鉴别油脂的纯度、有无掺杂作假。同时，油脂不皂化物的含量是制皂工业选取原料时的主要依据之一。

在我国现行的国际标准中，测定油脂不皂化物的方法有两种：乙醚提取法和己烷提取法。其中，乙醚提取法为主要方法。当气候条件或环境规定不允许使用乙醚时，可以使用己烷提取法。如果条件允许，尤其是当不皂化物需要进一步检测时，可使用真空旋转蒸发器。蒸发时尽量采用水浴等不见明火的热源。

技能训练8　动、植物油脂色泽的测定

1. 原理

在同一光源下，将透过已知光程的液态油脂样品的光的颜色与透过标准玻璃色片的光的颜色进行匹配，用罗维朋色值表示测定结果。

2. 仪器

（1）色度计　F（BS684）型和 F/C 型通用罗维朋比色计均适用。

（2）照明室

1）F（BS684）型和 F/C 型通用罗维朋比色计。按使用说明书的要求，比色计应安置在洁净而卫生的环境中。观察筒由 Skan 蓝色日光校正滤色片和漫射透镜组成，且有 2°的观察视野。观察筒应安装在密闭的照明室内，以便于样品及白色参比区域以相对法线 60°视角进行观察。

2）AF905/E、AF900/C 及 E 型比色计。比色计内部漆成白色毛底，在背景玻璃散射屏后装有两只 60W 的无镀膜球形灯，在额定电压下工作，并分别安装在观察筒两侧以 45°角照射在白色反射参考平面上。任何一只灯一旦出现变色或已使用 100h，就应该同时更换两只球形灯，并在设备手册上清楚记录其使用情况。观察筒由 Skan 蓝色日光校正滤色片和漫射透镜组成，且有 2°的观察视野。观察筒安装在密闭的照明室内，样品及白色参比区域以相对法线 90°视角进行观察。为避免污渍，应定期清理照明室、散射屏与反射平面。定期检查白色毛底的油漆状况，以防其老化或退色。当油漆表面的色泽比孟塞尔色阶号 5 Y9/1（Munsell Notation5 Y9/1）暗时，应该重新涂装。观察筒应根据生产厂商的要求进行维护。

3）色片支架。应在色片支架底部配备无色补偿片，并包含下列罗维朋标准颜色玻璃片：

① 红色：0.1 ~ 0.9，1.0 ~9.0，10.0 ~70.0。

② 黄色：0.1 ~0.9，1.0 ~9.0，10.0 ~70.0。

③ 蓝色：0.1 ~0.9，1.0 ~9.0，10.0 ~40.0。

④ 中性色：0.1 ~ 0.9，1.0 ~3.0。

用棉球蘸含清洁剂的温水清理标准颜色玻璃片，然后用棉纱擦干，使其保持清洁、无油污，但不能使用任何溶剂进行清洁。

4）比色皿架。仅 E 型仪器要求配备样品比色皿托架。

5）玻璃比色皿。玻璃比色皿应由高质量的光学玻璃制作，并且有良好的加工精度，具有以下光程：1.6mm（1/16in）、3.2mm（1/8in）、6.4mm（1/4in）、12.7mm（1/2in）、25.4mm（1in）、76.2mm（3in）、133.4mm（21/4in）。

3. 操作者的要求

所有操作者都要有良好的颜色识别能力，并且在5 年内需对操作者进行一次颜色识别测试。识别测试必须由有资质的光学技术人员来进行。平时戴眼镜或隐形眼镜的操作者在操作时可继续戴，但不能戴有色或光敏的眼镜或隐形眼镜。

4. 扦样

扦样时推荐采用 GB/T 5524—2008 规定的方法。实验室收到的样品应具有代表性，在运输或储存过程中不得受损或改变。

5. 试样的制备

按 GB/T 15687—2008 的规定制备试样。测定时，油样必须是十分干净、透明的液体。

6. 操作步骤

1）检测应在光线柔和的环境内进行，尤其是色度计不能面向窗口放置或受阳光直射。如果样品在室温下不完全是液体，则可将样品进行加热，使其温度超过熔点10℃左右。玻璃比色皿必须保持洁净和干燥。若有必要，测定前可预热玻璃比色皿，以确保测定过程中样品无结晶析出。

2）将液体样品倒入玻璃比色皿中，使之具有足够的光程，以便于颜色在罗维朋标准颜色玻璃片所指定的范围之内。把装有油样的玻璃比色皿放在照明室内，使其靠近观察筒。

3）关闭照明室的盖子，立刻利用色片支架测定样品的色泽值。为了得到近似的颜色匹配，开始使用黄色片与红色片的罗维朋值的比值为10∶1，然后进行校正。测定过程中不必总是保持上述这个比值，必要时可以使用最小值的蓝色片或中性色片（蓝色片和中性色片不能同时使用），直至得到精确的颜色匹配。使用中，蓝色值不应超过9.0，中性色值不应超过3.0。

7. 结果表示

测定结果采用下列术语表达：

1）红值、黄值，在匹配需要的情况下还可使用蓝值或中性色值。

2）所使用玻璃比色皿的光程。

8. 注意事项

本方法适用于动、植物油脂色泽的测定。旧型号AF905、AF900/C及E型比色计可适用，但是目前已不再生产，而罗维朋AF710型、罗维朋斯科费特（Lovibond Schofleld）、维松（Wesson）和AOCS色度计不适合。为避免眼睛疲劳，每观察比色30s后，操作者的眼睛必须移开目镜。由于玻璃表面的光损失，无色补偿片有助于平衡样品观察区域和色片的光亮度。为了使颜色精确匹配，可使用中性色片或蓝色片，但不能同时使用，以免降低与样品亮度相关的标准亮度。

本测定必须由两个训练有素的操作者来完成，并取其平均值作为测定结果。如果两人的测定结果差别太大，则必须由第三个操作者进行再次测定，然后取三人测定值中最接近的两个测定值的平均值作为最终测定结果。只能使用标准玻璃比色皿的尺寸，不能用某一尺寸的玻璃比色皿测得的颜色值来计算其他尺寸玻璃比色皿的颜色值。

技能训练9　粮油及其制品脂肪酸值的测定

1. 原理

根据脂肪酸不溶于水而溶于有机溶剂的特性，用苯振荡、提取出试样中的游离脂肪酸，以酚酞作指示剂，用氢氧化钾标准溶液滴定至终点，根据所消耗的氢氧化钾标准溶液的体积计算脂肪酸值。

2. 仪器与试剂

（1）仪器

1）粉碎机：锤式旋风磨，带1.0mm圆孔筛，具有风门可调和自清理功能，以避免样品残留和出样管堵塞。在粉碎样品时，应避免磨膛发热。

2）其他仪器天平（感量为0.01g）、具塞磨口锥形瓶（250mL）、移液管（50.0mL、

25.0mL）、振荡器（往返式，振荡频率为100次/min）、短颈玻璃漏斗、具塞比色管（25mL）、锥形瓶（150mL）、量筒（25mL）、滴定管（5mL，最小刻度为0.02mL；10mL，最小刻度为0.05mL；25mL，最小刻度为0.1mL）。

（2）试剂　苯、体积分数为95%的乙醇、0.01mol/L氢氧化钾标准溶液（先配制和标定0.5mol/L氢氧化钾标准溶液，再用95%乙醇稀释）、0.04%酚酞乙醇溶液（称取0.2g酚酞溶于500mL体积分数为95%的乙醇中）、快速定性滤纸（预先折叠）。

3. 操作步骤

（1）试样的制备　小麦粉等粉类粮食，直接分取样品约40g装入磨口瓶中备用。其他籽粒粮食样品则分取具有代表性的去杂样品约40g，用锤式旋风磨粉碎，要求粉碎度能一次性达90%以上过CQ16（相当于40目）筛，将粉碎样品充分混合后（筛上、筛下的全部筛分样品）装入磨口瓶中备用。

（2）制备样水分的测定　按GB/T 5497—1985的规定执行。

（3）样品的处理

1）称取制备好的试样约10g（m），精确到0.01g，置于250mL具塞磨口锥形瓶中，并用移液管准确加入50.00mL苯，加塞摇动几秒后，打开塞子放气。

2）盖紧瓶塞，将锥形瓶置于往返式振荡器上振摇30min，振荡频率为100次/min。取下锥形瓶，倾斜静置1~2min，在短颈玻璃漏斗中放入折叠式滤纸过滤。

3）弃去最初几滴滤液，用比色管收集滤液25mL以上，盖上塞备用。当收集的滤液来不及测定时，应盖紧比色管瓶塞，于4~10℃条件下保存，放置时间不宜超过24h。

（4）测定　用移液管移取25.00mL滤液置于150mL锥形瓶中，用量筒加入酚酞乙醇溶液25mL，摇匀，立刻用0.01mol/L氢氧化钾标准溶液滴定至呈微红色，至30s不退色为止，记下消耗氢氧化钾标准溶液的体积（V_1）。

4. 空白试验

用25mL苯代替滤液进行试验，记下消耗氢氧化钾标准溶液的体积（V_0）。

5. 结果计算

脂肪酸值按式（2-3-12）计算。

$$A_K = (V_1 - V_0)c \times 56.1 \times \frac{50}{25} \times \frac{100}{m(100 - w)} \times 100 \quad (2\text{-}3\text{-}12)$$

式中　A_K——脂肪酸值（mg/100g）；

V_1——滴定试样滤液所消耗氢氧化钾标准溶液的体积（mL）；

V_0——滴定空白试样所消耗氢氧化钾标准滴定溶液的体积（mL）；

c——氢氧化钾标准溶液的浓度（mol/L）；

56.1——氢氧化钾的摩尔质量（g/mol）；

50——提取试样所用提取液的体积（mL）；

25——用于滴定的试样提取液的体积（mL）；

100——换算为100g干试样的质量（g）；

m——试样的质量（g）；

w——试样中水分的含量，即每100g试样中含水分的质量（g）。

每份试样取两个平行样进行测定，两个测定结果之差的绝对值符合重复性要求时，以其算术平均值为测定结果，计算结果保留三位有效数字。

6. 注意事项

脂肪酸值一般是指中和100g干物质试样中游离脂肪酸所需氢氧化钾的毫克数。它是标志粮食中游离脂肪酸含量的量值。粮食中的脂肪酸是脂肪在脂肪酶或酸碱作用下水解生成的。如果温度较高，湿度较大，霉菌大量繁殖，脂肪水解速度则会加快，脂肪酸值也随之增高。

在我国现行的质量检验指标中，针对不同的粮油及其制品样品，脂肪酸值的检验方法有所不同，一般包括苯浸出法（适用于小麦粉等）、乙醇浸出法（适用于稻谷、玉米等）、石油醚浸出法（适用于大豆、花生、葵花籽等）。

样品制备后应及时进行测定，否则应放入冰箱中储存，但时间不宜过长，否则会使测定结果增大，影响测定结果的准确性；样品振荡时应注意控制振荡频率；观察滴定结果时应注意颜色变化程度的判断，以免影响测定结果的准确。

第二节　糕点类产品的检验

技能训练目标

1）了解面饼干中的粗脂肪、清蛋糕中的总糖、萨其马中的蛋白质、饼干菌落总数与面包大肠菌群的测定原理。

2）熟悉仪器与试剂，并能够规范操作试验仪器，科学配制相关试剂。

3）规范完成各试验操作步骤，科学读取相关数据，并做好试验记录。

4）完成试验结果计算，并能科学分析试验数据，完成试验报告的编制。

5）正确理解注意事项，并能够在试验过程中解决常见问题。

技能训练内容及依据

糕点类产品检验专项技能训练的内容及依据见表2-3-8。

表2-3-8　糕点类产品检验专项技能训练的内容及依据

序　号	技能训练项目名称	国家标准依据
1	饼干中粗脂肪的测定	GB/T 5009.6—2003 GB/T 14772—2008　GB/T 20977—2007
2	清蛋糕中总糖的测定	GB/T 20977—2007
3	萨其马中蛋白质的测定	GB/T 20977—2007　GB/T 5009.5—2010
4	饼干菌落总数的测定	GB/T 4789.2—2010　GB 7099—2003
5	面包大肠菌群的测定	GB 4789.3—2010　GB 7099—2003

技能训练1 饼干中粗脂肪的测定

1. 原理

脂肪是一类有机大分子，是由甘油和脂肪酸脱水缩合而成的。脂肪不溶于水，能溶于有机溶剂，但在乳化剂的作用下，可与水形成乳化液，同时其本身也是一种良好的有机溶剂，能溶解食品中的部分色素、脂溶性维生素等。因此，在测定脂肪含量时，用乙醚抽提产品的脂肪因含有少量其他成分而被称为粗脂肪。

2. 指标要求

GB/T 20977—2007 中要求的糕点脂肪含量见表 2-3-9。饼干属于烘烤糕点中的其他，因此其脂肪含量应小于或等于 34.0%。

表 2-3-9 糕点脂肪含量

烘烤糕点		油炸糕点		水蒸糕点		熟粉糕点	
蛋糕类	其他	萨其马类	其他	蛋糕类	其他	片糕类	其他
—	≤34.0%	≤12.0%	≤42.0%	—	—	—	—

3. 仪器与试剂

（1）仪器 索氏提取器，如图 2-3-1 所示。

（2）试剂 无水乙醚或石油醚。

4. 操作步骤

（1）样品的处理 将饼干粉碎，干燥后过 40 目筛，称取 2.00～5.00g 试样，用脱脂棉转移至滤纸筒内。

（2）回流 将滤纸筒放入回流发生器，连接已干燥至恒重的接收瓶，加入无水乙醚或石油醚至接收瓶容积的 2/3 处，接通冷凝水后，用水浴加热，使乙醚或石油醚不断回流提取（6～8 次/h），一般抽提 6～12h。

（3）称量 取下接收瓶，回收乙醚或石油醚，待接收瓶内乙醚剩 1～2mL 时，在水浴上蒸干，再于 100℃ ±5℃ 干燥 2h，放入干燥器内冷却 0.5h 后称量，重复上述操作直至恒重。

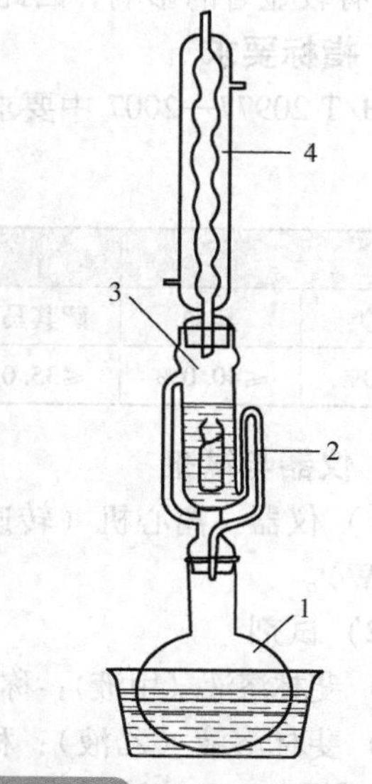

图 2-3-1 索氏提取器示意图

1—接收瓶 2—虹吸管

3—回流发生器 4—冷凝管

5. 结果计算

脂肪含量（以质量分数计）按式（2-3-13）计算。

$$X = \frac{m_1 - m_0}{m} \times 100\% \qquad (2\text{-}3\text{-}13)$$

式中 m_1——接收瓶和粗脂肪的质量（g）；

m_0——接收瓶的质量（g）；

m——干样品的质量（g）。

6. 注意事项

该方法所测得的脂肪为游离脂肪。索氏提取法中所用到的乙醚要求无水、无醇、无过氧化物。水分和醇类的存在会溶入糕点产品中的糖类和无机盐而使测定值偏大；过氧化物会导致脂肪的氧化，导致误差，另外，在烘干时，也有引起爆炸的危险。

装样品的滤纸筒一定要严密，否则在虹吸时，样品会随乙醚进入接收瓶而导致误差。滤纸筒的高度要低于虹吸管，否则会影响虹吸现象，导致误差。可取测定水分后的试样。

技能训练2　清蛋糕中总糖的测定

1. 原理

清蛋糕是用鸡蛋、白糖、小麦粉为主要原料，以牛奶、果汁、奶粉、香粉、色拉油、水、起酥油、泡打粉为辅料，经过搅打、调制、烘烤后制成的一种海绵状的焙烤食品。总糖是指食品中存在的具有还原性的或在测定条件下能水解为还原性单糖的蔗糖的总量。糖的甜度、吸湿性等物理性质以及褐变等化学性质对糕点产品的色、香、味、形、质有较显著的影响，因此总糖是蛋糕的重要质量检验项目之一。

2. 指标要求

GB/T 20977—2007 中要求糕点的总糖含量见表2-3-10。

表2-3-10　糕点总糖含量

烘烤糕点		油炸糕点		水蒸糕点		熟粉糕点	
蛋糕类	其他	萨其马类	其他	蛋糕类	其他	片糕类	其他
≤42.0%	≤40.0%	≤35.0%	≤42.0%	≤46.0%	≤42.0%	≤50.0%	≤45.0%

3. 仪器与试剂

（1）仪器　离心机（转速为0～4000r/min）、天平（感量为0.001g）、电炉（功率为300W）。

（2）试剂

1）斐林溶液（甲液）：称取69.3g化学纯硫酸铜，加蒸馏水溶解，配成1000mL溶液。

2）斐林溶液（乙液）：称取346g化学纯酒石酸钾钠和100g氢氧化钠，加蒸馏水溶解，配成1000mL溶液。

3）1%次甲基蓝指示剂：称取1g次甲基蓝，加水溶解，定容至100mL。

4）20%氢氧化钠溶液：称取20g氢氧化钠，加水溶解，定容至100mL。

5）6N盐酸：取浓盐酸49.6mL，加水稀释至100mL。

4. 技能要求

（1）酸式滴定管的准备　首先验漏，然后涂油（见图2-3-2），清洗，润洗（同碱式滴定管的操作），装液，排气，调零。

（2）酸式滴定管的使用　酸式滴定管滴定操作示意图如图 2-3-3 所示。

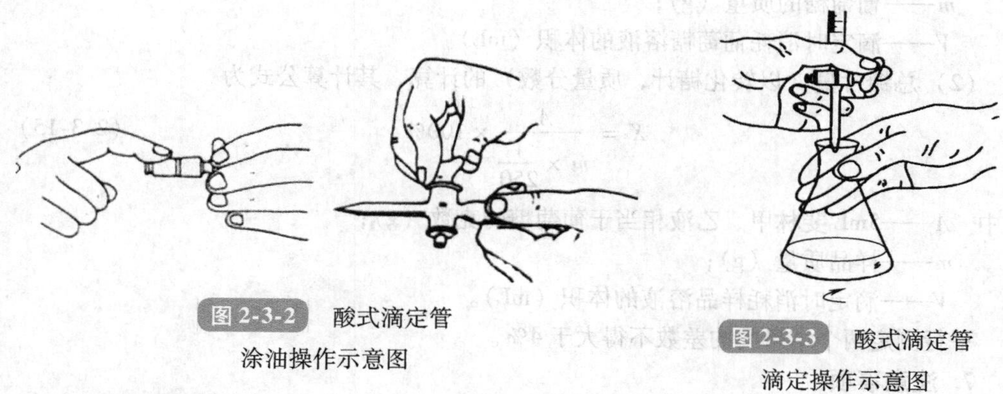

图 2-3-2　酸式滴定管涂油操作示意图

图 2-3-3　酸式滴定管滴定操作示意图

5. 操作步骤

（1）斐林溶液的标定　在分析天平上精确称取经烘干、冷却的分析纯葡萄糖 0.4g，用蒸馏水溶解并转入 250mL 容量瓶中，加水至刻度，摇匀备用。准确移取斐林甲、乙液各 2.5mL，放入 150mL 锥形瓶中，加蒸馏水 20mL，置于电炉上加热至沸，用配好的葡萄糖溶液滴定至溶液变红色时，加入次甲基蓝指示剂 1 滴，继续滴定至蓝色消失显鲜红色为终点。正式滴定时，先加入比预试时少 0.5～1mL 的葡萄糖溶液，置于电炉上煮沸 2min，加次甲基蓝指示剂 1 滴，继续用葡萄糖溶液滴定至终点，按式（2-3-14）计算其含量。

（2）样品的预处理　准确称取样品 1.5～2.5g，放入 100mL 烧杯中，用 50mL 蒸馏水浸泡 30min（浸泡时多次搅拌），然后转入离心试管，用 20mL 蒸馏水冲洗烧杯，将洗液一并转入离心试管中，置于离心机上以 3000r/min 的转速离心 10min，将上层清液经快速滤纸滤入 250mL 锥形瓶中，用 30mL 蒸馏水分 2 次或 3 次冲洗原烧杯，转入离心试管搅洗样渣，再以 3000r/min 的转速离心 10min，将上清液经滤纸滤入 250mL 锥形瓶中。在滤液中加 6N 盐酸 10mL，置于 70℃水浴中水解 10min，取出迅速冷却后加酚酞指示剂 1 滴，用质量分数为 20% 的氢氧化钠溶液中和至溶液呈微红色，转入 250mL 容量瓶，加水至刻度，摇匀备用。

（3）样液的预测　准确移取斐林甲、乙液各 2.5mL，放入 150mL 锥形瓶中，加蒸馏水 20mL，置于电炉上加热至沸，用处理好的样液滴定至溶液变红色时，加入次甲基蓝指示剂 1 滴，继续滴定至蓝色消失显鲜红色为终点，记录消耗样液的体积。

（4）测定　准确移取斐林甲、乙液各 2.5mL，放入 150mL 锥形瓶中，加蒸馏水 20mL，加入比预测体积时少 1mL 的样液，置于电炉上煮沸 2min，加次甲基蓝指示剂 1 滴，继续滴定至终点，平行测定三次，分别记录消耗样液的体积。

6. 结果计算

（1）斐林溶液浓度的计算

$$A = \frac{mV}{250} \qquad (2\text{-}3\text{-}14)$$

式中 A——5mL 斐林甲、乙液相当于葡萄糖的克数（g）；

m——葡萄糖的质量（g）；

V——滴定时消耗葡萄糖溶液的体积（mL）。

（2）总糖含量（以转化糖计，质量分数）的计算　其计算公式为

$$X = \frac{A}{m \times \frac{V}{250}} \times 100\% \qquad (2\text{-}3\text{-}15)$$

式中 A——5mL 斐林甲、乙液相当于葡萄糖的克数（g）；

m——样品质量（g）；

V——滴定时消耗样品溶液的体积（mL）。

平行测定两个结果间的差数不得大于4%。

7. 注意事项

在滴定过程中，使溶液始终保持沸腾状态的方法，一是加快反应速度，二是维持次甲基蓝的显色反应正常进行。样品预测的目的是为了保证在1min内完成滴定工作，使测定结果更加准确。

技能训练3　萨其马中蛋白质的测定

1. 原理

萨其马是以蛋和面团为基础，分隔为粗细均匀的面条，经炸熟后，用糖黏结制成的糕点。其具有色泽米黄、口感酥松绵软、香甜可口浓郁的特色。

蛋白质是食品的重要组成成分。在糕点加工过程中，大部分原料都含有蛋白质，如小麦粉、乳品、蛋品等。蛋白质的含量和参与生化反应的产物直接影响食品的色、香、味、形、质，因此蛋白质作为糕点产品的重要质量指标之一，在评价食品的营养价值、合理开发利用食品资源、提高产品质量、优化食品配方、指导经济核算及生产过程控制等方面均具有极其重要的意义。

食品中的蛋白质在催化加热条件下被分解，产生的氨与硫酸结合生产硫酸铵。碱化蒸馏使氨游离，用硼酸吸收后以硫酸或盐酸标准溶液滴定，用酸的消耗量乘以换算系数，即为蛋白质的含量。

2. 指标要求

GB/T 20977—2007 中要求糕点的蛋白质含量见表2-3-11。

表2-3-11　糕点蛋白质含量

烘烤糕点		油炸糕点		水蒸糕点		熟粉糕点	
蛋糕类	其他	萨其马类	其他	蛋糕类	其他	片糕类	其他
≥4.0%	—	≥4.0%	—	≥4.0%	—	≥4.0%	—

3. 仪器与试剂

（1）仪器　天平（感量为1mg）、定氮蒸馏装置（见图2-3-4）、自动凯氏定氮仪。

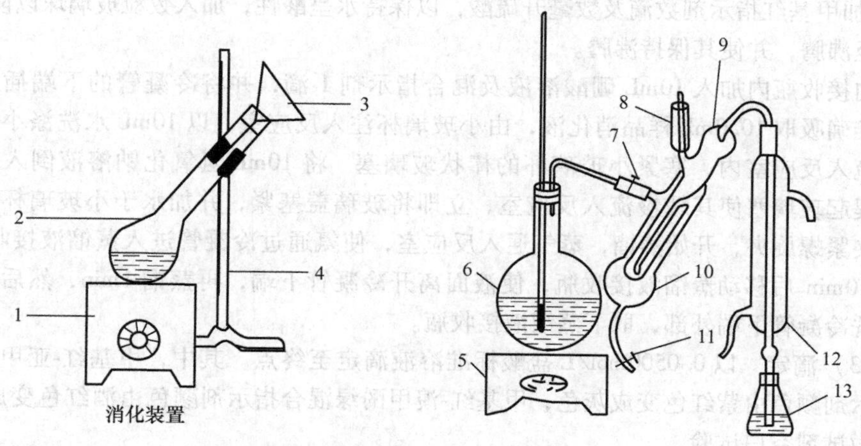

图 2-3-4　常用凯氏定氮装置

1、5—加热装置　2—凯氏烧瓶　3—小漏斗　4—铁架台
6—水蒸气发生器（2L 烧瓶）　7—螺旋夹　8—小玻璃杯及棒状玻璃塞
9—反应室　10—反应室外层　11—橡胶管及止水夹　12—冷凝管　13—蒸馏液接收瓶

（2）试剂

1）硫酸铜（$CuSO_4$、$5H_2O$）、硫酸钾、浓硫酸（密度为 1.84g/L）。

2）20g/L 硼酸溶液：称取 20g 硼酸，加水溶解后稀释至 1000mL。

3）混合指示液：2 份甲基红乙醇溶液（称取 0.1g 甲基红，溶于体积分数为 95% 的乙醇，用体积分数为 95% 的乙醇稀释至 100mL）与 1 份亚甲基蓝乙醇溶液（称取 0.1g 亚甲基蓝，溶于体积分数为 95% 的乙醇，用体积分数为 95% 的乙醇稀释至 100mL）临用时混合；也可用 1 份甲基红乙醇溶液与 5 份溴甲酚绿乙醇溶液（称取 0.1g 溴甲酚绿，溶于体积分数为 95% 的乙醇，用体积分数为 95% 的乙醇稀释至 100mL）临用时混合。

4）400g/L 氢氧化钠溶液：称取 40g 氢氧化钠加水溶解后，放冷，稀释至 100mL。

5）0.0500mol/L 盐酸标准溶液：量取 2mL 浓盐酸，加水稀释，定容至 500mL。使用时，用无水碳酸钠基准物标定盐酸标准溶液的浓度。

4. 操作步骤

（1）消化

1）称取混合均匀的萨其马样品 0.2 ~ 2.0g（精确至 0.001g），移入干燥的 100mL、250mL 或 500mL 定氮瓶中，加入 0.2g 硫酸铜、6g 硫酸钾、20mL 浓硫酸，轻摇后于瓶口放一小漏斗，将瓶以 45°角斜支于有小孔的石棉网上（见图 2-3-4 中的消化装置），小心加热，待内容物全部炭化，泡沫完全停止后，加强火力，并保持瓶内液体微沸，至液体呈蓝绿色并澄清透明后，再继续加热 0.5 ~ 1h。

2）取下放冷，小心加入 20mL 水，放冷后，移入 100mL 容量瓶中，并用少量水洗定氮瓶，将洗液并入容量瓶中，再加水至刻度，混匀备用。同时做试剂空白试验。

（2）蒸馏与吸收　按图 2-3-4 装好定氮装置，于水蒸气发生器内装水至其容积的

2/3，加甲基红指示剂数滴及数毫升硫酸，以保持水呈酸性，加入数粒玻璃珠以防暴沸，加热至沸腾，并使其保持沸腾。

向接收瓶内加入10mL硼酸溶液及混合指示剂1滴，并将冷凝管的下端插入液面下，准确吸取10.0mL样品消化液，由小玻璃杯注入反应室，以10mL水洗涤小烧杯并使其流入反应室内，塞紧小玻璃杯的棒状玻璃塞。将10mL氢氧化钠溶液倒入小玻璃杯，提起玻璃塞使其缓慢流入反应室，立即将玻璃盖塞紧，并加水于小玻璃杯以防漏气。夹紧螺旋夹，开始蒸馏，蒸气通入反应室，使氨通过冷凝管进入蒸馏液接收瓶内。蒸馏10min后移动蒸馏液接收瓶，使液面离开冷凝管下端，再蒸馏1min，然后用少量水冲洗冷凝管下端外部，取下蒸馏液接收瓶。

（3）滴定　以0.0500mol/L盐酸标准溶液滴定至终点。其中，甲基红-亚甲基蓝混合指示剂颜色由紫红色变成灰色，甲基红-溴甲酚绿混合指示剂颜色由酒红色变成绿色。同时做试剂空白试验。

5. 结果计算

蛋白质含量按式（2-3-16）计算。

$$X = \frac{(V_1 - V_2) \times c \times 0.0140}{m \times \dfrac{V_3}{100}} \times 6.25 \times 100 \qquad (2\text{-}3\text{-}16)$$

式中　X——试样中蛋白质的含量（g/100g）；

V_1——试样消耗盐酸标准溶液的体积（mL）；

V_2——空白试验消耗盐酸标准溶液的体积（mL）；

c——盐酸标准溶液的浓度（mol/L）；

0.0140——与1.00mL盐酸标准溶液［$c(HCl) = 1.000$mol/L］相当的氮的质量（g）；

V_3——准确吸取消化液的体积（mL）；

m——试样质量（g）；

6.25——蛋白质换算系数。

6. 注意事项

在消化过程中会产生有刺激性气味的气体，因此消化应在通风橱中进行。不要用强火，保持和缓的沸腾，使火力集中在凯氏烧瓶底部，以免附在壁上的蛋白质在无硫酸存在的情况下，使氮有损失。

在消化过程中，硫酸钾起到提高溶液沸点的作用，硫酸铜起催化剂作用，同时硫酸铜在蒸馏时作碱性反应的指示剂。

技能训练4　饼干菌落总数的测定

1. 原理

饼干是以小麦粉为主要原料，可添加糯米粉、淀粉等，加入（或不加入）糖、油脂及其他原料，经调粉（或调浆）、成形、烘烤等工艺制成的口感酥松或松脆的食品。菌落总数是指食品样品经过处理，在一定条件下培养后所得1mL（g）检样中所含菌落

的总数。通过测定菌落总数，可以判定食品被细菌污染的程度，预测食品存用的期限，以便对被检验样品进行卫生学评价时提供依据。

2. 指标要求

GB 7099—2003 中规定，热加工的糕点菌落总数要求小于或等于 1500CFU/g，冷加工的糕点菌落总数要求小于或等于 10000CFU/g。饼干属于热加工糕点产品，因此它的菌落总数应小于或等于 1500CFU/g。

3. 仪器与试剂

（1）仪器　恒温培养箱（36℃ ±1℃）、冰箱（2 ~ 5℃）、恒温水浴箱（46℃ ±1℃）、天平（感量为 0.1g）、均质器、振荡器、1mL 无菌吸管（具 0.01mL 刻度）、10mL 无菌吸管（具 0.1mL 刻度）无菌锥形瓶（容量为 500mL）、无菌培养皿（直径为 90mm）、无菌试管（ϕ16mm × 160mm）、pH 计或 pH 试纸、菌落计数器或放大镜、其他实验室常规灭菌设备（如高温灭菌锅等）。

（2）试剂

1）平板计数琼脂培养基：将胰蛋白胨 5.0g、酵母浸膏 2.5g、葡萄糖 1.0g、琼脂 15.0g 加入 1000mL 蒸馏水，煮沸溶解，调节 pH 值至 7.0，分装在锥形瓶中，于 121℃ 高压灭菌 15min。

2）磷酸盐缓冲液：称取 34.0g 磷酸二氢钾溶于 500mL 蒸馏水中，用大约 175mL 的 1mol/L 氢氧化钠溶液调节 pH 值至 7.2，用蒸馏水稀释至 1000mL 后储存于冰箱中。用时，取储存液 1.25mL，用蒸馏水稀释至 1000mL，分装于适宜容器中，于 121℃ 高压灭菌 15min。

3）0.85% 灭菌生理盐水。称取 8.5g 氯化钠溶于 1000mL 蒸馏水中，于 121℃ 高压灭菌 15min。

4. 操作步骤

（1）检验流程　菌落总数检验流程如图 2-3-5 所示。

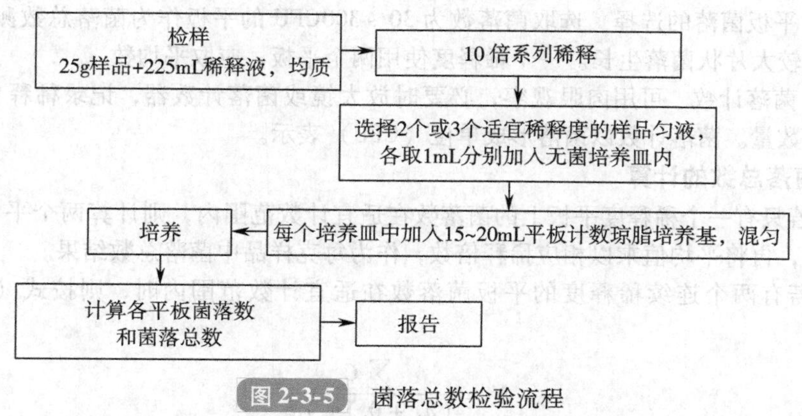

图 2-3-5　菌落总数检验流程

（2）样品的稀释　称取 25g 研细的饼干样品置于盛有 225mL 磷酸盐缓冲液或生理盐水的无菌均质杯内，以 8000 ~ 10000r/min 的转速均质 1 ~ 2min，制成 1∶10 的样品匀液。用1mL无菌吸管吸取上述样品匀液1mL，沿管壁缓慢注入盛有9mL稀释液的无菌试管中（注意吸管或吸管头尖端不要触及稀释液面），振摇试管或换用1支无菌吸管反复吹打，使其混合均匀，制成1∶100的样品匀液。依次操作，制备10倍系列稀释样品匀液，如图2-3-6所示。

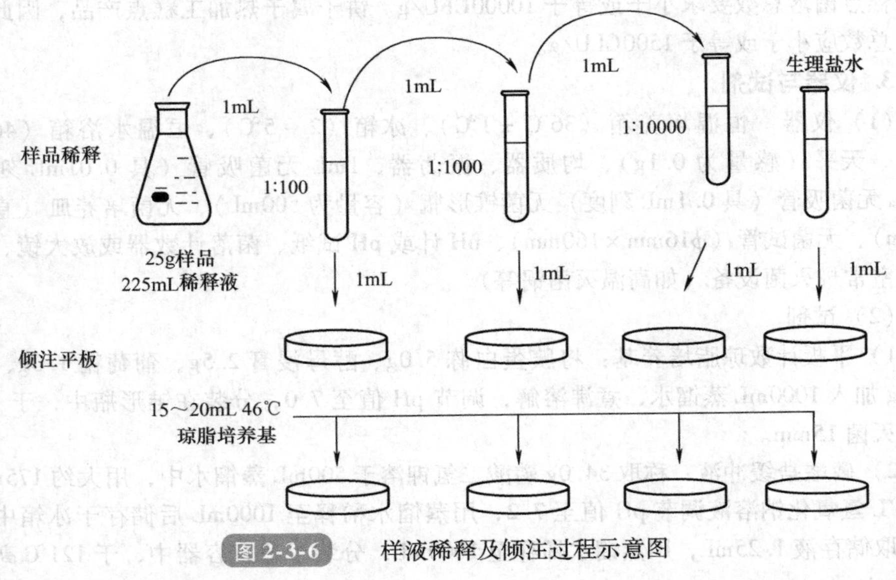

图2-3-6 样液稀释及倾注过程示意图

（3）倾注平皿　根据对样品污染状况的估计，选择2个或3个适宜稀释度的样品匀液，吸取1mL置于无菌平皿中，每个稀释度做两个平皿。同时，分别吸取1mL空白稀释液加入两个无菌平皿内作空白对照。及时将15～20mL冷却至46℃的平板计数琼脂培养基倾注平皿，并转动平皿使其混合均匀。

（4）培养　待琼脂凝固后，将平板翻转，于36℃±1℃培养48±2h。

（5）平板菌落的选择　选取菌落数为30～300CFU的平板作为菌落总数测定标准。不宜采用较大片状菌落生长。一个稀释度使用两个平板，应取平均数。

（6）菌落计数　可用肉眼观察，必要时放大镜或菌落计数器，记录稀释倍数和相应的菌落数量。菌落计数以菌落形成单位（CFU）表示。

5. 菌落总数的计算

1）若只有一个稀释度平板上的菌落数在适宜计数范围内，则计算两个平板菌落数的平均值，再将平均值乘以相应稀释倍数，作为每克样品中菌落总数结果。

2）若有两个连续稀释度的平板菌落数在适宜计数范围内时，则按式（2-3-17）计算。

$$N = \frac{\sum C}{(n_1 + 0.1n_2)d} \qquad (2\text{-}3\text{-}17)$$

式中　N——样品中菌落数；

$\sum C$——平板（含适宜范围菌落的平板）菌落数之和；

n_1——第一稀释度（低稀释倍数）平板个数；

n_2——第二稀释度（高稀释倍数）平板个数；

d——稀释因子（第一稀释度）。

3）若所有稀释度的平板上菌落数均大于300CFU，则对稀释度最高的平板进行计数，其他平板可记录为多不可计，结果按平均菌落数乘以最高稀释倍数计算。

4）若所有稀释度的平板菌落数均小于30CFU，则应按稀释度最低的平均菌落数乘以稀释倍数计算。

5）若所有稀释度（包括液体样品原液）平板均无菌落生长，则以小于1乘以最低稀释倍数计算。

6）若所有稀释度的平板菌落数均不为30～300CFU，其中一部分小于30CFU或大于300CFU，则以最接近30CFU或300CFU的平均菌落数乘以稀释倍数计算。

6. 菌落总数的报告

1）菌落数小于100CFU时，按"四舍五入"的原则修约，以整数报告。

2）菌落数大于或等于100CFU时，第3位数字采用"四舍五入"的原则修约后，取前两位数字，后面用0代替位数；也可用10的指数形式来表示，按"四舍五入"的原则修约后，采用两位有效数字。

3）若所有平板上均为蔓延菌落而无法计数，则报告菌落蔓延。

4）若空白对照上有菌落生长，则此次检测结果无效。

7. 注意事项

在样品稀释过程中，每递增稀释一次，换用1次无菌吸管。称重取样以CFU/g为单位报告。

技能训练5　面包大肠菌群的测定

1. 原理

大肠菌群是指一群能发酵乳糖、产酸产气、需氧和兼性厌氧的革兰氏阴性无芽孢杆菌。食品中大肠菌群以100mL（g）检样中大肠菌群最可能数（MPN）表示。此类细菌主要来源于人畜粪便。在评价食品的卫生质量时，以大肠菌群作为粪便污染指标，推断食品中是否有肠道致病菌的可能及污染程度。

2. 指标要求

在GB 7099—2003中规定，热加工的糕点大肠菌群要求小于或等于30MPN/100g，冷加工的糕点菌落总数要求小于或等于300MPN/100g。由于面包属于热加工的糕点，因此面包的大肠菌群应小于或等于30MPN/100g。

3. 仪器与试剂

（1）仪器　天平（感量为0.1g）、显微镜（10～100倍），其他仪器同本节技能训练4。

（2）试剂

1）煌绿乳糖胆盐（BGLB）肉汤、结晶紫中性红胆盐琼脂（VRBA）。

2）磷酸盐缓冲液：称取34.0g磷酸二氢钾溶于500mL蒸馏水中，用大约175mL的1mol/L氢氧化钠溶液调节pH值至7.2，用蒸馏水稀释至1000mL后储存于冰箱。用时，取储存液1.25mL，用蒸馏水稀释至1000mL，分装于适宜容器中，于121℃高压灭菌15min。

3）0.85%灭菌生理盐水：称取8.5g氯化钠溶于1000mL蒸馏水中，于121℃高压灭菌15min。

4）无菌1mol/L NaOH、无菌1mol/L HCl。

4. 操作步骤

（1）检验流程　菌落总数检验流程如图2-3-7所示。

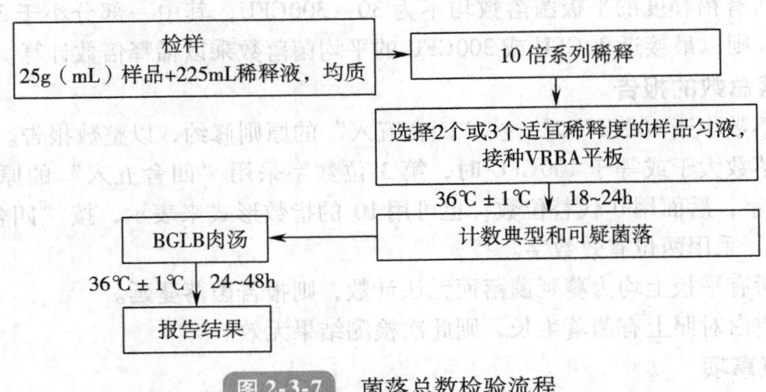

图2-3-7　菌落总数检验流程

（2）样品的稀释　称取25g研细的饼干样品置于盛有225mL磷酸盐缓冲液或生理盐水的无菌均质杯内，以8000~10000r/min的转速均质1~2min，用拍击式均质器拍打1~2min，制成1:10的样品匀液。样品匀液的pH值应为6.5~7.5，必要时分别用1mol/L的NaOH或1mol/L的HCl调节。用1mL无菌吸管吸取上述样品匀液1mL，沿管壁缓慢注入盛有9mL稀释液的无菌试管中（注意吸管或吸头尖端不要触及稀释液面），振摇试管或换用1支1mL无菌吸管反复吹打，使其混合均匀，制成1:100的样品匀液。依次操作，制备10倍系列稀释样品匀液。

（3）倾注平皿　选择2个或3个适宜的连续稀释度的样品匀液，每个稀释度接种2个平皿，每皿1mL。同时取1mL生理盐水，加入无菌平皿作空白对照。及时将15~20mL冷却至46℃的结晶紫红胆盐琼脂培养基倾注于每个平皿，并转动平皿使其混合均匀，待琼脂凝固后，再加3~4mL VRBA覆盖于平板表层，翻转平板，置于36℃±1℃培养18~24h。平板接种操作示意图如图2-3-8所示。

（4）平板菌落数的选择　选取菌落数为15~150CFU的平板，分别计数平板上出现的典型和可疑大肠菌群落。

（5）证实试验　从VRBA平板上挑取10个不同类型的典型和可疑菌落，分别移种于BGLB肉汤，于36℃±1℃培养24~48h，观察产生情况。只要BGLB肉汤管产气，就可大肠菌群呈阳性。

5. 报告

经最后证实为大肠菌群呈阳性的试管比例乘以“平板菌落数的选择”中计数的平板菌落数，再乘以稀释倍数，即为每克（毫升）样品中大肠菌群数。

6. 注意事项

在样品稀释过程中，每递增稀释一次，换用1次吸管。

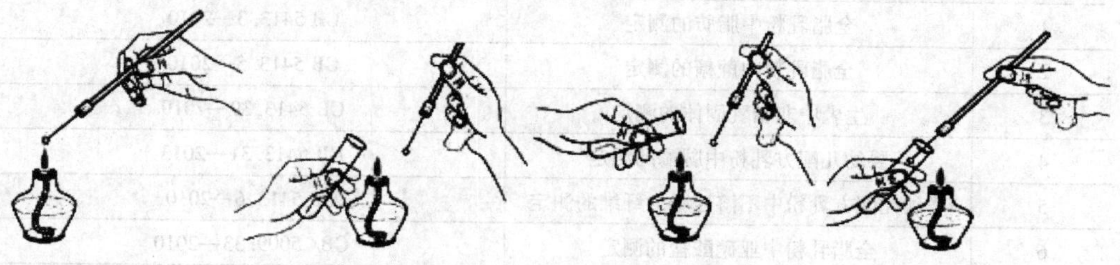

1. 将接种环(针)在火焰上灼烧
2. 在火焰旁3cm范围内，冷却接种环(针)，并打开试管塞
3. 将试管口在火焰上移动
4. 将已冷却的接种环(针)伸入试管中，沾(挑)取菌液(丝)

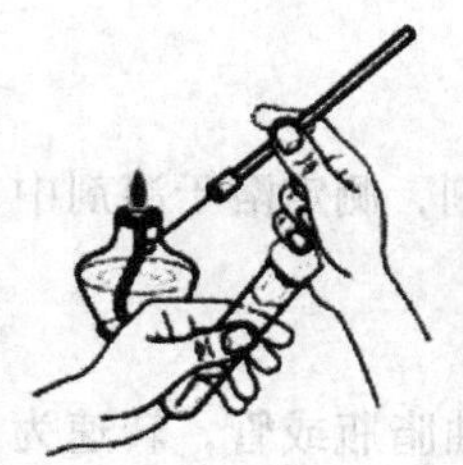

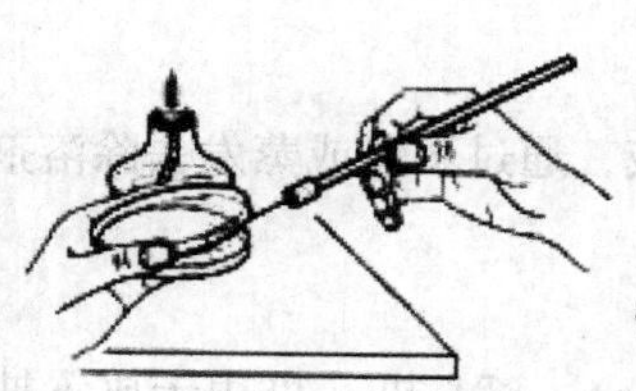

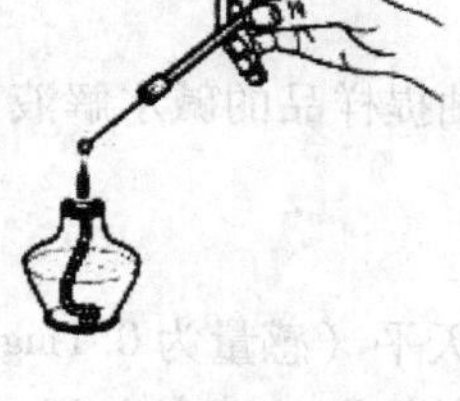

5. 将试管口再次在火焰上移动，并塞上试管塞。注意：接种环(针)不能接触火焰
6. 左手持培养皿，并将皿盖掀开一条缝隙，迅速将接种环(针)伸入平板划线。注意不能划破培养基
7. 再次将接种环(针)在火焰上灼烧

图 2-3-8 平板接种操作示意图

第三节 乳及乳制品的检验

技能训练目标

1）了解全脂乳粉中的脂肪、蔗糖、亚硝酸盐，生乳中的非脂乳固体，婴儿配方乳粉中的脲酶、不溶性膳食纤维，以及发酵乳中乳酸菌数的测定原理。

2）熟悉仪器与试剂，并能够规范操作试验仪器，科学配制相关试剂。

3）规范完成各试验操作步骤，科学读取相关数据，并做好试验记录。

4）完成试验结果计算，并能科学分析试验数据，完成试验报告的编制。

5）正确理解注意事项，并能够在试验过程中解决常见问题。

 技能训练内容及依据

乳及乳制品检验专项技能训练的内容及依据见表2-3-12。

表2-3-12 乳及乳制品检验专项技能训练的内容及依据

序 号	技能训练项目名称	国家标准依据
1	全脂乳粉中脂肪的测定	GB 5413.3—2010
2	全脂乳粉中蔗糖的测定	GB 5413.5—2010
3	生乳中非脂乳固体的测定	GB 5413.39—2010
4	婴幼儿配方乳粉中脲酶的测定	GB 5413.31—2013
5	婴幼儿配方乳粉中不溶性膳食纤维的测定	GB 5413.6—2010
6	全脂乳粉中亚硝酸盐的测定	GB/ 5009.33—2010
7	发酵乳中乳酸菌数的测定	GB 4789.35—2010

技能训练1 全脂乳粉中脂肪的测定

1. 原理

用乙醚和石油醚抽提样品的碱水解液，通过蒸馏或蒸发去除溶剂，测定溶于溶剂中的抽提物的质量。

2. 仪器与试剂

（1）仪器 分析天平（感量为0.1mg）、离心机（可用于放置抽脂瓶或管，转速为500~600r/min，可在抽脂瓶外端产生80~90g的重力场）、烘箱、水浴、抽脂瓶（抽脂瓶应带有软木塞或其他不影响溶剂使用的瓶塞，如硅胶或聚四氟乙烯。软木塞应先浸于乙醚中，后放入60℃或60℃以上的水中保持至少15min，冷却后使用。不用时需浸泡在水中，浸泡用水每天更换一次）。

（2）试剂

1）淀粉酶：酶活力大于或等于1.5 U/mg。

2）氨水（NH_4OH）：质量分数约为25%。

3）乙醇（C_2H_5OH）：体积分数至少为95%。

4）乙醚（$C_4H_{10}O$）：不含过氧化物，不含抗氧化剂，并满足试验的要求。

5）石油醚（$C_nH_{2n}+2$）：沸程为30~60℃。

6）混合溶剂：等体积混合乙醚和石油醚，使用前制备。

7）碘溶液（I_2）：约为0.1mol/L。

8）刚果红溶液（$C_{32}H_{22}N_6Na_2O_6S_2$）：将1g刚果红溶于水中，稀释至100mL。

9）盐酸（6mol/L）：量取50mL盐酸（浓度为12mol/L）缓慢倒入40mL水中，定容至100mL，混匀。

3. 操作步骤

（1）用于脂肪收集的容器（脂肪收集瓶）的准备于干燥的脂肪收集瓶中加入几粒

沸石，放入烘箱中干燥1h，然后使脂肪收集瓶冷却至室温，称量，精确至0.1mg。

（2）空白试验　空白试验与样品检验同时进行，使用相同步骤和相同试剂，但用10mL水代替试样。

（3）测定

1）称取混匀后的试样约1g（精确至0.0001g）。

① 不含淀粉样品：加入10mL温度为65℃ ±5℃的水，将试样洗入抽脂瓶的小球中，充分混合，直到试样完全分散，放入流动水中冷却。

② 含淀粉样：将试样放入抽脂瓶中，加入约0.1g的淀粉酶和一小磁性搅拌棒，混合均匀后，加入8~10mL温度为45℃的蒸馏水，注意液面不要太高。盖上瓶塞于搅拌状态下置于65℃水浴中2h，每隔10min摇混一次。为检验淀粉是否水解完全，可加入两滴浓度约为0.1mol/L的碘溶液，若无蓝色出现，则说明水解完全，否则将抽脂瓶重新置于水浴中，直至无蓝色产生。冷却抽脂瓶。

2）加入2.0mL氨水，充分混合后立即将抽脂瓶放入65℃ ±5℃的水浴中，加热15~20min，不时取出振荡。取出后，冷却至室温，静止30s后可进行下一步操作。

3）加入10mL乙醇，缓和但彻底地进行混合，避免液体太接近瓶颈。如果需要，则可加入两滴刚果红溶液。

4）加入25mL乙醚，塞上瓶塞，将抽脂瓶保持在水平位置，将小球的延伸部分朝上夹到摇混器上，按约100次/min的频率振荡1min，也可采用手动振摇方式，但均应注意避免形成持久乳化液。抽脂瓶冷却后小心地打开塞子，用少量的混合溶剂冲洗塞子和瓶颈，使冲洗液流入抽脂瓶。

5）加入25mL石油醚，塞上重新润湿的塞子，按上述方法轻轻振荡30s。

6）将加塞的抽脂瓶放入离心机中，在500~600r/min的转速下离心5min，否则将抽脂瓶静止至少30min，直到上层液澄清，并明显与水相分离。

7）小心地打开瓶塞，用少量的混合溶剂冲洗塞子和瓶颈内壁，使冲洗液流入抽脂瓶。如果两相界面低于小球与瓶身相接处，则沿瓶壁边缘慢慢地加入水，使液面高于小球和瓶身相接处，以便于倾倒。

8）将上层液尽可能地倒入已准备好的加入沸石的脂肪收集瓶中，避免倒出水层。

9）用少量混合溶剂冲洗瓶颈外部，将冲洗液收集在脂肪收集瓶中。要防止溶剂溅到抽脂瓶的外面。

10）向抽脂瓶中加入5mL乙醇，用乙醇冲洗瓶颈内壁，按3）所述进行混合。重复4）~9）操作，再进行第二次抽提，但只用15mL乙醚和15mL石油醚。

11）重复3）~9）操作，再进行第三次抽提，但只用15mL乙醚和15mL石油醚。如果产品中脂肪的质量分数低于5%，则可只进行两次抽提。

12）合并所有提取液，既可采用蒸馏的方法除去脂肪收集瓶中的溶剂，也可于沸水浴上蒸发至干来除掉溶剂。蒸馏前用少量混合溶剂冲洗瓶颈内部。

13）将脂肪收集瓶放入102℃ ±2℃的烘箱中加热1h，取出脂肪收集瓶，冷却至室温，称量，精确至0.1mg。

14）重复上一步操作，直到脂肪收集瓶两次连续称量差值不超过 0.5mg，记录脂肪收集瓶和抽提物的最低质量。

15）为验证抽提物是否全部溶解，向脂肪收集瓶中加入 25mL 石油醚，微热，振摇，直到脂肪全部溶解。如果抽提物全部溶于石油醚中，则含抽提物的脂肪收集瓶的最终质量和最初质量之差，即为脂肪含量。

16）若抽提物未全部溶于石油醚中，或怀疑抽提物不完全为脂肪，则用热的石油醚洗提。小心地倒出石油醚，不要倒出任何不溶物，重复此操作 3 次以上，再用石油醚冲洗脂肪收集瓶口的内部。最后，用混合溶剂冲洗脂肪收集瓶口的外部，避免溶液溅到瓶的外壁。将脂肪收集瓶放入 102℃ ±2℃ 的烘箱中，加热 1h，按 13）和 14）所述操作。

17）取 14）中测得的质量和 16）测得的质量之差作为脂肪的质量。

4. 结果计算

样品中脂肪的含量按式（2-3-18）计算。

$$X = \frac{(m_1 - m_2) - (m_3 - m_4)}{m} \times 100 \tag{2-3-18}$$

式中　X——样品中脂肪的含量（g/100g）；

m——样品的质量（g）；

m_1——操作步骤 14）中测得的脂肪收集瓶和抽提物的质量（g）；

m_2——脂肪收集瓶的质量，或在有不溶物存在下，操作步骤 16）中测得的脂肪收集瓶和不溶物的质量（g）；

m_3——空白试验中，脂肪收集瓶和操作步骤 14）中测得的抽提物的质量（g）；

m_4——空白试验中脂肪收集瓶的质量，或在有不溶物存在时，操作步骤 16）中测得的脂肪收集瓶和不溶物的质量（g）。

以重复性条件下获得的两次独立测定结果的算术平均值表示，结果保留三位有效数字。

5. 精密度

在重复性条件下获得的两次独立测定结果之差应符合：脂肪含量大于或等于 15% 时，测定结果之差应小于或等于 0.3g/100g；脂肪含量为 5% ~15% 时，测定结果之差应小于或等于 0.2g/100g；脂肪含量小于或等于 5% 时，测定结果之差应小于或等于 0.1g/100g。

技能训练 2　全脂乳粉中蔗糖的测定

1. 原理

采用莱茵-埃农法检验乳粉中蔗糖的含量。试样经除去蛋白质后，其中的蔗糖经盐酸水解为还原糖，再按还原糖测定。水解前后的差值乘以相应的系数即为蔗糖含量。

2. 仪器与试剂

（1）仪器　天平（感量为 0.1mg）、水浴锅（温度可控制在 75℃ ±2℃）。

（2）试剂

除非另有规定，所有试剂均为分析纯，水为 GB/T 6682—2008 规定的三级水。

1）常用试剂：乙酸铅、草酸钾、磷酸氢二钠、盐酸、硫酸铜、浓硫酸、酒石酸钾钠、氢氧化钠、酚酞、乙醇、次甲基蓝。

2）乙酸铅溶液（200g/L）：称取 200g 乙酸铅，溶于水并稀释至 1000mL。

3）草酸钾-磷酸氢二钠溶液：称取草酸钾 30g，磷酸氢二钠 70g，溶于水并稀释至 1000mL。

4）（1+1）盐酸：1 体积盐酸与 1 体积的水混合。

5）氢氧化钠溶液（300g/L）：称取 300g 氢氧化钠，溶于水并稀释至 1000mL。

6）斐林溶液（甲液）：称取 34.639g 硫酸铜，溶于水中，加入 0.5mL 浓硫酸，加水至 500mL。

7）斐林溶液（乙液）：称取 173g 酒石酸钾钠及 50g 氢氧化钠溶解于水中，稀释至 500mL，静置两天后过滤。

8）酚酞溶液（5g/L）：称取 0.5g 酚酞溶于 100mL 体积分数为 95% 的乙醇中。

9）次甲基蓝溶液（10g/L）：称取 1g 次甲基蓝于 100mL 水中。

3. 操作步骤

（1）斐林溶液的标定

1）称取在 105℃ ±2℃烘箱中干燥 2h 的蔗糖约 0.2g（精确到 0.1mg），用 50mL 水溶解并洗入 100mL 容量瓶中，加水 10mL，再加入 10mL 盐酸，置于 75℃水浴锅中，时时摇动，使溶液温度在 67.0～69.5℃，保温 5min，冷却后，加 2 滴酚酞溶液，用氢氧化钠溶液调至微粉色，用水定容至刻度。

2）预滴定：吸取 10mL 斐林氏液（甲、乙液各 5mL）置于 250mL 锥形瓶中，加入 20mL 蒸馏水，放入几粒玻璃珠，从滴定管中放出 15mL 样液置于锥形瓶中，置于电炉上加热，使其在 2min 内沸腾，保持沸腾状态 15s，加入 3 滴次甲基蓝溶液，继续滴入样液至溶液蓝色完全退尽为止，读取所用样液的体积。

3）精确滴定：另取 10mL 斐林氏液（甲、乙液各 5mL）置于 250mL 锥形瓶中，再加入 20mL 蒸馏水，放入几粒玻璃珠，加入比预滴定量少 0.5～1.0mL 的样液，置于电炉上，使其在 2min 内沸腾，维持沸腾状态 2min，加入 3 滴次甲基蓝溶液，以每 2s 一滴的速度徐徐滴入样液，溶液蓝色完全退尽即为终点，记录消耗样液的体积。

4）按式（2-3-19）和式（2-3-20）计算斐林溶液的蔗糖校正值（f）。

$$A = \frac{1000Vm}{100 \times 0.95} = 10.5263Vm \qquad (2\text{-}3\text{-}19)$$

$$f = \frac{10.5263Vm}{AL} \qquad (2\text{-}3\text{-}20)$$

式中　A——实测转化糖数（mg）；

V——滴定时消耗蔗糖溶液的体积（mL）；

m——称取蔗糖的质量（g）；

0.95——果糖相对分子质量和葡萄糖相对分子质量之和与蔗糖相对分子质量的比值；

f——斐林溶液的蔗糖校正值；

AL——由蔗糖溶液滴定的毫升数查表2-3-13所得的转化糖数（mg）。

表 2-3-13　乳糖及转化糖因数表（10mL 斐林溶液）

滴定量/mL	乳糖/mg	转化糖/mg	滴定量/mL	乳糖/mg	转化糖/mg
15	68.3	50.5	33	67.8	51.7
16	68.2	50.6	34	67.9	51.7
17	68.2	50.7	35	67.9	51.8
18	68.1	50.8	36	67.9	51.8
19	68.1	50.8	37	67.9	51.9
20	68.0	50.9	38	67.9	51.9
21	68.0	51.0	39	67.9	52.0
22	68.0	51.0	40	67.9	52.0
23	67.9	51.1	41	68.0	52.1
24	67.9	51.2	42	68.0	52.1
25	67.9	51.2	43	68.0	52.2
26	67.9	51.3	44	68.0	52.2
27	67.8	51.4	45	68.1	52.3
28	67.8	51.4	46	68.1	52.3
29	67.8	51.5	47	68.2	52.4
30	67.8	51.5	48	68.2	52.4
31	67.8	51.6	49	68.2	52.5
32	67.8	51.6	50	68.3	52.5

注："因数"是指与滴定量相对应的数目，可自表中查得。若蔗糖含量与乳糖含量的比超过3:1时，则应加表2-3-14中的校正值后计算。

表 2-3-14　乳糖滴定量校正值数

滴定终点时所用的糖液量/mL	用 10mL 斐林溶液、蔗糖及乳糖量的比	
	3:1	6:1
15	0.15	0.30
20	0.25	0.50
25	0.30	0.60
30	0.35	0.70
35	0.40	0.80
40	0.45	0.90
45	0.50	0.95
50	0.55	1.05

（2）测定　取50mL样液置于100mL容量瓶中，加水10mL，再加入10mL盐酸，置于75℃水浴锅中，时时摇动，使溶液温度在67.0～69.5℃，保温5min，冷却后，加2滴酚酞溶液，用氢氧化钠溶液调至微粉色，用水定容至刻度，再按斐林溶液的标定中预滴定和精确滴定的方法操作。

4. 结果计算

利用测定乳糖时的滴定量，按式（2-3-21）计算出相对应的转化前转化糖的含量 X_1。

$$X_1 = \frac{F_2 \times f_2 \times 0.25 \times 100}{V_1 \times m} \tag{2-3-21}$$

式中　X_1——转化前转化糖的含量（g/100g）；

F_2——由测定乳糖时消耗样液的毫升数查表1所得转化糖数（mg）；

f_2——斐林溶液蔗糖校正值；

V_1——滴定消耗滤液量（mL）；

m——样品的质量（g）。

用测定蔗糖时的滴定量，按式（2-3-22）计算出相对应的转化后转化糖的含量 X_2。

$$X_2 = \frac{F_3 \times f_2 \times 0.50 \times 100}{V_2 \times m} \tag{2-3-22}$$

式中　X_2——转化后转化糖的含量（g/100g）；

F_3——由滴定消耗的转化液量查得的转化糖数（mg）；

f_2——斐林溶液蔗糖校正值；

m——样品的质量（g）；

V_2——滴定消耗的转化液量（mL）。

试样中蔗糖的含量 X 按式（2-3-23）计算。

$$X = (X_2 - X_1) \times 0.95 \tag{2-3-23}$$

式中　X——试样中蔗糖的含量（g/100g）；

X_1——转化前转化糖的含量（g/100g）；

X_2——转化后转化糖的含量（g/100g）。

结果以重复性条件下获得的两次独立测定结果的算术平均值表示，保留三位有效数字。

技能训练3　生乳中非脂乳固体的测定

1. 原理

重量法测定生乳中的非脂乳固体的含量。先分别测定出生乳中的总固体含量、脂肪含量，再用总固体减去脂肪的含量，即为非脂乳固体的含量。

2. 仪器与试剂

平底皿盒、短玻璃棒、石英砂、海砂、天平（感量为0.1mg）、干燥箱、水浴锅。除非另有规定，所用试剂均为分析纯，水为GB/T 6682—2008规定的三级水。

3. 操作步骤

1）在平底皿盒中加入20g石英砂或海砂，在100℃±2℃的干燥箱中干燥2h，于干燥器中冷却0.5h，称量，并反复干燥至恒重，记录m_1。

2）称取5.0g（精确至0.0001g）试样置于恒重的皿内，置于水浴上蒸干。

3）擦去皿外的水渍，于100℃ ±2℃干燥箱中干燥3h，取出放入干燥器中冷却0.5h，称量，再于100℃ ±2℃干燥箱中干燥1h，取出冷却后称量，至前后两次质量相差不超过1.0mg，记录最低质量m_2。

4）脂肪含量的测定（参见本节技能训练1）

4. 结果计算

$$X = \frac{(m_2 - m_1)}{m} \times 100 \qquad (2\text{-}3\text{-}24)$$

式中 X——试样中总固体的含量（g/100g）；

m_1——皿盒、海砂的质量（g）；

m_2——皿盒、海砂加试样干燥后的质量（g）；

m——试样的质量（g）。

$$X_{NFT} = X - X_1 \qquad (2\text{-}3\text{-}25)$$

式中 X_{NFT}——试样中非脂乳固体的含量（g/100g）；

X——试样中总固体的含量（g/100g）；

X_1——试样中脂肪的含量（g/100g）。

以重复性条件下获得的两次独立测定结果的算术平均值表示，结果保留三位有效数字。

5. 注意事项

水浴蒸发水分时，应注意防止样品外溅。

技能训练4　婴幼儿配方乳粉中脲酶的测定

1. 原理

脲酶在适当酸碱度和温度下，催化尿素转化成碳酸铵，而碳酸铵在碱性条件下形成氢氧化铵，与纳氏试剂中的碘化钾汞复盐作用形成棕色的碘化双汞铵。

$$NH_2CONH_2 + 2H_2O \xrightarrow{\text{脲酶}} (NH_4)_2CO_3$$

$$(NH_4)_2CO_3 + 2OH^- = CO_3^{2-} + 2NH_4OH$$

$$2K_2[HgI_4] + KOH + NH_3 = NH_2Hg_2I_3\downarrow + 5KI + H_2O$$

2. 仪器与试剂

（1）仪器　电子天平（感量为0.1g）、旋涡振荡器、恒温水浴锅（40℃ ±1℃）。

（2）试剂

1）10g/L尿素溶液、100g/L钨酸钠溶液、20g/L酒石酸钾钠溶液、体积分数为5%的硫酸。

2）中性缓冲溶液：取0.067mol/L磷酸氢二钠溶液611mL，加入389mL 0.067mol/L磷酸二氢钾溶液混合均匀即可。

3）纳氏试剂：称取红色碘化汞55g，碘化钾41.25g，溶于250mL蒸馏水中，溶解后，倒入1000mL容量瓶中，再称取氢氧化钠144g溶于500mL水中，溶解并冷却后，再缓慢地倒入上述1000mL的容量瓶中，加水至刻度，摇匀，倒入试剂瓶静止后，用上清液。

3. 操作步骤

1）取甲、乙两支试管，各加入0.10g样品，再加入1mL蒸馏水，振摇0.5min（约100次），然后各加入1mL中性缓冲溶液。

2）向甲管（样品管）加入1mL尿素溶液，再向乙管（空白对照管）加入1mL蒸馏水，两管摇匀后，置于40℃ ±1℃水浴中保温20min。

3）从水浴中取出两管后，各加4mL蒸馏水，摇匀，再加1mL钨酸钠溶液，摇匀，加1mL硫酸溶液，摇匀，过滤备用。

4）取上述滤液2mL，分别注入2支25mL具塞的比色管中，再各加入15mL水、1mL酒石酸钾钠溶液和2mL纳氏试剂，最后以蒸馏水定容至25mL，摇匀，5min内观察结果。

4. 结果判定

结果判定见表2-3-15。

表2-3-15　婴幼儿配方乳粉中脲酶的测定结果判定

脲酶定性	表示符号	显示结果
强阳性	++++	砖红色混浊或澄清液
次强阳性	+++	橘红色澄清液
阳性	++	深金黄色或黄色澄清液
弱阳性	+	淡黄色或微黄色澄清液
阴性	—	样品管与空白对照管同色或更淡

5. 注意事项

试样和空白试验同时操作，过程要迅速，防止时间影响。

技能训练5　婴幼儿配方乳粉中不溶性膳食纤维的测定

1. 原理

使用中性洗涤剂将试样中的糖、淀粉、蛋白质、果胶等物质溶解除去，不能溶解的残渣为不溶性膳食纤维，主要包括纤维素、半纤维素、木质素、角质和二氧化硅等，并包括不溶性灰分。

2. 仪器与试剂

（1）仪器　分析天平（感量为0.1mg）、烘箱（110～130℃）、恒温箱（37℃ ±2℃）、纤维测定仪。若没有纤维测定仪，则可由以下部件组成：

1）电热板：带控温装置。

2）高型无嘴烧杯：600mL。

3）坩埚式耐酸玻璃滤器：容量为60mL，孔径为40～60μm。

4）回流冷凝装置。

5）抽滤装置：由抽滤瓶、抽滤垫及水泵组成。

6）pH 计：精度为 0.01。

（2）试剂

1）无水亚硫酸钠、石油醚（沸程 30～60℃）、丙酮、甲苯、EDTA 二钠盐、四硼酸钠（含 10 个结晶水）、月桂基硫酸钠、乙二醇独乙醚、无水磷酸氢二钠、磷酸、磷酸二氢钠、质量分数为 2.5% 的 α-淀粉酶溶液、耐热玻璃棉（耐热 130℃且不易折断）。

2）磷酸盐缓冲液：由 38.7mL0.1mol/L 磷酸氢二钠和 61.3mL 0.1mol/L 磷酸二氢钠混合而成，pH = 7.0 ±0.2。

3）中性洗涤液：将 18.61gEDTA 二钠盐和 6.81g 四硼酸钠（含 10 个结晶水）置于烧杯中，加水约 100mL，加热使之溶解，将 30.00g 月桂基硫酸钠和 10mL 乙二醇独乙醚溶于约 650mL 热水中，合并上述两种溶液，再将 4.56g 无水磷酸氢二钠溶于 130mL 热水中，并入上述溶液中，用磷酸调节上述混合液至 pH = 6.9～7.1，最后加水至 1000mL。

3. 操作步骤

1）准确称取试样 1.0g，置于高型无嘴烧杯中，用石油醚于 30～60℃提取脂肪 3 次，每次 10mL，然后加 100mL 中性洗涤剂溶液，再加 0.5g 无水亚硫酸钠，用电炉加热，在 5～10min 内使其煮沸，移至电热板上，保持微沸 1h。

2）在耐酸玻璃滤器中，铺 1～3g 玻璃棉，移至烘箱内，于 110℃烘 4h，取出置于干燥器中冷至室温，准确称量（精确到 0.0001g），记录为 m_1。

3）将煮沸后的试样趁热倒入滤器中，用水泵抽滤，然后用 500mL 热水（90℃），分数次洗烧杯及滤器，抽滤至干。洗净滤器下部的液体和泡沫，塞上橡胶塞。

4）在滤器中加酶液，液面需覆盖纤维，然后用细针挤压掉其中的气泡，加数滴甲苯，盖上表面皿，置于 37℃恒温箱中过夜。

5）取出滤器，除去底部塞子，抽滤去酶液，并用 300mL 热水分数次洗去残留酶液，用碘液检查是否有淀粉残留。若有淀粉残留，则继续加酶水解；若淀粉已除尽，则抽干，再用丙酮洗 2 次。

6）将滤器置于烘箱中，于 110℃烘 4h，取出，置于干燥器中，冷至室温，准确称量（精确到 0.0001g），记录为 m_2。

4. 结果计算

试样中不溶性膳食纤维的含量按式（2-3-26）计算。

$$X = \frac{(m_2 - m_1)}{m} \times 100 \qquad (2\text{-}3\text{-}26)$$

式中 X——试样中不溶性膳食纤维的含量（g/100g）；

m_1——滤器加玻璃棉的质量（g）；

m_2——滤器加玻璃棉及试样中纤维的质量（g）；

m——试样质量（g）。

以重复性条件下获得的两次独立测定结果的算术平均值表示，结果保留三位有效数字。在重复性条件下获得的两次独立测定结果的绝对差值不得超过算术平均值的 10%。

5. 注意事项

注意严格控制洗涤和酶解条件。

技能训练 6　全脂乳粉中亚硝酸盐的测定

1. 原理

用分光光度法测定全脂乳粉中亚硝酸盐的含量。对试样进行沉淀蛋白质和除去脂肪处理后，在滤液中加入磺胺和 N-1-萘基-乙二胺二盐酸盐，使其显粉红色，然后用分光光度计在 538nm 波长下测其吸光度，将测得的吸光度与亚硝酸钠标准系列溶液的吸光度进行比较，就可计算出样品中亚硝酸盐的含量。

2. 仪器与试剂

（1）仪器　分析天平（感量为 1mg）、烧杯（100mL）、容量瓶、移液管、比色管、量筒、定性滤纸（直径约为 18cm）分光光度计（测定波长为 538nm，使用 1～2cm 光程的比色皿）。

（2）试剂

1）沉淀蛋白和脂肪的溶液：硫酸锌溶液、亚铁氰化钾溶液。

2）显色液 1：体积比为 450:550 的盐酸。

3）显色液 2：5g/L 的磺胺溶液。

4）显色液 3：1g/L 的萘胺盐酸盐溶液。

5）亚硝酸钠标准溶液：相当于亚硝酸根的质量浓度为 0.001g/L。

3. 操作步骤

1）在 100mL 烧杯中准确称取 10g（精确至 0.001g）样品，用 112mL 55℃的水将样品洗入 500mL 锥形瓶中，混匀。

2）按顺序加入 24mL 硫酸锌溶液、24mL 亚铁氰化钾溶液和 40mL 缓冲溶液，加入时要边加边摇，每加完一种溶液都要充分摇匀。静置 15min～1h，然后用滤纸过滤，滤液用 250mL 锥形瓶收集。

3）准确移取 20mL 滤液置于 100mL 容量瓶中，加水至约 60mL，然后先加入 6mL 显色液 1，边加边混，再加入 5mL 显色液 2，小心混合溶液，使其在室温下静置 5min，避免阳光直射，接着加入 2mL 显色液 3，小心混合，使其在室温下静置 5min，避免阳光直射，用水定容至刻度，混匀，在 15min 内用 538nm 波长，以空白试验液体为对照测定上述样品溶液的吸光度。

4）分别准确移取 0mL、2mL、4mL、6mL、8mL、10mL、12mL、16mL 和 20mL 亚硝酸钠标准溶液置于 9 个 100mL 容量瓶中，在每个容量瓶中加水，使其体积约为 60mL。加入 2mL 显色液 3，小心混合，使其在室温下静置 5min，用水定容至刻度，混匀。在 15min 内，用 538nm 波长，以第一个溶液（不含亚硝酸钠）为对照测定另外 8 个溶液的吸光度。

4. 结果计算

（1）标准曲线的绘制　将测得的吸光度对亚硝酸根质量浓度作图。亚硝酸根的质量浓度可根据加入的亚硝酸钠标准溶液的量计算出来。亚硝酸根的质量浓度为横坐标，吸光度为纵坐标。亚硝酸根的质量浓度以 μg/100mL 表示。

（2）结果计算

$$X = \frac{20000c}{mV} \tag{2-3-27}$$

式中 X——样品中亚硝酸根的含量（mg/kg）；

c——根据样品管的吸光度，从标准曲线上读取的 NO^{2-} 的质量浓度（μg/100mL）；

m——样品的质量（g）；

V——所取滤液的体积（mL）。

样品中以亚硝酸钠表示的亚硝酸盐含量：

$$W(NaNO_2) = 1.5W(NO_2^-) \tag{2-3-28}$$

式中 $W(NO_2^-)$——样品中亚硝酸根的含量（mg/kg）；

$W(NaNO_2)$——样品中以亚硝酸钠表示的亚硝酸盐的含量（mg/kg）。

5. 注意事项

样品液与标准溶液的显色顺序和时间要保持一致；显色时间不应过长，以免对测定结果造成影响；蛋白质沉淀剂也可选用乙酸锌溶液。

技能训练 7　发酵乳中乳酸菌数的测定

1. 原理

涂布平板计数法测定发酵乳中乳酸菌总数。乳酸菌是一群能分解葡萄糖或乳糖产生乳酸，需氧和兼性厌氧，多数无动力，过氧化氢酶阴性、革兰阳性的无芽孢杆菌和球菌。通过选择性培养基和鉴别培养基的制备，使乳酸菌繁殖，从而达到计数和鉴别的目的。

2. 仪器与试剂

（1）仪器　恒温培养箱（36℃ ±1℃）、冰箱（2 ~ 5℃）、无菌锥形瓶（容量为 250mL、500mL）、均质器、天平（感量为 0.1g）、精密 pH 试纸、菌落计数器、无菌试管（ϕ118mm × 180mm、ϕ15mm × 100mm）、无菌吸管［1mL（具 0.01mL 刻度）、10mL（具 0.1mL 刻度）］、玻璃珠、酒精灯。

（2）试剂

1）MRS 培养基

① MRS 培养基成分见表 2-3-16。

表 2-3-16　MRS 培养基成分

蛋白胨	牛肉粉	酵母粉	葡萄糖	吐温 80	$K_2HPO_4 \cdot 7H_2O$
10.0g	5.0g	4.0g	20.0g	1.0mL	2.0g
三水乙酸钠	柠檬酸三铵	$MgSO_4 \cdot 7H_2O$	$MnSO_4 \cdot 4H_2O$	琼脂粉	pH 值
5.0g	2.0g	0.2g	0.05g	15.0g	6.2

② 制法：将 11 种成分加入到 1000mL 蒸馏水中，加热溶解，调节 pH 值，分装后于 121℃高压灭菌 15 ~20min。

2）莫匹罗星锂盐（Li-Mupirocin）改良 MRS 培养基

① 莫匹罗星锂盐储备液的制备：称取 50mg 莫匹罗星锂盐加入到 50mL 蒸馏水中，用 0.22μm 微孔滤膜过滤除菌。

② 制法：将 MRS 培养基成分加入到 950mL 蒸馏水中，加热溶解，调节 pH 值，分装后于 121℃高压灭菌 15 ~20min。临用时加热熔化琼脂，在水浴中冷至 48℃，用带有 0.22 μm 微孔滤膜的注射器将莫匹罗星锂盐储备液加入到熔化琼脂中，使培养基中莫匹罗星锂盐的质量浓度为 50μg/mL。

3）MC 培养基

① MC 培养基成分见表 2-3-17。

表 2-3-17 MC 培养基成分

大豆蛋白胨	牛肉粉	酵母粉	葡萄糖	乳糖	碳酸钙	琼脂	1%中性红溶液	pH 值	蒸馏水
5.0g	3.0g	3.0g	20.0g	20.0g	10.0g	15.0g	5.0mL	6.0	1000mL

② 制法：将表 2-3-15 中前面 7 种成分加入蒸馏水中，加热溶解，调节 pH 值，加入 1% 中性红溶液，分装后于 121℃高压灭菌 15 ~20min。

3. 操作步骤

1）培养基的制备：计算配制各培养基 100mL、250mL 生理盐水所需试剂的量，按上述方法配制并灭菌。

2）吸管、试管、培养皿于 160℃灭菌 2h。

3）平板的制作：无菌操作，向平皿内注入 15mL 左右的培养基，每种培养基制作 6 个平板。

4）检样的稀释、分装：在无菌条件下，准确移取充分摇匀的检样 25mL，放入装有 225mL 无菌生理盐水的 500mL 锥形瓶（瓶内预置适当数量的无菌玻璃珠）中，经充分振摇，形成 1:10 均匀稀释液。用 1mL 无菌吸管吸取 1:10 样品匀液 1mL，沿管壁缓慢注于盛有 9mL 灭菌生理盐水的无菌试管中（注意吸管或吸头尖端不要触及稀释液），振摇试管，混合均匀，制成 1:100 的样品匀液。另取 1 支 1mL 无菌吸管按上述方法配制 10 倍递增样品匀液，每递增稀释一次，即换用一次 1mL 灭菌吸管或吸头。

5）乳酸菌总数：根据待样品中乳酸菌含量的估计，选择 2 个或 3 个连续的适宜稀释度，每个稀释度以吸取该样品稀释液的吸管移 0.1mL 样品匀液，无菌条件下分别置于 2 个 MRS 琼脂平板内，使用灭菌 L 形棒进行表面涂布，于 36℃ ±1℃，厌氧培养 48h ±2h 后计数平板上的所有群落数。从样品稀释到平板涂布，要求在 15min 内完成。

6）双歧杆菌计数：根据待样品中乳酸菌含量的估计，选择 2 个或 3 个连续的适宜稀释度，每个稀释度以吸取该样品稀释液的吸管移 0.1mL 样品匀液，无菌条件下置于莫匹罗星锂盐（Li-Mupirocin）改良 MRS 琼脂平板，使用灭菌 L 形棒进行表面涂布，于 36℃ ±1℃，厌氧培养 48h ±2h 后计数平板上的所有群落数。从样品稀释到平板涂布，要求在15min内完成。

7）嗜热链球菌计数：根据待样品中乳酸菌含量的估计，选择2个或3个连续的适宜稀释度，每个稀释度以吸取该样品稀释液的吸管移0.1mL样品匀液，无菌条件下置于MC琼脂平板，使用灭菌L形棒进行表面涂布，于36℃±1℃，厌氧培养48h±2h后计数平板上的所有群落数。从样品稀释到平板涂布，要求在15min内完成。

4. 结果计算

每种琼脂平板上菌落的读取原则和计算方法同本章第二节技能训练4饼干菌落总数的测定。

乳杆菌计数：乳酸菌总数结果减去双歧杆菌与嗜热链球菌计数结果之和即得乳杆菌计数。

第四节　果酒、葡萄酒、黄酒的检验

 **技能训练目标**

1）了解黄酒中总酸、氨基酸态氮、还原糖、总糖、非糖固形物，果酒和葡萄酒中挥发酸、二氧化硫、还原糖、总糖、干浸出物的测定原理。

2）熟悉仪器与试剂，并能够规范操作试验仪器，科学配制相关试剂。

3）规范完成各试验操作步骤，科学读取相关数据，并做好试验记录。

4）完成试验结果计算，并能科学分析试验数据，完成试验报告的编制。

5）正确理解注意事项，并能够在试验过程中解决常见问题。

 **技能训练内容及依据**

随着我国国民经济的快速发展，我国白酒、果酒、葡萄酒、黄酒的检验检测标准也经过了几次较大规模的修订，但就大多数白酒、果酒、葡萄酒、黄酒检验方法而言变化幅度不大。本节白酒、果酒、葡萄酒、黄酒检验项目，主要依据最新版本的国家标准，结合食品检验中级工职业技能要求，明确了以下专项技能训练内容及其对应的国家标准依据，具体内容见表2-3-18。

表2-3-18　白酒、果酒、葡萄酒、黄酒检验技能训练的内容及依据

序　号	训练项目名称	国家标准依据
1	黄酒中总酸、氨基酸态氮的测定	GB/T 13662—2008
2	果酒、葡萄酒中挥发酸的测定	GB/T 15038—2006
3	果酒、葡萄酒中二氧化硫的测定	GB/T 15038—2006
4	果酒、葡萄酒、黄酒中还原糖和总糖的测定	GB/T 15038—2006 GB/T 13662—2008
5	果酒、葡萄酒中干浸出物的测定	GB/T 15038—2006
6	黄酒中非糖固形物的测定	GB/T 13662—2008

技能训练 1　黄酒中总酸、氨基酸态氮的测定

1. 原理

食品中的有机酸用标准碱溶液滴定时，被中和生成盐类。氨基酸是两性化合物，加入甲醛以固定氨基的碱性，使羧基显示酸性。将酸度计的复合电极同时插入被测液，用 NaOH 标准溶液滴定，根据酸度计指示的 pH 值判断和控制滴定的终点，通过 NaOH 标准溶液的消耗量可以计算出样品中总酸和氨基酸态氮的含量。

2. 仪器和试剂

（1）仪器　自动电位滴定仪或酸度计（精度为 0.01，附磁力搅拌器）、分析天平（感量为 0.0001g）。

（2）试剂　所有试剂均为分析纯，水为除 CO_2 的蒸馏水或同等纯度的水（以下简称水）、0.1mol/L NaOH 标准溶液（按 GB/T 601—2002 配制与标定）、甲醛溶液[36%～38%（无缩合沉淀）]。

3. 操作步骤

1）按仪器使用说明书校正仪器。

2）吸取样品 10.0mL 置于 150mL 烧杯中，加 50mL 水，向烧杯中放入磁力搅拌棒，置于电磁搅拌器上，开始搅拌，用 NaOH 标准溶液滴定。开始时滴定速度可稍快，在样液 pH＝7.0 后，放慢滴定速度，每次滴加半滴溶液，直至 pH＝8.2 为其终点，记录消耗 NaOH 标准溶液的体积（V_1）。

3）加入 10mL 甲醛溶液，混匀，继续用 NaOH 标准溶液滴定至 pH＝9.2，记录加甲醛溶液后消耗 NaOH 标准溶液的体积（V_2）。

4）同时做空白试验，分别记录不加甲醛溶液及加入甲醛溶液时，空白试验所消耗掉的 NaOH 标准溶液的体积（V_3、V_4）。

4. 结果计算

试样中总酸（以乳酸计）含量的计算公式为

$$X_1 = \frac{c \times (V_1 - V_3) \times 90}{V_{样}} \tag{2-3-29}$$

式中　X_1——试样中总酸的含量（g/L）；

c——NaOH 标准溶液的浓度（mol/L）；

V_1——样品溶液滴定至 pH＝8.2 时，消耗 NaOH 标准溶液的体积（mL）；

V_3——空白溶液滴定至 pH＝8.2 时，消耗 NaOH 标准溶液的体积（mL）；

90——乳酸的摩尔质量（g/mol）；

$V_{样}$——吸取试样的体积（mL）。

试样中氨基酸态氮的含量按式（2-3-30）计算。

$$X_2 = \frac{c \times (V_2 - V_4) \times 14}{V_{样}} \tag{2-3-30}$$

式中　X_2——试样中氨基酸态氮的含量（g/L）；

c——NaOH 标准溶液的浓度（mol/L）；

V_2——样品溶液加入甲醛后，消耗 NaOH 标准溶液的体积（mL）；

V_4——空白溶液加入甲醛后，消耗 NaOH 标准溶液的体积（mL）；

14——氮的摩尔质量（g/mol）；

$V_{样}$——吸取试样的体积（mL）。

技能训练 2　果酒、葡萄酒中挥发酸的测定

1. 原理

以蒸馏的方式蒸出样品中的低沸点酸类（即挥发酸），用碱标准溶液进行滴定，再测定游离二氧化硫和结合二氧化硫，通过计算和修正，得出样品中挥发酸的含量。

2. 仪器与试剂

（1）仪器　水蒸气蒸馏装置。

（2）试剂

1）0.05mol/L NaOH 标准溶液：按 GB/T 601—2002 配制与标定。

2）10g/L 酚酞指示剂溶液：1g 酚酞溶于 60mL 体积分数为 95% 的乙醇中，用水稀释至 100mL。

3）盐酸溶液：将浓盐酸用水稀释 4 倍。

4）碘标准溶液［$c(1/2I_2) = 0.005$mol/L］：按 GB/T 601—2002 配制与标定，并准确稀释。

5）碘化钾。

6）5g/L 淀粉指示剂：称取 5g 可溶性淀粉溶于 500mL 水中，加热至沸，并持续搅拌 10min，再加入 200g 氯化钠，冷却后定容至 1000mL。

7）硼酸钠饱和溶液：称取 5g 硼酸钠（$Na_2B_4O_7 \cdot 10H_2O$）溶于 100mL 热水中，冷却备用。

3. 操作步骤

（1）实测挥发酸　安装好蒸馏装置。吸取 10mL（V）样品（液温为 20℃）在该装置上进行蒸馏，收集 100mL 溜出液。将馏出液加热至沸，加入 2 滴酚酞指示剂，用 NaOH 标准溶液滴定至粉红色，30s 不退色即为终点，记录消耗 NaOH 标准溶液的体积（V_1）。

（2）测定游离二氧化硫　在上述溶液中加入 1 滴盐酸溶液进行酸化，再加 2mL 淀粉指示剂和几粒碘化钾，混匀后用碘标准溶液进行滴定，得出碘标准溶液的消耗量（V_2）。

（3）测定结合二氧化硫　在上述溶液中加入硼酸钠饱和溶液，至溶液呈粉红色，继续用碘标准溶液进行滴定，至溶液呈蓝色，得出碘标准溶液的消耗量（V_3）。

4. 结果计算

样品中实测挥发酸的含量按式（2-3-31）计算。

$$X_1 = \frac{c_1 \times V_1 \times 60.0}{V} \tag{2-3-31}$$

式中　X_1——样品中实测挥发酸（以乙酸计）的含量（g/L）；

c_1——NaOH 标准溶液的浓度（mol/L）；

V_1——消耗 NaOH 标准溶液的体积（mL）；

60.0——乙酸的摩尔质量（g/mol）；

V——吸取样品的体积（mL）。

若挥发酸含量接近或超过理化指标，则需进行修正。修正时，按式（2-3-32）计算。

$$X = X_1 - \frac{c_2 \times V_2 \times 32 \times 1.875}{V} - \frac{c_2 \times V_3 \times 32 \times 0.9375}{V} \quad (2\text{-}3\text{-}32)$$

式中　X——样品中真实挥发酸（以乙酸计）的含量（g/L）；

X_1——样品中实测挥发酸（以乙酸计）的含量（g/L）；

c_2——碘标准溶液的浓度（mol/L）；

V——吸取样品的体积（mL）；

V_2——测定游离二氧化硫消耗碘标准溶液的体积（mL）；

V_3——测定结合二氧化硫消耗碘标准溶液的体积（mL）；

32——二氧化硫的摩尔质量（g/mol）；

1.875——1g 游离二氧化硫相当于乙酸的质量（g）；

0.9375——1g 结合二氧化硫相当于乙酸的质量（g）。

5. 注意事项

1）样品中挥发酸的蒸馏方式可采用直接蒸馏和水蒸气蒸馏，但直接蒸馏挥发酸是比较困难的，因为挥发酸与水构成有一定百分比的混溶体，并有固定的沸点。在一定的沸点下，蒸汽中的酸与留在溶液中的酸之间有一定的平衡关系，在整个平衡时间内，这个平衡关系不变。但用水蒸气蒸馏时，挥发酸与水蒸气是和水蒸气分压成比例地自溶液中一起蒸馏出来的，因而加速了挥发酸的蒸馏过程。

2）蒸馏前应先将水蒸气发生瓶中的水煮沸 10min，或在其中加 2 滴酚酞指示剂并滴加 NaOH 使其呈浅红色，以排除其中的 CO_2。

3）在整个蒸馏时间内，应注意蒸馏瓶内液面保持恒定，否则会影响测定结果。另外，要注意蒸馏装置密封良好，以防挥发酸损失。

4）在馏出液中，除了含有挥发酸以外，还含有 SO_2 和少量 CO_2。这些物质也能跟 NaOH 发生反应，使挥发酸测定结果偏高。馏出液加热至沸的目的是去除 SO_2 和 CO_2，减少干扰。但要加热时间不能过长，否则会使挥发酸挥发，影响检测结果。

5）按正常工艺生产的果酒，其挥发酸的含量一般都在一定的范围内。挥发酸含量较高或超出标准时，一方面可能导致果酒被杂菌污染，另一方面 SO_2 可能会造成干扰。如果 SO_2 存在干扰，则可通过修正得到真正的挥发酸含量。

技能训练 3　果酒、葡萄酒中二氧化硫的测定

1. 游离二氧化硫

（1）氧化法

1）原理：在低温条件下，样品中的游离二氧化硫与过氧化氢过量反应生成硫酸，

再用碱标准溶液滴定生成的硫酸，由此可得到样品中游离二氧化硫的含量。

2）试剂

① 过氧化氢溶液（0.3%）：吸取 1mL 30% 过氧化氢（开启后存于冰箱），用水稀释至 100mL。该溶液应在使用当天配制。

② 磷酸溶液（25%）：量取 295mL 85% 磷酸，用水稀释至 1000mL。

③ 氢氧化钠标准溶液[$c(NaOH)=0.01mol/L$]：准确吸取 100mL 0.05mol/L 氢氧化钠标准溶液，以不含二氧化碳的水定容至 500mL，存放在橡胶塞上装有钠石灰管的瓶中，每周重配。

④ 甲基红-次甲基蓝混合指示液：按 GB/T 603—2002 配制。

3）仪器：二氧化硫测定装置、真空泵或抽气管（玻璃射水泵）。

4）操作步骤

① 将二氧化硫测定装置连接妥当，直角弯管与真空泵（或抽气管）相接，直管冷凝管通入冷却水，取下梨形瓶和气体洗涤器，在梨形瓶中加入 20mL 过氧化氢溶液，气体洗涤器管中加入 5mL 过氧化氢溶液，各加 3 滴混合指示液后，溶液立即变成紫色，滴入氢氧化钠标准溶液，使其颜色恰好变为橄榄绿色，然后重新安装妥当，将短颈球瓶浸入冰浴中。

② 吸取 20.00mL 样品（液温为 20℃），从通气管上口加入短颈球瓶中，随后吸取 10mL 25% 磷酸溶液，也从通气管上口加入短颈球瓶中。

③ 开启真空泵（或抽气管），使抽入空气的流量为 1000 ~ 1500mL/min，抽气 10min，取下梨形瓶，用 0.01mol/L 氢氧化钠标准溶液滴定至重现橄榄绿色即为终点，记下消耗的氢氧化钠标准溶液的毫升数，以水代替样品做空白试验，操作同上。一般情况下，气体洗涤器管中溶液不应变色，如果溶液变为紫色，则需用 0.01mol/L 氢氧化钠标准溶液滴定至橄榄绿色，并将所消耗的氢氧化钠标准溶液的体积与梨形瓶消耗的氢氧化钠标准溶液的体积相加。

5）结果计算：样品中游离二氧化硫的含量按式（2-3-33）计算。

$$X=\frac{c\times(V-V_0)\times 32}{20}\times 100 \tag{2-3-33}$$

式中 X——样品中游离二氧化硫的含量（mg/L）；

c——氢氧化钠标准溶液的浓度（mol/L）；

V——测定样品时消耗氢氧化钠标准溶液的体积（mL）；

V_0——空白试验消耗氢氧化钠标准溶液的体积（mL）；

32——二氧化硫的摩尔质量（g/mol）；

20——吸取样品的体积（mL）。

所得结果表示整数。

6）精密度：在重复性条件下获得的两次独立测定结果的绝对差值不得超过算术平均值的 10%。

（2）直接碘量法

1）原理：利用碘可以与二氧化硫发生氧化还原反应的性质，测定样品中二氧化硫的含量。

2）试剂

①（1+3）硫酸溶液：取1体积浓硫酸缓慢注入3体积水中。

②碘标准溶液［$c(1/2\ I_2)$ = 0.02mol/L］：按GB/T 601—2002配制与标定，准确稀释5倍。

③淀粉指示液（10g/L）：按GB/T 603—2002配制后，再加入40g氯化钠。

3）操作步骤：吸取50.00mL样品（液温为20℃）置于250mL碘量瓶中，加入少量碎冰块，再加入1mL 10g/L淀粉指示液和10mL（1+3）硫酸溶液，用碘标准溶液［$c(1/2\ I_2)$ = 0.02mol/L］迅速滴定至淡蓝色，保持30s不变即为终点，记下消耗碘标准溶液的体积（V）。

以水代替样品，做空白试验，操作同上。

4）结果计算：样品中游离二氧化硫的含量按式（2-3-34）计算。

$$X = \frac{c \times (V - V_0) \times 32}{50} \times 1000 \tag{2-3-34}$$

式中 X——样品中游离二氧化硫的含量（mg/L）；

c——碘标准溶液的浓度（mol/L）；

V——消耗碘标准溶液的体积（mL）；

V_0——空白试验消耗碘标准溶液的体积（mL）；

32——二氧化硫的摩尔质量（g/mol）；

50——吸取样品的体积（mL）。

所得结果表示整数。

5）精密度：在重复性条件下获得的两次独立测定结果的绝对差值不得超过算术平均值的10%。

2. 总二氧化硫

（1）氧化法

1）原理：在加热条件下，样品中的结合二氧化硫被释放，并与过氧化氢发生氧化还原反应，通过氢氧化钠标准溶液滴定生成的硫酸，可得到样品中结合二氧化硫的含量，将该值与游离二氧化硫测定值相加，即得出样品中总二氧化硫的含量。

2）试剂和仪器：同氧化法测定游离二氧化硫。

3）操作步骤：继测定游离二氧化硫后，将滴定至橄榄绿色的梨形瓶重新与真空蒸馏接收管连接，拆除短颈球瓶下的冰浴，用温火小心加热短颈球瓶，使瓶内溶液保持微沸，开启真空泵，以后操作同氧化法测定游离二氧化硫操作步骤中的③。

4）结果计算：同氧化法测定游离二氧化硫。

计算出来的二氧化硫为结合二氧化硫。将游离二氧化硫与结合二氧化硫相加，即为总二氧化硫。

5）精密度：在重复性条件下获得的两次独立测定结果的绝对差值不得超过算术平均值的10%。

（2）直接碘量法

1）原理：在碱性条件下，结合态二氧化硫被解离出来，然后再用碘标准滴定溶滴定，得到样品中结合二氧化硫的含量。

2）试剂

① 氢氧化钠溶液（100g/L）。

② 其他试剂与溶液同直接碘量法测游离二氧化硫。

3）操作步骤：吸取25.00mL氢氧化钠溶液置于250mL碘量瓶中，再准确吸取25.00mL样品（液温为20℃），并以吸管尖插入氢氧化钠溶液的方式加入到碘量瓶中，摇匀，盖塞，静置15min后，再加入少量碎冰块、1mL淀粉指示液、10mL硫酸溶液，摇匀，用碘标准溶液迅速滴定至淡蓝色，30s内不变即为终点，记下消耗碘标准溶液的体积（V）。

以水代替样品做空白试验，操作同上。

4）结果计算：样品中总二氧化硫的含量按式（2-3-35）计算。

$$X = \frac{c \times (V - V_0) \times 32}{25} \times 1000 \qquad (2\text{-}3\text{-}35)$$

式中 X——样品中总二氧化硫的含量（mg/L）；

c——碘标准溶液的浓度（mol/L）；

V——测定样品消耗碘标准溶液的体积（mL）；

V_0——空白试验消耗碘标准溶液的体积（mL）；

32——二氧化硫的摩尔质量（g/mol）；

25——吸取样品的体积（mL）。

所得结果表示至整数。

5）精密度：在重复性条件下获得的两次独立测定结果的绝对差值不得超过算术平均值的10%。

技能训练4　果酒、葡萄酒、黄酒中还原糖和总糖的测定

1. 果酒、葡萄酒、黄酒中还原糖

（1）原理　利用斐林溶液与还原糖共沸生成氧化亚铜沉淀的反应，以次甲基蓝为指示液，用样品或经水解后的样品滴定煮沸的斐林溶液，达到终点时，稍微过量的还原糖将蓝色的次甲基蓝还原为无色，以示终点。根据样品消耗量求得总糖或还原糖的含量。

（2）仪器和试剂

1）仪器：恒温水浴，精度为±1℃。

2）试剂

①（1+1）盐酸溶液。

② 氢氧化钠溶液（200g/L）。

③ 葡萄糖标准溶液（2.5g/L）：准确称取在105～110℃烘干3h并在干燥器内冷却的无水葡萄糖2.5g（精确至0.0001g），用水溶解并定容至1000mL。

④ 次甲基蓝指示液（10g/L）：称取1.0g次甲基蓝，用水溶解并定容至100mL。

⑤ 斐林溶液（甲、乙）：按GB/T 603—2002配制。其标定方法如下：

a. 预备试验：吸取斐林溶液甲、乙液各5.0mL，置于250mL锥形瓶中，加水50mL，摇匀，在电炉上加热至沸，在沸腾状态下用葡萄糖标准溶液滴定，当溶液的颜

色消失而呈红色时，加2滴次甲基蓝指示液，继续滴定至蓝色消失，记录消耗葡萄糖标准溶液的体积。

b. 正式试验：吸取斐林溶液甲、乙液各5.0mL，置于250mL锥形瓶中，加水50mL和比预备试验时少1mL的葡萄糖标准溶液，加热至沸，并保持2min，加2滴次甲基蓝指示液，在沸腾状态下于1min内用葡萄糖标准溶液滴定至终点，记录消耗葡萄糖标准溶液的总体积（V）。

c. 标定结果计算：标定结果按式（2-3-36）计算。

$$F = \frac{m}{1000} \times V \tag{2-3-36}$$

式中　F——斐林试剂甲、乙液各5.0mL相当于葡萄糖的质量（g）；

m——称取无水葡萄糖的质量（g）；

V——消耗葡萄糖标准溶液的体积（mL）。

（3）试样的制备

1）测总糖用试样：准确吸取一定量（V_1）的样品（液温为20℃），置于100mL容量瓶中，使之所含总糖量为0.2～0.4g，加5mL盐酸溶液，加水至20mL，摇匀，于68℃±1℃水浴上水解15min，取出，冷却，用200g/L氢氧化钠溶液中和至中性，调温至20℃，加水定容至刻度（V_2），备用。

2）测还原糖用试样：准确吸取一定量的样品（V_1）于100mL容量瓶中，使之所含还原糖量为0.2～0.4g，加水定容至刻度（V_2），备用。

（4）操作步骤　以试样制备液代替葡萄糖标准溶液，参照斐林试剂标定的操作，记录消耗试样的体积（V_3），结果按式（2-3-42）计算。

测定干葡萄酒或含糖量较低的半干葡萄酒时，先吸取一定量（V_3）的样品（液温为20℃），置于预先装有斐林溶液甲、乙液各5.0mL的250mL锥形瓶中，再用葡萄糖标准溶液参照斐林试剂标定的操作，记录葡萄糖标准溶液消耗的体积（V），结果按式（2-3-43）计算。

（5）结果计算　干葡萄酒、半干葡萄酒中总糖和还原糖的含量按式（2-3-37）计算，其他葡萄酒按式（2-3-38）计算。

$$X_1 = \frac{F - c \times V}{(V_1/V_2) \times V_3} \times 1000 \tag{2-3-37}$$

$$X_2 = \frac{F}{(V_1/V_2) \times V_3} \times 1000 \tag{2-3-38}$$

式中　X_1——干葡萄酒和半干葡萄酒中总糖或还原糖的含量（g/L）；

X_2——其他葡萄酒中总糖和还原糖的含量（g/L）；

F——斐林溶液甲、乙液各5mL相当于葡萄糖的质量（g）；

V_1——吸取样品的体积（mL）；

V_2——样品稀释后或水解定容的体积（mL）；

V_3——消耗试样的体积（mL）；

c——葡萄糖标准溶液的准确浓度（g/mL）；

V——消耗葡萄糖标准溶液的体积（mL）。

所得结果应保留一位小数。在重复性条件下两次独立测定结果的绝对差值不得超过算术平均值的2%。

（6）注意事项

1）葡萄糖与斐林溶液的反应特别复杂，且随着反应条件的变化而变化，因此，不能根据化学反应方程式直接计算，而应用已知浓度的葡萄糖标准溶液标定的方法进行计算，得出斐林溶液在标定条件下相当于葡萄糖的质量，即 F 值。由于试验条件影响 F 值的大小，因此，在测定过程中要严格按照所规定的操作条件（如锥形瓶规格、加热时间、滴定速度等）操作。

2）斐林溶液甲、乙应分别储存，用时再混合，否则酒石酸钾钠铜配位化合物长期在碱性条件下会缓慢分解。

3）严格控制总糖的转化温度和转化时间，以保证所含蔗糖完全转化为还原糖。

4）滴定时必须在沸腾条件下进行，其原因：一是可加快还原糖与 Cu^{2+} 的反应速度；二是次甲基蓝变色反应是可逆的，还原型次甲基蓝遇空气中的氧气后又变为氧化型的蓝色。此外，氧化亚铜也极不稳定，易被空气中的氧气所氧化。保持反应液沸腾可防止空气进入，避免次甲基蓝和氧化亚铜被氧化而增加耗糖量。

5）滴定时不能随意摇动锥形瓶，更不能把锥形瓶从热源上取下来滴定，以防止空气进入反应液中。滴定应连续进行，最终的滴定速度一般应控制在2s/滴。

6）样品溶液预测的目的：一是该测定方法对样品中还原糖的浓度有一定要求，测定时样品溶液的消耗体积应与标定葡萄糖标准溶液时消耗的体积接近。通过预测可了解样品浓度是否合适，无论浓度过大还是过小，都应加以调整，这样才能提高测定结果的准确性；二是通过预测可知道样液大概的消耗量，以便在正式测定时，预先加入比实际用量少1mL左右的样液，只留下1mL左右样液在后滴定时加入，以保证在1min内完成后滴定工作，提高测定的准确度。

7）次甲基蓝指示液的变色是可逆的，它由蓝色变为无色要消耗一定的还原糖，因此每次试验时次甲基蓝的加入量应保持一致。

2. 黄酒中总糖的测定

（1）廉爱农法（斐林溶液法）　该方法适用于半甜酒和甜酒。其原理、试剂的配制和仪器同果酒、葡萄酒中总糖的测定。

1）斐林溶液的标定

① 预备试验：吸取斐林溶液甲、乙液各5.0mL，置于250mL锥形瓶中，加水30mL，摇匀，在电炉上加热至沸，在沸腾状态下用葡萄糖标准溶液滴定，当溶液蓝色消失时，加2滴次甲基蓝指示液，继续用葡萄糖标准溶液滴定至蓝色消失，记录消耗葡萄糖标准溶液的体积。

② 正式试验：吸取斐林溶液甲、乙液各5.0mL，置于250mL锥形瓶中，加水30mL和比预备试验时少1mL的葡萄糖标准溶液，加热至沸，加2滴次甲基蓝指示液，保持沸腾2min，在沸腾状态下用葡萄糖标准溶液滴定至蓝色消失，记录消耗葡萄糖标准溶

液的总体积（V_1）。全部滴定操作应在3min内完成。

③ 结果计算：斐林甲、乙液各5.0mL相当于葡萄糖的质量按下式（2-3-39）计算。

$$m_1 = \frac{mV_1}{1000} \tag{2-3-39}$$

式中　m_1——斐林溶液甲、乙液各5.0mL相当于葡萄糖的质量（g）；

m——称取葡萄糖的质量（g）；

V_1——消耗葡萄糖标准溶液的体积（mL）。

2）试样的测定：吸取试样2～10mL（控制水解液总糖含量在1～2g/L）置于500mL容量瓶中，加水50mL和盐酸溶液5mL，于68～70℃水浴中水解15min，取出，冷却，加入甲基红指示液2滴，用200g/L氢氧化钠溶液中和至红色消失（近似于中性），调温至20℃，加水定容至刻度，摇匀，用滤纸过滤后备用。

测定时，以试样水解液代替葡萄糖标准溶液，测定步骤同斐林溶液的标定。

3）结果计算：试样中总糖的含量按式（2-3-40）计算。

$$X = \frac{m_1 \times 500}{V_2 \times V_3} \times 1000 \tag{2-3-40}$$

式中　X——样品中总糖的含量（g/L）；

m_1——斐林溶液甲、乙液各5mL相当于葡萄糖的质量（g）；

V_2——滴定时消耗试样稀释液的体积（mL）；

V_3——吸取试样的体积（mL）；

所得结果应保留一位小数。在重复性条件下两次独立测定结果的绝对差值不得超过算术平均值的5%。

4）注意事项同果酒、葡萄酒中总糖的测定。

（2）亚铁氰化钾滴定法　该方法适用于干黄酒和半干黄酒。

1）原理：斐林溶液与还原糖共沸，在碱性溶液中将铜离子还原成亚铜离子，并与溶液中亚铁氰化钾配位化合而呈黄色。以次甲基蓝为指示液，用试样水解液滴淀，达到终点时，稍微过量的还原糖将次甲基蓝还原成无色。依据试样水解液的消耗体积，计算总糖的含量。

2）仪器与试剂

① 仪器：同果酒中总糖的测定。

② 试剂

a. 斐林甲液：称取15.0g硫酸铜（$CuSO_4 \cdot 5H_2O$）及0.05g次甲基蓝，加水溶解并定容至1000mL，摇匀备用。

b. 斐林乙液：称取50g酒石酸钾钠、54g氢氧化钠、4g亚铁氰化钾，加水溶解并定容至1000mL，摇匀备用。

c. （1+1）盐酸溶液。

d. 氢氧化钠溶液：200g/L。

e. 葡萄糖标准溶液（1g/L）：准确称取在103～105℃烘干至恒重的无水葡萄糖1g（精确至0.0001g），用水溶解，加浓盐酸5mL，用水定容至1000mL，摇匀备用。

f. 甲基红指示液（1g/L）：称取甲基红 0.10g，溶于乙醇并稀释至 100mL。

3）操作步骤

① 空白试验：准确吸取斐林甲、乙液各 5mL 置于 100mL 锥形瓶中，加入 9mL 葡萄糖标准溶液（1g/L），混匀后置于电炉上加热，在 2min 内沸腾，然后以 4～5s 一滴的速度继续滴入葡萄糖标准溶液，直至蓝色消失立即呈现黄色为终点，记录消耗葡萄糖标准溶液的总体积（V_0）。

② 试样的测定

a. 样品预处理：吸取试样 2～10mL（控制水解液中总糖量为 1～2g/L）置于 100mL 容量瓶中，加 30mL 水和 5mL 盐酸溶液，在 68～70℃ 水浴中加热水解 15min，冷却后，加入 2 滴甲基红指示液（1g/L），用氢氧化钠溶液（200g/L）中和至红色消失（近似于中性），加水定容，摇匀，用滤纸过滤后备用。

b. 预滴定：准确吸取斐林甲、乙液各 5mL 及 5mL 样品水解液置于 100mL 锥形瓶中，摇匀后置于电炉上加热至沸腾，用葡萄糖标准溶液滴定至终点，记录消耗葡萄糖标准溶液的体积。

c. 滴定。准确吸取斐林甲、乙液各 5mL 及 5mL 样品水解液于 100mL 锥形瓶中，加入比预滴定体积少 1.00mL 的葡萄糖标准溶液，摇匀后置于电炉上加热至沸腾，继续用葡萄糖标准溶液滴定至终点，记录消耗葡萄糖标准溶液的体积。接近终点时，滴入的葡萄糖标准溶液用量应控制在 0.5～1.0mL。

4）结果计算：按式（2-3-41）计算总糖的含量。

$$X = \frac{(V_0 - V) \times c \times n}{5} \times 1000 \tag{2-3-41}$$

式中 X——试样中总糖的含量（g/L）；

V_0——空白试验时，消耗葡萄糖标准溶液的体积（mL）；

V——试样测定时，消耗葡萄糖标准溶液的体积（mL）；

c——葡萄糖标准溶液的浓度（g/mL）；

n——试样的稀释倍数。

所得结果应保留一位小数。在重复性条件下两次独立测定结果的绝对差值不得超过算术平均值的 5%。

5）注意事项：同果酒、葡萄酒中总糖的测定。

技能训练 5　果酒、葡萄酒中干浸出物的测定

1. 原理

用密度瓶法测定样品或蒸出酒精后的样品的密度，然后用其密度值查密度-总浸出物含量对照表（GB/T 15038—2006 中的附录 C），求得总浸出物的含量，从中减去总糖的含量，即得干浸出物的含量。

2. 仪器

瓷蒸发皿（200mL）、恒温水浴（精度为 ±0.1℃）、附温度计密度瓶（25mL 或

50mL）、全玻璃蒸馏器（500mL）、分析天平（感量为0.1mg）。

3. 试样的制备

用100mL容量瓶量取100mL样品（液温为20℃），倒入200mL瓷蒸发皿中，于水浴上蒸发至约为原体积的1/3后取下，冷却后，将残液小心地移入原容量瓶中，用水多次荡洗蒸发皿，将洗液并入容量瓶中，于20℃定容至刻度。

也可使用密度瓶法测定酒精度时蒸出酒精后的残液，在20℃以水定容至100mL。

4. 操作步骤

（1）方法一　吸取试样，用密度瓶法测出脱醇样品20℃时的密度ρ_1，以$\rho_1 \times 1.00180$的值，查GB/T 15038—2006中的附录C，得出总浸出物的含量（g/L）。

（2）方法二　直接吸取未经处理的样品，按密度瓶法测定出脱醇样品20℃时的密度ρ_B，按式（2-3-42）计算出脱醇样品20℃时的密度ρ_2，以ρ_2查GB/T 15038—2006中的附录C，得出总浸出物含量（g/L）。

$$\rho_2 = 1.00180 \times (\rho_B - \rho) + 1000 \tag{2-3-42}$$

式中　ρ_2——脱醇样品20℃时的密度（g/L）；

ρ_B——含醇样品20℃时的密度（g/L）；

ρ——与含醇样品含有同样酒精度的酒精水溶液在20℃时的密度（该值可用密度瓶法测定样品的酒精度时测出的酒精密度，也可用酒精计法测出的酒精含量反查GB/T 15038—2006中的附录A得出的密度）（g/L）；

1.00180——20℃时密度瓶体积的修正系数。

所得结果保留一位小数。在重复性条件下获得的两次独立测定结果的绝对差值不超过平均值的2%。

$$\text{干浸出物的含量} = \text{总浸出物的含量} - [(\text{总糖的含量} - \text{还原糖的含量}) \times 0.95 + \text{还原糖的含量}] \tag{2-3-43}$$

技能训练6　黄酒中非糖固形物的测定

1. 原理

试样经100～105℃加热，其中的水分、乙醇等可挥发性物质被蒸发，剩余的残余物即为总固形物。总固形物中除去总糖即为非糖固形物。

2. 仪器

分析天平（感量为0.1mg）、电热干燥箱（温控为±1℃）、干燥器（用变色硅胶作干燥剂）。

3. 操作步骤

吸取试样5mL（干黄酒、半干黄酒直接取样，半甜黄酒稀释1～2倍后取样，甜黄酒稀释2～6倍后取样）置于已干燥至恒重的蒸发皿（或直径为50mm，高30mm的称量瓶）中，放入103℃±2℃电热干燥箱中烘干4h，取出称重。

4. 结果计算

试样中总固形物的含量按式（2-3-44）计算。

$$X_1 = \frac{(m_1 - m_2) \times n}{V} \times 1000 \qquad (2\text{-}3\text{-}44)$$

式中 X_1——试样中总固形物的含量（g/L）；

m_1——蒸发皿（或称量瓶）和试样烘干至恒重的重量（g）；

m_2——蒸发皿（或称量瓶）烘干至恒重的重量（g）；

n——试样稀释倍数；

V——吸取试样的体积（mL）。

试样中非糖固形物的含量按式（2-3-45）计算。

$$X = X_1 - X_2 \qquad (2\text{-}3\text{-}45)$$

式中 X——试样中非糖固形物的含量（g/L）；

X_1——试样中总固形物的含量（g/L）；

X_2——试样中总糖含量（g/L）。

所得结果保留一位小数。在重复性条件下获得的两次独立测定结果的绝对差值不得超过算术平均值的5%。

第五节 啤酒的检验

技能训练目标

1）了解啤酒酒精度、原麦汁浓度、双乙酰、二氧化硫的测定原理。

2）熟悉仪器与试剂，并能够规范操作试验仪器，科学配制相关试剂。

3）规范完成各试验操作步骤，科学读取相关数据，并做好试验记录。

4）完成试验结果计算，并能科学分析试验数据，完成试验报告的编制。

5）正确理解注意事项，并能够在试验过程中解决常见问题。

技能训练内容及依据

啤酒检验技能训练的内容及依据见表2-3-19。

表2-3-19 啤酒检验技能训练的内容及依据

序号	训练项目名称	国家标准依据	备注
1	啤酒酒精度的测定	GB 4927—2008 GB/T 4928—2008	不包括低醇、无醇啤酒
2	啤酒原麦汁浓度的测定	GB 4927—2008 GB/T 4928—2008	—
3	啤酒中双乙酰的测定	GB 4927—2008 GB/T 4928—2008	对浓、黑色啤酒不要求
4	啤酒中二氧化硫的测定	GB/T 5009.34—2003	—

技能训练 1　啤酒酒精度的测定

1. 原理

利用在 20℃时酒精水溶液与同体积纯水质量之比，求得相对密度（以 d_{20}^{20} 表示），然后查表得出试样中酒精的含量。

2. 仪器与试剂

全玻璃蒸馏器（500mL）、恒温水浴（精度为 ±0.1℃）、容量瓶（100mL）、分析天平（感量为 0.1mg）、天平（感量为 0.1g）、附温度计密度瓶（25mL）。

3. 操作步骤

（1）试样的制备　在保证样品有代表性，不损失或少损失酒精的前提下，用振摇、超声波或搅拌等方式除去酒样中的二氧化碳气体。

1）第一法：将恒温至 15～20℃的酒样约 300mL 倒入 1L 的锥形瓶中，盖塞（橡胶塞），在恒温室内轻轻摇动，开塞放气（开始有“砰砰”声），盖塞，反复操作，直至无气体逸出为止，用单层中速干滤纸过滤（漏斗上面盖表面玻璃）。

2）第二法：采用超声波或磁力搅拌法除气。将恒温至 15～20℃的酒样约 300mL 移入带排气塞的瓶中，置于超声波水槽中（或搅拌器上），超声（或搅拌）一定时间后，用单层中速干滤纸过滤（漏斗上面盖表面玻璃）。

将除气后的酒样收集于具塞锥形瓶中，温度保持在 20℃ ±0.1℃，密封保存，限制在 2h 内使用。

（2）分析方法

1）容量法

① 蒸馏：用 100mL 容量瓶准确量取制备好的试样 100mL，置于蒸馏瓶中，用 50mL 水分三次冲洗容量瓶，将洗液并入蒸馏瓶中，加玻璃珠数粒，装上蛇型冷凝管，用原 100mL 容量瓶（外加冰浴）接收馏出液，缓缓加热蒸馏（冷凝管出口水温不得超过 20℃），收集约 96mL 馏出液（蒸馏应在 30～60min 内完成），取下容量瓶，调节液温至 20℃，补加水，使馏出液质量为 100.0g，混匀，备用。

② 测量 A：将密度瓶洗净、干燥、称量，反复操作，直至恒重。将煮沸冷却至 15℃的水注满恒重的密度瓶，插上附温度计的瓶塞（瓶中应无气泡），立即浸于 20℃ ±0.1℃的水浴中，待内容物温度达到 20℃，并保持 5min 不变后取出，用滤纸吸去溢出支管的水，立即盖好小帽，擦干后称量。

③ 测量 B：将水倒去，用试样馏出液反复冲洗密度瓶三次，然后装满，按测量 A 同样操作。

试样馏出液（20℃）的相对密度按式（2-3-46）计算。

$$d_{20}^{20} = \frac{m_2 - m}{m_1 - m} \qquad (2\text{-}3\text{-}46)$$

式中　d_{20}^{20}——试样馏出液（20℃）的相对密度；

m——密度瓶的质量（g）；

m_1——密度瓶和水的质量（g）；

m_2——密度瓶和试样馏出液的质量（g）。

根据相对密度查酒精水溶液的相对密度与酒精度对照表（见附录C），得到试样馏出液中酒精的体积分数，即试样的酒精度。所得结果保留一位小数。

2）重量法

① 蒸馏：称取处理后的试样100.0g，精确至0.1g，全部移入500mL已知质量的蒸馏瓶中，加水50mL和数粒玻璃珠，装上蛇型冷凝器（或冷却部分的长度不短于400mm的直型冷凝器），开启冷却水，用已知质量的100mL容量瓶接收馏出液（外加冰浴），缓缓加热蒸馏（冷凝管出口水温不得超过20℃），收集约96mL馏出液（蒸馏应在30～60min内完成），取下容量瓶，调节液温至20℃，然后补加水，使馏出液质量为100.0g（此时总质量为100.0g+容量瓶质量），混匀（注意保存蒸馏后的残液，可供测定真正浓度时使用）。

② 测量A和测量B：与容量法相同。

③ 试样馏出液（20℃）相对密度的计算：与容量法相同。

根据相对密度 d_{20}^{20} 查酒精水溶液的相对密度与酒精含量对照表（见附录C），得到试样馏出液中酒精的质量分数，即试样的酒精度。

所得结果保留一位小数。

4. 精密度

在重复性条件下获得的两次独立测定结果的绝对差值不得超过算术平均值的1%。

技能训练2　啤酒原麦汁浓度的测定

1. 密度瓶法

（1）原理　以密度瓶法测出啤酒试样中的真正浓度和酒精度，按经验公式计算出啤酒试样的原麦汁浓度，或用仪器法直接自动测定、计算、打印出试样的真正浓度及原麦汁浓度。

（2）仪器　全玻璃蒸馏器（500mL）、恒温水浴（精度为±0.1℃）、容量瓶（100mL）、分析天平（感量为0.1mg）、天平（感量为0.1g）、附温度计密度瓶（25mL）。

（3）操作步骤

1）真正浓度的测定

① 试样的准备：将在测定酒精度时蒸馏除去酒精后的残液（在已知重量的蒸馏烧瓶中）冷却至20℃，准确补加水使残液至100.0g，混匀；或用已知重量的蒸发皿称取处理后试样100.0g，精确至0.1g，于沸水浴上蒸发，直至原体积的1/3，取下冷却至20℃，加水恢复至原质量，混匀。

② 测定：用密度瓶或密度计测定出残液的相对密度，查相对密度和浸出物对照表（见附录D），求得100g试样中浸出物的克数，即为试样的真正浓度，以柏拉图度或质量分数（°P或%）表示。

2）酒精度的测定：同本节技能训练1密度瓶法中的重量法。

（4）结果计算　根据测得的酒精度和真正浓度，按式（2-3-47）计算试样的原麦汁浓度。

$$X_1 = \frac{(A \times 2.0665 + E) \times 100}{100 + A \times 1.0665} \quad (2\text{-}3\text{-}47)$$

式中　X_1——试样的原麦汁浓度（°P 或%）；

A——试样的酒精度（质量分数,%）；

E——试样的真正浓度（质量分数,%）。

或者查相对密度和浸出物对照表（见附录D），按式（2-3-48）计算原麦汁浓度。

$$X = 2A + E - B \quad (2\text{-}3\text{-}48)$$

式中　X——试样的原麦汁浓度（°P 或%）；

A——试样的酒精度（质量分数,%）；

E——试样的真正浓度（质量分数,%）；

B——校正系数。

所得结果保留一位小数。

（5）精密度　在重复性条件下获得的两次独立测定结果的绝对差值不得超过算术平均值的1%。

2. 仪器法

（1）原理　用密度瓶法测出啤酒试样中的真正浓度和酒精度，按经验公式计算出啤酒试样的原麦汁浓度，或用仪器法直接自动测定、计算、打印出试样的真正浓度及原麦汁浓度。

（2）仪器　啤酒自动分析仪（或使用同等分析效果的仪器），真正浓度分析精度为0.01%。

（3）操作步骤　按啤酒自动分析仪使用说明书安装与调试仪器，按仪器使用手册进行操作，自动进样、测定、计算、打印出试样的真正浓度和原麦汁浓度，以柏拉图度或质量分数（°P 或%）表示。

所得结果保留至小数点后一位。

（4）精密度　在重复性条件下获得的两次独立测定结果的绝对差值不得超过算术平均值的1%。

技能训练3　啤酒中双乙酰的测定

1. 原理

用蒸汽将双乙酰蒸馏出来，与邻苯二胺反应，生成2，3二甲基喹喔啉，在波长335nm下测其吸光度。由于其他联二酮类都具有相同的反应特性，另外蒸馏过程中部分前驱体要转化成联二酮，因此上述测定结果为总联二酮含量（以双乙酰表示）。

2. 仪器与试剂

（1）仪器　带有加热套管的双乙酰蒸馏器、蒸汽发生瓶［2000mL（或3000mL）锥形瓶或平底蒸馏烧瓶］、容量瓶（25mL）、紫外分光光度计（备有20mm石英比色皿或

10mm 石英比色皿）。

（2）试剂

1）4mol/L 盐酸溶液（此溶液需用重蒸水配制）：按 GB/T 601—2002 配制。

2）10g/L 邻苯二胺溶液：称取邻苯二胺 0.100g，溶于 4mol/L 盐酸溶液中，并定容至 10mL，摇匀，放于暗处。此溶液必须当天配制与使用。若配制出来的溶液呈红色，则应重新更换新试剂。

3）其他试剂：有机硅消泡剂（或甘油聚醚）、重蒸馏水。

3. 操作步骤

（1）蒸馏　将双乙酰蒸馏器安装好，加热蒸汽发生瓶至沸腾，通蒸汽预热后，将 25mL 容量瓶置于冷凝器出口接收馏出液（外加冰浴），加 1～2 滴消泡剂于 100mL 量筒中，再注入未经除气的预先冷至约 5℃的酒样 100mL，迅速转移至蒸馏器内，并用少量水冲洗带塞漏斗、塞盖，然后用水密封，进行蒸馏，直至馏出液接近 25mL（蒸馏需在 3min 内完成）时取下容量瓶，达到室温后用重蒸馏水定容，摇匀。

（2）显色与测量　分别吸取馏出液 10.0mL 置于两支干燥的比色管中，并于第一支管中加入邻苯二胺溶液 0.50mL，第二支管中不加（作为空白），充分摇匀后，同时置向暗处放置 20～30min，然后向第一支管中加 4mol/L 盐酸溶液 2mL，向第二支管中加入 4mol/L 盐酸溶液 2.5mL，混匀后，用 20mm 石英比色皿（或 10mm 石英比色皿），于波长 335nm 下，以空白作参比，测定其吸光度（比色测定操作必须在 20min 内完成）。

4. 结果计算

试样中双乙酰的含量按式（2-3-49）计算。

$$X = A_{335} \times 1.2 \tag{2-3-49}$$

式中　X——试样中双乙酰的含量（mg/L）；

A_{335}——试样在 335nm 波长下，用 20mm 比色皿测得的吸光度；

1.2——吸光度与双乙酰含量的换算系数。

注意：*若用 10mm 石英比色皿测吸光度，则换算系数应为 2.4。*

所得结果保留至小数点后第二位。

5. 精密度

在重复性条件下获得的两次独立测定结果的绝对差值不得超过算术平均值的 10%。

技能训练 4　啤酒中二氧化硫的测定

1. 原理

亚硫酸盐与四氯汞钠反应生成稳定的配位化合物，再与甲醛及盐酸副玫瑰苯胺作用生成紫红色配位化合物，其于 550nm 处有最大吸收，通过测定其吸光度以确定二氧化硫的含量。

2. 仪器与试剂

（1）仪器　分光光度计、恒温水浴。

（2）试剂

1）四氯汞钠吸收液：称取 27.2g 氯化汞及 6.0g 氯化钠，溶于水中并稀释至 1000mL，放置过夜，过滤后备用。

2）氨基磺酸铵溶液（12g/L）。

3）甲醛溶液（2g/L）：吸取 0.55mL 无聚合沉淀的甲醛（36%），加水稀释至 100mL，混匀。

4）淀粉指示液：称取 1g 可溶性淀粉，用少许水调成糊状，缓缓倾入 100mL 沸水中，随加随搅拌，煮沸，放冷备用，此溶液临用时现配。

5）亚铁氰化钾溶液：称取 10.6g 亚铁氰化钾 [$K_4Fe(CN)_6 \cdot 3H_2O$]，加水溶解并稀释至 100mL。

6）乙酸锌溶液：称取 22g 乙酸锌 [$Zn(CH_3COO)_2 \cdot 2H_2O$] 溶于少量水中，加入 3mL 冰乙酸，加水稀释至 100mL。

7）盐酸副玫瑰苯胺溶液

① 称取 0.1g 盐酸副玫瑰苯胺 [$K_4Fe(CN)_6 \cdot 3H_2O$] 置于研钵中，加少量水研磨使其溶解并稀释至 100mL，取出 20mL，置于 100mL 容量瓶中，加（1+1）盐酸溶液，充分摇匀后使溶液由红色变为黄色，若不变黄，则再滴加少量盐酸至出现黄色，再加水稀释至刻度，混匀备用（若无盐酸副玫瑰苯胺，则可用盐酸品红代替）。

② 盐酸副玫瑰苯胺的精制方法：称取 20g 盐酸副玫瑰苯胺置于 400mL 水中，用 50mL（1+5）盐酸溶液酸化，徐徐搅拌，加 4~5g 活性炭，加热煮沸 2min，将混合物倒入漏斗中，过滤（用保温漏斗趁热过滤），滤液放置过夜，出现结晶，然后再用布氏漏斗抽滤，将结晶再悬浮于 1000mL（10+1）乙醚-乙醇的混合液中，振摇 3~5min，以布氏漏斗抽滤，再用乙醚反复洗涤至醚层不带色为止，于硫酸干燥器中干燥，研细后储存于棕色瓶中保存。

8）碘溶液 [$c(1/2I_2) = 0.100mol/L$]。

9）硫代硫酸钠标准溶液 [$c(Na_2S_2O_3 \cdot 5H_2O) = 0.100mol/L$]。

10）二氧化硫标准溶液

① 配制：称取 0.5g 亚硫酸氢钠，溶于 200mL 四氯汞钠吸收液中，放置过夜，上清液用定量滤纸过滤后备用。

② 标定：吸取 10.0mL 亚硫酸氢钠-四氯汞钠溶液置于 250mL 碘量瓶中，加 100mL 水，准确加入 20.00mL 碘溶液（0.1mol/L）和 5mL 冰乙酸，摇匀，放置于暗处，2min 后迅速以硫代硫酸钠（0.100mol/L）标准溶液滴定至淡黄色，加 0.5mL 淀粉指示液，继续滴至无色。另取 100mL 水，准确加入碘溶液 20.0mL（0.1mol/L）及 5mL 冰乙酸，按同一方法做试剂空白试验。

③ 二氧化硫标准溶液的质量浓度按式（2-3-50）计算。

$$X = \frac{(V_2 - V_1) \times c \times 32.03}{10} \tag{2-3-50}$$

式中 X——二氧化硫标准溶液的质量浓度（mg/mL）；

V_1——测定用亚硫酸氢钠-四氯汞钠溶液消耗硫代硫酸钠标准溶液的体积（mL）；

V_2——试剂空白消耗硫代硫酸钠标准溶液的体积（mL）；

c——硫代硫酸钠标准溶液的浓度（mol/L）；

32.03——每毫升硫代硫酸钠[($Na_2S_2O_3 \cdot 5H_2O$) = 1.000mol/L] 标准溶液相当于二氧化硫的质量（mg/mmol）。

3. 操作步骤

（1）试样的处理　吸取试样 5.0 ~ 10.0mL 置于 100mL 容量瓶中，以少量水稀释，加 20mL 四氯汞钠吸收液，摇匀，最后加水至刻度，混匀，必要时过滤备用。

（2）标准曲线的绘制　吸取 0.00mL、0.20mL、0.40mL、0.60mL、0.80mL、1.00mL、1.50mL、2.00mL 二氧化硫标准使用液（相当于 0μg、0.4μg、0.8μg、1.2μg、1.6μg、2.0μg、3.0μg、4.0μg 二氧化硫），分别置于 25mL 带塞比色管中，各加入四氯汞钠吸收液至 10mL，然后再加入 1mL 氨基磺酸铵溶液（12g/L）、1mL 甲醛溶液（2g/L）及 1mL 盐酸副玫瑰苯胺溶液，摇匀，放置 20min，用 1cm 比色皿，以零管调节零点，于波长 550nm 处测吸光度，绘制标准曲线。

（3）试样测定　吸取 0.50 ~ 5.0mL 上述试样处理液于 25mL 带塞比色管中按标准曲线绘制操作进行，于波长 550nm 处测吸光度，由绘制标准曲线查处试液中二氧化硫的质量。

4. 结果计算

试样中二氧化硫的含量按式（2-3-51）计算。

$$X = \frac{A \times 1000}{m \times V/100 \times 1000 \times 1000} \qquad (2\text{-}3\text{-}51)$$

式中　X——试样中二氧化硫的含量（g/kg）；

A——测定用样液中二氧化硫的质量（μg）；

m——试样质量（g）；

V——测定用样液的体积（mL）。

计算结果保留三位有效数字。在重复性条件下获得的两次独立测定结果的绝对差值不得超过 10%。

第六节　饮料的检验

技能训练目标

1）了解饮料中总酸、脂肪、总糖、人工合成着色剂的测定原理。

2）熟悉仪器与试剂，并能够规范操作试验仪器，科学配制相关试剂。

3）规范完成各试验操作步骤，科学读取相关数据，并做好试验记录。

4）完成试验结果计算，并能科学分析试验数据，完成试验报告的编制。

5）正确理解注意事项，并能够在试验过程中解决常见问题。

技能训练内容及依据

饮料检验技能训练的内容及依据见表 2-3-20。

表 2-3-20 饮料检验技能训练的内容及依据

序号	训练项目名称	国家标准依据
1	饮料中总酸的测定	GB 12456—2008
2	饮料中脂肪的测定	GB 5009.6—2003
3	饮料中总糖的测定	GB 5009.7—2008
4	饮料中人工合成着色剂的测定	GB/T 5009.35—2003

技能训练 1 饮料中总酸的测定

1. 酸碱滴定法

（1）原理 根据酸碱中和原理，用标准碱液滴定试液中的酸，以酚酞为指示剂确定滴定终点（由无色变为微红色），按碱液的消耗量计算样品中的总酸含量。其反应式为

$$RCOOH + NaOH = RCOONa + H_2O$$

（2）仪器与试剂

1）仪器：组织捣碎机、水浴锅、研钵碱式滴定管。

2）试剂：0.1mol/L NaOH 标准溶液、1% 酚酞乙醇溶液（称取 1g 酚酞，溶于 60mL 体积分数为 95% 的乙醇中，用水稀释至 100mL）。所有试剂均为分析纯试剂，分析用水应符合 GB/T 6682—2008 规定的二级水或蒸馏水，使用前应煮沸，冷却。

（3）操作步骤

1）样品的处理

① 含 CO_2 的液体饮料、酒类：取至少 200g 充分混匀的样品，置于 500mL 烧杯中，边搅拌边加热至微沸腾，保持 2min，称量，用煮沸过的水补充至煮沸前的质量，置于密闭玻璃密器内。

② 不含 CO_2 的液体饮料、酒类：将样品混合均匀后直接取样，置于密闭玻璃容器内。必要时也可加适量水稀释，若混浊则需过滤。

③ 固体饮料：称取至少 200g 有代表性的样品置于研钵或组织捣碎机中，加入少量不含 CO_2 的蒸馏水，弄碎，混匀后置于密闭玻璃器内。

④ 固、液体样品：按样品的固、液体比例至少取 200g，用研钵研碎或用组织捣碎机捣碎，混匀后置于密闭容器内。

2）试液的制备

① 总酸含量小于或等于 4g/kg 的试样：将上述制备的试样用快速滤纸过滤，收集滤液，用于测定。

② 总酸含量大于 4g/kg 的试样：称取 10 ~ 50g 试样，精确至 0.001g，置于 100mL 烧杯中，用约 80℃ 煮沸过的水将烧杯中的内容物转移到 250mL 容量瓶中（总体积约为 150mL），置于沸水浴中煮沸 30min（摇动 2 次或 3 次，使试样中的有机酸全部溶解于溶液中），取出，冷却至室温（约 20℃），用煮沸过的水定容至 250mL，用快速滤纸过滤，收集滤液，用于测定。

3）分析步骤

① 称取25.000～50.000g试液，使之含0.035g～0.070g酸，置于250mL锥形瓶中。加40～60mL水及0.2mL 1%酚酞指示剂，用0.1mol/L氢氧化钠标准滴定溶液（如样品酸度较低，可用0.01mol/L或0.05mol/L氢氧化钠标准溶液）滴定至微红色且30s不退色，记录消耗氢氧化钠标准溶液的体积（V_1）。

同一被测样品应测定两次。

② 空白试验：用水代替试液。按步骤①操作，记录消耗氢氧化钠标准溶液的体积（V_2）。

（4）结果计算　样品中总酸的含量以g/kg表示，按式（2-3-52）计算。

$$X = \frac{c \times (V_1 - V_2) \times K \times F}{m} \times 1000 \qquad (2\text{-}3\text{-}52)$$

式中 c——氢氧化钠标准溶液的浓度（mol/L）；

V_1——滴定试液时消耗氢氧化钠标准溶液的体积（mL）；

V_2——空白试验时消耗氢氧化钠标准溶液的体积（mL）；

K——酸的换算系数：苹果酸为0.067，乙酸为0.060，酒石酸为0.075，柠檬酸为0.064，柠蒙酸（含一分子结晶水）为0.070，乳酸为0.090，盐酸为0.036，磷酸为0.049；

F——试液的稀释倍数；

m——试样的质量（g）。

计算结果保留至小数点后第二位。同一样品，两次测定结果之差不得超过两次测定平均值的2%。

2. pH电位法

（1）原理　根据酸碱中和原理，用碱液滴定试液中的酸，溶液的电位发生“突跃”时，即为滴定终点，按碱液的消耗量计算食品中的总酸含量。

（2）试剂和溶液

1）试剂和分析用水：所有试剂均使用分析纯试剂。分析用水应符合GB/T 6682—2008规定的二级水规格或蒸馏水，使用前应经煮沸、冷却。

2）pH＝8.0的缓冲溶液。

3）0.1mol/L盐酸标准溶液：按GB/T 601—2002配制与标定。

4）0.1mol/L氢氧化钠标准溶液：按GB/T 601—2002配制与标定。

5）0.05mol/L盐酸标准溶液：按GB/T 601—2002配制与标定。

（3）仪器和设备　pH计（精度为±0.1）、玻璃电极和饱和甘汞电极、电磁搅拌器、组织捣碎机、研钵、水浴锅、冷凝管。

（4）试样的制备　同酸碱滴定法。

（5）试液的制备　同酸碱滴定法。

（6）分析步骤　称取20.000～50.000g试液，使之含0.035～0.070g酸，置于150mL烧杯中，加40～60mL水。将pH计电源接通，在指针稳定后，用pH＝8.0的缓冲溶液校正pH计。将盛有试液的烧杯放到电磁搅拌器上，浸入玻璃电极和甘汞电极，

按下 pH 读数开关，开动搅拌器，迅速用 0.1mol/L 氢氧化钠标准溶液（若样品酸度低，则可用 0.01mol/L 或 0.05mol/L 氢氧化钠标准溶液）滴定，随时观察溶液 pH 值的变化。接近滴定终点时，放慢滴定速度，一次滴加半滴（最多一滴），直至达到终点，记录消耗氢氧化钠标准溶液的体积（V_3）。

同一被测样品应测定两次。

同时用水代替试液做空白试验，记录消耗氢氧化钠标准溶液的体积（V_4）。

各种酸滴定终点的 pH 值；磷酸为 8.7～8.8，其他酸为 8.3 ±0.1。

（7）结果计算　样品中总酸的含量以 g/kg 表示，按式（2-3-53）计算。

$$X_1 = \frac{[c_2 \times (V_3 - V_4) \times K \times F_1]}{m_1} \times 1000 \qquad (2\text{-}3\text{-}53)$$

式中　c_2——氢氧化钠标准溶液的浓度（mol/L）；

V_3——滴定试液时消耗氢氧化钠标准溶液的体积（mL）；

V_4——空白试验时消耗氢氧化钠标准溶液的体积（mL）；

K——酸的换算系数：苹果酸为 0.067，乙酸为 0.060，酒石酸为 0.075，柠檬酸为 0.064，柠蒙酸（含一分子结晶水）为 0.070，乳酸为 0.090，盐酸为 0.036，磷酸为 0.049；

F_1——试液的稀释倍数；

m_1——试样的质量（g）。

计算结果保留至小数点后第二位。同一样品两次测定结果之差不得超过两次测定平均值的 2%。

技能训练 2　饮料中脂肪的测定

1. 索氏抽提法

（1）原理　试样用无水乙醚或石油醚等溶剂抽提后，蒸去溶剂所得的物质称为粗脂肪。因为除脂肪外，其中还含色素及挥发油、蜡、树脂等物。抽提法所测得的脂肪为游离脂肪。

（2）仪器与试剂

1）仪器：索氏提取器（见图 2-3-9）、水浴锅。

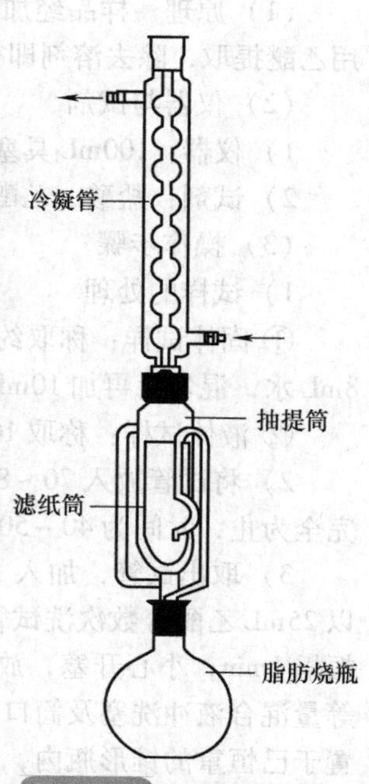

图 2-3-9　索氏提取器

2）试剂：无水乙醚或石油醚、海砂［取用水洗去泥土的海砂或河砂，先用（1+1）盐酸溶液煮沸腾 0.5h，用水洗至中性，再用氢氧化钠溶液（240g/L）煮沸 0.5h，用水洗至中性，经 100℃ ±5℃ 干燥备用］。

（3）操作步骤

1）试样的处理

① 固体试样或干燥制品用粉碎机粉碎后过 40 目筛。

② 液体或半固体试样：称取 5.00～10.00g，置于蒸发皿中，加入约 20g 海砂于沸水浴上蒸干后，再于 100℃ ±5℃ 干

燥，研细，全部移入滤纸筒内。蒸发皿及附有试样的玻棒，均用蘸有乙醚的脱脂棉擦净，并将棉花放入滤纸筒内。

2）抽提：将滤纸筒放入脂肪抽提器的抽提筒内，连接已干燥至恒重的接收瓶，由抽提器冷凝管上端加入无水乙醚或石油醚至瓶内容积的2/3处，于水浴上加热，使乙醚或石油醚不断回流提取（6～8次/h），一般抽提6～12h。

3）称量：取下接收瓶，回收乙醚或石油醚，待接收瓶内乙醚剩1～2mL时在水浴上蒸干，再于100℃±5℃干燥2h，置于干燥器内冷却0.5h后称量，重复以上操作直到恒重。

（4）结果计算

$$X = \frac{m_1 - m_0}{m_2} \times 100 \tag{2-3-54}$$

式中　X——试样中粗脂肪的含量（g/100g）；

m_1——接收瓶和粗脂肪的质量（g）；

m_0——接收瓶的质量（g）；

m_2——试样的质量（若为测定水分后的试样，则按测定水分前的质量计）（g）。

提示：计算结果表示到小数点后一位。

（5）注意事项　样品用无水乙醚或石油醚等溶剂抽提后，蒸去溶剂所得的物质，在食品分析上称为脂肪或粗脂肪。通常采用无水乙醚作提取剂，乙醚约可饱和2%的水分。乙醚含水，可溶解样品中的糖分等非脂成分，影响抽提，使测定结果偏高。样品宜事先烘干，使其水分含量小于1%。

2. 酸水解法

（1）原理　样品经加热、加酸水解，蛋白质及纤维组织受破坏，使结合脂肪游离，用乙醚提取，除去溶剂即得游离及结合脂肪的总量。

（2）仪器与试剂

1）仪器：100mL具塞刻度量筒。

2）试剂：盐酸、乙醇（体积分数为95%）、乙醚、石油醚（沸程为30～60℃）。

（3）操作步骤

1）试样的处理

① 固体试样：称取约2.00g试样（按索氏抽提法制备）置于50mL大试管内，加8mL水，混匀后再加10mL盐酸。

② 液体试样：称取10.00g试样，置于50mL大试管内，加10mL盐酸。

2）将试管放入70～80℃水浴中，每隔5～10min用玻璃棒搅拌一次，至试样消化完全为止，时间为40～50min。

3）取出试管，加入10mL乙醇，混合，冷却后将混合物移入100mL具塞量筒中，以25mL乙醚分数次洗试管，将洗液一并倒入量筒中。待将乙醚全部倒入量筒后，加塞振摇1min，小心开塞，放出气体，再塞好，静置12min，小心开塞，并用石油醚-乙醚等量混合液冲洗塞及筒口附着的脂肪，静置10～20min，待上部液体清晰，吸出上清液置于已恒重的锥形瓶内，再加5mL乙醚于具塞量筒内，振摇，静置后，仍将上层乙醚吸出，放入原锥形瓶内。将锥形瓶置于水浴上蒸干，然后置于100℃±5℃烘箱中干燥

2h，取出放在干燥器内冷却0.5h后称量，重复以上操作直至恒重。

（4）结果计算　同索氏抽提法。

（5）注意事项　本方法可适用于易吸湿、结块的食品，但不适用于高糖食品，因糖类遇强酸易炭化而引起测定结果偏高。本方法加入乙醇的目的是使能溶于乙醇的物质（如糖、有机酸等）留在水相中；加入石油醚的目的是使乙醚及水层分离清晰。

技能训练3　饮料中总糖的测定

1. 还原糖含量的测定

（1）原理（直接滴定法）　将一定量的碱性酒石酸铜甲、乙液等量混合，生成天蓝色的氢氧化铜沉淀，这种沉淀很快与酒石酸钾钠反应，生成深蓝色的可溶性酒石酸钾钠铜配位化合物。在加热条件下，以次甲基蓝作为指示剂，用除去蛋白质后的样液滴定。样液中的还原糖与酒石酸钾钠铜反应，生成红色的氧化亚铜沉淀，待二价铜全部被还原后，稍过量的还原糖把次甲基蓝还原，溶液由蓝色变为无色，即为滴定终点。根据样液消耗量可计算出还原糖的含量。各步反应式（以葡萄糖为例）如下：

$$CuSO_4+2NaOH=Cu(OH)_2\downarrow+Na_2SO_4$$

$$\begin{array}{c} COONa \\ | \\ CHON \\ | \\ CHON \\ | \\ COOK \end{array} + Cu(OH)_2 \longrightarrow \begin{array}{c} COONa \\ | \\ CHO \\ | \\ CHO \\ | \\ COOK \end{array} \!\!\!>\!Cu + 2H_2O$$

$$\begin{array}{c} CHO \\ | \\ (CHOH)_4 \\ | \\ CH_2OH \end{array} + 2 \begin{array}{c} COONa \\ | \\ CHO \\ | \\ CHO \\ | \\ COOK \end{array} \!\!\!>\!Cu + 2H_2O \longrightarrow 2 \begin{array}{c} COOK \\ | \\ CHOH \\ | \\ CHOH \\ | \\ COONa \end{array} + \begin{array}{c} COOH \\ | \\ (CHOH)_4 \\ | \\ CH_2OH \end{array} + Cu_2O\downarrow$$

$$\begin{array}{c} CHO \\ | \\ (CHOH)_4 \\ | \\ CH_2OH \end{array} + \text{(methylene blue: N, S, } (CH_3)_2N\text{, } N^+(CH_3)_2Cl^-) + H_2O \rightleftharpoons$$

$$\begin{array}{c} COOH \\ | \\ (CHOH)_4 \\ | \\ CH_2OH \end{array} + \text{(H–N, S, } (CH_3)_2N\text{, } N(CH_3)_2) + HCl$$

（2）仪器与试剂

1）仪器：分析天平（感量为0.001g）、酸式滴定管、可调电炉（带石棉板）。

2）试剂

① 碱性酒石酸铜（斐林溶液）甲液：称取15g硫酸铜 $CuSO_4 \cdot 5H_2O$ 及0.05g次甲基蓝，溶于水中并稀释至1000mL。

② 碱性酒石酸铜（斐林溶液）乙液：称取50g酒石酸钾钠及75g氢氧化钠，溶于水中，再加入4g亚铁氰化钾，完全溶解后，用水稀至1000mL，储存于带橡胶塞的玻璃瓶内。

③ 219g/L乙酸锌溶液：称取21.9g乙酸锌 $[Zn(CH_3(COO)_2) \cdot 2H_2O]$，加3mL冰乙酸，加水溶解并稀释至1000mL。

④ 106g/L亚铁氰化钾溶液：称取10.6g亚铁氰化钾 $[K_4Fe(CN)_6 \cdot 3H_2O]$，溶于水中，稀释至100mL。

⑤（1+1）盐酸：量取50mL盐酸，加水稀释至100mL。

⑥ 葡萄糖标准溶液：准确称取1.000g于98～100℃干燥2h的葡萄糖，加水溶解后加入5mL盐酸（防止微生物生长），转移入1000mL容量瓶中，并用水稀释至1000mL。

（3）测定步骤

1）样品的处理

① 一般样品：取适量样品（粉碎后的固体试样2.5～5g或混匀后的液体试样5～25g，精确至0.001g，可根据含糖量的高低而增减）后，置于250mL容量瓶中，加水50mL，摇匀后慢慢加入5mL乙酸锌及5mL亚铁氰化钾溶液，加水至刻度，混匀，静置30min，用干燥滤纸过滤，收集滤液备用。

② 酒精性饮料：取约100g混匀后的试样，精确至0.01g，置于蒸发皿中，用40g/L的NaOH溶液中和至中性，在水浴上蒸发至原体积的1/4后，移入250mL容量瓶中，以下按一般样品中自“摇匀后慢慢加入”起操作。

③ 碳酸类饮类：称取约100g混匀后的试样，精确至0.01g，置于蒸发皿中，在水浴上微热搅拌除去二氧化碳后，移入250mL容量瓶中，并用水洗涤蒸发皿，将洗液并入容量瓶中，再加水至刻度，混匀后备用。

2）斐林溶液的标定：准确吸取碱性酒石酸铜甲液和乙液各5mL，置于150mL锥形瓶中，加水10mL，加入玻璃珠两粒，从滴定管中滴加约9mL葡萄糖标准溶液，加热使其在2min沸腾，并保持沸腾1min，趁沸以每2s一滴的速度继续用葡萄糖标准溶液滴定，直至蓝色刚好退去为终点，记录消耗葡萄糖标准溶液的体积。平行操作三次，取其平均值。计算每10mL（甲、乙液各5mL）碱性酒石酸铜溶液相当于葡萄糖的质量。

$$F = c \cdot V \tag{2-3-55}$$

式中 F——10mL碱性酒石酸铜溶液相当于葡萄糖的质量（mg）；

c——葡萄糖标准溶液的浓度（mg/mL）；

V——标定时消耗葡萄糖标准溶液的总体积（mL）。

3）样液的预测定：准确吸取碱性酒石酸铜甲液和乙液各5.00mL，置于150mL锥形瓶中，加水10mL，加入玻璃珠两粒，加热使其在2min内沸腾，并保持沸腾1min，趁沸以先快后慢的速度从滴定管中滴加样液，滴定时必须始终保持溶液呈微沸腾状态。待溶液颜色变浅时，以每2s一滴的速度继续滴定，直至蓝色刚好退去为终点，记录消耗样液的体积。

4）样液的测定：准确吸取碱性酒石酸铜甲液和乙液各5.00mL，置于150mL锥形瓶中，加水10mL，加入玻璃珠两粒，从滴定管中加入比预测定时少1mL的样液，加热使其在2min沸腾，并保持沸腾1min，趁沸以每2s一滴的速度继续滴定，直至蓝色刚好退去为终点，记录消耗样液的总体积。平行操作三次，取其平均值。

（4）结果计算　试样中还原糖（以葡萄糖计）的含量用式（2-3-56）计算。

$$X = \frac{F}{m \times \frac{V}{250} \times 1000} \times 100 \tag{2-3-56}$$

式中　X——试样中以葡萄糖计的还原糖的含量（g/100g）；

m——样品质量（g）；

F——10mL碱性酒石酸铜溶液相当于葡萄糖的质量（mg）；

V——测定时平均消耗样液的体积（mL）；

250——样液的总体积（mL）。

2. 总糖含量的测定

（1）原理　样品中原有的还原糖和水解后转化的还原糖，在加热条件下，直接滴定标定过的碱性酒石酸铜溶液，根据消耗样液的量计算总糖。

（2）试剂

1）浓盐酸（相对密度为1.18）。

2）0.1%甲基红指示剂：称取0.1g甲基红，用体积分数为60%的乙醇溶解并定容到100mL。

3）30%氢氧化钠溶液。

4）葡萄糖标准溶液：精确称取1.000g经过105℃烘干至恒重的葡萄糖，用水溶解后加入5mL盐酸，移入1000mL容量瓶中，并用水稀释至1000mL，定容，混匀备用。

5）斐林溶液

甲液：称取15g硫酸铜（$CuSO_4 \cdot 5H_2O$）及0.05g次甲基蓝，用蒸馏水溶解，移入1000mL棕色容量瓶中，定容。

乙液：称取50g酒石酸钾钠、75g氢氧化钠及4g亚铁氰化钾，用蒸馏水溶解，移入1000mL容量瓶中，定容。

斐林溶液的标定：准确吸取斐林甲液和乙液各5mL置于250mL锥形瓶中，加水10mL，加入玻璃珠两粒，从滴定管中滴加约9.5mL葡萄糖标准溶液，控制在2min内加热至沸，趁沸以每2s一滴的速度继续用葡萄糖标准溶液滴定，直至蓝色刚好退尽为终点，记录消耗葡萄糖标准溶液的总体积。同时平行操作三次，取其平均值，按式（2-3-57）计算每10mL（甲、乙液各5mL）碱性酒石酸铜溶液相当于葡萄糖的质量（mg）。

$$A = \frac{m \times V}{1000} \tag{2-3-57}$$

式中 A——10mL 斐林溶液相当于葡萄糖的质量（g）；

m——称取葡萄糖的质量（g）；

V——测定时平均消耗葡萄糖的体积（mL）；

1000——葡萄糖稀释倍数。

（3）操作步骤

1）称取适量匀样（根据含糖量而定，要求滴定消耗样品液体积约为10mL），置于250mL 容量瓶中，加水100mL，加入盐酸5mL，摇匀，置于68～70℃恒温水浴中加热转化10min，取出，摇匀，注入滴定管中备用。

2）预滴定：吸取斐林甲、乙液各5mL，放入250mL 锥形瓶中，再加入10mL 水，在电炉上加热至沸，从滴定管中滴入转化好的糖液至蓝色退尽即为终点，记下滴定消耗试液的体积。

3）正式滴定：吸取斐林甲乙液各5mL，放入250mL 锥形瓶中，再加入10mL 水，滴入转化糖液，较预滴定时少1mL，加热沸腾1s，再以每2s一滴的速度滴加糖液至终点，记录消耗糖液的体积。平行操作三次，取其平均值。

（4）结果计算

$$X = \frac{A \times 250}{m \times V} \times 100 \qquad (2\text{-}3\text{-}58)$$

式中 X——样品中总糖（以葡萄糖计）的含量（g/100g 或 g/100mL）；

A——10mL 斐林混合液相当于转化糖的质量（g）；

V——测定时消耗糖液的体积（mL）；

m——取样品的量（g 或 mL）；

250——转化糖换算为蔗糖的系数。

允许差：同一样品同时或连续两次测定结果的相对误差小于或等于±5%。取三次测定的算术平均值作为结果，精确到小数点后一位。

技能训练4 饮料中人工合成着色剂的测定

1. 高效液相色谱法

（1）原理 饮料中人工合成着色剂用聚酰胺吸附法或液-液分配法提取，制成水溶液，注入高效液相色谱仪，经反相色谱分离，根据保留时间定性，与峰面积比较定量。

（2）仪器与试剂

1）仪器：高效液相色谱仪（带紫外检测器，254nm 波长）。

2）试剂

① 正己烷、盐酸、乙酸、甲醇（经0.5μm 滤膜过滤）、聚酰胺粉（过200目筛）、饱和硫酸钠溶液、2g/L 硫酸钠溶液、pH=6的水（水用柠檬酸溶液调至pH=6）。

② 0.02mol/L 乙酸铵溶液：移取1.54g 乙酸铵，加水至1000mL 溶解，经0.45μm 滤膜过滤。

③ 氨水：取2mL 氨水，加水至100mL，混匀。

④ 0.02mol/L 氨水-乙酸铵溶液：取0.5mL 氨水，加0.02mol/L 乙酸铵溶液至

1000mL，混匀。

⑤（6+4）甲醇-甲酸溶液：取60mL甲醇与40mL甲酸混匀。

⑥ 2g/L柠檬酸溶液：称取20g柠檬酸（$C_6H_8O_7 \cdot H_2O$），加水至100mL溶解，混匀。

⑦（7+2+1）无水乙醇-氨水-水溶液：取70mL无水乙醇、20mL氨水、10mL水，混匀。

⑧ 5%三正辛胺正丁醇溶液：取5mL三正辛胺，加正丁醇至100mL，混匀。

⑨ 1.00mg/mL人工合成着色剂标准溶液：准确称取按其纯度折算为100%质量的柠檬黄、日落黄、苋菜红、胭脂红、新红、赤藓红、亮蓝、靛蓝各0.100g，置于100mL容量瓶中，加pH值为6的水至刻度，摇匀。

⑩ 50.0μg/mL合成着色剂标准使用液：临用时将上述溶液加水稀释20倍，经0.45μm滤膜过滤。

（3）操作步骤

1）样品的制备：称取20.0～40.0g饮料放入100mL烧杯中，含二氧化碳的样品应先加热驱除二氧化碳，含酒精的饮料应加数片小碎磁片，加热驱除乙醇。

2）着色剂的提取

① 聚酰胺吸附法：样品溶液加柠檬酸溶液调pH值至6，加热至60℃，将1g聚酰胺粉加少许水调成粥状，倒入样品溶液中，搅拌片刻，以G_3垂融漏斗抽滤，用60℃且pH=4的水洗涤3～5次，然后用甲醇-甲酸混合溶液洗涤3～5次（含赤藓红的样品用液-液分配法处理），再用水洗至中性，用乙醇-氨水-水混合溶液解吸3～5次，每次5mL，收集解吸液，加乙酸中和，蒸发至近干，加水溶解，定容至5mL，经0.45μm滤膜过滤，取10μL进高效液相色谱仪。

② 液-液分配法（适用于含赤藓红的样品）：将制备好的样品溶液放入分液漏斗中，加2mL盐酸、10～20mL 5%三正辛胺正丁醇溶液，振摇提取，分取有机相，重复提取，直到有机相无色，合并有机相，用饱和硫酸钠溶液洗两次，每次10mL，分取有机相置于蒸发皿中，水浴加热浓缩至10mL，转移至分液漏斗中，加60mL正已烷，混匀，加氨水提取2次或3次，每次5mL，合并氨水溶液层（含水溶性酸性着色剂），用正已烷洗2次，将氨水层加乙酸调成中性，用水浴加热蒸发近干，加水定容至5mL，经0.45μm滤膜过滤，取10μL进高效液相色谱仪。

3）高效液相色谱参考条件

① 柱：YWG-C_{18} 10μm不锈钢柱，尺寸为ϕ4.6mm（内径）×250mm。

② 流动相：甲醇-0.02mol/L乙酸铵溶液（pH=4）。

③ 梯度洗脱：甲醇，在20%～35%范围内，洗脱速率为3%/min；在35%～98%范围内，洗脱速率为9%/min；含量到达98%后继续洗脱6min。

④ 流速：1mL/min。

⑤ 带紫外检测器，254nm波长。

4）测定：取相同体积样液和合成着色剂标准使用液分别注入高效液相色谱仪，根据保留时间定性，用外标峰面积法定量。

（4）结果计算

$$X = \frac{A \times 1000}{m \frac{V_2}{V_1} \times 1000 \times 1000} \tag{2-3-59}$$

式中 X——样品中合成着色剂的含量（g/kg）；

A——样液中合成着色剂的质量（μg）；

V_2——进样体积（mL）；

V_1——样品稀释总体积（mL）；

m——样品质量（g）。

计算结果保留两位有效数字。

（5）精密度　在重复性条件下获得的两次测定结果的绝对差值不得超过算术平均值的10%。

2. 薄层色谱法

水溶性酸性合成着色剂在酸性条件下被聚酰胺吸附，而在碱性条件下解吸附，再用纸色谱法或薄层色谱法进行分离，与标准比较定性、定量。

若样品中有几种人工合成着色剂混合使用，结果表示应根据食品添加剂卫生标准（GB 2760—2011）中规定的最大使用量按比例折算，以某一着色计。

第七节　罐头的检验

技能训练目标

1）了解罐头pH值、干燥物与商业无菌的检验原理。

2）熟悉仪器与试剂，并能够规范操作试验仪器，科学配制相关试剂。

3）规范完成各试验操作步骤，科学读取相关数据，并做好试验记录。

4）完成试验结果计算，并能科学分析试验数据，完成试验报告的编制。

5）正确理解注意事项，并能够在试验过程中解决常见问题。

技能训练内容及依据

罐头检验技能训练的内容及依据见表2-3-21。

表2-3-21　罐头检验技能训练的内容及依据

序　号	训练项目名称	国家标准依据
1	罐头pH值的测定	GB/T 10786—2006
2	罐头中干燥物的测定	GB/T 10786—2006
3	罐头商业无菌的检验	GB 4789.26—2013

技能训练1　罐头pH值的测定

1. 原理

测量浸在被测液体中两个电极之间的电位差。

2. 仪器与试剂

（1）仪器

1）pH计：刻度为0.1或更小一些。如果仪器没有温度校正系统，那么此刻度只适用于在20℃进行测量。

2）玻璃电极：各种形状的玻璃电极都可以用，这种电极应浸在蒸馏水中保存。

3）甘汞电极：按制造厂的说明书保存甘汞电极。如果没有说明书，则此电极应保存在氧化钾溶液中。

（2）试剂　下列各缓冲液可作校正pH计之用：

1）pH＝3.57（20℃时）的缓冲溶液：选用分析试剂级的酒石酸氢钾（$KHC_4H_4O_6$）在25℃配制的饱和水溶液。此溶液的pH值在25℃时为3.56，而在30℃时为3.55。

2）pH＝6.88（20℃时）的缓冲溶液：称取3.402g（精确到0.001g）磷酸二氢钾（KH_2PO_4）和3.549g磷酸氢二钠（Na_2HPO_4），溶解于蒸馏水中，并稀释到1000mL。此溶液的pH值在10℃时为6.92，而在30℃时为6.85。

3）pH＝4.0（20℃）的缓冲溶液：称取10.211g（精确到0.001g）苯二甲酸氢钾［$KHC_6H_4(COO)_2$］（在125℃烘1h至恒重），溶解于蒸馏水中，并稀释到100mL。此溶液的pH值在10℃时为4.00，在30℃时为4.01。

4）pH＝5.00（20℃）的缓冲溶液：将分析试剂级的柠檬酸氢二钠（$Na_2HC_6H_5O_7$）配制成0.1mol/L的溶液即可。

5）pH＝5.45（50℃时）的缓冲溶液：取500mL0.067mol/L的柠檬酸水溶液与375mL的0.2mol/L氢氧化钠水溶液混匀。此溶液的pH值在10℃时为5.42，而在30℃时为5.48。

3. 操作步骤

（1）试液的制备

1）对于液态制品，直接混匀备用；对于固相和液相分开的制品，取混匀的液相部分备用。

2）稠厚或半稠厚制品以及难以从中分出汁液的制品［如糖浆、果酱、果（菜）类、果冻等］：取一部分样品在混合机或研钵中研磨，如果得到的样品仍太稠厚，则加入等量的刚煮沸过的蒸馏水，混匀备用。

（2）pH计的校正　用已知精确pH值的缓冲液（尽可能接近待测溶液的pH值），在测定采用的温度下校正pH计。如果pH计无温度校正系统，则缓冲溶液的温度应保持在20℃±2℃的范围内。

（3）测定　将电极插入被测试样液中，并将pH计的温度按校正器调节到被测液的温度。如果仪器设备没有温度校正系统，则被测试样液的温度应调到在20℃±2℃的范围内。采用适合于所用 pH 计的步骤进行测定，在读数稳定后，从仪器的标度上直接读出 pH 值，精确到 0.05pH 单位。同一个制备试样至少要进行两次测定。

4. 结果与报告

（1）计算方法　如果有关重现行的要求已能满足，则取两次测定的算术平均值作为结果，报告精确到 0.05pH 单位。

（2）重现性　同一个人操作，同时或紧接的两次测定结果之差应不超过 0.1pH 单位。

技能训练 2　罐头中干燥物的测定

1. 原理

将样品在真空条件下干燥至恒重，计算干燥物含量，以质量分数表示。

2. 仪器

扁形玻璃称量瓶、真空干燥箱、玻璃干燥器、不锈钢小勺或玻璃棒、干热烘箱。

3. 操作步骤

1）取 10～15g 干净的细砂（40 目海砂）置于扁形玻璃称量瓶中，并与不锈钢小勺或玻璃棒一起置于 100～105℃烘箱中烘干至恒重，取出，置于干燥器内冷却 30min，称重（精确至 0.001g）。以减量法在瓶中称取试样约 5g（精确至 0.001g），用勺或玻璃棒将试样与砂搅匀，铺成薄层，于水浴上蒸发至近干，移入温度为 70℃、压力为 13332.3Pa（100mmHg）以下的真空干燥箱内烘 4h。

2）取出，置于干燥器中冷却 30min，称量后再烘，每 2h 取出冷却、称量一次（两次操作应相同），直至两次质量差不大于 0.003g 为止。

4. 结果与报告

干燥物的质量分数按式（2-3-60）计算。

$$X = \frac{m_2 - m_1}{m_3} \times 100\% \tag{2-3-60}$$

式中　X——干燥物的质量分数；

m_2——烘干后试样、不锈钢小勺（或玻璃棒）、净砂及称量瓶的质量（g）；

m_1——不锈钢小勺（或玻璃棒）、净砂及称量瓶的质量（g）；

m_3——试样的质量（g）。

技能训练 3　罐头商业无菌的检验

1. 原理

罐头经过适度的热杀菌以后，不含有致病的微生物，也不含有在通常温度下能在其中繁殖的非致病微生物，这种状态称作商业无菌。其检验采用微生物培养方法进行。

2. 仪器与试剂

（1）仪器　冰箱（2～5℃）、恒温培养箱（30℃±1℃、36℃±1℃、55℃±1℃）、恒温水浴箱（55℃±1℃）、显微镜（10～100 倍）、电子秤或台式天平、电位 pH 计、

灭菌吸管（1mL，分度值为0.01mL；10mL，分度值为0.1mL）、灭菌平皿（直径为90mm）、灭菌试管（ϕ16mm ×160mm）、开罐刀和罐头打孔器、白色搪瓷盘、灭菌镊子。

（2）培养基和试剂

1）无菌生理盐水：称取8.5g氯化钠溶于1000mL蒸馏水中，于121℃高压灭菌15min。

2）结晶紫染色液：将1.0g结晶紫完全溶解于体积分数为95%的乙醇中，再与1%草酸铵溶液混合。

3）二甲苯。

4）含4%碘的乙醇溶液：将4g碘溶于100mL体积分数为70%的乙醇溶液。

3. 操作步骤

（1）样品准备　去除表面标签，在包装容器表面用防水的油性记号笔做好标记，并记录容器、编号、产品性状、泄漏情况、是否有小孔或锈蚀、压痕、膨胀及其他异常情况。

（2）称重　1kg及以下的包装物精确到1g，1kg以上的包装物精确到2g，10kg以上的包装物精确到10g，并记录。

（3）保温

1）每个批次取1个样品，置于2～5℃冰箱中保存作为对照，将其余样品在36℃ ±1℃下保温10天。保温过程中应每天检查，若有膨胀或泄漏现象，则应立即剔除，开启检查。

2）保温结束时，再次称重并记录，比较保温前后样品重量有无变化，若变轻，则表明样品发生泄漏。将所有包装物置于室温，直至开启检查。

（4）开启

1）若有膨胀的样品，则将样品先置于2～5℃的冰箱内冷藏数小时后开启。

2）用冷水和洗涤剂清洗待检样品的光滑面，用水冲洗后再用无菌毛巾擦干，以含4%碘的乙醇溶液浸泡消毒光滑面15min后用无菌毛巾擦干，在密闭罩内点燃至表面残余的碘乙醇溶液全部燃烧完。膨胀样品以及采用易燃包装材料包装的样品不能灼烧，应用含4%碘的乙醇溶液浸泡消毒光滑面30min，然后用无菌毛巾擦干。

3）在超净工作台或百级洁净实验室中开启。对于带汤汁的样品，在开启前应适当振摇。使用无菌开罐器在消毒后的罐头光滑面开启一个适当大小的口。开罐时不得伤及卷边结构。每一个罐头单独使用一个开罐器，不得交叉使用。若样品为软包装，则可以使用灭菌剪刀开启，不得损坏接口处。开启后立即在开口上方嗅闻气味，并记录。

注意：*严重膨胀的样品可能会发生爆炸，喷出有毒物。可以采取在膨胀样品上盖一条灭菌毛巾或者用一个无菌漏斗倒扣在样品上等预防措施来防止这类危险的发生。*

（5）留样　开启后，用灭菌吸管或其他适当工具以无菌操作取出内容物至少30mL（g），置于灭菌容器内，保存于2～5℃冰箱中，在需要时可用于进一步试验，待该批样品得出检验结论后可弃去。对开启后的样品可进行适当的保存，以备日后容器检查时使用。

(6) 感官检查　在光线充足、空气清洁无异味的检验室中，将样品内容物倾入白色搪瓷盘内，对产品的组织、形态、色泽和气味等进行观察和嗅闻，按压食品检查产品性状，鉴别食品有无腐败变质的迹象，同时观察包装容器内部和外部的情况，并记录。

(7) pH 值的测定

1）样品的处理

① 对于液态制品，混匀备用；对于有固相和液相的制品，则取混匀的液相部分备用。

② 对于稠厚或半稠厚制品以及难以从中分出汁液的制品（如糖浆、果酱、果冻、油脂等)，取一部分样品在均质器或研钵中研磨，如果研磨后的样品仍太稠厚，则加入等量的无菌蒸馏水，混匀备用。

2）测定

① 将电极插入被测试样液中，并将 pH 计的温度校正器调节到被测液的温度。如果仪器没有温度校正系统，则被测试样液的温度应调到 20℃ ±2℃ 的范围之内，采用适合于所用 pH 计的步骤进行测定。在读数稳定后，从仪器的标度上直接读出 pH 值，精确到 0. 05pH 单位。

② 同一个制备试样至少进行两次测定，两次测定结果之差应不超过 0. 1pH 单位。取两次测定的算术平均值作为结果，报告精确到 0. 05pH 单位。

3）分析结果：与同批中冷藏保存的对照样品相比，比较是否有显著差异。pH 值相差 0. 5 及以上判为显著差异。

(8) 涂片染色镜检

1）涂片：取样品内容物进行涂片。对于带汤汁的样品，可用接种环挑取汤汁涂于载玻片上；对于固态食品，可直接涂片或用少量灭菌生理盐水稀释后涂片，待干后用火焰固定。油脂性食品涂片自然干燥并经火焰固定后，用二甲苯流洗，自然干燥。

2）染色镜检：将涂片用结晶紫染色液进行单染色，干燥后镜检，至少观察 5 个视野，记录菌体的形态特征以及每个视野的菌数。与同批冷藏保存的对照样品相比，判断是否有明显的微生物增殖现象。若菌数有百倍或百倍以上的增长，则判为明显增殖。

4. 结果判定

样品经保温试验未出现泄漏，保温后开启，经感官检验、pH 值测定、涂片镜检，确证无微生物增殖现象，则可报告该样品为商业无菌。

样品经保温试验出现泄漏，保温后开启，经感官检验、pH 值测定、涂片镜检，确证有微生物增殖现象，则可报告该样品为非商业无菌。

若需核查样品出现膨胀、pH 值或感官异常、微生物增殖等原因，则可取样品内容物的留样按照 GB 4789. 26—2013 中的附录 B 进行接种培养并报告。若需判定样品包装容器是否出现泄漏现象，则可取开启后的样品按照 GB 4789. 26—2013 中的附录 B 进行密封性检查并报告。

第八节　肉、蛋及其制品的检验

技能训练目标

1）了解肉、蛋及其制品中挥发性盐基氮、脂肪、酸价、亚硝酸盐和硝酸盐、淀粉、三甲胺氮、复合磷酸盐的测定原理。

2）熟悉仪器与试剂，并能够规范操作试验仪器，科学配制相关试剂。

3）规范完成各试验操作步骤，科学读取相关数据，并做好试验记录。

4）完成试验结果计算，并能科学分析试验数据，完成试验报告的编制。

5）正确理解注意事项，并能够在试验过程中解决常见问题。

技能训练内容及依据

肉、蛋及其制品检验技能训练的内容及依据见表 2-3-22。

表 2-3-22　肉、蛋及其制品检验技能训练的内容及依据

序　号	训练项目名称	国家标准依据	备　注
1	挥发性盐基氮的测定	GB/T 5009.44—2003	其他未列出的国家标准依据食品理化检验国家标准 5009 系列
2	脂肪的测定	GB/T 5009.6—2003	
3	酸价的测定	GB/T 5009.44—2003 GB/T 5009.37—2003	
4	亚硝酸盐和硝酸盐的测定	GB 5009.33—2010	
5	淀粉的测定	GB/T 9695.14—2008	
6	三甲胺氮的测定	GB/T 5009.179—2003	
7	复合磷酸盐的测定	GB/T 9695.9—2009	

技能训练 1　肉、蛋及其制品中挥发性盐基氮的测定

1. 半微量定氮法

（1）原理　挥发性盐基氮是指动物性食品由于酶和细菌的作用，在腐败过程中，使蛋白质分解而产生氨以及胺类等碱性含氮物质。此类物质具有挥发性，在碱性溶液中蒸出后，用标准酸溶液滴定并计算含量。

（2）仪器与试剂

1）仪器：半微量定氮器、微量滴定管（分度值为 0.01mL）。

2）试剂：10g/L 氧化镁混悬液（称取 1.0g 氧化镁，加 100mL 水，振摇成混悬液）、20g/L 硼酸吸收液、盐酸［$c(HCl)$ = 0.010mol/L］或硫酸［$c(1/2H_2SO_4)$ = 0.010mol/L］的标准溶液、2g/L 甲基红-乙醇指示剂、1g/L 次甲基蓝指示剂。临用时将甲基红-乙醇

指示剂和次甲基蓝指示剂等量混合为混合指示剂。

（3）操作步骤

1）试样的处理：将试样除去脂肪、骨及腱后，绞碎搅匀，从中称取约 10.0g 置于锥形瓶中，加 100mL 水，不时振摇，浸渍 30min 后过滤，将滤液置于冰箱中备用。

2）蒸馏滴定：将盛有 10mL 吸收液及 5～6 滴混合指示液的锥形瓶置于冷凝管下端，并使其下端插入吸收液的液面下，准确吸取 5.0mL 上述试样滤液置于蒸馏器反应室内，加 5mL 氧化镁混悬液（10g/L），迅速盖塞，并加水以防漏气，通入蒸汽，进行蒸馏，蒸馏 5min 即停止，吸收液用盐酸标准滴定溶液或硫酸标准滴定溶液滴定，滴定终点为溶液呈蓝紫色。同时做试剂空白试验。

（4）结果计算　试样中挥发性盐基氮的含量按式（2-3-61）进行计算。

$$X = \frac{(V_1 - V_2) \times c \times 14}{m \times 5/100} \times 100 \tag{2-3-61}$$

式中　X——试样中挥发性盐基氮的含量（mg/100g）；

V_1——测定用样液消耗盐酸或硫酸标准溶液的体积（mL）；

V_2——试剂空白消耗盐酸或硫酸标准溶液的体积（mL）；

c——盐酸或硫酸标准溶液的实际浓度（mol/L）；

14——1.00mL 盐酸标准滴定溶液［$c(HCl) = 1.000mol/L$］或硫酸［$c(1/2H_2SO_4) = 1.0mol/L$］标准滴定溶液相当的氮的质量（mg/mmol）；

m——试样质量（g）。

计算结果保留三位有效数字。

（5）精密度　在重复性条件下获得的两次独立测定结果的绝对差值不得超过算术平均值的 10%。

2. 微量扩散法

（1）原理　挥发性含氮物质可在 37℃ 碱性溶液中释放出，挥发后吸收于吸收液中，用标准酸溶液滴定，计算含量。

（2）仪器与试剂

1）仪器：扩散皿（标准型，玻璃质，内外室总直径为 61mm，内室直径为 35mm，外室深度为 10mm，内室深度为 5mm，外室壁厚为 3mm，内室壁厚为 2.5mm，加磨砂厚玻璃盖）、微量滴定管。

2）试剂

① 饱和碳酸钾溶液：称取 50g 碳酸钾，加 50mL 水，微加热助溶，使用上清液。

② 水溶性胶：称取 10g 阿拉伯胶，加 10mL 水，再加 5mL 甘油及 5g 无水碳酸钾（或无水碳酸钠），研匀。

3）吸收液、混合指示液、盐酸或硫酸标准滴定溶液（0.010mol/L）均同半微量定氮法。

（3）操作步骤　将水溶性胶涂于扩散皿的边缘，在皿中央内室加入 1mL 吸收液及 1 滴混合指示液，在皿外室一侧加入 1.00mL 按前面方法制备的样液，另一侧加入 1mL 饱和碳酸钾溶液，注意勿使两液接触，立即盖好，密封后将皿置于桌面上轻轻转动，使样

液与碱液混合，然后于37℃温箱内放置2h，揭去盖，用盐酸或硫酸标准溶液滴定，滴定至终点时溶液呈蓝紫色。同时做试剂空白试验。

（4）结果计算　试样中挥发性盐基氮的含量按式（2-3-62）进行计算。

$$X = \frac{(V_1 - V_2) \times c \times 14}{m \times 1/100} \times 100 \tag{2-3-62}$$

式中　X——试样中挥发性盐基氮的含量（mg/100g）；

V_1——测定用样液消耗盐酸或硫酸标准溶液的体积（mL）；

V_2——试剂空白消耗盐酸或硫酸标准溶液的体积（mL）；

c——盐酸或硫酸标准溶液的实际浓度（mol/L）；

14——1.00mL 盐酸标准溶液［$c(HCl) = 1.000mol/L$］或硫酸［$c(1/2H_2SO_4) = 1.0mol/L$］的标准溶液相当的氮的质量（mg）；

m——试样质量（g）。

计算结果保留三位有效数字。

（5）精密度　在重复性条件下获得的两次独立测定结果的绝对差值不得超过算术平均值的10%。

技能训练2　肉、蛋及其制品中脂肪的测定

1. 原理

索氏抽提法是经典方法，适用于脂类含量较高，含结合态脂肪较少，能烘干磨细，不易吸潮结块的样品的测定。将已经过预处理而干燥分散的样品，用无水乙醚或石油醚等溶剂进行提取，使样品中的脂肪进入溶剂当中，然后从提取液中回收溶剂，最后所得到的残留物即为脂肪（或粗脂肪）。该方法测得的仅仅是游离态脂肪，而结合态脂肪未能测出来。

2. 仪器与试剂

（1）仪器　索氏提取器、电热恒温水浴锅、电热恒温干燥箱（温控为100℃ ± 5℃）、分析天平（感量为0.1mg）、备有变色硅胶的干燥器、圆孔筛（直径为1mm）、称量皿（铝质或玻璃质，内径为60～65mm，高度为25～30mm）、粉碎机、脱脂线、脱脂棉（将医用级棉花浸泡在乙醚或己烷中24h，期间搅拌数次，取出在空气中晾干）。

滤纸筒：取长度为28cm、宽度为17cm的滤纸，用直径为2cm的试管，沿滤纸长边卷成筒形，抽出试管至纸筒高的1/2处，压平抽空部分，折过来，使之紧靠试管外层，用脱脂线系住，将下部的折角向上折，压成圆形底部，抽出试管，即成直径为2cm、高度约为7.5cm的滤纸筒。滤纸应事先放入烧杯，于100～105℃烘箱内烘至恒重。

（2）试剂

1）无水乙醚：分析纯，不含过氧化物。

2）石油醚：分析纯，沸程为30～60℃。

3）海砂或河砂：直径为0.65～0.85mm，二氧化硅含量不低于99%（质量分数）。取用水洗去泥土的海砂或河砂，先用（1+1）盐酸溶液煮沸0.5h，用水洗至中性，再

用氢氧化钠溶液（240g/L）煮沸 0.5h，用水洗至中性，经 100℃ ±5℃干燥备用。

3. 操作步骤

1）将索氏抽提器各部位充分洗涤并用蒸馏水清洗、烘干，然后将接收瓶洗净后置于电热恒温干燥箱中干燥至恒重，称取其质量。前后两次称量结果相差应在 0.002g 以内。

2）试样的处理

① 固体样品：肉用绞肉机绞两次，一般用组织捣碎器捣碎后，精确称取 2 ~ 5g（可取测定水分后的试样），必要时拌以海砂，装入脂肪抽提器滤纸筒内。

② 半固体或液体样品：精确称取 5.0 ~ 10.0g 样品置于蒸发皿中，加入海砂约 20g，于沸水浴上蒸干后，再于 95 ~ 105℃烘干、磨细，全部移入滤纸筒内。将蒸发皿及粘有样品的玻璃棒用蘸有乙醚（或石油醚）的脱脂棉擦净，将棉花一同放入滤纸筒内。

3）抽提：将装有试样的滤纸筒置于索氏抽提器抽提管内（滤纸筒的高度不能超过抽提筒虹吸管的高度），连接已干燥至恒重的接收瓶，由抽提器冷凝管上端加入无水乙醚或石油醚至瓶内容积的 2/3 处，于水浴（夏天 65℃，冬天 80℃左右）上加热，使乙醚或石油醚不断回流提取，抽提速度以每 1min 滴 80 滴左右，每 1h 回流 6 ~ 8 次为宜，一般回流萃取 6 ~ 12h。提取结束时，用磨砂玻璃接取一滴提取液，若磨砂玻璃上无油斑，则表明提取完毕。

4）烘干、称量：提取完毕后，用长柄镊子取出滤纸筒，从索氏抽提器上取下接收瓶，回收乙醚或石油醚，待接收瓶内乙醚剩 1 ~ 2mL 时在水浴上蒸干，再于 100℃ ±5℃恒温干燥箱中干燥 2h，放于干燥器中冷却 0.5h 后称量。重复以上操作直至恒重，精确到 0.1mg。两次称量结果的差不应超过 0.002g。

4. 结果计算

$$X = \frac{m_2 - m_1}{m} \times 100 \qquad (2\text{-}3\text{-}63)$$

式中 X——试样中脂肪的含量（g/100g）；

m_2——接收瓶和脂肪的质量（g）；

m_1——接收瓶的质量（g）；

m——样品的质量（若为测定水分后的试样，则按测定水分前的质量计）（g）。

5. 注意事项

1）样品必须干燥，样品中含水会影响溶剂提取效果，造成非脂成分的溶出。滤纸筒的高度不要超过回流弯管，否则超过弯管中的样品的脂肪不能提尽，会带来测定误差。

2）回收乙醚后，剩下的乙醚必须在水浴上彻底挥尽，否则放入烘箱中有爆炸的危险。乙醚在使用过程中，室内应保持良好的通风状态，仪器周围不能有明火，以防空气中有乙醚蒸气而引起着火或爆炸。

3）脂肪接收瓶反复加热时，会因脂类氧化而增重。质量增加时，应以增重前的质量为恒重。对富含脂肪的样品，可在真空烘箱中进行干燥，这样可避免因脂肪氧化而造

成的误差。

4）抽提是否完全，可凭经验，也可用滤纸或毛玻璃检查，即让提脂管下口滴下的乙醚（或石油醚）滴在滤纸或毛玻璃上，若挥发后不留下痕迹，则表明已抽提完全。

5）抽提所用的乙醚或石油醚要求无水、无醇、无过氧化物，挥发残渣含量低，否则水和醇会导致糖类及水溶性盐类等物质的溶出，使测定结果偏高。过氧化物会导致脂肪氧化，在烘干时还有引起爆炸的危险。

6）索氏抽提法为经典方法，测定准确，但费时、费试剂。

7）精密度要求：在重复性条件下获得的两次独立测定结果的绝对差值不得超过算术平均值的10%，否则本次检验结果为无效。

8）计算结果保留至小数点后一位。在重复性条件下获得的两次独立测定结果的绝对差值不得超过算术平均值的10%。

技能训练3　肉、蛋及其制品酸价的测定

1. 原理

样品中的游离脂肪酸用氢氧化钾标准溶液滴定，每克样品消耗氢氧化钾的毫克数称为酸价。

2. 试剂

乙醚-乙醇混合液（将乙醚与乙醇按体积比为2:1混合，用3g/L氢氧化钾溶液中和至酚酞指示液呈中性）、氢氧化钾标准滴定溶液[$c(KOH)=0.050mol/L$]、酚酞指示液（10g/L乙醇溶液）。

3. 操作步骤

1）称取用绞肉机绞碎的100g试样置于500mL具塞锥形瓶中，加100～200mL石油醚（沸程为30～60℃），振荡10min后放置过夜，用快速滤纸过滤后，减压回收溶剂，得到油脂。

2）准确称取3.00～5.00g油脂，置于锥形瓶中，加入50mL中性乙醚-乙醇混合液，振摇使油脂溶解，必要时可置于热水中，温热促其溶解，冷至室温，加入酚酞指示液2滴或3滴，以氢氧化钾标准溶液（0.05mol/L）滴定，至初现微红色，且0.5min内不退色为终点。

4. 结果计算

$$X = \frac{V \times c \times 56.11}{m} \tag{2-3-64}$$

式中　X——样品的酸价（mg/g）；

V——样品消耗氢氧化钾标准溶液的体积（mL）；

c——氢氧化钾标准溶液的实际浓度（mol/L）；

m——样品的质量（g）；

56.11——与1.0mL氢氧化钾标准溶液[$c(KOH)=1.000mol/L$]相当的氢氧化钾的质量（mg/mmol）。

结果两位有效数字。

5. 精密度要求

在重复条件下获得的两次独立测定结果的绝对差值不得超过算术平均值的10%。

技能训练4　肉、蛋及其制品中亚硝酸盐和硝酸盐的测定

1. 原理

亚硝酸盐采用盐酸萘乙二胺法测定，硝酸盐采用镉柱还原法测定。试样经沉淀蛋白质、除去脂肪后，在弱酸条件下亚硝酸盐与对氨基苯磺酸重氮化后，再与盐酸萘乙二胺偶合形成紫红色染料，用外标法测得亚硝酸盐的含量。采用镉柱将硝酸盐还原成亚硝酸盐，测得亚硝酸盐总量，由此总量减去亚硝酸盐的含量，即得试样中硝酸盐的含量。

2. 仪器与试剂

（1）仪器　天平（感量为0.1mg和1mg）、组织捣碎机、超声波清洗器、恒温干燥箱、分光光度计、镉柱。

镉柱的使用：

1）海绵状镉的制备：投入足够的锌皮或锌棒于500mL硫酸镉溶液（200g/L）中，经过3～4h，当其中的镉全部被锌置换后，用玻璃棒轻轻将镉刮下，取出残余锌棒，使镉沉底，倾去上层清液，以水用倾泻法多次洗涤，然后移入组织捣碎机中，加500mL水，捣碎约2s，用水将金属细粒洗至标准筛上，取20～40目之间的部分。

2）镉柱的装填：用水装满镉柱玻璃管，并装入2cm高的玻璃棉作垫（将玻璃棉压向柱底时，应将其中所包含的空气全部排出），在轻轻敲击下加入海绵状镉至8～10cm高，上面用1cm高的玻璃棉覆盖，上置一支储液漏斗，末端要穿过橡胶塞与镉柱玻璃管紧密连接。当无上述镉柱玻璃管时，可以25mL酸式滴定管代用，但过柱时要注意始终保持液面在镉层之上。在镉柱填装好后，先用25mL盐酸（0.1mol/L）洗涤，再用水洗两次，每次25mL。镉柱不用时用水封盖，随时都要保持水平面在镉层之上，不得使镉层夹有气泡。

3）镉柱每次使用完毕后，应先用25mL盐酸（0.1mol/L）洗涤，再用水洗两次，每次25mL，最后用水覆盖镉柱。

（2）试剂　除非另有规定，本方法所用试剂均为分析纯，水为GB/T 6682—2008规定的二级水或去离子水。

1）亚铁氰化钾、乙酸锌、冰乙酸、硼酸钠、盐酸（ρ＝1.19g/mL）、氨水（25%）、对氨基苯磺酸、盐酸萘乙二胺、亚硝酸钠、硝酸钠、锌皮或锌棒、硫酸镉。

2）亚铁氰化钾溶液（106g/L）：称取106.0g亚铁氰化钾［$K_4Fe(CN)_6 \cdot 3H_2O$］，用水溶解，并稀释至1000mL。

3）乙酸锌溶液（220g/L）：称取220.0g乙酸锌［$Zn(CH_3COO)_2 \cdot 2H_2O$］，先加30mL冰乙酸溶解，再用水稀释至1000mL。

4）饱和硼砂溶液（50g/L）：称取5.0g硼酸钠（$Na_2B_4O_7 \cdot 10H_2O$），溶于100mL热水中，冷却后备用。

5）氨缓冲溶液（pH = 9.6 ~ 9.7）：量取 30mL 盐酸，加 100mL 水，混匀后加 65mL 氨水，再加水稀释至 1000mL，混匀，调节 pH 值至 9.6 ~ 9.7。

6）氨缓冲液的稀释液：量取 50mL 氨缓冲溶液，加水稀释至 500mL，混匀。

7）盐酸（0.1mol/L）：量取 5mL 盐酸，用水稀释至 600mL。

8）对氨基苯磺酸溶液（4g/L）：称取 0.4g 对氨基苯磺酸，溶于 100mL 体积分数为 20% 的盐酸中，置于棕色瓶中混匀，避光保存。

9）盐酸萘乙二胺溶液（2g/L）：称取 0.2g 盐酸萘乙二胺，溶于 100mL 水中，混匀后，置于棕色瓶中，避光保存。

10）亚硝酸钠标准溶液（200μg/mL）：准确称取 0.1000g 于 110℃ ~ 120℃ 干燥至恒重的亚硝酸钠，加水溶解后移入 500mL 容量瓶中，加水稀释至刻度，混匀。

11）亚硝酸钠标准使用液（5.0μg/mL）：临用前，吸取亚硝酸钠标准溶液 5.00mL，置于 200mL 容量瓶中，加水稀释至刻度。

12）硝酸钠标准溶液（200μg/mL，以亚硝酸钠计）：准确称取 0.1232g 于 110 ~ 120℃ 干燥至恒重的硝酸钠，加水溶解，移入 500mL 容量瓶中，并稀释至刻度。

13）硝酸钠标准使用液（5μg/mL）：临用时吸取硝酸钠标准溶液 2.50mL，置于 100mL 容量瓶中，加水稀释至刻度。

3. 试样的预处理

用四分法取适量试样，用食物粉碎机制成匀浆备用。

4. 提取与净化

（1）提取　称取 5g（精确至 0.01g）制成匀浆的试样（若在制备过程中加水，则应按加水量折算），置于 50mL 烧杯中，加 12.5mL 饱和硼砂溶液，搅拌均匀，以 70℃ 左右的水约 300mL 将试样洗入 500mL 容量瓶中，于沸水浴中加热 15min，取出置于冷水浴中冷却，并放置至室温。

（2）提取液净化　在振荡上述提取液时加入 5mL 亚铁氰化钾溶液，摇匀，再加入 5mL 乙酸锌溶液，以沉淀蛋白质，加水至刻度，摇匀，放置 30min，除去上层脂肪，将上清液用滤纸过滤，弃去初滤液 30mL，其余滤液备用。

5. 操作步骤

（1）亚硝酸盐的测定　吸取 40.0mL 上述滤液置于 50mL 带塞比色管中，另吸取 0.00mL、0.20mL、0.40mL、0.60mL、0.80mL、1.00mL、1.50mL、2.00mL、2.50mL 亚硝酸钠标准使用液（相当于 0.0μg、1.0μg、2.0μg、3.0μg、4.0μg、5.0μg、7.5μg、10.0μg、12.5μg 亚硝酸钠），分别置于 50mL 带塞比色管中，向标准管与试样管中分别加入 2mL 对氨基苯磺酸溶液，混匀，静置 3 ~ 5min 后各加入 1mL 盐酸萘乙二胺溶液，加水至刻度，混匀，静置 15min，用 2cm 比色杯，以零管调节零点，于波长 538nm 处测吸光度，绘制标准曲线。同时做试剂空白。

（2）硝酸盐的测定

1）镉柱的还原：先用 25mL 稀氨缓冲液冲洗镉柱，将流速控制在 3 ~ 5mL/min（用滴定管代替的可控制在 2 ~ 3mL/min），然后吸取 20mL 滤液置于 50mL 烧杯中，加 5mL

氨缓冲溶液，混合后注入储液漏斗，使其流经镉柱还原，用原烧杯收集流出液，在储液漏斗中的样液流尽后，再加5mL水置换柱内留存的样液。将全部收集液再经镉柱还原一次，将第二次流出液收集于100mL容量瓶中，用水流经镉柱洗涤三次，每次20mL，将洗液一并收集于同一容量瓶中，加水至刻度，混匀。

2）亚硝酸钠总量的测定：吸取10～20mL还原后的样液置于50mL比色管中，以下按亚硝酸盐的测定中自"吸取0.00mL、0.20mL、0.40mL、0.60mL、0.80mL、1.00mL"起操作。

6. 结果计算

（1）亚硝酸盐含量的计算　试样中亚硝酸盐（以亚硝酸钠计）的含量按式（2-3-65）进行计算。

$$X_1 = \frac{A_1 \times 1000}{m \times \frac{V_1}{V_0} \times 1000} \tag{2-3-65}$$

式中　X_1——试样中亚硝酸钠的含量（mg/kg）；

A_1——测定用样液中亚硝酸钠的质量（μg）；

m——试样质量（g）；

V_1——测定用样液的体积（mL）；

V_0——试样处理液的总体积（mL）。

结果以重复性条件下获得的两次独立测定结果的算术平均值表示，保留两位有效数字。

（2）硝酸盐含量的计算　试样中硝酸盐（以硝酸钠计）的含量按式（2-3-66）进行计算。

$$X_2 = \left(\frac{A_2 \times 1000}{m \times \frac{V_2}{V_0} \times \frac{V_4}{V_3} \times 1000} - X_1 \right) \times 1.232 \tag{2-3-66}$$

式中　X_2——试样中硝酸钠的含量（mg/kg）；

A_2——经镉粉还原后测得总亚硝酸钠的质量（μg）；

m——试样的质量（g）；

1.232——亚硝酸钠换算成硝酸钠的系数；

V_2——测总亚硝酸钠时所用样液的体积（mL）；

V_0——试样处理液的总体积（mL）；

V_3——经镉柱还原后样液的总体积（mL）；

V_4——经镉柱还原后样液的测定用体积（mL）；

X_1——计算出的试样中亚硝酸钠的含量（mg/kg）。

结果以重复性条件下获得的两次独立测定结果的算术平均值表示，保留两位有效数字。

7. 精密度

在重复性条件下获得的两次独立测定结果的绝对差值不得超过算术平均值的10%。

8. 注意事项

1）镉是有害元素之一，在制作海绵镉或处理镉柱时，不要用手直接接触，同时注意不要弄到皮肤上，一旦接触应立即用水冲洗。另外，制备、处理过程的废弃液中含大量的镉，应经处理之后再排放，以免造成环境污染。样品处理中使用的饱和硼砂液、亚铁氰化钾溶液、乙酸锌溶液为蛋白质沉淀剂。

2）镉柱每次使用完毕后，应先用25mL 0.1mol/L 的盐酸洗涤，再用重蒸水洗涤2次，每次25mL，最后要用水覆盖镉柱。为了保证硝酸盐的测定结果准确，应当经常检查镉柱的还原效能。

3）氨缓冲液除控制溶液的 pH 值外，还可缓解镉对亚硝酸根的还原，也可作为配位剂，以防止反应生成的 Cd^{2+} 与 OH^- 形成沉淀。

4）镉必须制备成海绵状，只有严格按照规定方法制备，才能保证其还原效果。当样品连续检测时，可不必每次都洗涤镉粒，若数小时内不用，则必须按前述方法洗涤镉粒。

技能训练5　肉、蛋及其制品中淀粉的测定

1. 原理

试样中加入氢氧化钾-乙醇溶液，在沸水浴上加热后，滤去上清液，用热乙醇洗涤沉淀，除去脂肪和可溶性糖，沉淀经盐酸水解后，用碘量法测定形成的葡萄糖并计算淀粉的含量。

2. 仪器与试剂

（1）仪器　实验室常用设备、绞肉机（孔径不超过4mm）。

（2）试剂　若无特别说明，所用试剂均为分析纯。

1）水：应符合 GB/T 6682—2008 中三级水的要求。

2）氢氧化钾-乙醇溶液：称取氢氧化钾 50g，用体积分数为95%的乙醇溶解并稀释至1000mL。

3）80%乙醇溶液：量取体积分数为95%的乙醇842mL，用水稀释至1000mL。

4）1.0mol/L 盐酸溶液：量取盐酸83mL，用水稀释至1000mL。

5）氢氧化钠溶液：称取固体氢氧化钠30g，用水溶解并稀释至100mL。

6）蛋白沉淀剂

① 溶液A：称取铁氰化钾106g，用水溶解并稀释至1000mL。

② 溶液B：称取乙酸锌220g，用水溶解，加入冰乙酸30mL，用水稀释至1000mL。

7）碱性铜试剂

① 溶液A：称取硫酸铜（$CuSO_4 \cdot 5H_2O$）25g，溶于100mL水中。

② 溶液B：称取碳酸钠144g，溶于300～400mL温度为50℃的水中。

③ 溶液C：称取柠檬酸（$C_6H_8O_7 \cdot H_2O$）50g，溶于50mL水中。

将溶液A缓慢加入溶液B中，边加边搅拌，直到气泡停止产生。将溶液A加到此混合液中并连续搅拌，冷却至室温后，转移到1000mL容量瓶中，定容到刻度，混匀，

放置24h后使用，若出现沉淀，则需过滤。

取1份此溶液加入49份煮沸并冷却的蒸馏水，pH值应为10.0±0.1。

8）碘化钾溶液：称取碘化钾10g，用水溶解并稀释至100mL。

9）盐酸溶液：取盐酸100mL，用水稀释到160mL。

10）0.1mol/L硫代硫酸钠标准溶液：按GB/T 601—2002制备。

11）溴百里酚蓝指示剂：称取溴百里酚蓝1g，用体积分数为95%的乙醇溶解并稀释到100mL。

12）淀粉指示剂：称取可溶性淀粉0.5g，加少许水，调成糊状，倒入盛有50mL沸水中调匀，煮沸，临用时配置。

3. 试样的制备

按GB/T 9695.19—2008的要求，取有代表性的试样不少于200g，用绞肉机绞两次并混匀。绞好的试样应尽快分析，若不立即分析，则应密封冷藏储存，以防止变质和成分发生变化。储存的试样在使用时应重新混匀。

4. 操作步骤

（1）淀粉的分离　称取试样25g（精确到0.01g，淀粉含量约为1g）放入500mL烧杯中，加入热氢氧化钾-乙醇溶液300mL，用玻璃棒搅匀，盖上表面皿，在沸水浴上加热1h，不时搅拌，然后将沉淀完全转移到漏斗上过滤，用体积分数为80%的热乙醇洗涤沉淀数次。

（2）水解　将滤纸钻孔，用1.0mol/L的盐酸溶液100mL将沉淀完全洗入250mL烧杯中，盖上表面皿，在沸水浴中水解2.5h，不时搅拌。

将溶液冷却到室温，用氢氧化钠溶液中和至pH值约为6，注意pH值不要超过6.5。将溶液移入200mL容量瓶中，加入3mL蛋白沉淀剂溶液A，混合后再加入3mL蛋白沉淀剂溶液B，用水定容到刻度，摇匀，用不含淀粉的滤纸过滤。向滤液中加入氢氧化钠溶液1滴或2滴，使之对溴百里酚蓝指示剂呈碱性。

（3）测定　准确取一定量的滤液（V_2）稀释到一定体积（V_3），然后从中取25.00mL（最好含葡萄糖40~50mg）移入碘量瓶中，加入25.00mL碱性铜试剂，装上冷凝管，在电炉上于2min内煮沸，随后改用温火继续煮沸10min，迅速冷却到室温，取下冷凝管，加入碘化钾溶液30mL，小心加入盐酸溶液25.0mL，盖好盖待滴定。

用硫代硫酸钠标准溶液滴定上述溶液中释放出来的碘。当溶液变成浅黄色时，加入淀粉指示剂1mL，继续滴定，直到蓝色消失，记下消耗硫代硫酸钠标准溶液的体积。

同一试样进行两次测定并做空白试验。

5. 结果计算

（1）葡萄糖含量的计算　按式（2-3-67）计算消耗硫代硫酸钠的毫摩尔数（X_1）。

$$X_1 = 10 \times (V_0 - V_1) \times c \tag{2-3-67}$$

式中　X_1——消耗硫代硫酸钠毫摩尔数（mmol）；

V_0——空白试验消耗硫代硫酸钠标准溶液的体积（mL）；

V_1——样液消耗硫代硫酸钠标准溶液的体积（mL）；

c——硫代硫酸钠标准溶液的浓度（mol/L）。

根据 X_1 从表 2-3-23 中查出相应的葡萄糖量（m_1）。

表 2-3-23　硫代硫酸钠的毫摩尔数与葡萄糖量（m_1）的换算关系

$X_1=10\times(V_0-V_1)\times c$	相应的葡萄糖量 m_1/mg	$X_1=10\times(V_0-V_1)\times c$	相应的葡萄糖量 m_1/mg
1	2.4	14	35.7
2	4.8	15	38.5
3	7.2	16	41.3
4	9.7	17	44.2
5	12.2	18	47.1
6	14.7	19	50.0
7	17.2	20	53.0
8	19.8	21	56.0
9	22.4	22	59.1
10	25.0	23	62.2
11	27.6	24	65.3
12	30.3	25	68.4
13	33.0		

（2）淀粉含量的计算　按式（2-3-68）计算淀粉的含量。

$$X_2=\frac{m_1}{1000}\times0.9\times\frac{V_3}{25}\times\frac{200}{V_2}\times\frac{100}{m_0}=0.72\times\frac{V_3}{V_2}\times\frac{m_1}{m_0} \tag{2-3-68}$$

式中　X_2——淀粉的含量（g/100g）；

m_1——葡萄糖的质量（mg）；

0.9——葡萄糖折算成淀粉的换算系数；

V_3——稀释后的体积（mL）；

V_2——取原液的体积（mL）；

m_0——试样的质量（g）。

当平行测定符合精密度所规定的要求时，取平行测定的算术平均值作为结果，精确到0.1%。

6. 精密度

在同一实验室由同一操作者在短暂的时间间隔内，用同一设备对同一试样获得的两次独立测定结果的绝对差值不得超过0.2%。

技能训练6　肉及其制品中三甲胺氮的测定

1. 原理

三甲胺[$(CH_3)_3N$]是鱼肉类食品由于细菌的作用，在腐败过程中，将氧化三甲胺[$(CH_3)_3NO$]还原而产生的，是挥发性碱性含氮物质。将此项物质抽提于无水甲苯中，与苦味酸作用，形成黄色的苦味酸三甲胺盐，然后与标准管同时比色，即可测得试样中三甲胺氮的含量。

2. 仪器与试剂

（1）仪器　25mL Maiyel Gerson反应瓶、100mL或250mL玻璃塞锥形瓶、100mL量筒、试管、吸管、微量或半微量凯氏蒸馏器、581型或72型光电比色计。

（2）试剂　20%三氯乙酸溶液、（1+1）碳酸钾溶液、无水硫酸钠。其他试剂如下：

1）甲苯：试剂级，先用无水硫酸钠脱水，再用0.5mol/L硫酸振摇，蒸馏，除干扰物质，最后用无水硫酸钠脱水使其干燥。

2）苦味酸甲苯溶液

① 储备液：将2g干燥的苦味酸（试剂级）溶于100mL无水甲苯中，使其成为2%苦味酸甲苯溶液。

② 应用液：将储备液稀释成为0.02%苦味酸甲苯溶液即可应用。

3）10%甲醛溶液：先将甲醛（试剂级，含量为36%～38%）用碳酸镁振摇处理并过滤，然后稀释成10%的溶液。

4）三甲胺氮标准溶液：称取盐酸三甲胺（试剂级）约0.5g，稀释至100mL，取其5mL再稀释至100mL，取最后稀释液5mL，用微量或半微量凯氏蒸馏法准确测定三甲胺氮量，并计算出每毫升的含量，然后稀释，使每毫升含有100μg的三甲胺氮，作为储备液用。测定时将上述储备液稀释10倍，使每毫升含有10μg三甲胺氮量。准确吸取最后稀释的标准液1.0mL、2.0mL、3.0mL、4.0mL、5.0mL（相当于10μg、20μg、30μg、40μg、50μg）置于25mL Maijel Gerson反应瓶中，加蒸馏水至5.0mL，并同时做空白试验，以下按试样操作方法处理，以光密度数制备成标准曲线。

3. 操作步骤

（1）试样的处理　取被检肉样20g（视试样新鲜程度确定取样量），剪细研匀，加水70mL，移入玻璃塞锥形瓶中，并加20%三氯乙酸10mL，振摇，沉淀蛋白后过滤，滤液即可供测定用。

（2）测定方法　取上述滤液5mL（也可视试样新鲜程度确定取样量，但必须加水补足至5mL）置于Maijel Gerson反应瓶中，加10%甲醛溶液1mL、甲苯10mL及（1+1）碳酸钾溶液3mL，立即盖塞，上下剧烈振摇60次，静置20min，吸去下面的水层，加入无水硫酸钠约0.5g进行脱水，吸出5mL置于预先已置有0.02%苦味酸甲苯溶液5mL的试管中，在410nm处或用蓝色滤光片测得吸光度，并做空白试验，同时将上述三甲胺氮标准溶液（相当于10μg、20μg、30μg、40μg、50μg）按同样的方法测定，制

备标准曲线，按式（2-3-69）计算即得试样中三甲胺氮的含量。

4. 结果计算

$$X = \frac{\frac{OD_1}{OD_2} \times m}{m_1 \times \frac{V_1}{V_2}} \times 100 \qquad (2\text{-}3\text{-}69)$$

式中　X——肉样中三甲胺氮的含量（mg/100g）；

OD_1——试样光密度；

OD_2——标准光密度；

m——标准管三甲胺氮的质量（mg）；

m_1——试样的质量（g）；

V_1——测定时的体积（mL）；

V_2——稀释后的体积（mL）。

技能训练 7　肉及其制品中复合磷酸盐的测定

1. 原理

用三氯乙酸提取肉和肉制品中的聚磷酸盐，提取液经乙醇、乙醚处理后，在微晶纤维素薄层层析板上分离，通过喷雾显色，检验聚磷酸盐。

2. 仪器与试剂

（1）仪器　实验室常规设备，以及机械设备（用于试样的均质，包括绞肉机、斩拌机等肉类组织粉碎机）、均浆器、涂布器（涂布厚度为 0.25mm）、玻璃板（10cm × 20cm，5cm × 20cm）、层析缸、微量注射器、吹风机（有冷、热风挡）、喷雾器、干燥箱、干燥器。

（2）试剂　所用试剂均为分析纯，试验用水应符合 GB/T 6682—2008 的要求。用到的试剂主要有：异丙醇、硝酸、75g/L 四水合钼酸铵溶液（称取 75g 四水合钼酸铵，用水溶解并定容至 1000mL）、氢氧化铵、酒石酸、150g/L 焦亚硫酸钠（称取 150g 焦亚硫酸钠，用水溶解并定容至 1000mL）、200g/L 亚硫酸钠（称取 200g 亚硫酸钠，用水溶解并定容至 1000mL）、1-氨基-2-萘酚-4-磺酸、乙酸钠、135g/L 三氯乙酸溶液（称取 135g 三氯乙酸，用水定容至 1000mL）、乙醚、乙醇（体积分数为 95%）、可溶性淀粉、微晶纤维素。其他试剂如下：

1）标准参比混合液：在 100mL 水中溶解磷酸二氢钠（200mg）、焦磷酸四钠（300mg）、三磷酸五钠（200mg）、六偏磷酸钠（200mg）。标准参比混合液在 4℃条件下可稳定至少 4 周。

2）展开剂：将 140mL 异丙醇、40mL 三氯乙酸溶液和 0.6mL 氢氧化铵混合均匀，保存于密闭瓶中。

3）显色剂Ⅰ：量取 50mL 硝酸、50mL 四水合钼酸铵溶液，混合均匀，在上述溶液中溶解 10g 酒石酸（现用现配）。

4）显色剂Ⅱ：将 195mL 焦亚硫酸钠溶液和 5mL 亚硫酸钠溶液混匀，然后称取

0.5g1-氨基-2-萘酚-4-磺酸溶于上述溶液中，再称取40g乙酸钠溶于此溶液中。该溶液储存于密闭的棕色瓶中，可在4℃条件下保存1周。

3. 分析步骤

（1）试样的准备　按GB/T 9695.19—2008规定的方法取样，至少取有代表性的试样200g，使用适当的机械设备将试样均质，均质后的试样要尽快分析，否则要密封低温储存，防止变质和成分发生变化。储存的试样在启用时，应重新混匀。

（2）薄层板的制备　将可溶性淀粉0.3g溶于90mL沸水中，冷却后加入15g微晶纤维素粉，用匀浆器匀浆1min，然后用涂布器把浆液涂在玻璃板上，铺成0.25mm厚的浆层，在室温下自然干燥1h，于100℃烘箱中加热10min，取出立即放入干燥器中。也可以用商品微晶纤维素板。

（3）提取液的制备

1）将50mL 50℃左右的温水倒入装有50g试样的烧杯中，立即充分搅拌，加入10g三氯乙酸，彻底搅匀，放入冰箱冷却1h后用扇形滤纸过滤。

2）若滤液浑浊，则加入同体积的乙醚并摇匀，用吸管吸去乙醚，再加入同体积的乙醇，振摇1min，静置数分钟后再用扇形滤纸过滤。

（4）薄层层析分离

1）将适量的展开剂倒入层析缸中，深度为5～10mm，盖上盖，避光静置30min。

2）用微量注射器吸取提取液3μL，若为经过澄清处理的提取液，则取6μL，在距薄层板板底约2cm处点样，每次点样1μL，使点的直径尽量小，并且边点边用吹风机冷风挡吹干。

注意：避免使用热风吹干，以防止磷酸盐水解。

3）用同样的方法，将标准参比液3μL点在同一块板上，距样品点1～1.5cm，距板底距离与样品点一致。

4）打开层析缸盖，迅速而小心地把点好样的薄层板放入缸中，盖上盖，在室温下避光展开。

5）展开到溶剂前沿上升约10cm处，取出薄层板，放入60℃干燥箱中干燥10min，或在室温下干燥30min，或用吹风机冷风挡吹干。

（5）磷酸盐的检验

1）将展开过的薄层板垂直立在通风橱中，用喷雾器把显色剂Ⅰ均匀地喷在薄层板上，使之显现出黄斑。

2）用吹风机吹干薄层板后，放入100℃干燥箱中至少干燥1h，把硝酸全部除去。将薄层板从干燥箱中取出，证实是否有刺鼻的硝酸味道。

3）在薄层板冷却至室温后，将其放入通风橱中，喷显色剂Ⅱ，使之呈现出明显的蓝斑。

注意：不是绝对要喷显色剂B，但此显色剂产生强烈的蓝斑可提高检测效果。

（6）结果计算　将试样斑点与聚磷酸盐标准混合液斑点的比移值相比较，计算其R_f。

正磷酸盐的斑点经常可见。如果样品中含有高浓度的磷酸盐，也可以看见二磷酸盐或聚合磷酸盐的斑点。参比混合液磷酸盐的 R_f 值如下：

正磷酸盐的 $R_f=0.70\sim0.80$，焦磷酸盐的 $R_f=0.35\sim0.50$，三磷酸盐的 $R_f=0.20\sim0.30$，六偏磷酸盐的 $R_f=0$。可用鲜肉的提取液校正磷酸盐的 R_f 值，鲜肉中只含正磷酸盐。

第九节　调味品、酱腌制品的检验

技能训练目标

1）了解透光率、氨基酸态氮、水溶性蛋白质、谷氨酸钠、硫酸盐、甲醛、总二氧化硫的测定原理。

2）熟悉仪器与试剂，并能够规范操作试验仪器，科学配制相关试剂。

3）规范完成各试验操作步骤，科学读取相关数据，并做好试验记录。

4）完成试验结果计算，并能科学分析试验数据，完成试验报告的编制。

5）正确理解注意事项，并能够在试验过程中解决常见问题。

技能训练内容及依据

调味品、酱腌制品检验技能训练的内容及依据见表 2-3-24。

表 2-3-24　调味品、酱腌制品检验技能训练的内容及依据

序　号	训练项目名称	国家标准依据
1	味精透光率的测定	GB/T 8967—2007
2	酱油中氨基酸态氮的测定	GB/T 5009.39—2003
3	水溶性蛋白质	GB 5009.5—2010
4	味精中谷氨酸钠的测定	GB/T 8967—2007
5	味精中硫酸盐的测定	GB/T 8967—2007
6	料酒中甲醛的测定	GB/T 5009.49—2008
7	料酒中总二氧化硫的测定	GB/T 5009.49—2008

技能训练 1　味精透光度的测定

1. 原理

测定物质在 430nm 下的吸光度。

2. 仪器与装置

721 型分光光度计。

3. 操作步骤

称取试样 10g（精确至 0.1g），加水溶解，定容至 100mL，摇匀，用 1cm 比色皿，

以水为空白对照，在波长430nm下测定试样液的透光率，记录读数。

4. 允许差

同一样品两次测定结果的绝对差值不得超过算术平均值的0.2%。

技能训练2　酱油中氨基酸态氮的测定

1. 甲醛值法

（1）原理　利用氨基酸的两性作用，加入甲醛以固定氨基的碱性，使羧基显示出酸性，用氢氧化钠标准溶液滴定后定量，以pH计测定终点。

（2）仪器与试剂

1）仪器：pH计、磁力搅拌器、10mL微量滴定管。

2）试剂：甲醛（36%，不含有聚合物）、氢氧化钠标准溶液（0.050mol/L）。

（3）操作步骤　吸取5.0mL试样，置于100mL容量瓶中，加水至刻度，混匀后吸取20.0mL，置于200mL烧杯中，加60mL水，开动磁力搅拌器，用氢氧化钠（0.050mol/L）滴定至pH计指示8.2，记下消耗氢氧化钠标准溶液的体积，可计算总酸含量。

加入10.0mL甲醛溶液，混匀，再用氢氧化钠标准溶液继续滴定至pH=9.2，记下消耗氢氧化钠标准溶液（0.050mol/L）的体积。

同时取80mL水，先用氢氧化钠标准溶液（0.050mol/L）调节至pH值为8.2，再加入10.0mL甲醛溶液，用氢氧化钠标准溶液（0.050mol/L）滴定至pH=9.2，同时做试剂空白试验。

（4）结果计算　试样中氨基酸态氮的含量按式（2-3-70）进行计算。

$$X = \frac{(V_1 - V_2) \times c \times 0.014}{5 \times V_3/100} \times 100 \tag{2-3-70}$$

式中　X——试样中氨基酸态氮的含量（g/100mL）；

V_1——测定用试样稀释液加入甲醛后消耗氢氧化钠标准溶液的体积（mL）；

V_2——试剂空白试验加入甲醛后消耗氢氧化钠标准溶液的体积（mL）；

V_3——试样稀释液的取用量（mL）；

c——氢氧化钠标准溶液的浓度（mol/L）；

0.014——与1.00mL氢氧化钠标准溶液［$c(NaOH) = 0.050mol/L$］相当的氮的质量（g/mmol）。

计算结果保留两位有效数字。

（5）精密度　在重复性条件下获得的两次独立测定结果的绝对差值不得超过算术平均值的10%。

2. 比色法

（1）原理　在pH=4.8的乙酸钠-乙酸缓冲溶液中，氨基酸态氮与乙酰丙酮和甲醛反应生成黄色的3，5-二乙酰-2，6二甲基-1，4二氢化吡啶氨基酸衍生物，在波长400nm处测定吸光度，与标准系列溶液比较定量。

（2）仪器与试剂

1）仪器：分光光度计、电热恒温水浴锅（100℃ ±0.5℃）、10mL具塞玻璃比色管。

2）试剂

① 乙酸溶液（1mol/L）：量取5.8mL冰乙酸，加水稀释至100mL。

② 乙酸钠溶液（1mol/L）：称取41g无水乙酸钠或68g乙酸钠（$CH_3COONa \cdot 3H_2O$），加水溶解后并稀释至500mL。

③ 乙酸钠-乙酸缓冲溶液：量取60mL乙酸钠溶液（1mol/L）与40mL乙酸溶液（1mol/L）混合，该溶液的pH值为4.8。

④ 显色剂：15mL 37%甲醇与7.8mL乙酰丙酮混合，加水稀释至100mL，剧烈振摇混匀（室温下放置可稳定三天）。

⑤ 氨氮标准储备溶液（1.0g/L）：精密称取105℃干燥2h的硫酸铵0.4720g，加水溶解后移入100mL容量瓶中，稀释至刻度，混匀。此溶液每毫升相当于1.0mg氨基氮（于10℃下的冰箱内储存可稳定一年以上）。

⑥ 氨氮标准使用溶液（0.1g/L）：用移液管精密称取10mL氨氮标准储备液（1.0mg/mL）置于100mL容量瓶内，加水稀释至刻度，混匀。此溶液每毫升相当于100μg氨基氮（于10℃下的冰箱内储存可稳定一个月）。

（3）操作步骤

1）精密吸取1.0mL试样置于50mL容量瓶中，加水稀释至刻度，混匀。

2）标准曲线的绘制：精密吸取氨氮标准使用溶液0mL、0.05mL、0.1mL、0.2mL、0.4mL、0.6mL、0.8mL、1.0mL（相当于氨基氮0μg、5.0μg、10.0μg、20.0μg、40.0μg、60.0μg、80.0μg、100.0μg），分别置于10mL比色管中，向各比色管分别加入4mL乙酸钠-乙酸缓冲溶液（pH=4.8）及4mL显色剂，用水稀释至刻度，混匀，置于100℃水浴中加热15min取出，水浴冷却至室温后，移入1cm比色皿内，以零管为参比，于波长400nm处测量吸光度，绘制标准曲线或计算直线回归方程。

3）试样的测定：精密吸取2mL试样稀释溶液（约相当于氨基酸态氮100μg）置于10mL比色管中，按标准曲线的绘制中自“加入4mL乙酸钠-乙酸缓冲溶液（pH=4.8）”起依次操作。将试样吸光度与标准曲线比较定量或代入标准回归方程，计算试样含量。

（4）结果计算　试样中氨基酸态氮的含量按式（2-3-71）进行计算。

$$X = \frac{c}{V_1 \times \frac{V_2}{50} \times 1000 \times 1000} \times 100 \tag{2-3-71}$$

式中　X——试样中氨基酸态氮的含量（g/100mL）；

V_1——试样体积（mL）；

V_2——测定用试样溶液的体积（mL）；

50——试样稀释液取用量（mL）；

c——试样测定液中氮的质量（μg）。

（5）精密度　在重复性条件下获得的两次独立测定结果的绝对差值不得超过算术平均值的10%。

技能训练3　调味品、酱腌制品中水溶性蛋白质的测定

1. 原理

食品中的蛋白质在催化加热条件下被分解，分解产生的氨与硫酸结合生产硫酸铵，在pH值为4.8的乙酸钠-乙酸缓冲溶液中，与乙酰丙酮和甲醛反应生成黄色的3，5-二乙酰-2，6二甲基-1，4-二氢化吡啶化合物，在波长400nm下测定吸收度，与标准系列溶液比较定量，结果乘以换算系数，即为蛋白质的含量。

2. 仪器与试剂

（1）仪器　分光光度计、电热恒温水浴锅（100℃ ±0.5℃）、天平（感量为1mg）、具塞玻璃比色管（10mL）。

（2）试剂　除非另有规定，所使用的试剂均为分析纯，水为GB/T 6682—2008规定的三级水。硫酸铜（$CuSO_4 \cdot 5H_2O$）、硫酸钾、硫酸（$\rho = 1.84g/L$，优级纯）、硼酸溶液（20g/L）、氢氧化钠溶液（300g/L）、对硝基苯酚、乙酸钠（$CH_3COONa \cdot 3H_2O$）、无水乙酸钠、乙酸（优级纯）、37%甲醛、乙酰丙酮。其他试剂如下：

1）对硝基苯酚指示剂溶液（1g/L）：称取0.1g对硝基苯酚指示剂溶于20mL体积分数为95%的乙醇中，加水稀释至100mL。

2）乙酸溶液（1mol/L）：量取5.8mL乙酸，加水稀释至100mL。

3）乙酸钠溶液（1mol/L）：称取41g无水乙酸钠或68g乙酸钠，加水溶解后稀释至500mL。

4）乙酸钠-乙酸缓冲溶液：量取60mL乙酸钠溶液和40mL乙酸溶液混合，该溶液pH=4.8。

5）显色剂：15mL甲醛与7.8mL乙酰丙酮混合，加水稀释至100mL，剧烈振摇混匀（室温下放置可稳定三天）。

6）氨氮标准储备溶液（以氮计，1.0g/L）：称取于105℃干燥2h的硫酸铵0.4720g，加水溶解后移入100mL容量瓶中，稀释至刻度，混匀。此溶液每毫升相当于1.0mg氮。

7）氨氮标准使用溶液（0.1g/L）：用移液管吸取10.00mL氨氮标准储备液置于100mL容量瓶中，加水定容至刻度，混匀。此溶液每毫升相当于0.1mg氮。

3. 操作步骤

（1）试样的消解　称取经粉碎混匀过40目筛的固体试样0.1～0.5g（精确至0.001g）、半固体试样0.2～1g（精确至0.001g）或液体试样1～5g（精确至0.001g），移入干燥的100mL或250mL定氮瓶中，加入0.1g硫酸铜、1g硫酸钾及5mL硫酸，摇匀后于瓶口放一支漏斗，将定氮瓶以45°斜支于有小圆孔的石棉网上，小心加热，待内容物全部炭化、泡沫完全停止后，加强火力，并保持瓶内液体微沸，至液体呈蓝绿色澄清透明后，再继续加热0.5h，取下放冷，慢慢加入20mL水，放冷后移入50mL或100mL容量瓶中，并用少量水洗定氮瓶，将洗液并入容量瓶中，再加水至刻度，混匀备用。按同一方法做试剂空白试验。

（2）试样溶液的制备　吸取 2.00～5.00mL 试样或试剂空白消化液置于 50mL 或 100mL 容量瓶内，加 1 滴或 2 滴对硝基苯酚指示剂溶液，摇匀后滴加氢氧化钠溶液中和至黄色，再滴加乙酸溶液至溶液无色，用水稀释至刻度，混匀。

（3）标准曲线的绘制　吸取 0.00mL、0.05mL、0.10mL、0.20mL、0.40mL、0.60mL、0.80mL 和 1.00mL 氨氮标准使用溶液（相当于 0.00μg、5.00μg、10.0μg、20.0μg、40.0μg、60.0μg、80.0μg 和 100.0μg 氮），分别置于 10mL 比色管中，加 4.0mL 乙酸钠-乙酸缓冲溶液及 4.0mL 显色剂，加水稀释至刻度，混匀，置于 100℃ 水浴中加热 15min，取出用水冷却至室温后，移入 1cm 比色杯内，以零管为参比，于波长 400nm 处测量吸光度，根据标准各点吸光度绘制标准曲线或计算线性回归方程。

（4）测定试样　吸取 0.50～2.00mL（相当于氮的质量小于 100μg）试样和同量的试剂空白溶液，分别置于 10mL 比色管中，按标准曲线的绘制中自“加 4.0mL 乙酸钠-乙酸缓冲溶液”起操作。将试样吸光度与标准曲线比较定量或代入线性回归方程求出蛋白质的含量。

4. 结果计算

试样中蛋白质的含量按式（2-3-72）计算。

$$X = \frac{(m_1 - m_0)}{m_2 \times \frac{V_2}{V_1} \times \frac{V_4}{V_3} \times 1000 \times 1000} \times 100 \times F \quad (2\text{-}3\text{-}72)$$

式中 X——试样中蛋白质的含量（g/100g）；

V_1——试样消化液定容体积（mL）；

V_2——制备试样溶液的消化液体积（mL）；

V_3——试样溶液总体积（mL）；

V_4——测定用试样溶液体积（mL）；

m_0——试剂空白测定液中氮的质量（μg）；

m_1——试样测定液中氮的质量（μg）；

m_2——试样质量（g）；

F——氮换算为蛋白质的系数，一般食物为 6.25，乳制品为 6.38，面粉为 5.70，玉米、高粱为 6.24，花生为 5.46，米为 5.95，大豆及其制品为 5.71，肉与肉制品为 6.25，大麦、小米、燕麦、裸麦为 5.83，芝麻、向日葵为 5.30。

结果以重复性条件下获得的两次独立测定结果的算术平均值表示。当蛋白质含量大于或等于 1g/100g 时，结果保留三位有效数字；当蛋白质含量小于 1g/100g 时，结果保留两位有效数字。

5. 精密度

在重复性条件下获得的两次独立测定结果的绝对差值不得超过算术平均值的 10%。

技能训练 4　味精中谷氨酸钠的测定

1. 原理

在乙酸存在的条件下，用高氯酸标准溶液滴定样品中的谷氨酸钠，以电位滴定法确定其终点，或以α-萘酚苯基甲醇为指示剂，滴定至溶液呈绿色为其终点。

2. 仪器与试剂

（1）仪器　自动电位滴定仪（精度为±5mV）、pH计、磁力搅拌器。

（2）试剂　0.1mol/L高氯酸标准溶液、乙酸、甲酸、2g/L α-萘酚苯基甲醇-乙酸指示液（称取0.1gα-萘酚苯基甲醇，用乙酸溶解并稀释至50mL）。

3. 操作步骤

（1）电位滴定法　按仪器使用说明书处理电极和校正电位滴定仪。用小烧杯称取试样0.15g，精确至0.0001g，加甲酸3mL，搅拌，直至完全溶解，再加乙酸30mL，摇匀。将盛有试液的小烧杯置于电磁搅拌器上，插入电极，搅拌，从滴定管中陆续滴加高氯酸标准溶液，分别记录电位（或pH值）和消耗高氯酸标准溶液的体积，超过突跃点后，继续滴加高氯酸标准溶液至电位（或pH值）无明显变化为止。以电位E（或pH值）为纵坐标，以滴定时消耗高氯酸标准溶液的体积V为横坐标，绘制E-V滴定曲线，以该曲线的转折点（突跃点）为其滴定终点。

（2）指示剂法　称取试样0.15g（精确至0.0001g）置于锥形瓶内，加甲酸3mL，搅拌，直至其完全溶解，再加乙酸30mL、α-萘酚苯基甲醇-乙酸指示液10滴，用高氯酸标准溶液滴定样液，颜色变绿时即为滴定终点，记录消耗高氯酸标准溶液的体积（V_1）。同时做空白试验，记录消耗高氯酸标准溶液的体积（V_2）。

（3）高氯酸标准溶液浓度的校正　若滴定试样时与标定高氯酸标准溶液时的温度之差超过10℃，则应重新标定高氯酸标准溶液的浓度；若不超过10℃，则按式（2-3-73）计算高氯酸标准溶液的浓度。

$$c_1 = \frac{c_0}{1 + 0.0011 \times (t_1 - t_0)} \tag{2-3-73}$$

式中　c_1——滴定试样时高氯酸标准溶液的浓度（mol/L）；

c_0——标定时高氯酸标准溶液的浓度（mol/L）；

0.0011——乙酸的膨胀系数；

t_1——滴定试样时高氯酸标准溶液的温度（℃）；

t_0——标定时高氯酸标准溶液的稳定（℃）。

4. 结果计算

样品中谷氨酸钠的含量（以质量分数计）按式（2-3-74）计算。

$$X_1 = \frac{0.09357 \times (V_1 - V_0) \times c}{m} \times 100\% \tag{2-3-74}$$

式中　X_1——样品中谷氨酸钠的质量分数；

V_1——试样消耗高氯酸标准溶液的体积（mL）；

V_0——空白试验消耗高氯酸标准溶液的体积（mL）；

c——高氯酸标准溶液的浓度（mol/L）；

m——试样的质量（g）；

0.09357——1.00mL高氯酸标准溶液［$c(HClO_4)$ = 1.000mol/L］相当于谷氨酸钠

（$C_5H_8NNaO_4 \cdot H_2O$）的质量（g/mmol）。

计算结果保留至小数点后第一位。同一试样测试结果，相对平均偏差不得超过0.3%。

技能训练5　味精中硫酸盐的测定

1. 原理

样液中微量的硫酸根与氯化钡作用，生成白色硫酸钡沉淀，与标准浊度比较定量。

2. 仪器与试剂

（1）仪器　具塞比色管（50mL）、烧杯（50mL）。

（2）试剂

1）10%盐酸溶液：量取1体积盐酸，注入9体积水中。

2）50g/L氯化钡溶液：称取5.0g氯化钡，用水溶解并稀释、定容至100mL。

3）1.0g/L硫酸盐标准溶液Ⅰ：称取1.480g于105~110℃干燥至恒重的无水硫酸钠，溶于水，移入1000mL容量瓶中，稀释至刻度。

4）0.1g/L硫酸盐标准溶液Ⅱ：称取0.1480g于105~110℃干燥至恒重的无水硫酸钠，溶于水，移入1000mL容量瓶中，稀释至刻度。

3. 操作步骤

（1）味精、增鲜味精　称取试样0.5g置于50mL具塞比色管中，精确至0.01g，加水18mL溶解，再加盐酸溶液2mL，摇动混匀；准确吸取2.50mL硫酸盐标准溶液Ⅱ，置于另一支具塞比色管中，加水15.5mL、盐酸溶液2mL，摇动混匀。同时向上述两管各加氯化钡溶液5.00mL，摇匀，于暗处放置10min后，取出，进行目视比浊。若试样管溶液的浊度不高于标准管溶液的浊度，则硫酸盐含量小于或等于0.5%（质量分数）。

（2）加盐味精　称取试样0.5g置于50mL具塞比色管中，精确至0.01g，加水18mL溶解，再加盐酸溶液2mL，摇动混匀；准确吸取2.50mL硫酸盐标准溶液Ⅰ，置于另一支具塞比色管中，加水15.5mL、盐酸溶液2mL，摇动混匀。同时向上述两管各加氯化钡溶液5.00mL，摇匀，于暗处放置10min后，取出，进行目视比浊。若试样管溶液的浊度不高于标准管溶液的浊度，则硫酸盐的含量小于或等于0.5%（质量分数）。

技能训练6　料酒中甲醛的测定

1. 原理

甲醛在过量乙酸铵存在的条件下，与乙酰丙酮和氨离子生成黄色的2，6-二甲基-3，5-二乙酰基-1，4-二氢吡啶化合物，在波长415nm处有最大吸收，在一定浓度范围，其吸光度与甲醛含量成正比，与标准系列溶液比较定量。

2. 仪器与试剂

（1）仪器　分光光度计、水蒸气蒸馏装置、500mL蒸馏瓶。

（2）试剂　乙酰丙酮（分析纯）、乙酸铵（分析纯）、乙酸（分析纯）、甲醛（分析纯）、硫代硫酸钠（$Na_2S_2O_3 \cdot 5H_2O$，分析纯）、碘（分析纯）、淀粉（分析纯）、硫酸（分析纯）、氢氧化钠（分析纯）、磷酸（分析纯）、甲醛（36%～38%）。其他试剂如下：

1）乙酰丙酮溶液：取新蒸馏乙酰丙酮0.4g、乙酸铵25g和乙酸3mL溶于水中，定容至200mL备用，用时配制。

2）硫代硫酸钠标准溶液（0.1000mol/L）：称取26g硫代硫酸钠（$Na_2S_2O_3 \cdot 5H_2O$）及0.2g碳酸钠，加入适量新煮沸过的冷水使之溶解，并稀释至1000mL，混匀，放置一个月后过滤备用，使用前标定。

3）碘标准溶液［$c(1/2\ I_2)$ = 0.1mol/L］：称取13.5g碘，加36g碘化钾、50mL水，溶解后加入3滴盐酸及适量水稀释至1000mL，用垂融漏斗过滤，置于阴凉处，密闭，避光保存，使用前标定。

4）淀粉指示剂（5g/L）：称取0.5g可溶性淀粉，加入5mL水，搅匀后缓缓倾入100mL沸水中，随加随搅拌，煮沸2min，放冷，备用。此指示剂应临用时现配。

5）硫酸溶液（1mol/L）：量取30mL硫酸，缓缓注入适量水中，冷却至室温后用水稀释至1000mL，摇匀。

6）氢氧化钠溶液（1mol/L）：吸取56mL澄清的氢氧化钠饱和溶液，加适量新煮沸过的冷水至1000mL，摇匀。

7）磷酸溶液（200g/L）：称取20g磷酸，加水稀释至100mL，混匀。

8）甲醛标准溶液的配制和标定：吸取36%～38%甲醛溶液7.0mL，加入1mol/L硫酸0.5mL，用水稀释至250mL，此液为标准溶液。吸取上述标准溶液10.0mL置于100mL容量瓶中，加水稀释定容。吸取10.0mL稀释溶液置于250mL碘量瓶中，加水90mL、0.1mol/L碘溶液20mL和1mol/L氢氧化钠15mL，摇匀，放置15min，再加入1mol/L硫酸溶液20mL进行酸化，用0.1000mol/L硫代硫酸钠标准溶液滴定至淡黄色，然后加约5g/L淀粉指示剂1mL，继续滴定至蓝色退去即为终点。同时做试剂空白试验。

甲醛标准溶液的浓度按式（2-3-75）计算。

$$X = (V_1 - V_2) \times c_1 \times 15 \qquad (2\text{-}3\text{-}75)$$

式中 X——甲醛标准溶液的浓度（mg/mL）；

V_1——空白试验所消耗的硫代硫酸钠标准溶液的体积（mL）；

V_2——滴定甲醛溶液所消耗的硫代硫酸钠标准溶液的体积（mL）；

c_1——硫代硫酸钠标准溶液的浓度（mol/L）；

15——与1.000mol/L硫代硫酸钠标准溶液1mL相当的甲醛的质量（mg/mmol）。

用上述已标定甲醛浓度的溶液，用水配制成含甲醛1μg/mL的甲醛标准使用液。

3. 操作步骤

（1）试样的处理　吸取试样25mL移入500mL蒸馏瓶中，加200g/L磷酸溶液20mL于蒸馏瓶，接水蒸气蒸馏装置进行蒸馏，收集馏出液于100mL容量瓶中（约100mL），冷却后加水稀释至刻度。

（2）测定　精密吸取1μg/mL甲醛标准溶液各0.00mL、0.50mL、1.00mL、2.00mL、3.00mL、4.00mL、8.00mL分别置于25mL比色管中，加水至10mL。

吸取样品馏出液10mL移入25mL比色管中。向标准系列和样品的比色管中各加入乙酰丙酮溶液2mL，摇匀后在沸水浴中加热10min，取出冷却，于分光光度计波长415nm处测定吸光度，绘制标准曲线。从标准曲线上查出试样的含量。

4. 结果计算

试样中甲醛的含量按式（2-3-76）计算。

$$X = \frac{m}{V} \tag{2-3-76}$$

式中　X——试样中甲醛的含量（mg/L）；

V——测定样液中相当的试样体积（mL）；

m——从标准曲线上查出的相当的甲醛的质量（μg）。

计算结果保留两位有效数字。

5. 精密度

在重复性条件下获得的两次独立测定的绝对差值不得超过算术平均值的10%。

技能训练7　料酒中总二氧化硫的测定

1. 氧化法

（1）原理　在低温条件下，样品中的游离二氧化硫与过量的过氧化氢反应生成硫酸，再用碱标准溶液滴定生成的硫酸，由此可得到样品中游离二氧化硫的含量。在加热条件下，样品中的结合二氧化硫被释放，与过氧化氢发生氧化还原反应，通过用氢氧化钠标准溶液滴定生成的硫酸，可得到样品中结合二氧化硫的含量。将结合二氧化硫的含量与游离二氧化硫的含量相加，即得出样品中总二氧化硫的含量。

（2）仪器与试剂

1）仪器：真空泵、二氧化硫测定装置（见图2-3-10）。

2）试剂：过氧化氢（分析纯）、磷酸（分析纯）、氢氧化钠（分析纯）、甲基红指示剂、次甲基蓝指示剂。其他试剂如下：

① 过氧化氢溶液（0.3%）：吸取1mL 30%过氧化氢（开启后存于冰箱中），用水稀释至100mL，使用当天配制。

② 磷酸溶液（25%）：量取295mL85%磷酸，用水稀释至1000mL。

③ 氢氧化钠标准溶液（0.01mol/L）：称取120g氢氧化钠，加100mL水，振摇使之溶

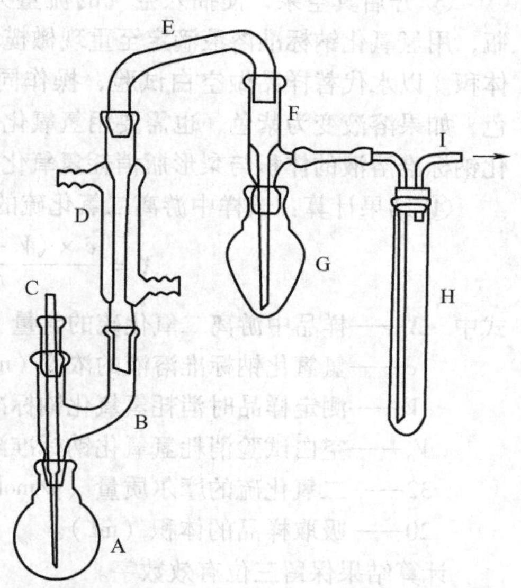

图2-3-10　二氧化硫测定装置示意图

A—短颈球瓶　B—三通连接管　C—通气管
D—真空冷凝管　E—弯管　F—真空蒸馏接收管
G—梨形瓶　H—气体洗涤器
I—直角弯管（接真空泵或抽气管）

解成饱和溶液，冷却后置于聚乙烯塑料瓶中，密塞，放置数日，吸取 5.6mL 澄清的氢氧化钠饱和溶液，加适量新煮沸的冷水稀释至 1000mL，摇匀，存放在橡胶塞上装有钠石灰管的瓶中，使用前稀释 10 倍，必要时用盐酸标定，每周重配。

④ 甲基红-次甲基蓝混合指示液

a. 溶液Ⅰ：称取 0.1g 次甲基蓝，溶于乙醇（体积分数为 95%），用乙醇（体积分数为 95%）稀释至 100mL。

b. 溶液Ⅱ：称取 0.1g 甲基红，溶于乙醇（体积分数为 95%），用乙醇（体积分数为 95%）稀释至 100mL。

c. 取 50mL 溶液Ⅰ、100mL 溶液Ⅱ，混匀。

（3）操作步骤

1）游离二氧化硫的测定

① 按图 2-3-10 所示，将二氧化硫测定装置连接妥当，直角弯管与真空泵（或抽气管）相接，直管冷凝管通入冷却水，取下梨形瓶和气体洗涤器，向梨形瓶中加入 20mL 过氧化氢溶液，向气体洗涤器中加入 5mL 过氧化氢溶液，各加 3 滴混合指示液后，溶液立即变为紫色，滴入氢氧化钠标准溶液，使其颜色恰好变为橄榄绿色，然后重新安装妥当，将短颈球瓶浸入冰浴中。

② 吸取 20.00mL 样品（液温为 20℃ ±0.1℃），从通气管上口加入短颈球瓶中，随后吸取 10mL 磷酸，也从通气管上口加入短颈球瓶中。

③ 开启真空泵，使抽入空气的流量为 1000～1500mL/min，抽气 10min，取下梨形瓶，用氢氧化钠标准溶液滴定至重现橄榄绿色即为终点，记下消耗氢氧化钠标准溶液的体积。以水代替样品做空白试验，操作同上。一般情况下，气体洗涤器中溶液不应变色，如果溶液变为紫色，也需要用氢氧化钠标准溶液滴定至橄榄绿色，并将所消耗氢氧化钠标准溶液的体积与梨形瓶消耗氢氧化钠标准滴定溶液的体积相加。

④ 结果计算：试样中游离二氧化硫的含量按式（2-3-77）进行计算。

$$X=\frac{c\times(V-V_0)\times 32}{20}\times 1000 \qquad (2\text{-}3\text{-}77)$$

式中 X——样品中游离二氧化硫的含量（mg/L）；

c——氢氧化钠标准溶液的浓度（mol/L）；

V——测定样品时消耗氢氧化钠标准溶液的体积（mL）；

V_0——空白试验消耗氢氧化钠标准溶液的体积（mL）；

32——二氧化硫的摩尔质量（g/mol）；

20——吸取样品的体积（mL）。

计算结果保留三位有效数字。

⑤ 精密度：在重复性条件下获得的两次独立测定结果的绝对差值不得超过算术平均值的 10%。

2）结合二氧化硫的测定

① 继上述测定游离二氧化硫后，将滴定至橄榄绿的梨形瓶重新与真空蒸馏接收管连接，拆除短颈球瓶下的冰浴，用温火加热短颈球瓶，使瓶内溶液保持微沸。

② 开启真空泵，使抽入空气的流量为 1000～1500mL/min，抽气 10min，取下梨形瓶，用氢氧化钠标准溶液滴定至重现橄榄绿色即为终点，记下消耗氢氧化钠标准溶液的体积。以水代替样品做空白试验，操作同上。一般情况下，气体洗涤器中溶液不应变色，如果溶液变为紫色，也需要用氢氧化钠标准溶液滴定至橄榄绿色，并将所消耗氢氧化钠标准溶液的体积与梨形瓶消耗氢氧化钠标准溶液的体积相加。

③ 计算：同游离二氧化硫的测定，计算结果为结合二氧化硫的含量。

④ 结果计算：将游离二氧化硫与结合二氧化硫测定值相加，即为样品中总二氧化硫的含量。

2. 直接碘量法

（1）原理　在碱性条件下，结合态二氧化硫被解离出来，然后再用碘标准溶液滴定，得到样品中总二氧化硫的含量。

（2）仪器与试剂

1）仪器：碘量瓶（250mL）、电炉子、吸管、酸式滴定管等。

2）试剂：氢氧化钠溶液（100g/L）、（1+3）硫酸溶液（取 1 体积浓硫酸缓慢注入 3 体积水中）。其他试剂如下：

① 碘标准溶液 [$c(1/2\ I_2)$ = 0.02mol/L]：称取 13g 碘及 35g 碘化钾，溶于 100mL 水中，稀释至 1000mL，摇匀，储存于棕色瓶中，标定后，再准确稀释 5 倍。

② 淀粉指示剂（10g/L）：称取 1g 可溶性淀粉，加入 5mL 水，搅匀后缓缓倾入 90mL 沸水中，随加随搅拌，煮沸 2min，放冷稀释至 100mL，再加入 40g 氯化钠。其使用期为两周。

（3）测定步骤　吸取 25.00mL 氢氧化钠溶液置于 250mL 碘量瓶中，再准确吸取 25.00mL 样品（液温为 20℃），并以吸管插入氢氧化钠溶液的方式加入到碘量瓶中，摇匀，盖塞，静置 15min 后，再加少量碎冰块、1mL 淀粉指示剂、10mL 硫酸溶液，摇匀，用碘标准溶液迅速滴定至淡蓝色，30s 内不变即为终点，记下消耗碘标准溶液的体积（V）。

以水代替样品做空白试验，操作方法同上。

（4）结果计算　样品中总二氧化硫的含量按式（2-3-78）计算。

$$X = \frac{c \times (V - V_0) \times 32}{25} \times 1000 \quad (2\text{-}3\text{-}78)$$

式中　X——样品中总二氧化硫的含量（mg/L）；

c——碘标准滴定溶液的浓度（mol/L）；

V——测定样品时消耗碘标准溶液的体积（mL）；

V_0——空白试验消耗碘标准溶液的体积（mL）；

32——二氧化硫的摩尔质量（g/mol）；

25——吸取样品的体积（mL）。

计算结果保留三位有效数字。在重复性条件下获得的两次独立测定结果的绝对差值不得超过算术平均值的 10%。

第十节　茶叶的检验

技能训练目标

1）了解茶叶中水溶性灰分碱度、粗纤维、氟含量、霉菌、酵母菌的检测原理。

2）熟悉仪器与试剂，并能够规范操作试验仪器，科学配制相关试剂。

3）规范完成各试验操作步骤，科学读取相关数据，并做好试验记录。

4）完成试验结果计算，并能科学分析试验数据，完成试验报告的编制。

5）正确理解注意事项，并能够在试验过程中解决常见问题。

技能训练内容及依据

茶叶检验技能训练的内容及依据见表 2-3-25。

表 2-3-25　茶叶检验技能训练的内容及依据

序　号	训练项目名称	国家标准依据
1	茶叶中水溶性灰分碱度的测定	GB/T 8309—2013
2	茶叶中粗纤维的测定	GB/T 8310—2013
3	茶叶中氟含量的测定	NY/T 838—2004
4	茶叶中霉菌、酵母菌的测定	GB 4789. 15—2010

技能训练 1　茶叶中水溶性灰分碱度的测定

1. 原理

水溶性灰分碱度指的是中和水溶性灰分浸出液所需要酸的量，或相当于该酸量的碱量。用甲基橙作指示剂，以盐酸标准溶液滴定来自水溶性灰分的溶液。

2. 仪器与试剂

（1）仪器　滴定管（50mL）、锥形瓶（250mL）。

（2）试剂　盐酸（0. 1mol/L 标准溶液，按 GB/T 601—2002 配制与标定）、甲基橙指示剂（将甲基橙 0. 5g 用热蒸馏水溶解后稀释至 1L）。

3. 操作步骤

（1）试样的制备　按照 GB/T 8302—2013 的规定取样（见第一部分第三章第十节技能训练 1），按照 GB 8303—2013 的规定制备试样，按 GB/T 8307—2013 制备水溶性灰分溶液。

（2）检测　将水溶性灰分溶液冷却后，加甲基橙指示剂 2 滴，用 0. 1mol/L 盐酸溶液滴定。使用两次测定水溶性灰分和水不溶性灰分的滤液，平行测定两次。

4. 结果计算

（1）计算方法　碱度，即中和 100g 干态磨碎样品所需的一定浓度盐酸的物质的量，或换算为相当于干态磨碎样品中所含氢氧化钾的质量分数。

碱度用物质的量表示（100g 干态磨碎样品），按式（2-3-79）计算。

$$X = \frac{V}{10 \times 1000 \times m_0 \times w} \times 100 \tag{2-3-79}$$

式中　X——茶叶中水溶性灰分的碱度（mol/100g）；

V——滴定时消耗 0.1mol/L 盐酸标准溶液的体积（mL）；

m_0——试样的质量（g）；

w——试样干物质（干态）的质量分数。

注意：如果使用盐酸标准溶液的浓度未精确到所要求的浓度，则计算时用校正系数（滴定度/0.1）。

（2）碱度用氢氧化钾的质量分数表示，按式（2-3-80）计算。

$$X = \frac{56V}{10 \times 1000 \times m_0 \times w} \times 100\% \tag{2-3-80}$$

式中　V、m_0、w——同上；

56——氢氧化钾的摩尔量（g/mol）。

如果符合重复性（4.2）的要求，则取两次测定的算术平均值作为结果（保留至小数点后一位）。

5. 重复性

在重复性条件下，同一样品获得的两次测定值之差不得超过算术平均值的 10%。

技能训练 2　茶叶中粗纤维的测定

1. 原理

用一定浓度的酸、碱消化处理试样，留下的残留物再进行灰化，称量，由灰化时的质量损失计算粗纤维的含量。

2. 仪器与试剂

（1）仪器　分析天平（感量为 0.1mg）、尼龙布［孔径为 50μm（相当于 300 目）］、玻璃砂芯坩埚（微孔平均直径为 80 ~ 160μm，体积为 30mL）、高温炉（温控为 525℃ ± 25℃）、高温鼓风电热恒温干燥箱（温控 120℃ ±2℃）、干燥器（盛有效干燥剂）。

（2）试剂　除非另有说明，所用试剂均为分析纯，水为蒸馏水。所用试剂主要有乙醇（体积分数为 95%）、丙酮、1.25% 氢氧化钠溶液、1.25% 硫酸溶液（吸取 6.9mL 密度为 1.84g/mL 的硫酸），缓缓加入少量水，冷却后定容至 1L，摇匀）、1% 盐酸溶液（取 10mL 密度为 1.18g/mL 的盐酸，加水定容至 1L，摇匀）。

3. 操作步骤

（1）试样的制备　按照 GB/T 8302—2013 的规定取样，按照 GB/T 8303—2013 的规定制备试样。

（2）检测

1）酸消化：称取试样 2.5g（准确至 0.001g）置于 400mL 烧杯中，加入热的约 100℃的 1.25% 硫酸溶液 200mL，放在电炉上加热（在 1min 内煮沸），准确微沸 30min，并随时补加热水，以保持原溶液的体积。移去热源，将酸消化液倒入内铺孔径为50μm尼龙布的布氏漏斗中，缓缓抽气减压过滤，并用蒸馏水多次洗涤残渣，每次50mL，直至中性，10min内完成。

2）碱消化：用约100℃的1.25%氢氧化钠200mL，将尼龙布上的残渣全部洗入原烧杯中，放在电炉上加热（在1min内煮沸），准确微沸30min，并随时补加热水，以保持原溶液的体积。将碱消化液倒入连接抽滤瓶的玻璃质砂芯坩埚中，缓缓抽气减压过滤，用50mL左右沸水洗涤残留物多次，接着用1%盐酸溶液洗涤1次，再用沸水洗涤至中性，最后依次用乙醇洗涤两次，丙酮洗涤三次，并抽滤至干，除去溶剂。

3）干燥：将上述坩埚及残留物移入干燥箱中，于120℃烘4h，放在干燥器中冷却，称量（准确至0.001g）。

4）灰化：将已称量的坩埚放在高温电炉中，于525℃±25℃灰化2h，待炉温降至300℃左右后，放入干燥器中冷却，称量（准确至0.001g）。

4. 结果计算

（1）茶叶中粗纤维的含量，以干态质量分数表示，按式（2-3-81）计算。

$$X = \frac{m_1 - m_2}{m_0 \times w} \times 100\% \tag{2-3-81}$$

式中 m_0——试样的质量（g）；

m_1——灰化前坩埚及残留物的质量（g）；

m_2——灰化后坩埚、灰分的质量（g）；

w——试样中干物质的质量分数。

如果符合重复性的要求，则取两次测定的算术平均值作为结果，保留至小数点后一位。

（2）重复性　在重复性条件下，同一样品获得的测定结果的绝对差值不得超过算术平均值的5%。

技能训练3　茶叶中氟的测定

1. 原理

氟离子选择电极的氟化镧单晶膜对氟离子产生选择性的响应，在氟电极和饱和甘汞电极对中，电位差可随溶液中氟离子活度的变化而改变，电位变化规律符合能斯特方程。

$$E = E^0 - (2.303RT/F)\lg C_F$$

E与$\lg C_F$呈线性关系，$2.303RT/F$为直线的斜率（25℃时为59.16）。

2. 仪器与试剂

（1）仪器　氟离子选择电极、饱和甘汞电极、离子活度计、毫伏计（或pH计）、磁力搅拌器、聚乙烯烧杯（50mL，100mL，150mL）

（2）试剂　高氯酸（70%~72%）、100μg/mL氟离子标准储备液（称取于120℃烘4h的NaF2.210g，溶解并定容至1000mL，摇匀，储存于聚乙烯瓶中。此溶液每毫升

含1000μg氟）、0.1mol/L高氯酸溶液（取8.4mL高氯酸，用水稀释至1000mL）、TISAB缓冲溶液（取柠檬酸钠114.0g，乙酸钠12.0g，溶解并定容至1000mL）。

3. 操作步骤

（1）茶叶取样　按GB/T 8302—2013执行。

（2）仪器的校正　按pH计、电极的使用说明书以及需要测定的具体条件进行。

（3）测定　实验室室温恒定在25℃±2℃，测定前使试样达到室温，并且试样和标准溶液的温度一致。称取制备的茶样0.5000g±0.0200g，转入聚乙烯烧杯中，然后加入25mL制备的高氯酸溶液，开启磁力搅拌器搅拌30min，然后继续加入25mL TISAB缓冲溶液，插入氟离子选择电极和参比饱和甘汞电极，再搅拌30min，读取平衡电位E_x，然后由校准曲线上查找氟含量。每次测量之前，都要用蒸馏水充分冲洗电极，然后用滤纸吸干。

（4）校准　把氟离子标准储备液稀释至适当的浓度，用50mL容量瓶配制质量浓度分别为0μg/mL、2μg/mL、4μg/mL、6μg/mL、8μg/mL、10μg/mL的氟离子标准溶液，并在定容前分别加入25mL TISAB缓冲溶液，充分摇匀，转入100mL聚乙烯烧杯中，插入氟离子电极和参比饱和甘汞电极，开动磁力搅拌，由低浓度到高浓度一次读取平衡电位，在半对数纸上绘制E-lgC_F曲线。

4. 结果计算

茶叶中氟的含量按式（2-3-82）计算。

$$X = \frac{c \times 50 \times 1000}{m \times 1000} \tag{2-3-82}$$

式中　X——样品中氟的含量（mg/kg）；

c——测定用样液中氟的质量浓度（μg/mL）；

m——样品质量（g）；

取三次测定的算术平均值作为结果，保留至小数点后一位。任意两次平行测定结果相差不应大于10%。

5. 注意事项

茶叶中铝、铁、钙、硅等离子含量较高，会对氟电极产生干扰。柠檬酸钠离子强度调节剂对这些离子具有较好的掩蔽作用，能够使测定结果稳定。

技能训练4　茶叶中霉菌、酵母菌的测定

1. 原理

茶叶是我国传统的大宗农产品，其产量、消费量和出口量在国际上占有重要比重。在茶叶的生产和储存过程中，生产方式和环境条件的影响，使得茶叶中产生真菌。茶叶中的大量真菌，会影响茶叶的品质，给消费者的健康带来不利影响。茶叶中的真菌已列入必检项目。根据国家标准GB 4789.15—2010的规定，制作马铃薯-葡萄糖琼脂培养基，使样品中的霉菌和酵母菌繁殖生成菌落，以菌落计数测定霉菌和酵母菌的数目，附加氯霉素作为抗生素，抑制细菌等微生物的生长，对茶叶中的真菌进行检测。

2. 仪器与试剂

（1）仪器　冰箱（2～5℃）、恒温培养箱（28℃±1℃）、均质器、恒温振荡器、显微镜（10～100倍）、电子天平（感量为0.1g）、无菌锥形瓶（500mL，250mL）、无菌广口瓶（500mL）、无菌吸管（1mL，具0.01mL刻度；10mL，具0.1mL刻度）、无菌平皿（直径为90mm）、无菌试管（ϕ10mm×75mm）、无菌牛皮纸袋、塑料袋。

（2）试剂

1）马铃薯-葡萄糖-琼脂培养基

马铃薯（去皮切块）	300g
葡萄糖	20.0g
琼脂	20.0g
氯霉素	0.1g
蒸馏水	1000mL

制法：将马铃薯去皮切块，加1000mL蒸馏水，煮沸10～20min，然后用纱布过滤，补加蒸馏水至1000mL，加入葡萄糖和琼脂，加热熔化，分装后，于121℃灭菌20min。在倾注平板前，用少量乙醇溶解氯霉素，加入培养基中。

2）孟加拉红培养基

蛋白胨	5.0g
葡萄糖	10.0g
磷酸二氢钾	1.0g
硫酸镁（无水）	0.5g
琼脂	20.0g
孟加拉红	0.033g
氯霉素	0.1g
蒸馏水	1000mL

制法：将上述各成分加入蒸馏水中，加热熔化，补足蒸馏水至1000mL，分装后，于121℃灭菌20min。在倾注平板前，用少量乙醇溶解氯霉素，加入培养基中。

3. 检验程序

霉菌和酵母菌计数的检验程序如图2-3-11所示。

4. 操作步骤

（1）样品的稀释

1）称取25g样品置于盛有225mL灭菌蒸馏水的锥形瓶中，充分振摇，即为1:10稀释液。也可将样品放入盛有225mL无菌蒸馏水的均质袋中，用拍击式均质器拍打2min，制成1:10的样品匀液。

2）取1mL 1:10稀释液注入含有9mL无菌水的试管中，另换一支1mL无菌吸管反复吹吸，此液为1:100稀释液。

3）按以上操作程序，制备10倍系列稀释样品匀液。每递增稀释一次，换用1次1mL无菌吸管。

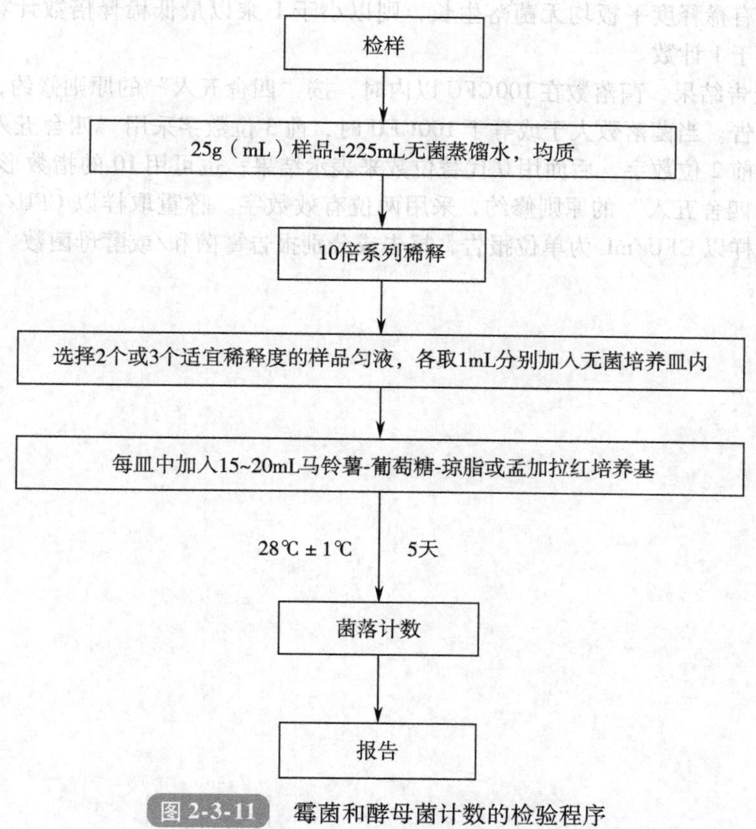

图 2-3-11　霉菌和酵母菌计数的检验程序

4）根据对样品污染状况的估计，选择 2 个或 3 个适宜稀释度的样品匀液（液体样品可包括原液），在进行 10 倍递增稀释的同时，每个稀释度分别吸取 1mL 样品匀液置于 2 个无菌平皿内。同时分别取 1mL 样品稀释液加入 2 个无菌平皿作空白对照。

5）及时将 15 ~ 20mL 冷却至 46℃ 的马铃薯-葡萄糖-琼脂或孟加拉红培养基（可放置于 46℃ ±1℃恒温水浴箱中保温）倾注平皿，并转动平皿使其混合均匀。

（2）培养　待琼脂凝固后，将平板倒置，于 28℃ ±1℃培养 5 天，观察并记录。

（3）菌落计数　用肉眼观察，必要时可用放大镜，记录各稀释倍数和相应的霉菌和酵母菌数，以菌落形成单位 CFU 表示。

选取菌落数在 10 ~ 150CFU 的平板，根据菌落形态分别计数霉菌和酵母菌数。霉菌蔓延生长覆盖整个平板的可记录为多不可计。菌落数应采用两个平板平均数。

5. 结果与报告

（1）结果　计算两个平板菌落数的平均值，再将平均值乘以相应稀释倍数计算。若所有平板上菌落数均大于 150CFU，则对稀释度最高的平板进行计数，其他平板可记录为多不可计，结果按平均菌落数乘以最高稀释倍数计算。

若所有平板上菌落数均小于 10CFU，则应按稀释度最低的平均菌落数乘以稀释倍数计算；若所有稀释度平板均无菌落生长，则以小于1乘以最低稀释倍数计算；若为原液，则以小于1计数。

（2）报告结果　菌落数在100CFU以内时，按“四舍五入”的原则修约，采用两位有效数字报告。当菌落数大于或等于100CFU时，前3位数字采用“四舍五入”的原则修约后，取前2位数字，后面用0代替位数来表示结果；也可用10的指数形式来表示，此时也按“四舍五入”的原则修约，采用两位有效数字。称重取样以CFU/g为单位报告，体积取样以CFU/mL为单位报告，报告或分别报告霉菌和/或酵母菌数。

第三部分　食品检验高级工技能训练

第一章　检验仪器的使用与维护

第一节　概　　述

原子吸收光谱分析法又称为原子吸收分光光度分析法，简称为原子吸收法，是基于物质所产生的原子蒸气对特定波长谱线（通常是待测元素的特征谱线）的吸收作用而进行定量分析的方法。该方法所用的分析仪器为原子吸收分光光度计。

原子吸收分光光度计的工作原理是：将被分析物质以适当的方法转变为溶液，并将溶液以雾状引入原子化器，被测元素在原子化器中原子化为基态原子蒸气；光源发射出的与被测元素吸收波长相同的特征谱线通过火焰中的基态原子蒸气时，光能因被基态原子吸收而减弱，其减弱的程度（吸光度）在一定条件下与基态原子的数目（元素浓度）之间的关系，遵守朗伯-比尔定律；被基态原子吸收后的谱线，经分光系统分光后，由检测器接收，转换为电信号，再经放大器放大，由显示系统显示出吸光度或光谱图，如图 3-1-1 所示。

在原子吸收法中，样品的原子化方式除了化学火焰法外，还有其他一些方式。根据原子化方式的不同，原子吸收法分为火焰法和非火焰法两大类。非火焰法又进一步分为电热原子化（如石墨炉原子化）、氢化物发生法以及冷原子吸收法等。

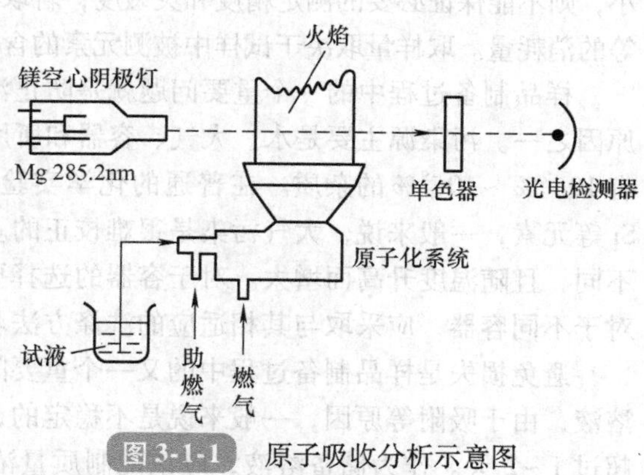

图 3-1-1　原子吸收分析示意图

原子吸收光谱法是选择性、准确度和灵敏度都很好的一种定量分析方法。其特点是：

1）灵敏度高。不存在当待测元素含量太低时，由于发射谱线的深浅程度和背景差不多而难以辨认的问题。

2）选择性好。对于多种粒子混合的溶液，通常可以不经预先分离等而直接测定。因为共振发射线和共振吸收线对某一种元素来讲是特征性的，所以原子吸收法因谱线及基体的影响而产生干扰的情况不多，即使有干扰也容易消除。这种方法只考虑基态原子的跃迁，原子吸收线数目远远小于原子发射线数目，谱线简单，重叠干扰的概率小。

3）精密度、准确度较高。火焰原子吸收法的相对误差为0.1%～0.5%，可与容量分析相媲美。

4）适用范围广泛。元素周期表中大约70种金属元素、半金属元素以及少部分的非金属元素（如B、As、Si、Se、Te等，其中C、O、S、P、N及卤素可采用间接方法）都可用这种方法进行分析测定。

5）分析速度快，操作简便，易于掌握；设备简单，易于实现自动化和计算机控制。

由于方法的灵敏度高，因此用样量少。火焰法仅适于液体进样；石墨炉法可测定固体或液体试样；氢化物发生法仅适于气体进样。

由于不同元素的测定条件不一样，因此其选择性虽好，但测定不同元素要使用不同的光源（空心阴极灯），换灯比较麻烦，不适于做定性分析；对于Sc、Y、La系等高温元素的测定灵敏度较低；测定成分复杂的样品时干扰较严重，必须事先采取适当措施予以消除。

总之，分析金属元素的含量时，原子吸收法往往是一种首选的定量方法，因而它在分析化学领域内已占有重要地位。

第二节　原子吸收光谱分析试验技术

 样品准备

1. 样品的制备

样品制备的第一步是取样。取样一定要具有代表性，取样量大小要适当。若取样量过小，则不能保证必要的测定精度和灵敏度；若取样量太大，则会增加工作量和试剂、能源等的消耗量。取样量取决于试样中被测元素的含量、分析方法和所要求的测量精度。

样品制备过程中的一个重要问题就是防止污染。污染是限制灵敏度和检出限的重要原因之一。污染源主要是水、大气、容器和所用的试剂。即使最纯的离子交换水，也含有$10^{-7}\%$～$10^{-9}\%$的杂质。在普通的化学实验室中，空气中常含有Fe、Cu、Ca、Mg、Si等元素，一般来说，大气污染是很难校正的。容器污染程度因其材质、作用的不同而不同，且随温度升高而增大。对于容器的选择要根据测定的要求而定。容器必须洁净，对于不同容器，应采取与其相适应的洗涤方法。

避免损失是样品制备过程中的又一个重要问题。质量浓度很低（小于1μg/mL）的溶液，由于吸附等原因，一般来说是不稳定的，不能作为储备溶液，使用时间最好不要超过1～2天。作为储备溶液，应该配制质量浓度较大（如1000μg/mL以上）的溶液。无机储备液或试样溶液应在聚乙烯容器中保存，并注意维持必要的酸度，保存在清洁、低温、阴暗的地方。有机溶液在储存过程中，应避免与塑料、胶木瓶盖等直接接触。

2. 样品的预处理方法

原子吸收法进行样品分析时通常采取溶液法进样，样品需进行预处理，通过化学处理得到适合原子吸收分析的溶液。对样品预处理的要求是：试样分解要完全，在预处理过程

中试样不得沾污或造成待测组分的损失，所用试剂及反应产物对后续测定应无影响。

无机试样的预处理大都采用稀酸、浓酸或混合酸溶解的方法，对于酸不溶物质则采用碱熔融法。

有机试样的预处理方法主要有两种，即干法灰化和湿法消解。一般先进行灰化处理（以除去有机物基体）的样品，其所得残留物还需用合适的酸进行溶解，以使待测元素以无机盐的形式进入溶液中。但是，对于易挥发性的元素（如Hg、As、Gd、Pb、Sb、Se等），则不宜采用干法灰化的处理方法，以免挥发损失造成分析误差。

干法灰化就是在较高的温度下，使样品被空气中的氧氧化。具体操作是：首先准确称取一定质量的试样置于恒重的石英或铂质坩埚中，于80～150℃下加热以赶去大量的有机物，然后放于高温炉中，逐步升温至450～550℃进行灰化处理，冷却后，再将灰分用HNO_3、HCl或其他溶剂溶解，若有必要，则加热溶液以使残渣溶解（这种情况通常被称为干湿结合法），过滤后配制溶液。

湿法消解就是在加热的情况下用适合的无机酸煮沸试样，以破坏有机物，使试样中的有机阴离子挥发掉。最常用的无机酸是盐酸-硝酸、硝酸-高氯酸、王水-高氯酸或硫酸-硝酸等混合酸，视样品的类型而定。消解后的剩余物（一般为结晶状）再用温热的稀硝酸或稀盐酸溶解，以使其转变为易溶解的无机盐（如硝酸溶解得到的硝酸盐）或利于原子化的易挥发的氯化物，过滤后配制溶液。若用微波溶样技术，则可将样品放在聚四氟乙烯焖罐中，于专用微波炉中加热消化样品。

3. 样品预处理方案的拟订原则

试样的预处理是一项繁杂的工作，应根据试样的具体情况、分析的目的及原子吸收法的特点确定采用何种方法、选用何种试剂等。若需引用或参考有关文献中所提供的信息，则必须在验证后才可使用。若没有合适的资料可供参考，则需要自行拟定样品预处理的方案。拟定样品预处理方案的原则是：

1）称取样品的量及其定容体积。应当根据待测元素的检出限（或灵敏度）及其在试样中的大体含量来确定称样量及定容体积。待测元素的灵敏度应在相关文献的基础上，以所用仪器测定实际的检出限和灵敏度作为依据。

2）在确保试样溶解完全的前提下，使用的溶剂应尽可能的简单。通常最好是将试样制成水溶液、盐酸溶液（一般氯化物挥发性比较好，有利于样品的原子化）或硝酸（多数元素的硝酸盐溶解性较好）溶液以及碱溶液（限于酸不溶的情况）。

3）考虑干扰元素的处理措施。应根据具体试样的组成情况，即待测元素的含量、共存元素的种类及其含量等的不同，采取不同的处理措施。

① 易电离的元素应加入消电离剂。

② 对于化学干扰，应当优先考虑采取相应的抑制或消减措施，如加入释放剂、保护剂等。若仍达不到预期效果，则再采取化学分离的方法，予以消除。

③ 如果待测元素含量很小，干扰元素又多，则应采取预富集分离法、离子交换、共沉淀等方法。

一个完整的原子吸收法的分析方案，应包括三方面内容：试样的预处理方法、仪器及其测量条件（包括吸收线波长、空心阴极灯电流、光谱通带、火焰的种类和类型、燃烧器的高度等）、定量方法（标准曲线法、标准加入法或其他）。这三个方面相互关联、相互影响，应综合考虑，有机配合，以便在获得高的灵敏度的同时也能获得高的准确度，并且能满足分析要求，使操作简便。

二 标准样品的配制

标准样品的组成要尽可能接近未知试样的组成。溶液中总含盐量对雾珠的形成和蒸发速度都有影响。其影响大小与盐的性质、含量、火焰温度、雾珠大小等有关。因此，当盐的质量分数在0.1%以上时，在标准样品中也应加入等量的同类盐，以使在喷雾时与在火焰中发生的过程相似。采用石墨炉原子化时，应控制样品中的含盐量，痕量元素与基体元素的含量比最好达到0.1μg/g。

有时标准样品并不容易得到，所以通常采用各元素适合的盐或高纯度金属（丝、棒、片）来配制其标准溶液，但不能使用海绵状金属或金属粉末来配制标准溶液，金属在溶解之前，一定要磨光并用稀酸清洗，以除去表面的氧化层。

标准系列溶液浓度的下限取决于待测元素的检出限，同时兼顾测定的精度。合适的标准系列溶液浓度应该是能产生0.2~0.8单位吸光度或透过率为15%~65%的浓度。

三 仪器测量条件的选择

在进行原子吸收光谱测定时，测定条件的选择，对测定的灵敏度、准确度和干扰情况等有很大的影响，必须予以重视。为了获得灵敏、重现性好和准确的结果，应对测定条件进行优选。

1. 空心阴极灯测量条件的选择

（1）吸收线的选择　每种元素都有若干条分析线，通常选择其中最灵敏的线（共振吸收线）作为吸收线，以使测定具有较高的灵敏度。当测定元素的浓度很高，或者为了避免邻近谱线的干扰、火焰的吸收等时，也可以选择次灵敏线（非共振吸收线）作为吸收线，以便得到适度的吸收值，改善标准曲线的线性范围。测定微量元素时，必须选用最强的吸收线。

（2）空心阴极灯电流的选择　空心阴极灯的发射特性取决于工作电流。选择合适的空心阴极灯电流，可得到较高的灵敏度与稳定性。从灵敏度方面考虑，灯电流宜小，因为此时谱线变宽及自吸效应小，发射线窄，灵敏度高。但灯电流太小时，灯放电不稳定，光输出稳定性差，会引起噪声增加，使谱线的信噪比降低，导致精密度降低。从稳定性考虑，灯电流要大，谱线强度高，负高压低，读数稳定，特别是在分析常量与高含量元素时，灯电流宜大一些。灯电流的选择原则是：在保证稳定放电和合适的光强输出的前提下，尽可能选用较低的工作电流。

从灯维护和使用寿命角度考虑，对于高熔点、低溅射的金属（如铁、镍、铬等元素），允许用大电流；对于低熔点、高溅射的金属（如锌、铅和碱金属等），要用小电流；对于低熔点、低溅射的金属（如锡），若需增加光强度，则允许灯电流稍大一些。

此外，有些元素（如 As、Se、Pb、Sn、Zn、Cd 等）采用无极放电或超强空心阴极灯测定，能够获得更高的灵敏度和精密度。

在商品空心阴极灯的标签上通常标有额定（最大）工作电流。对于大多数元素来说，日常工作的工作电流选择在额定电流的 40% ~60% 比较适宜。在这样的电流条件下工作，既能达到较好的灵敏度，也能保证测定结果的精密度，这是因为灯的信噪比比较适宜。

（3）光谱通带的选择　一般调宽狭缝，出射光强度增加，但同时出射光包含的波长范围相应加宽，使单色器的分辨率降低，未被分开的靠近共振线的其他非吸收谱线或火焰的背景发射将一同通过出射狭缝而被检测器接收，从而导致测得的吸收值偏低，定量关系曲线弯曲，进而造成测量误差。反之，调窄狭缝，可以改善实际分辨率，但会使谱线变宽、噪声增加。因此，应根据测定的需要选择合适的狭缝宽度。

在原子吸收分光光度法中，谱线重叠的概率较小，因此在测定时可以使用较宽的光谱通带。光谱通带的宽窄直接影响测定的灵敏度与标准曲线的线性范围。实际上光谱通带的选择就是狭缝宽度的选择。

选择光谱通带宽度时以吸收线附近无干扰谱线存在并能够分开最靠近的非共振线为原则。适当放宽光谱通带宽度，提高信噪比和测定的稳定性，可以增加光强，使用小的增益以降低检测器的噪声，从而提高信噪比，改善检测限。过窄的光谱通带使可利用的光强度减弱，不利于测定。测定每一种元素都需选择合适的光谱通带，不引起吸光度减小的最大光谱通带宽度，即为合适的光谱通带宽度。对谱线复杂的元素（如铁、镍等），就要采用较窄的光谱通带，否则会使工作曲线线性范围变窄。当单色器的分辨能力大时，可以使用较宽的光谱通带；在光源辐射较弱或共振线吸收较弱时，必须使用较宽的光谱通带；但当火焰的背景发射很强，在吸收线附近有干扰谱线与非吸收光存在时，就应使用较窄的光谱通带。

（4）预热时间　在空心阴极灯点燃后，灯的阴极材料即因放电加热作用而转化为原子蒸气。由于放电作用主要发生在空心阴极内部，因此其内外原子蒸气层之间必然存在一定的温差，内部高而外部低，导致自吸收现象的发生。只有在空心阴极灯达到热平衡后，原子蒸气层内外的温差才能减小，使自吸收作用维持在一个较低的稳定水平上。在热平衡状态下，原子蒸气层的分布也趋于稳定，有利于降低自吸收作用，并使其达到恒定，此时即可开始进行稳定的测量。

在空心阴极灯刚点燃时，空心阴极灯外部并不立即形成原子蒸气层，因而自吸收作用较弱。随着点燃时间的延长，空心阴极灯的蒸气层逐渐扩展，自吸收作用增强而发射强度降低，原子吸收的灵敏度也将逐渐下降，只有预热一定时间后，空心阴极灯的热平衡建立而原子蒸气层的分布状态达到稳定时，才能保证稳定地进行测量。

2. 原子化条件的选择

（1）火焰原子化条件的选择

1）火焰的选择。火焰的选择包括火焰气体类型及火焰类型（即火焰气体的比例）的选择。它是保证高原子化效率的关键之一。不同种类的火焰，其性质各不相同，应根据测定元素的需要选择火焰。

不同火焰对不同波长辐射的透射性能是不相同的。火焰的类型不同，其火焰的最高温度及对光的透过性也均不相同，通常使用空气-乙炔火焰。对于易生成难离解化合物的元素，应选择温度更高的氧化亚氮-乙炔火焰；对于易电离的元素，则不宜选用高温火焰。化学干扰的程度，在很大程度上取决于火焰温度和火焰气体组成。为此，使用高温火焰可以破坏生成的化合物分子，使其重新解离为原子，进而降低这种干扰。

燃料气和助燃气的种类不同，所形成的火焰的温度及性质也就不同。其中两种最为常用的火焰为：

① 空气-乙炔火焰：应用最广的一种火焰，燃烧稳定、重复性好、噪声低，最高温度约为2300℃，除 Al、Ti、Zr、Ta 等之外，对多数元素都有足够的测定灵敏度。但其不足之处是，在波长230nm 以下范围对紫外光有明显的吸收，易使信噪比降低，特别是发亮的富燃火焰，会使火焰发射和自吸收增强，噪声增大，不宜测定易形成难离解氧化物的元素（如 Al、Ta、Ti、Zr 等）。

② 氧化亚氮-乙炔火焰：主要特点是燃烧速度低，温度高达3000℃左右，可以减少测定某些元素时的化学干扰，如用氧化亚氮-乙炔火焰测定钙和钡时，磷不干扰钙的测定，铝也不干扰镁的测定；具有强还原性气氛，可使许多离解能较高的难离解元素（如 AL、B、Be、Ti、V、W、Ta、Zr 等）的氧化物分子被原子化，原子化效率较高。由于火焰温度高，可消除在空气-乙炔火焰或其他火焰中可能存在的某些化学干扰。

对于氧化亚氮-乙炔火焰，火焰条件的调节，如助燃气与燃气的比例、燃烧器的高度等，远比普通的空气-乙炔火焰严格，甚至稍为偏离最佳条件，也会使灵敏度明显降低。由于氧化亚氮的燃烧速度快，氧化亚氮-乙炔火焰很容易发生回火爆炸，因此在操作中应严格遵守操作规程。

2）燃气助燃比的选择。在火焰气体类型选定以后，还应进一步确定燃气与助燃气流量的合适比例。可通过试验绘制吸光度-助燃气、燃气流量曲线，选出最佳的流量比——助燃比。

在日常分析工作中，最常用空气-乙炔火焰。燃气助燃比不同，火焰温度和氧化还原性质也不同，较多采用助燃比为4:1 的化学计量火焰（中性火焰）。其燃烧稳定且层次清晰，温度较高、背景低、噪声小（除短波区域外），适于多种元素。贫燃火焰为清晰不发亮的蓝焰，助燃比小于6:1，燃烧充分，但燃烧高度较低，仅适用于不易氧化的元素（如 Ag、Cu、Ni、Co、Pd 等）及碱土金属元素的测定。富燃火焰（助燃比介于3:1与5:2 之间）发亮，层次开始模糊，燃烧高度较高，温度较贫燃火焰低，燃烧不充分，还原性比较强，噪声较大，适用于测定较易形成难熔氧化物的元素（如 Mo、Cr、稀土等）。此外，还要特别注意燃气和助燃气的流量和压力。

最佳燃助比的选择方法：一般在固定助燃器的条件下，改变燃气流量，绘制吸光度和燃助比的关系曲线，如图 3-1-2 所示。吸光度大且比较稳定时的燃气流量就是最佳燃助比。

3）燃烧器高度和角度的选择。由于不同元素在火焰中形成的基态原子的最佳浓度区域高度不同，灵敏度也不同，因此在测定时必须仔细调节燃烧器的高度，使测量光束

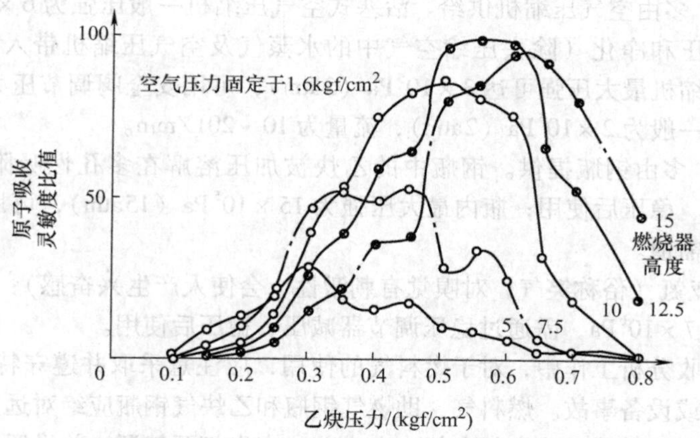

图 3-1-2 燃助比和燃烧器高度对测 Cr 的影响

注：$1kgf/cm^2 = 0.0980665MPa$。

从自由原子浓度最大的火焰区通过，以得到最佳的测定灵敏度。燃烧器高度对灵敏度、稳定性和干扰程度的影响，因测定元素不同和火焰性质不同而有所不同。最佳的燃烧器高度可通过试验方法来选择。通常是在固定燃助比的条件下，测定标准溶液在不同燃烧器高度时的吸光度，绘制燃烧器高度与吸光度曲线，以选择吸光度最大的燃烧器高度为最佳条件。

燃烧器可大致分为三个部位：

① 光束通过氧化焰区，离燃烧器缝口 6～12mm。此处火焰稳定，干扰较少，对紫外线吸收较弱，但灵敏度稍低。大多数元素，特别是吸收线在紫外光区的元素，适于这种高度。

② 光束通过氧化焰和还原焰区，离燃烧器缝口 4～6mm。此高度火焰稳定性比前一种差，温度稍低，干扰较多，但灵敏度高，适于 Be、Pb、Se、Sn、Cr 等元素的分析。

③ 光束通过还原焰区，离燃烧器缝口在 4mm 以下。此高度火焰稳定性最差，干扰多，对紫外线吸收最强，但吸收灵敏度较高，适于长波段元素的分析。

燃烧器角度的调节也是不能忽略的。在通常情况下，总是使燃烧器的缝口与光轴的方向保持一致，即角度为0°。此时光源通过火焰的光程最大，即有最高的灵敏度。当测定最高浓度的样品时，可旋转燃烧器的角度，以减小光源光束通过火焰的光程长度，借以降低灵敏度。另外，通过旋转燃烧器角度，还可以扩展曲线的线性范围，改善线性关系。

4）进样量的选择。试样的进样量一般在 3～6mL/min 较为适宜。不同型号的原子吸收光谱仪，气体压力和流速不同，溶液的提升量也就不同。原则上讲，若试液的进样量过小，则进入火焰的溶液太少，吸收信号弱，灵敏度低，不便测量；若进样量过大，则在火焰原子化法中，大量的雾滴对火焰产生冷却效应，改变火焰的温度，同时，较大雾滴进入火焰，难以完全蒸发，使原子化效率下降，灵敏度降低，在石墨炉原子化法中，会增加除残的困难。在实际工作中，应根据吸光度与进样量的关系，来选择最佳进样量。

（2）气源装置及使用安全措施

1）空气：多由空气压缩机供给。活塞式空气压缩机一般压强为 6×10^5Pa（6atm），需经减压、稳压和净化（除去压缩空气中的水蒸气及空气压缩机带入的油）后使用。膜动式空气压缩机最大压强可达 3×10^5Pa（3atm），可用安全阀调节压力至所需值。空气的使用压强一般为 2×10^5Pa（2atm），流量为 10～20L/min。

2）乙炔：多由钢瓶提供。钢瓶中的乙炔被加压溶解在多孔性吸附材料中的丙酮中，需在减压、稳压后使用；瓶内最大压强为 15×10^5Pa（15atm），可用稳压调节器将压力调节至所需值。

3）氧化亚氮（俗称笑气，对嗅觉有刺激性，会使人产生兴奋感）：多由钢瓶提供。瓶内压强约为 7×10^6Pa，需通过稳压调节器减压、稳压后使用。

在原子吸收分析工作中，对于燃料气的使用，应注意采取并遵守特别的安全措施，以免发生人身或设备事故。燃料气、助燃气钢瓶和乙炔气钢瓶应绝对远离火源；点火操作前应检查并确认气路系统密封良好。点火前，应先打开气源，并设置和确认气体压力与流量，为仪器规定参数；熄火时，应先关闭燃气，待火焰熄灭后，再关闭助燃气及仪器的总电源开关，以防发生回火；最后，打开空气压缩机排气阀和净化器排气阀，将油、水一起随余气放尽。膨胀室或燃烧器应安装有安全排气塞，并经常保持其良好有效，以确保安全。要防止回火，尤其是氧化亚氮-乙炔火焰，一定要确保其始终为富燃焰（红色火焰）。工作结束时应确保切断燃气气源以防漏气，避免发生爆炸事故。仪器上部应按规定安装排风装置，并保持其正常有效。在石墨炉原子化法中，应合理选择干燥、灰化、原子化及除残的温度及其时间。

干燥条件直接影响分析结果的重现性。干燥温度应稍低于溶剂沸点，以防止试液飞溅，但应确保有较快的蒸干速度。条件选择是否得当，可以用蒸馏水或者空白溶液进行检查。干燥时间可以调节，但应与干燥温度相配合。

灰化阶段的作用是尽量使待测元素以相同的化学形态进入原子化阶段，除去基体和局外组分，减少基体对测定的干扰。其另一个作用是减少原子化过程中的背景吸收。在保证被测元素没有损失的前提下，应尽可能使用较高的灰化温度。一般来说，较低的灰化温度和较短的灰化时间有利于减少待测元素的损失。对于中、高温元素，使用较高的灰化温度不易发生损失；对于低温元素，因为它们较易损失，所以不能用提高灰化温度的方法来降低干扰。

原子化温度的选择原则是：选用达到最大吸收信号的最低温度作为原子化温度，可以延长石墨管的使用寿命，但是原子化温度过低，除了造成峰值灵敏度降低外，也会使重现性受到影响。原子化时间以保证完全原子化为准。

除残的目的是消除残留物产生的记忆效应，除残温度应高于原子化温度。

原子化时内部载气和灵敏度关系非常密切。载气的作用是防止石墨管与石墨锥接触的氧化损耗，同时保护热解的自由原子不再被氧化。目前，大多采用高纯度的氩为载气，灵敏度较高。但是，随着载气流量的增加，其灵敏度逐步降低。

四 干扰及其消减

原子吸收分光光度计使用的是锐线光源，应用的是共振吸收线，干扰少、选择性较

好，但干扰因素仍然不少，甚至在某些情况下，干扰还是很严重的，应当采取相应措施加以消减（抑制）。

原子吸收法干扰因素大体可分为光谱干扰、物理干扰和化学干扰三种类型。

1. 光谱干扰

光谱干扰是指非测定谱线进入检测器，或测定谱线遭受待测元素以外的其他吸收或减弱而偏离吸收定律的现象。光谱干扰主要来自光源和原子化系统，并可能引起正误差或负误差。

光谱干扰包括谱线重叠、在光谱通带内多于一条吸收线、光谱通带内存在非吸收线、分子吸收、光散射等。其中，分子吸收和光散射是形成光谱背景的主要因素。按光谱干扰产生的原因，光谱干扰可分为邻近线干扰和背景吸收。消除干扰的方法也各不相同。

（1）邻近线干扰及其消减措施　理想的情况应当是在光谱通带内一条发射线对应一条吸收线，并且两者的中心频率很好地重合，如图 3-1-3 所示。但实际情况经常是在单色器的光谱通带内光源所发射谱线存在着与分析线相邻的其他谱线，即多重发射（见图 3-1-4 和图 3-1-5），或者在单色器光谱通带内有多重吸收线（见图 3-1-6）。

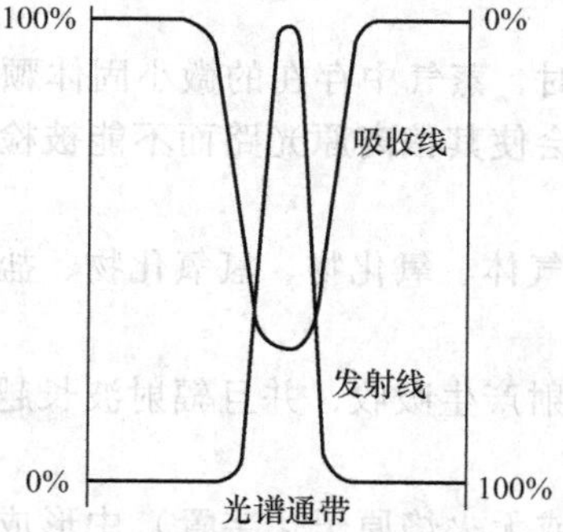

100%　0%　吸收线　发射线　0%　100%　光谱通带

图 3-1-3　理想的情形

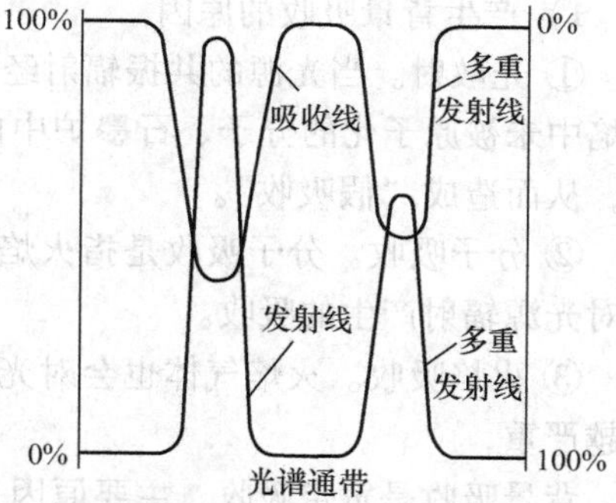

100%　0%　多重发射线　吸收线　发射线　多重发射线　0%　100%　光谱通带

图 3-1-4　有多条吸收线的干扰

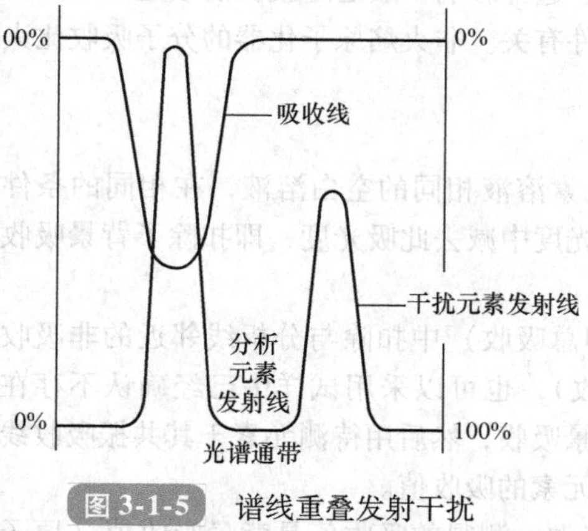

100%　0%　吸收线　干扰元素发射线　分析元素发射线　0%　100%　光谱通带

图 3-1-5　谱线重叠发射干扰

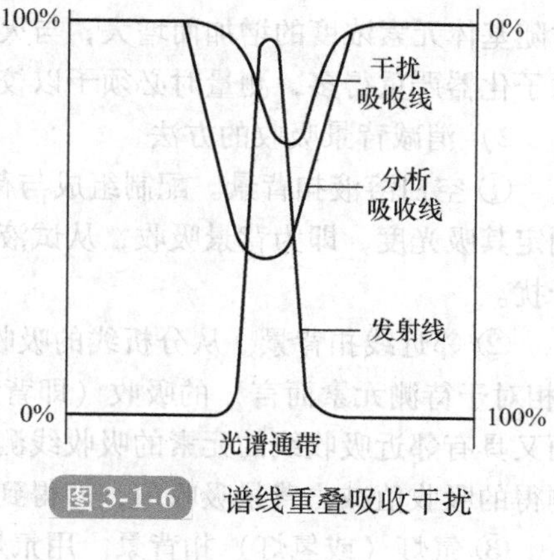

100%　0%　干扰吸收线　分析吸收线　发射线　0%　100%　光谱通带

图 3-1-6　谱线重叠吸收干扰

1）吸收线重叠。当来自样品中的共存元素的吸收线与待测元素的吸收线靠得很近时，单色器不能将其分开，测定待测元素时，干扰元素也会对空心阴极灯的发射谱线产生吸收而造成干扰。当吸收线波长相差小于0.03nm时，认为重叠干扰十分严重。为消除干扰，可改用待测元素的其他无干扰的分析线进行测定或预先分离掉干扰元素。当干扰元素的重叠吸收线是待测元素的非灵敏线时，则认为干扰并不明显，可以忽略不计。

2）光谱通带内的非吸收线。空心阴极灯发射的除待测元素的灵敏线以外，还有与之相邻的待测元素的其他谱线（多重发射），两者一起经过单色器的入射狭缝，导致非吸收线也被检测，产生一个背景信号。消除干扰的方法是减小狭缝宽度，使光谱通带小到可以分开这种干扰。这种情况常见于多谱线元素，如N、Co、Fe。

3）空心阴极灯的阴极材料不纯，即与分析线相邻的是非待测元素的谱线，产生"假吸收"，使工作曲线弯曲，造成正偏差而得到不正确的结果。这种干扰还常见于多元素灯。解决的办法是减小单色器的光谱带宽，牺牲一些测定灵敏度而改用其他谱线。

（2）背景吸收及其消减措施　背景吸收是指除了待测元素以外的所有能够引起光源辐射信号减弱的因素（线光谱造成的除外）。

1）产生背景吸收的原因

① 光散射。当光源的共振辐射经过样品蒸气时，蒸气中存在的微小固体颗粒（如火焰中未被原子化的分子、石墨炉中的炭粒等）会使其偏离原光路而不能被检测器接受，从而造成"假吸收"。

② 分子吸收。分子吸收是指火焰中存在着的气体、氧化物、氢氧化物、盐类等分子对光源辐射产生的吸收。

③ 火焰吸收。火焰气体也会对光源的共振辐射产生吸收，并且辐射波长越短，吸收越严重，

背景吸收是宽带吸收，主要原因是在火焰（或无火焰原子化装置）中形成了分子或较大的质点，因此除了待测元素吸收共振线外，火焰中的分子和盐类也吸收或散射光线，引起部分共振发射线的损失而产生误差。这种影响一般是随波长的减短而增大，同时随基体元素浓度的增加而增大，与火焰条件有关。非火焰原子化器的分子吸收比火焰原子化器严重得多，测量时必须予以校正。

2）消减背景吸收的方法

① 空白溶液扣背景。配制组成与待测元素溶液相同的空白溶液，在相同的条件下测定其吸光度，即为背景吸收，从试液的吸光度中减去此吸光度，即扣除了背景吸收的干扰。

② 邻近线扣背景。从分析线的吸收（即总吸收）中扣除与分析线邻近的非吸收线（相对于待测元素而言）的吸收（即背景吸收），也可以采用试样中已经确认不存在的而又具有邻近吸收线的元素的吸收线测定背景吸收，然后用待测元素于其共振吸收线处测得的吸收值减去背景吸收值，即得到待测元素的吸收值。

③ 氘灯（或氢灯）扣背景。用氘灯作光源，测得的吸收值是背景吸收值（原子蒸气中待测元素的基态原子对氘灯光源发射光谱的吸收可以忽略不计），再用空心阴极灯

测定背景与试样中待测元素两者的总吸收值，然后与背景吸收值相减即可扣除背景吸收。

2. 非光谱干扰

（1）化学干扰　化学干扰是指待测元素与其他组分之间的化学作用引起的干扰效应。这种干扰既是原子吸收中最普遍的干扰，也是一种选择性干扰。其原因是液相或气相中被测元素的原子与干扰物质组分之间形成热力学更稳定的化合物，从而影响被测元素化合物的解离及其原子化。

典型的化学干扰是待测元素与共存物质作用生成难挥发的化合物，致使参与吸收的基态原子数减少。这类干扰产生于试样的预处理到原子化的全过程。试样在预处理过程中引入的某些离子，和待测元素发生反应，形成难原子化的化合物；在原子化过程中，基体元素与待测元素形成难熔化合物，因解离困难而影响待测元素的原子化效率，致使测定结果偏低。在火焰中容易生成难挥发氧化物的元素主要有铝、硅、硼、钛、铍等。化学干扰具有选择性。它对试样中各种元素的影响是各不相同的，不仅取决于被测元素及其伴随物的互相影响，而且与雾化器的性能、燃烧器的类型、火焰的性质（如火焰温度、火焰状态）以及观测点的位置都有关系。

原子吸收分析中经常使用萃取分离干扰物质的方法消除或减弱化学干扰。因为在萃取分离干扰物质的过程中，不仅可以去掉大部分干扰物质，而且可以起到浓缩被测元素的作用。在原子吸收分析中常用的萃取剂多为醇、酯、酮类化合物。抑制干扰是消除干扰的理想方法。在试液及标液中添加释放剂，加入保护剂，使用基体改进剂等，常可控制化学干扰。有时可以单独使用一种方法，有时需要几种方法联用。

1）释放剂。能与干扰成分生成更稳定或更难挥发的化合物，从而使待测元素释放出来的试剂就叫做释放剂。

释放剂不可加入过多，否则会由于形成某种难熔的化合物，起到包裹作用，而使吸收信号下降。所以在选择释放剂时，既要考虑置换反应中热化学的有利条件，又要考虑质量作用定律，还要避免包裹作用的发生。

2）保护剂。加入后能使待测元素不再与干扰成分生成难挥发的化合物的试剂就叫做保护剂。保护剂可以与干扰元素生成稳定的配位化合物，把被测元素孤立起来，从而避免干扰。另一种情况，加入被测溶液中的保护剂既与被测元素形成稳定的配位化合物，又与干扰成分形成稳定的配位化合物，从而把二者都控制起来消除干扰。保护剂一般都是配位剂或螯合剂，这是因为有机物在火焰中易于破坏，使与有机配位剂结合的金属元素能被重新释放而充分地被原子化。此外，保护剂与释放剂联合使用的效果比单独使用的效果要好得多。

在石墨炉原子吸收法中，加入基体改进剂可以提高被测物质的灰化温度或降低其原子化温度，以消除干扰。

3）缓冲剂。向试样与标准溶液中均加入同量且超过缓冲量（即干扰不再变化的最低限量）的干扰成分，使干扰达到饱和并趋于稳定（此时吸光度相互抵消），这种含有干扰成分的试剂叫做缓冲剂。

除了在标准溶液和试样溶液中加入试剂控制化学干扰之外，还可以采取“对消”的方法，即向标准溶液中加入试样中存在的干扰离子，由于作用相近而予以消减。也可采取标准加入法来控制化学干扰，这是一种简便而有效的方法。

除此之外，可考虑采用沉淀法、离子交换、溶剂萃取法等化学或物理的分离方法，将干扰组分与待测元素分离。化学或物理的分离方法是消除化学干扰的最有效方法，尤其对复杂样品的分析更为适用。

在原子吸收法中，使用有机溶剂萃取分离的方法还可以同时改善溶液的表面张力以及黏度等物理性质，提高雾化效率，并可提高火焰温度，改变火焰性质，有利于提高测定的灵敏度。

（2）电离干扰　电离是非光谱干扰的又一重要形式，指在原子化条件下，待测元素的原子失去电子后形成离子，便不再对空心阴极灯的共振发射产生吸收。因此，部分基态原子的电离会使基态原子数目减少，吸收强度减弱。这种干扰多发生于电离电位小于或等于6eV的元素（如碱金属和碱土金属等）的测定中。

为了消除电离干扰，除了应合理地选用火焰外，可事先在溶液中加入大量的较待测元素更易电离的金属元素，借助这些元素产生的离子，增大火焰中离子的浓度，进而抑制待测元素的电离。所加入的试剂称为消电离剂。常用的消电离剂有CsCl、KCl、NaCl、RbCl、$CaCl_2$以及$BaCl_2$等的质量分数为1%的溶液。

（3）物理干扰（基体效应）　所谓物理干扰是指在试样的转移、溶剂的蒸发、溶质的挥发以及进样等过程中，任何物理性因素变化引起的干扰效应。对于火焰原子化法而言，物理干扰主要影响试样喷入火焰的速度、雾化效率、雾滴大小及其分布、溶剂与固体微粒的蒸发等。这类干扰是非选择性的，即对试样中各元素的影响基本上是相似的。

此类干扰因素有试液的黏度、表面张力、溶剂的蒸气压、雾化气体的压力等，最终都影响进入火焰中的待测元素的原子数量，进而影响吸光度的测定。在测定时引入有机溶剂后，就会引起上述因素的改变。

此外，大量基体元素的存在，总含盐量的增加，在火焰中蒸发和离解时消耗大量的热量，也会影响原子化效率。

消除基体干扰的常用而有效的方法是配制与待测试样具有相似组成的标准溶液。若待测元素含量不太低，则用简单的稀释试液的方法可以减少或消除物理干扰。另外，采用标准加入法也可以消除这种干扰。

（4）有机溶剂的影响　在原子吸收法中，干扰物质常采用溶剂萃取的方法进行分离。通常有机溶剂的影响包括对试样雾化过程的影响和对火焰燃烧过程的影响。有机溶剂对燃烧过程的影响主要表现在：有机溶剂会改变火焰温度和组成，因而影响原子化效率；有机溶剂的产物还会引起火焰的发射与吸收；有的溶剂燃烧不完全还将产生微粒炭而引发光散射，因而影响背景等。酯类、酮类燃烧完全，火焰稳定，在测定区域溶剂本身又不呈现强吸收，因此是最合适的有机溶剂。在萃取分离金属离子时，应用最广的溶剂是甲基异丁基（甲）酮（MIBK）。

有机溶剂能提高喷雾速率和雾化效率，加速溶剂的蒸发，降低火焰温度的衰减，对原子化提供更为有利的环境，从而改善原子化效率，也可用来有效地提高测定灵敏度。

五　定量分析方法

原子吸收定量分析方法应用最为普遍的是标准曲线法和标准加入法（或增量法）。

（1）标准曲线法　首先配制一组合适的标准溶液（通常由 5 ~ 7 个不同含量的标准样品或试剂制成），在选定的条件下，按含量由低到高，依次测定其吸光度 A，以测得的吸光度为纵坐标，待测元素的含量 c 为横坐标，绘制 A-c 标准曲线，在相同条件下，测定样品的吸光度 A_x，利用内插法在标准曲线上求得试样中待测元素的含量，如图 3-1-7 所示。

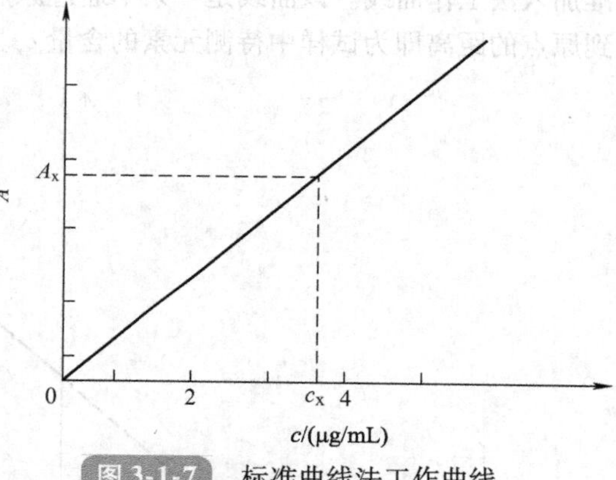

图 3-1-7　标准曲线法工作曲线

标准溶液含量范围应将试液中待测元素的含量包括在内。通常吸光度范围为 0.1 ~ 0.8 时，读数误差相对较小。标准储备溶液的质量浓度不应小于 1000μg/mL，低质量浓度的标准使用液应用逐级稀释的方法由标准储备溶液配制，并不宜长时间放置，以避免质量浓度发生变化；应按由低质量浓度到高质量浓度的顺序测定，以避免测定误差；若长时间连续测定，则应适时检查和校正仪器零点（或基线）的漂移与稳定性；每次分析都应重新绘制工作曲线。

应用标准曲线法时，标准曲线必须是线性的。在实际分析中，标准曲线是否是线性的，通常受许多因素影响。当待测元素含量较高时，会产生压力变宽现象，使曲线向含量轴弯曲。当共振线与非吸收线同时进入检测器时，由于非吸收线不遵守朗伯-比尔定律，也会引起工作曲线弯曲。另外，火焰中各种干扰效应，如光谱干扰、化学干扰、物理干扰（见干扰及其消减）等，也可能导致曲线弯曲。

综上所述，在使用标准曲线法时要特别注意：

1）所配制的标准溶液的含量应在吸光度与含量呈直线关系的范围内。

2）标准溶液与试样溶液都应用相同的试剂处理。

3）应该扣除空白值。

4）在整个分析过程中操作条件应保持不变。

5）由于喷雾效率和火焰状态经常变动，且标准曲线的斜率也随之变动，因此在每次测定前应用标准溶液对吸光度进行检查和校正。

6）应设法使所作曲线接近 45°角，以减小读数误差。

标准曲线法简便、快速，但仅适用于基体不太复杂的试样以及成批试样的分析。

（2）标准加入法　标准加入法也称为标准增量法。当待测试样的确切组成完全未知时，配制与待测试样组成相似的标准溶液就很困难。若待测试样的量足够，则可采用标准加入法。

首先取若干份（如四份）体积相同的试样溶液，从第二份开始分别按比例准确加入已知不同量的待测元素的标准溶液，然后用溶剂稀释至相同体积（设试样中待测元素的含量为 c_x，加入标准溶液后含量的增量记为 c_0），在选定的条件下，由稀到浓依次测定各溶液的吸光度（如 A_x、A_1、A_2 及 A_3），再以 A 对 c_0 作图，得到图 3-1-8 所示的标准加入法工作曲线。该曲线是一条不通过原点的直线，使外延直线与横坐标相交，交点到原点的距离即为试样中待测元素的含量 c_x。

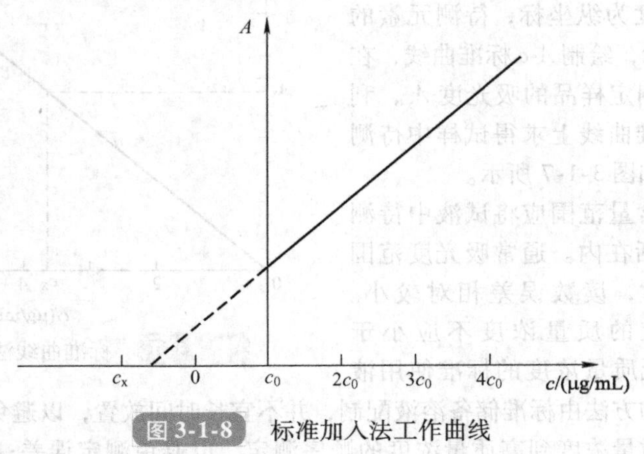

图 3-1-8 标准加入法工作曲线

使用标准加入法时应特别注意：

1）待测元素的含量与其对应的吸光度应呈线性关系。

2）最少应采用 4 分样品溶液（包括试样溶液本身）来绘制外推曲线，以得到较为精确的外推结果，并且第一份加入的标准溶液与试样溶液的含量之比应适当，一般为 $c_0 \approx c_x$。

3）本方法能消除基体效应带来的影响，但不能消除背景吸收的影响，因此只有扣除了背景之后，才能得到待测元素的真实含量，否则将使测定结果偏高。

4）同样应设法使所作曲线接近 45°角，以减小读数误差。

标准加入法适用于对基体不确知的试样，以及待测组分含量低、标准样品难以得到的试样进行分析。但样品的需用量相对较多，操作也较繁琐，不太适合成批试样的分析。

第三节 原子吸收分光光度计的使用及维护

一 工作环境

1. 实验室

实验室应设置在无强磁场和热辐射的地方，并且防潮、防尘、防震，无腐蚀性气体，通风良好，不宜建在会产生剧烈振动的设备和车间附近。实验室内应保持清洁、宽敞、明亮，温度应保持在10～30℃，空气相对湿度应小于70%。仪器应避免被烟尘、污浊气流及水蒸气影响，防止腐蚀气体的干扰。

2. 实验台

实验台应坚固稳定，台面平整。为便于操作与维修，实验台四周应留出足够的空间，避免日光直接照射。实验台应稳定、平整，其宽度应不小于0.8m，长度应根据主机尺寸、附件或将来准备购置的各种附件的尺寸统一考虑。为维修方便，实验台后面应留出可供单人进出，宽约0.6m的通道。

3. 排气罩

原子吸收分光光度计的上方必须准备一个排气罩，以使燃烧器产生的燃烧气体能顺利排出。抽风口应设置在仪器燃烧室上方20～40cm处，绝对禁止将其直接接到仪器排烟口上。管道应采用防腐材质，排风要适量。

4. 电源

为了保证仪器稳定工作和操作安全，主机和附件的电源最好通过一台电子交流稳压器稳压后再进入仪器，仪器应接地线。

各种品牌的原子吸收分光光度计以及其各种附件允许的电压范围和功率都有所不同，使用前务必按照说明书的要求进行配置，一般要求电源为单相交流220V±22V。如果使用石墨炉，则应增设380V/50Hz的三相交流电源。其应能承受最大负荷，并独立从配电箱引出，以防止干扰主机。

5. 水

实验室内应有多个水龙头，配有化验盆（含水封），有地漏。实验室内还应备有专用废液收集桶，以便于仪器废液的排放。如果使用石墨炉，则石墨炉应配有冷却水源和排水口。水源可用洁净的自来水或循环冷却水系统，但水质较硬的自来水容易在石墨炉腔体内结水垢。上水压力最好达到0.15MPa，进水口水温应不高于25℃，流量应不低于2.5L/min。

6. 气源

原子吸收分光光度计工作时需要使用多种气体，气瓶放置要牢固，不能翻倒，应直立放置。所有气体管道应清洁无油污、耐压，空气管道要安装空气过滤减压阀。各管道接头处要密封、牢靠，并经试漏检查。

空气压缩机应离主机数米远，放在通风良好、环境干净的地方，连接软管不应靠近热源。乙炔钢瓶应在通风良好的独立房间内单独存放，室内通风要好，周围不能有热源、火源，要避免阳光直射。乙炔钢瓶室应设防火警示标志，放置防火器材。乙炔钢瓶应配乙炔气专用减压阀，带有回火装置，纯度要求在99.99%以上；氩气钢瓶应配氩气减压阀，纯度要求为99.99%（石墨炉或氢化法用）；氧气钢瓶应配氧气减压阀。

二 操作流程

原子吸收分光光度计操作流程如图3-1-9所示。

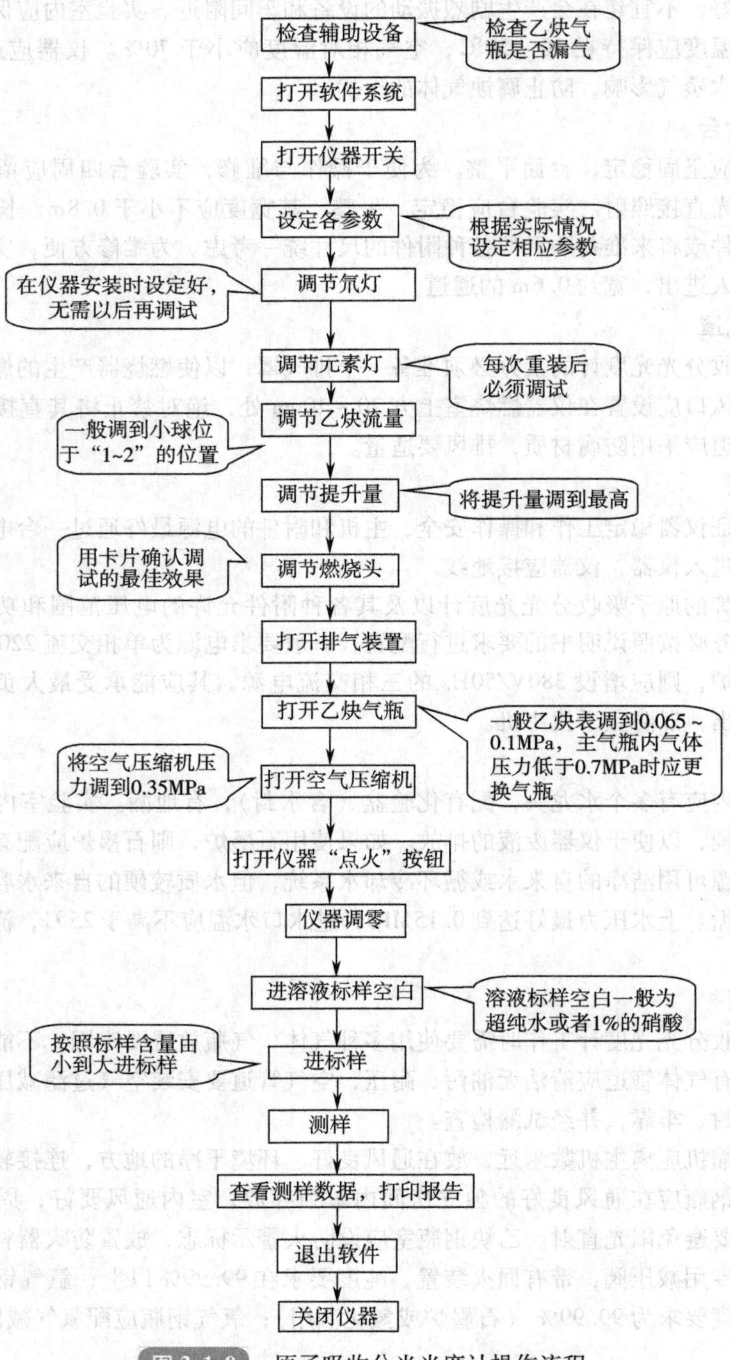

检查辅助设备 —— 检查乙炔气瓶是否漏气

↓

打开软件系统

↓

打开仪器开关

↓

设定各参数 —— 根据实际情况设定相应参数

↓

调节氘灯 —— 在仪器安装时设定好，无需以后再调试

↓

调节元素灯 —— 每次重装后必须调试

↓

调节乙炔流量 —— 一般调到小球位于“1~2”的位置

↓

调节提升量 —— 将提升量调到最高

↓

调节燃烧头 —— 用卡片确认调试的最佳效果

↓

打开排气装置

↓

打开乙炔气瓶 —— 一般乙炔表调到0.065 ~ 0.1MPa，主气瓶内气体压力低于0.7MPa时应更换气瓶

↓

打开空气压缩机 —— 将空气压缩机压力调到0.35MPa

↓

打开仪器“点火”按钮

↓

仪器调零

↓

进溶液标样空白 —— 溶液标样空白一般为超纯水或者1%的硝酸

↓

进标样 —— 按照标样含量由小到大进标样

↓

测样

↓

查看测样数据，打印报告

↓

退出软件

↓

关闭仪器

图 3-1-9　原子吸收分光光度计操作流程

三 维护与保养

对于原子吸收分光光度计，只有对其进行正确使用和维护保养，才能保证其运行正常、测量结果准确。

1. 开机前的检查

开机前，检查各电源头是否接触良好，仪器各部分是否归于零位。

2. 光源的维护保养

1）对新购置的空心阴极灯的发射线波长和强度以及背景发射的情况，应首先进行扫描测试和登记，以方便后期使用。

2）空心阴极灯应在最大允许电流以下使用，使用完毕后，要使灯充分冷却，然后从灯架上取下存放。

3）当发现空心阴极灯的石英窗口有污染物时，应用脱脂棉蘸无水乙醇擦拭干净。

4）不用时不要点灯，否则会缩短灯的使用寿命，但长期不用的元素灯需每隔1~2个月，在额定工作电流下点亮15~60min，以免性能下降。

5）要定期给光源调整机构的运动部件加少量润滑油，以保持其运动灵活自如。

3. 原子化器的维护保养

（1）火焰原子化器

1）每次分析操作完毕，特别是分析过高浓度或强酸样品后，要立即吸喷蒸馏水数分钟，以防止雾化器和燃烧头被沾污或锈蚀。仪器的不锈钢喷雾器为铂铱合金毛细管，不宜测定含氟量较高的样品，使用后应立即用蒸馏水清洗，防止腐蚀；吸液用聚乙烯管应保持清洁，无油污，防止弯折，其堵塞时可用软钢丝疏通。

2）预混合室要定期清洗积垢，喷过浓酸、碱液后要仔细清洗，日常工作后应用蒸馏水吸喷5~10min进行清洗。

3）点火后，燃烧器的缝隙上方应是燃烧均匀、呈带状的蓝色火焰。若火焰呈齿形，则说明燃烧头缝隙上有污物，需要清洗。如果污物是盐类结晶，则可用滤纸插入缝口擦拭，必要时应卸下燃烧器，用（1+1）乙醇-丙酮清洗；若有熔珠，则可用金相砂纸打磨，严禁用酸浸泡。若仪器暂时不用，则应用硬纸片遮盖住燃烧器缝口，以免积灰。

4）测试有机试样后要立即对燃烧器进行清洗，一般应先吸喷容易与有机样品混合的有机溶剂约5min，再吸喷质量分数为1%的HNO_3溶液5min，并将废液排放管和废液容器倒空重新装水。

（2）石墨炉原子化器

1）石墨炉原子化器内部因测试样品的复杂程度不同而会产生不同程度的残留物，通过洗耳球将可吹掉的杂质清除，使用酒精棉进行擦拭，将其清理干净，自然风干后加入石墨管空烧即可。

2）石英窗落入灰尘后会使光的透过率下降，产生能量的损失。清理时，将石英窗旋转拧下，用酒精棉擦拭干净后使用擦镜纸将污垢擦净，安装复位即可。

3）夏天天气比较热的时候冷却循环水水温不宜设置得过低，否则会产生水雾，凝结在石英窗上影响光顺畅通过。

4. 单色器的维护保养

1）外光路的光学元件应经常保持干净，一般每年至少清洗一次。如果光学元件上有灰尘沉积，则可用擦镜纸擦净；如果光学元件上有油污或在测定样品溶液时溅上污物，则可用预先浸在（1+1）乙醇-乙醚的混合液中洗涤过并干燥了的纱布擦拭，然后用蒸馏水冲掉皂液，再用洗耳球吹去水珠。在清洁过程中，禁用手擦金属硬物或触及镜面。

2）单色器应始终保持干燥，要定期更换单色器内的干燥剂。严禁用手触摸和擅自调节单色器中的光学元件。备用光电倍增管应轻拿轻放，严禁振动。仪器中的光电倍增管严禁强光照射，检修时要关掉负高压。

5. 气路系统的维护保养

1）要定期检查气路接头和封口是否存在漏气现象，以便及时解决。严禁在乙炔气路管道中使用纯铜及银制零件，测试高浓度铜或银溶液时，应经常用去离子水喷洗。

2）使用仪器时，若废液管道的水封被破坏、漏气，或燃烧器缝明显变宽，或助燃气与燃气流量比过大，或使用笑气-乙炔火焰时乙炔流量小于2L/min等，则容易产生“回火”现象。一旦产生“回火”现象，就应迅速关闭燃气，然后关闭助燃气，切断仪器电源。若回火引燃了供气管道及附近物品，则应采用CO_2灭火器灭火。防止“回火”的点火操作顺序为先开助燃气，后开燃气；熄火顺序为先关燃气，待火熄灭后再关助燃气。

3）严禁剧烈振动和撞击乙炔钢瓶，工作时应直立，温度不宜超过30~40℃。开启钢瓶时，阀门旋开不超过1.5转，以防止丙酮逸出。乙炔钢瓶的输出压力应不低于0.05MPa，否则应及时充乙炔气，以免丙酮进入火焰，对测量造成干扰。

4）要经常放掉空气压缩机气水分离器的积水，避免水进入气路管道。

四 常见故障分析和排除方法

常见故障分析和排除方法见表3-1-1。

表3-1-1 常见故障分析和排除方法

故障现象	故障原因	排除方法
仪器总电源指示灯不亮	1. 仪器电源线断路或接触不良 2. 仪器熔丝熔断 3. 熔断器接触不良 4. 电源输入线路中有断路处 5. 仪器中的电路系统有短路处 6. 指示灯泡坏 7. 灯座接触不良	1. 将电源线接好，压紧插头和插座，若仍未排除，则应更换新电源线 2. 更换新熔丝 3. 卡紧熔断器，使其接触良好 4. 用万用表检查断路处并将其接好 5. 检查元器件是否损坏，更换损坏的元器件 6. 更换指示灯泡 7. 改善灯座接触状态

（续）

故障现象	故障原因	排除方法
指示灯、空心阴极灯均不亮，表头无指示	1. 灯电源插头松脱 2. 熔丝断 3. 电源线断开 4. 空心阴极灯有故障	1. 插紧电源插头 2. 更换熔丝 3. 接好电源线 4. 更换空心阴极灯
空心阴极灯亮，发光强度无法调节	1. 空心阴极灯坏 2. 灯未坏，但不能调发光强度	1. 用备用灯检查，若确认灯坏，则进行更换 2. 根据电源电路图进行故障检查并将其排除
初始化中波长电动机出现“×”	1. 空心阴极灯未安装或未点亮 2. 光路被遮挡 3. 仪器通信系统联系中断	1. 重新安装并点亮 2. 清除遮挡物 3. 重新起动仪器
输出能量过低，能量超上限	1. 空心阴极灯发光强度弱 2. 外光路透镜污染严重 3. 光路不正常 4. 单色器内光栅、准直镜污染 5. 光电倍增管阴极窗未对准单色器的出射狭缝 6. 光电倍增管老化 7. 分析线选择错误	1. 对灯做反接处理，若仍无效，则应更换新灯 2. 对外光路进行清洗 3. 重新调整光路系统 4. 用洗耳球吹去灰尘，若污染严重，则更换光学元件 5. 进行调整，使其对准单色器出射狭缝 6. 更换光电倍增管 7. 选择最灵敏的分析线
波长指示改变	波长位置改变	根据波长调整方法进行调整，用汞灯检查各谱线，使其相差 0.1nm，并重新定位
不能点燃火焰	1. 空气流量过大或压力不足 2. 乙炔未开启或压力不足 3. 有强光照射在火焰探头上 4. 仪器停用较久，管道内充满空气	1. 检查并调节空气流量至合适 2. 检查并调节乙炔压力至点燃 3. 挡住照射在火焰探头上的强光 4. 试点火操作数次，让乙炔气重新充满管道
燃烧器回火	1. 没有遵守先开助燃气，后开燃气，然后点火的点火顺序 2. 废液排放管的水封安装不当	1. 按顺序点火 2. 重新安装水封
火焰不稳定	1. 空气压力不稳 2. 乙炔压力低 3. 燃烧缝有盐类结晶，火焰呈锯齿状	1. 检查空气压力 2. 更换乙炔钢瓶 3. 清洗燃烧器
点火后无吸收	1. 波长选择不正确 2. 工作电流过大 3. 燃烧器高度不合适 4. 标准溶液配制不合适 5. 燃烧缝没对准光路	1. 重选测量波长，避开干扰谱线 2. 减小灯电流 3. 调整燃烧器高度 4. 正确配制标准溶液 5. 调整燃烧器

（续）

故障现象	故障原因	排除方法
灵敏度低	1. 元素灯背景过大 2. 元素灯的工作电流过大，谱线变宽，灵敏度下降 3. 火焰温度不适当，燃助比不合适 4. 火焰高度不适当 5. 雾化器毛细管堵塞（仪器灵敏度下降的主要原因） 6. 撞击球与喷嘴的相对位置未调好 7. 燃烧器与外光路不平行 8. 光谱通带选择不合适 9. 波长选择不合适 10. 燃气不纯 11. 空白溶液污染，干扰增大 12. 样品和标液因存放时间过长而变质 13. 火焰状态不好 14. 有漏气现象	1. 选择发射背景合适的元素灯作光源 2. 在光强度满足需要的前提下，采用低的工作电流 3. 选择合适的燃助比 4. 正确选择火焰高度 5. 将助燃气流开至最大，用手指堵住喷嘴，使助燃气吹至畅通为止 6. 调节相对位置至合适（一般调到相切） 7. 调节燃烧头，使光轴通过火焰中心 8. 根据吸收线附近的干扰情况选择合适的狭缝宽度 9. 一般情况选共振线作为分析线 10. 纯化燃气 11. 更换空白溶液 12. 重新配制 13. 清洗燃烧器，改变燃助比，检查气路是否有水 14. 检漏
读数漂移，重现性差	1. 乙炔流量不稳定 2. 燃烧器预热时间不足 3. 燃烧器缝隙或雾化器毛细管堵塞 4. 废液流动不通畅，雾化筒内积水，影响样品进入火焰 5. 废液管道无水封或废液管变形 6. 燃气压力不够，不能保持火焰恒定，或管道内有残存盐类堵塞 7. 雾化器未调好 8. 火焰高度选择不当	1. 调节好乙炔流量 2. 增加燃烧器预热时间 3. 清除污物使之畅通 4. 停机检查，疏通管路 5. 将废液管加水封或更换废液管 6. 加大燃气压力，使气源充足，或用滤纸堵住燃烧器缝隙，继续喷雾，增大压力迫使废液排出，并清洗管道 7. 重调雾化器 8. 选择合适的火焰高度
噪声过大	1. 当测定远紫外区域的元素（如 As、Se 等）时，分析噪声过大 2. 阴极灯能量不足，伴随从火焰或溶液组分来的强发射，引起光电倍增管的高度噪声 3. 燃烧器受到有机试液的污染 4. 灯电流、狭缝、乙炔气和助燃气流量的设置不适当 5. 废液状态不对，导致排液异常 6. 燃烧器缝隙被污染 7. 雾化器调节不当导致雾滴过大 8. 乙炔钢瓶和空气压缩机输出压力不足	1. 采用背景校正可使其有所改善 2. 在允许的最大电流值内，增大空心阴极灯的工作电流，更换较高能量的新灯，更换分析线，用化学法分离干扰组分 3. 清洗燃烧器 4. 重新设置 5. 更换排液管，重新设置水封 6. 清洗燃烧器缝隙 7. 重新调节雾化器 8. 更换乙炔钢瓶或调整其输出压力等

（续）

故障现象	故障原因	排除方法
标准曲线弯曲	1. 光源灯发射背景大 2. 光源内部的金属释放氢气太多 3. 工作电流过大，由于自蚀效应使谱线变宽 4. 光谱狭缝宽度选择不当 5. 废液流动不畅通 6. 火焰高度选择不当，无最大吸收 7. 雾化器未调好，雾化效果不佳 8. 样品含量太高，仪器工作在非线性区域	1. 更换光源灯或进行反接处理 2. 更换光源灯 3. 减小工作电流 4. 选择合适的狭缝宽度 5. 采取措施，使之畅通 6. 选择合适的火焰高度 7. 调好雾化器，提高喷雾质量 8. 减小样品含量，使仪器工作在线性区域
分析结果偏高	1. 溶液中的固体未溶解，造成假吸收 2. 由于背景吸收造成假吸收 3. 空白未校正 4. 标准溶液变质 5. 谱线覆盖造成假吸收	1. 升高火焰温度，使固体颗粒蒸发离解 2. 在共振线附近用同样的条件再测定 3. 做空白校正试验 4. 重新配制标准溶液 5. 降低试样浓度，减少假吸收
分析结果偏低	1. 试样挥发不完全，雾颗粒大，在火焰中未完全离解 2. 标准溶液配制不当 3. 被测样品含量太高，仪器工作在非线性区域 4. 试样被污染或存在其他干扰	1. 调整雾化器，提高喷雾质量 2. 重新配制标准溶液 3. 减小样品含量，使仪器工作在线性区域 4. 消除干扰因素，更换试样
不能达到预定检测限	1. 使用不适当的标尺扩展和积分时间 2. 由于火焰条件不当或波长选择不当，导致灵敏度太低 3. 灯电流太小影响稳定性	1. 正确使用标尺扩展和积分时间 2. 重新选择合适的火焰条件或波长 3. 选择合适的灯电流

第二章　专项技能实训

第一节　粮油及其制品的检验

技能训练目标

1）了解粮油及其制品中磷化物残留量、氰化物、汞、黄曲霉毒素B1、有机磷农药残留量，以及小麦粉中过氧化苯甲酰的测定原理。

2）熟悉仪器与试剂，并能够规范操作试验仪器，科学配制相关试剂。

3）规范完成各试验操作步骤，科学读取相关数据，并做好试验记录。

4）完成试验结果计算，并能科学分析试验数据，完成试验报告的编制。

5）正确理解注意事项，并能够在试验过程中解决常见问题。

技能训练内容及依据

粮油及其制品检验技能训练的内容及依据见表3-2-1。

表3-2-1　粮油及其制品检验技能训练的内容及依据

序　号	技能训练项目名称	国家标准依据
1	磷化物残留量的测定	GB/T 5009. 36—2003
2	氰化物的测定	GB/T 5009. 36—2003
3	小麦粉中过氧化苯甲酰的测定	GB/T 18415—2001　GB/T 22325—2008
4	汞的测定	GB/T 5009. 17—2003
5	黄曲霉毒素B1的测定	GB/T 5009. 22—2003
6	谷类粮食中有机磷农药残留量的测定	GB/T 5009. 20—2003

技能训练1　磷化物残留量的测定

1. 定性分析

（1）原理　磷化物遇水和酸放出磷化氢，与硝酸银生成黑色磷化银，若有硫化物存在，则同时放出硫化氢，与硝酸银生成黑色硫化银，干扰测定，而硫化氢又能与乙酸铅生成黑色硫化铅，以此证明是否有硫化物干扰。

（2）仪器与试剂

1）仪器。取200～250mL锥形瓶，配一适宜双孔软木塞或橡皮塞，每孔内塞以内

径为0.4～0.5cm、长5cm的玻璃管，每管内悬挂一长7cm、宽0.3～0.5cm的滤纸条，临用时，一纸条用硝酸银溶液润湿，另一纸条用乙酸铅溶液润湿。

2）试剂：酒石酸、100g/L硝酸银溶液（储存于棕色瓶中）、乙酸铅溶液（100g/L）、乙酸镉溶液（100g/L）。

（3）操作步骤

1）迅速称取20.00g样品，置于锥形瓶中，加适量水至浸没试样，再加约0.5g酒石酸，立即塞好准备好的双孔塞，使滤纸条末端距液面约5cm，在暗处置于40～50℃水浴内加热30min，观察试纸颜色变化情况。

2）如果试纸均不变色，则表明磷化物呈阴性反应或未超过标准；如果硝酸银试纸变色，乙酸铅试纸不变色，则表示可能有磷化物存在，需再定量；如果两种试纸均变色，则可能有磷化物和硫化物同时存在或仅有硫化物存在，遇此情况，需重取试样，加水后再加5mL乙酸镉溶液（100g/L），形成黄色硫化镉沉淀，立即密塞，放置10min，再加酒石酸，操作同前，如果硝酸银试纸变黑，乙酸铅试纸不变色，则表示有磷化物存在，需再定量。

2. 定量分析（钼蓝法）

（1）原理　磷化物遇水和酸，放出磷化氢，将其蒸出后吸收于酸性高锰酸钾溶液中，氧化成磷酸，与钼酸铵作用生成磷钼酸铵，遇氯化亚锡还原成蓝色化合物钼蓝，与标准系列溶液比较定量。

（2）仪器与试剂

1）仪器：蒸馏吸收装置，如图3-2-1所示。

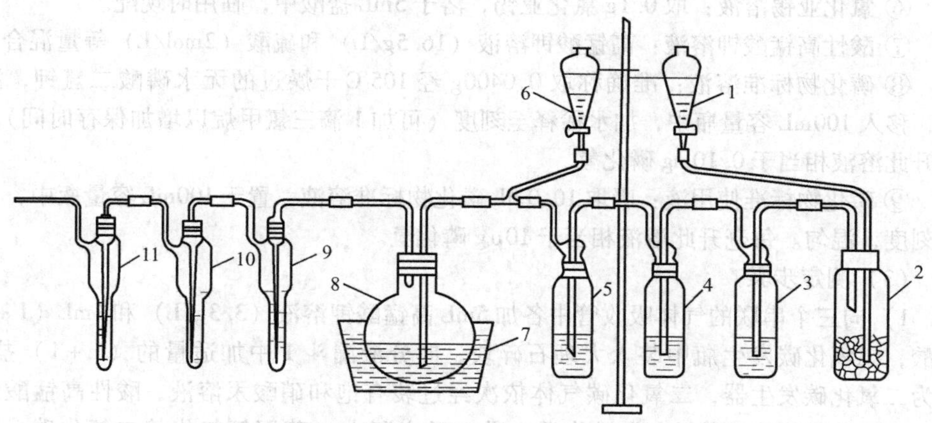

图3-2-1　蒸馏吸收装置图

1、6—分液漏斗　2—二氧化碳发生器　3、4、5—洗气瓶　7—水浴
8—反应瓶　9、10、11—气体吸收管

采用三颈瓶，安装和使用将更加方便，如图3-2-2所示。

2）试剂：（1+1）盐酸溶液、饱和硝酸汞溶液、钼酸铵溶液（50g/L）、饱和硫酸肼溶液。其他试剂如下：

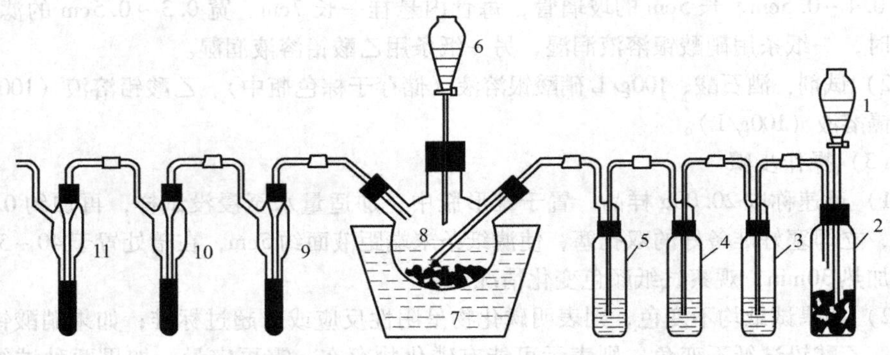

图 3-2-2 三颈瓶安装和使用示意图 1

1、6—分液漏斗 2—二氧化碳发生器 3、4、5—洗气瓶 7—水浴

8—反应瓶 9、10、11—气体吸收管

① 高锰酸钾溶液（16.5/L）：称取 16.5g 高锰酸钾，加水溶解后稀释至 1000mL，静置三天或加热煮沸 3min，冷却，放置过夜，用玻璃棉或石棉过滤备用。

② 高锰酸钾溶液（3.3g/L）：将高锰酸钾溶液（16.5g/L）用水稀释 5 倍。

③（1+17）硫酸溶液：取 28mL 硫酸缓缓加入 400mL 水中，冷却后加水至 500mL。

④（1+5）硫酸溶液：取 83.3mL 硫酸缓缓加入 400mL 水中，冷却后加水至 500mL。

⑤ 饱和亚硫酸钠溶液：取 28.5g 无水亚硫酸钠，加约 70mL 水，微热溶解后放冷，稀释至 100mL。

⑥ 氯化亚锡溶液：取 0.1g 氯化亚锡，溶于 5mL 盐酸中，临用时现配。

⑦ 酸性高锰酸钾溶液：高锰酸钾溶液（16.5g/L）和硫酸（2mol/L）等量混合。

⑧ 磷化物标准溶液：准确称取 0.0400g 经 105℃ 干燥过的无水磷酸二氢钾，溶于水，移入 100mL 容量瓶中，加水稀释至刻度（可加 1 滴三氯甲烷以增加保存时间）。每毫升此溶液相当于 0.10mg 磷化氢。

⑨ 磷化物标准使用液：吸取 10.0mL 磷化物标准溶液，置于 100mL 容量瓶中，加水至刻度，混匀。每毫升此溶液相当于 10μg 磷化氢。

（3）测定步骤

1）向三个串联的气体吸收管中各加 5mL 高锰酸钾溶液（3.3g/L）和 1mL（1+17）硫酸，二氧化碳发生瓶中装入大理石碎块，向分液漏斗 1 中加适量的（1+1）盐酸，作为二氧化碳发生器，二氧化碳气体依次经过装有饱和硝酸汞溶液、酸性高锰酸钾溶液、饱和硫酸肼溶液的洗气瓶洗涤后，进入反应瓶中（若用氮气代替二氧化碳，则可以只通过硫酸肼溶液安全瓶直接进入反应瓶）。预先通二氧化碳（或氮气）5min，打开反应瓶的塞子，迅速投入称好的 50g 样品，立即塞好瓶塞，加大抽气速度，使分液漏斗 6 中的 5mL（1+17）硫酸和 80mL 水加至反应瓶中，然后降低抽气和二氧化碳（或氮气）气流速度，将放置反应瓶的水浴加热至沸 30min，并继续通入二氧化碳（或氮气）。

以空气代替二氧化碳，空气依次经过装有酸性高锰酸钾溶液，碱性焦性没食子酸溶

液（将5g焦性没食子酸溶于15mL水，将48g氢氧化钾溶于32mL水中，然后将两液混合）的洗气瓶洗涤后进入反应瓶，以下操作同上。其装置如图3-2-3。

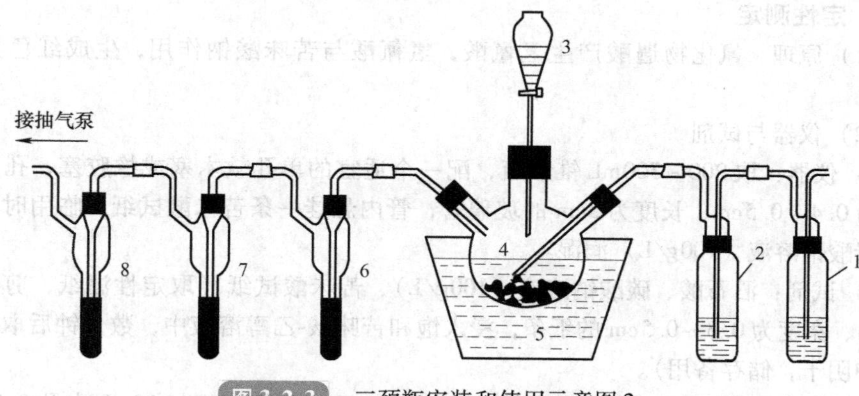

图3-2-3　三颈瓶安装和使用示意图2

1、2—洗气瓶　3—分液漏斗　4—反应瓶　5—水浴　6、7、8—气体吸收管

2）反应完毕后，先除去气体吸收管进气的一端，再除去抽气管的一端，取下三个气体吸收管，分别滴加饱和亚硫酸钠溶液使高锰酸钾溶液退色，合并吸收管中的溶液至50mL比色管中，气体吸收管用少量水洗涤，将洗液并入比色管中，加4.4mL（1+5）硫酸和2.5mL钼酸铵溶液（50g/L），混匀。

3）吸取0mL、0.1mL、0.2mL、0.3mL、0.4mL、0.5mL磷化物标准使用液（相当于0μg、1μg、2μg、3μg、4μg、5μg磷化氢），分别放入50mL比色管中，加30mL水、5.4mL（1+5）硫酸和2.5mL钼酸铵溶液（50g/L），混匀，于样品及标准管中各加水至50mL混匀，再各加0.1mL氯化亚锡溶液，混匀，15min后，用3cm比色杯，以零管调节零点，于波长680nm处测吸光度，绘制标准曲线进行比较，或与标准系列溶液目测比较。取与处理样品量相同的试剂，按同一操作方法做试剂空白试验。

（4）结果计算

$$X = \frac{(A_1 - A_2) \times 1000}{m \times 1000} \tag{3-2-1}$$

式中　X——样品中磷化物的含量（以磷化氢计）（mg/kg）；

A_1——测定用样品中磷化物的质量（μg）；

A_2——试剂空白中磷化物的质量（μg）；

m——样品质量（g）。

计算结果保留两位有效数字。

（5）注意事项　本方法取样量为50g时，检出限为0.020mg/kg；安装检验装置时应注意进口、出口不能接错，并注意检验装置漏气情况；注意控制通气速度，以能分辨出气泡为宜，不宜过快，以免影响后续操作；需对钼蓝形成时的酸度范围进行控制，因为酸度对显色有一定影响；应严格按照操作规定步骤添加各种溶剂，加入后要迅速摇匀，避免溶液局部反应影响测定结果。

技能训练 2　氰化物的测定

1. 定性测定

（1）原理　氰化物遇酸产生氢氰酸，氢氰酸与苦味酸钠作用，生成红色异氰紫酸钠。

（2）仪器与试剂

1）仪器：取 200～300mL 锥形瓶，配一个适宜的单孔软木塞或橡胶塞，孔内塞以内径为 0.4～0.5cm、长度为 5cm 的玻璃管，管内悬挂一条苦味酸试纸，临用时，试纸条用碳酸钠溶液（100g/L）润湿。

2）试剂：酒石酸、碳酸钠溶液（100g/L）、苦味酸试纸（取定性滤纸，剪成长度为 7cm、宽度为 0.3～0.5cm 的纸条，浸入饱和苦味酸-乙醇溶液中，数分钟后取出，在空气中阴干，储存备用）。

（3）操作步骤　迅速称取 5g 试样，置于 100mL 锥形瓶中，加 20mL 水及 0.5g 酒石酸，立即塞上悬挂有用碳酸钠湿润的苦味酸试纸条的木塞，置于 40～50℃ 水浴中，加热 30min，观察试纸颜色是否变化。如果试纸不变色，则表示氰化物为负反应或未超过规定；如果试纸变色，则需再做定量试验。

2. 定量分析

（1）原理　氰化物在酸性溶液中蒸出后被吸收于碱性溶液中，在 pH = 7.0 的溶液中，用氯胺 T 将氰化物转变为氯化氢，再与异烟酸-吡唑酮作用，生成蓝色染料，与标准系列溶液比较定量。

（2）仪器与试剂

1）仪器：250mL 玻璃水蒸气蒸馏装置、分光光度计。

2）试剂：甲基橙指示液（0.5g/L）、乙酸锌溶液（100g/L）、酒石酸、氢氧化钠溶液（20g/L）、氢氧化钠溶液（1g/L）、（1 + 24）乙酸、酚酞-乙醇指示液（10g/L）。其他试剂如下：

① 磷酸盐缓冲溶液（0.5mol/L，pH = 7.0）：称取 34.0g 无水磷酸二氢钾和 35.5g 无水磷酸二氢钠，溶于水并稀释至 1000mL。

② 试银灵（对二甲氨基亚苄基罗丹宁）溶液：称取 0.02g 试银灵，溶于 100mL 丙酮中。

③ 异烟酸-吡唑酮溶液：称取 1.5g 异烟酸溶于 24mL 氢氧化钠溶液（20g/L）中，加水至 100mL，另称取 0.25g 吡唑酮，溶于 20mL N-二甲基甲酰胺中，合并上述两种溶液，混匀。

④ 氯胺 T 溶液：称取 1g 氯胺 T（有效氯的质量分数应在 11% 以上），溶于 100mL 水中，临用时现配。

⑤ 氰化钾标准溶液：称取 0.25g 氰化钾，溶于水中，稀释至 1000mL。此溶液每毫升约相当于 0.1mg 氰化物，其准确度可在使用前用以下方法标定：取上述溶液 10.0mL，置于锥形瓶中，加 1mL 氢氧化钠溶液（20g/L），使 pH 值为 11 以上，加 0.1mL 试银灵

溶液，用硝酸银标准溶液（0.020mol/L）［1mL 硝酸银标准溶液（0.020mol/L）相当于 1.08mg 氢氰酸］滴定至橙红色。

⑥ 氰化钾标准使用液：根据氰化钾标准溶液的浓度吸取适量，用氢氧化钠溶液（1g/L）稀释成每毫升相当于 1μg 氢氰酸。

（3）测定步骤

1）迅速称取 10.00g 试样，置于 250mL 蒸馏瓶中，加适量水将试样全部浸没，加 20mL 乙酸锌溶液（100g/L），再加 1～2g 酒石酸，迅速连接好全部装置，将冷凝管下端插入盛有 5mL 氢氧化钾溶液（10g/L）的 100mL 容量瓶的液面下，缓缓加热，通水蒸气进行蒸馏，收集馏液近 100mL，然后取下容量瓶，加水至刻度，混匀，取 10mL 蒸馏液置于 25mL 比色管中。

2）吸取 0mL、0.3mL、0.6mL、0.9mL、1.2mL、1.5mL 氰化物标准溶液（相当于 0μg、0.3μg、0.6μg、0.9μg、1.2μg、1.5μg 氢氰酸），分别置于 25mL 比色管中，各加水至 10mL。向试样溶液及标准溶液中各加 1mL 氢氧化钾溶液（10g/L）和 1 滴酚酞指示液，用（1+24）乙酸调至红色刚刚消失，加 5mL 磷酸盐缓冲溶液，加热至 37℃左右，再加入 0.25mL 氯胺 T 溶液，加塞混合，放置 5min，然后加入 5mL 异烟酸-吡唑酮溶液，加水至 25mL，混匀，于 25～40℃放置 40min，用 2cm 比色杯，以零管调节零点，于波长 638nm 处测吸光度，绘制标准曲线进行比较。

（4）结果计算　试样中氰化物（以氢氰酸计）的含量按式（3-2-2）进行计算。

$$X = \frac{A \times 1000}{m \times (V_2/V_1) \times 1000} \tag{3-2-2}$$

式中　X——试样中氰化物的含量（以氢氰酸计）（mg/kg）；

A——测定用样液中氢氰酸的质量（μg）；

V_1——试样蒸馏液的总体积（mL）；

V_2——测定用蒸馏液的体积（mL）；

m——样品质量（g）。

计算结果保留两位有效数字。

（5）注意事项　当取样量为 10g 时，检出限为 0.015mg/kg；氰化物有剧毒，取用时必须用滴定管量取。剩余氰化物溶液不得随意倾倒，以防氢氰酸中毒。氰化物标准溶液不稳定，会随着放置时间的延长而发生变化。如果放置时间过长，则在使用时要注意重新进行标定。

技能训练 3　小麦粉中过氧化苯甲酰的测定

1. 气相色谱法

（1）原理　小麦粉中的过氧化苯甲酰被还原铁粉和盐酸反应产生的原子态氢还原，生成苯甲酸，经提取净化后，用气相色谱仪测定，与标准系列溶液比较定量。

（2）仪器与试剂

1）仪器：气相色谱仪（附有氢火焰离子化检测器）、微量注射器（10μL）、天平（感量为 0.01g 或 0.0001g）、150mL 具塞锥形瓶、150mL 分液漏斗、50mL 具塞比色管等。

2）试剂：乙醚（分析纯）、丙酮（分析纯）、石油醚（分析纯，沸程为60～90℃）、盐酸（分析纯）、还原铁粉、氯化钠（分析纯）、碳酸氢钠（分析纯）。其他试剂如下：

①（1+1）盐酸溶液：50mL盐酸（分析纯）与50mL蒸馏水混合。

② 5%氯化钠溶液：称取5g氯化钠溶于100mL蒸馏水中。

③ 1%碳酸氢钠的5%氯化钠水溶液：称取1g碳酸氢钠溶于100mL 5%氯化钠溶液中。

④（3+1）石油醚-乙醚：量取3体积石油醚与1体积乙醚混合。

⑤ 苯甲酸（99.95%～100.5%）：基准试剂。

⑥ 苯甲酸标准储备溶液：准确称取苯甲酸（基准试剂）0.1000g，用丙酮溶解并转移至100mL容量瓶中，定容。此溶液质量浓度为1mg/mL。

⑦ 苯甲酸标准使用液：准确吸取上述苯甲酸标准储备溶液10.00mL置于100mL容量瓶中，用丙酮稀释并定容，此溶液质量浓度为100μg/mL。

（3）操作步骤

1）样品的处理

① 准确称取试样5.00g置于具塞锥形瓶中，加入0.01g还原铁粉、约20粒玻璃珠（直径为6mm左右）和20mL乙醚，混匀，然后逐滴加入0.5mL盐酸，回旋摇动，用少量乙醚冲洗锥形瓶内壁，放置至少12h。

② 振摇锥形瓶，摇匀后，静置片刻，将上层清液经快速滤纸滤入分液漏斗中。用乙醚洗涤锥形瓶内的残渣，每次15mL（若为工作曲线溶液，则每次用10mL），共洗三次，将上清液一并滤入分液漏斗中，最后用少量乙醚冲洗过滤漏斗和滤纸，将滤液合并于分液漏斗中。

③ 向分液漏斗中加入5%氯化钠溶液30mL，回旋摇动30s，并注意适时放气，防止气体顶出活塞，静置分层后，弃去下层水相溶液，重复用氯化钠溶液洗涤一次，弃去下层水相。

④ 加入1%碳酸氢钠的5%氯化钠水溶液15mL，回旋摇动2min（切勿剧烈振荡，以免乳化，并注意适时放气），待静置分层后，将下层碱液放入已预置3勺或4勺固体氯化钠的50mL比色管中，将分液漏斗中的醚层用碱性溶液重复提取一次，合并下层碱液放入比色管中，加入0.8mL（1+1）盐酸溶液，适当摇动比色管以充分驱除残存的乙醚和反应产生的二氧化碳气体（室温较低时可将试管置于50℃水浴中加热，以便于驱除乙醚），至确认管内无乙醚的气味为止。

⑤ 加入5.00mL（3+1）石油醚-乙醚混合溶液，充分振摇1min，静置分层，将上层醚液注入气相色谱仪进行分析。

2）绘制工作曲线：准确吸取苯甲酸标准使用液0mL、1.0mL、2.0mL、3.0mL、4.0mL和5.0mL，分别置于150mL具塞锥形瓶中，除不加还原铁粉外，其他操作同样品前处理。其测定液的最终质量浓度分别为0μg/mL、20μg/mL、40μg/mL、60μg/mL、

$80\mu g/mL$和$100\mu g/mL$。

以微量注射器分别取不同质量浓度的苯甲酸溶液$2.00\mu L$注入气相色谱仪，以其苯甲酸峰面积为纵坐标，苯甲酸质量浓度为横坐标，绘制工作曲线。

3）测定

① 色谱条件：内径为3mm，长度为2m的玻璃柱，填装涂布5%（质量分数）DEGS+1%磷酸固定液（60～80）的ChromosorbW/AW DMCS。调节载气（氮气）流速，使苯甲酸于5～10min出峰。柱温为180℃，检测器和进样温度为250℃。不同型号的仪器应调整为最佳工作条件。

② 进样：用$10\mu L$微量注射器取$2.0\mu L$测定液，注入气相色谱仪，取试样的苯甲酸峰面积与工作曲线比较定量。

（4）结果计算　试样中过氧化苯甲酰的含量按式（3-2-3）计算。

$$X_1 = \frac{c_1 \times 5 \times 1000}{m_1 \times 1000} \times 0.992 \tag{3-2-3}$$

式中　X_1——试样中的过氧化苯甲酰含量（mg/kg）；

c_1——由工作曲线上查出的试样测定液中相当于苯甲酸溶液的质量浓度（μg/mL）；

5——试样提取液的体积（mL）；

m_1——试样的质量（g）；

0.992——由苯甲酸换算成过氧化苯甲酰的换算系数。

取双试验测定算术平均值的两位有效数字，双试验测定的相对差不得大于15%。

2. 高效液相色谱法

（1）原理　由甲醇提取的过氧化苯甲酰，用碘化钾作为还原剂将其还原为苯甲酸，用高效液相色谱分离，在230nm下检测。

（2）仪器与试剂

1）仪器：高效液相色谱仪（配有紫外检测器，色谱柱为C_{18}反相柱）、天平（感量为0.0001g）、旋涡混合器、溶剂过滤器等。

2）试剂：甲醇（色谱纯）、碘化钾溶液（质量分数为50%的水溶液）、苯甲酸（纯度大于或等于99.9%，国家标准物质）。其他试剂如下：

① 乙酸铵缓冲溶液（0.02mol/L）：称取乙酸铵1.54g，用水溶解并稀释至1L，混合后用$0.45\mu m$的过滤膜过滤后使用。

② 苯甲酸标准储备溶液（1mg/mL）：称取0.1g（精确至0.0001g）苯甲酸，用甲醇稀释至100mL。

（3）操作步骤

1）样品的制备：称取样品5g（精确至0.1mg）置于50mL具塞比色管中，加10.0mL甲醇，在旋涡混合器上混匀1min，静止5min，加50%碘化钾水溶液5.0mL，再在旋涡混匀器上混匀1min，放置10min，加水至50.0mL，混匀，静止，取上清液通过$0.22\mu m$滤膜，将滤液置于样品瓶中备用。

2）标准曲线的绘制：准确吸取苯甲酸标准使用液0mL、0.625mL、1.25mL、2.50mL、

5.00mL、10.00mL、12.50mL、25.00mL，分别置于8个25mL容量瓶中，分别加甲醇至25.0mL，配成质量浓度分别为0μg/mL、25.0μg/mL、50.0μg/mL、100.0μg/mL、200.0μg/mL、400.0μg/mL、500.0μg/mL、1000.0μg/mL的苯甲酸标准系列溶液。

分别取8份5g（精确至0.1mg）不含苯甲酸和过氧化苯甲酰的小麦粉试样置于8支50mL具塞比色管中，分别准确加入苯甲酸标准系列溶液10.00mL，在旋涡混合器上混匀1min，静止5min，加50%碘化钾水溶液5.0mL，再在旋涡混合器上混匀1min，放置10min，加水至50.0mL，混匀，静止，取上清液通过0.22μm滤膜，将滤液置于样品瓶中备用。

标准液的最终质量浓度分别为0μg/mL、5.0μg/mL、10.0μg/mL、20.0μg/mL、40.0μg/mL、80.0μg/mL、100.0μg/mL、200.0μg/mL。依次取不同质量浓度的苯甲酸标准液10.0μL，注入液相色谱仪，以苯甲酸峰面积为纵坐标，苯甲酸质量浓度为横坐标，绘制工作曲线。

3）测定

① 色谱条件

a. 色谱柱：4.6mm×250mm，C_{18}反相柱（5μm）。

b. 检测波长：230nm。

c. 流动相：甲醇与水（含0.02mol/L乙酸铵）体积比为10∶90的混合液。

d. 流速：1.0mL/min。

e. 进样量：10.0μL。

② 样品的测定：取10.0μL试液注入液相色谱仪，根据苯甲酸的峰面积从工作曲线上查取对应的苯甲酸质量浓度，并计算样品中过氧化苯甲酰的含量。

（4）结果计算　按式（3-2-4）计算过氧化苯甲酰的含量。

$$X = \frac{c \times V \times 1000}{m \times 1000 \times 1000} \times 0.992 \tag{3-2-4}$$

式中　X——样品中过氧化苯甲酰的含量（g/kg）；

c——由工作曲线上查出的试样测定液相当于苯甲酸的质量浓度（μg/mL）；

V——试样提取液的体积（mL）；

m——样品质量（g）；

0.992——由苯甲酸换算成过氧化苯甲酰的换算系数。

结果保留两位有效数字。

（5）注意事项　小麦粉中过氧化苯甲酰的含量为0.00～0.20mg/kg。由于天然小麦粉中不含有苯甲酸，因此上述方法测定的是过氧化苯甲酰的总量。

技能训练4　汞的测定

1. 原理

试样经酸加热消解后，在酸性介质中，试样中的汞被硼氢化钾（KBH_4）或硼氢化钠（$NaBH_4$）还原成原子态汞，由载气（氩气）带入原子化器中，在特制汞心阴极灯的照射下，基态汞原子被激发至高能态，在去活化回到基态时，发射出特征波长的荧

光，其荧光强度与汞含量成正比，与标准系列溶液比较定量。

2. 仪器与试剂

（1）仪器　双道原子荧光光度计、高压消解罐（容量为100mL）、微波消解炉。

（2）试剂　硝酸（优级纯）、30%过氧化氢、硫酸（优级纯）。其他试剂如下：

1）（1+1+8）硫酸-硝酸-水混合酸：量取10mL硝酸和10mL硫酸，缓缓倒入80mL水中，冷却后小心混匀。

2）（1+9）硝酸溶液：量取50mL硝酸，缓缓倒入450mL水中，混匀。

3）氢氧化钾溶液（5g/L）：称取5.0g氢氧化钾，溶于水中，稀释至1000mL。

4）硼氢化钾溶液（5g/L）：称取5.0g硼氢化钾，溶于5.0g/L的氢氧化钾溶液中，稀释至1000mL，混匀，现用现配。

5）汞标准储备溶液：精密称取0.1354g干燥过的氯化汞，加（1+1+8）硫酸-硝酸-水混合酸溶解后移入100mL容量瓶中，并稀释至刻度，混匀，此溶液每毫升相当于1mg汞。

6）汞标准使用溶液：用移液管吸取汞标准储备溶液1mL置于100mL容量瓶中，用硝酸溶液稀释至刻度，混匀，此溶液质量浓度为10μg/mL。分别吸取10μg/mL汞标准溶液1mL和5mL置于两个100mL容量瓶中，用硝酸溶液稀释至刻度，混匀，溶液的质量浓度分别为100μg/mL和500μg/mL，分别用于测定低质量浓度试样和高质量浓度试样，制作标准曲线。

3. 操作步骤

（1）试样的消解

1）高压消解法：称取经粉碎混匀过40目筛的干样0.2～1.00g，置于聚四氟乙烯塑料罐内，加5mL硝酸，混匀后放置过夜，再加7mL过氧化氢，盖上内盖放入不锈钢外套中，将不锈钢外盖旋紧密封，然后将消解器放入普通恒温干燥箱内加热，升温至120℃后保持恒温2～3h，至消解完全后，自然冷却至室温，将消解液用硝酸溶液定量转移并定容至25mL，摇匀。同时做空白试验，待测。

2）微波消解法：称取0.10～0.50g试样置于消解罐中，加入1～5mL硝酸和1～2mL过氧化氢，盖好安全阀后，将消解罐放入微波炉消解系统中，根据不同种类的试样设置微波炉消解系统的最佳分析条件（见表3-2-2），至消解完全，冷却后用硝酸溶液定量转移并定容至25mL（低含量试样可定容至10mL），混匀待测。

表3-2-2　粮食试样微波分析条件

步骤	1	2	3
功率（%）	50	75	90
压力/kPa	343	686	1096
升压时间/min	30	30	30
保压时间/min	5	7	5
排风量（%）	100	100	100

（2）标准系列溶液的配制

1）低浓度标准系列溶液：分别吸取 100ng/mL 汞标准使用液 0.25mL、0.50mL、1.00mL、2.00mL、2.50mL 置于25mL 容量瓶中，用硝酸溶液稀释至刻度，混匀，分别相当于汞质量浓度为 1.00ng/mL、2.00ng/mL、4.00ng/mL、8.00ng/mL、10.00ng/mL。此标准系列溶液适用于一般试样的测定。

2）高浓度标准系列溶液：分别吸取 500ng/mL 汞标准使用液 0.25mL、0.50mL、1.00mL、1.50mL、2.00mL，分别置于25mL 容量瓶中，用硝酸溶液稀释至刻度，混匀，分别相当于汞质量浓度为 5.00ng/mL、10.00ng/mL、20.00ng/mL、30.00ng/mL、40.00ng/mL。此标准系列溶液适用于鱼及含汞量偏高的试样的测定。

（3）测定

1）仪器参考条件：光电倍增管负高压为 240V；汞空心阴极灯电流为 30mA；原子化器工作温度为 300℃，高度为 8.0mm；氩气流速，载气为 500mL/min，屏蔽气为 1000mL/min；测量方式为标准曲线法；读数方式为峰面积，读数延迟时间为 1.0s；读数时间为 10.0s；硼氢化钾溶液加液时间为 8.0s；标液或样液加液体积为 2mL。

2）测定方法：根据情况任选以下一种方法：

① 浓度测定方式：设定好仪器最佳条件，逐步将炉温升至所需温度后，稳定10～20min 后开始测量。连续用硝酸溶液进样，待读数稳定后，转入标准系列溶液的测量，绘制标准曲线。转入试样测量，先用硝酸溶液进样，使读数基本回零，再分别测定试样空白和试样消化液。每次测不同的试样前都应清洗进样器。试样测定结果按式（3-2-5）计算。

② 仪器自动计算结果方式：设定好仪器最佳条件，在试样参数界面输入试样质量（g 或 mL）、稀释体积（mL），并选择结果的单位，逐步将炉温升至所需温度，稳定后测量。连续用硝酸溶液进样，待读数稳定后，转入标准系列溶液的测量，绘制标准曲线。在转入试样测定之前，再进入空白值测量状态，用试样空白消化液进样，让仪器取其均值作为扣底的空白值，随后即可测定试样。测定完毕后，选择“打印报告”即可将测定结果自动打印出来。

4. 结果计算

试样中汞的含量按（3-2-5）进行计算。

$$X = \frac{(c - c_0) \times V \times 1000}{m \times 1000 \times 1000} \tag{3-2-5}$$

式中 X——试样中汞的含量（mg/kg 或 mg/L）；

c——试样消化液中汞的含量（ng/mL）；

c_0——试样空白液中汞的含量（ng/mL）；

V——试样消化液的总体积（mL）；

m——试样的质量或体积（g 或 mL）。

计算结果保留三位有效数字。在重复性条件下获得的两次独立测定结果的绝对差值不得超过算术平均值的 10%。

5. 注意事项

试样消解方法中的高压消解法，适用于粮食、豆类、蔬菜、水果、瘦肉类、鱼类、蛋类及乳与乳制品类食品中总汞的测定。该方法检出限为0.15μg/kg，标准曲线最佳线性范围为0～60μg/kg。微波消解法消化样品具有简便、快速、消化完全等特点，但要注意必须按要求设定好消解条件，称样量不宜过大。

技能训练5　黄曲霉毒素B1的测定

1. 原理

试样中的黄曲霉毒素B1经提取、浓缩、薄层分离后，在波长为365nm的紫外光下产生蓝紫色荧光，根据其在薄层上显示荧光的最低检出量来测定含量。

2. 仪器与试剂

（1）仪器　小型粉碎机、样筛、电动振荡器、全玻璃浓缩器、玻璃板（5cm×20cm）、薄层板涂布器、展开槽（内长为25cm，宽度为6cm，高度为4cm）、紫外光灯（功率为100～125 W，带有波长为365nm的滤光片）、微量注射器或血色素吸管。

（2）试剂　三氯甲烷、正己烷或石油醚（沸程为30～60℃或60～90℃）、甲醇、苯、乙腈、无水乙醚或乙醚经无水硫酸钠脱水、丙酮，以上试剂在试验时先进行一次试剂空白试验，若不干扰测定则可使用，否则需逐一进行重蒸。硅胶G（薄层色谱用）、三氟乙酸、无水硫酸钠、氯化钠、苯-乙腈混合液（量取98mL苯，加2mL乙腈，混匀）、（55+45）甲醇水溶液。其他试剂如下：

1）黄曲霉毒素B1标准溶液

① 仪器校正：测定重铬酸钾溶液的摩尔消光系数，以求出使用仪器的校正因素。准确称取25mg经干燥的重铬酸钾（基准级），用（0.5+1000）硫酸溶液溶解后准确稀释至200mL，相当于$c(K_2Cr_2O_7)=0.0004mol/L$。吸取25mL此稀释液置于50mL容量瓶中，加（0.5+1000）硫酸溶液稀释至刻度，相当于0.0002mol/L溶液。吸取25mL此稀释液置于50mL容量瓶中，加（0.5+1000）硫酸溶液稀释至刻度，相当于0.0001mol/L溶液。用1cm石英杯，在最大吸收峰的波长（接近350nm）处用（0.5+1000）硫酸溶液作空白，测得以上三种不同浓度的溶液的吸光度，并按式（3-2-6）计算出以上三种溶液的摩尔消光系数的平均值。

$$E_1 = A/c \tag{3-2-6}$$

式中　E_1——重铬酸钾溶液的摩尔消光系数；

A——测得重铬酸钾溶液的吸光度；

c——重铬酸钾溶液的浓度。

再以此平均值与重铬酸钾的摩尔消光系数值3160比较，即求出使用仪器的校正因素，按式（3-2-7）进行计算。

$$f = 3160/E \tag{3-2-7}$$

式中　f——使用仪器的校正因素；

E——测得的重铬酸钾摩尔消光系数的平均值。

若f大于0.95或小于1.05，则使用仪器的校正因素可忽略不计。

② 黄曲霉毒素B1标准溶液的制备：准确称取1.0～1.2mg黄曲霉毒素B1标准品，先加入2mL乙腈溶解后，再用苯稀释至100mL，避光，置于4℃的冰箱内保存。该标准溶液的质量浓度约为10μg/mL。用紫外分光光度计测此标准溶液的最大吸收峰的波长及该波长的吸光度。黄曲霉毒素B1标准溶液的质量浓度按式（3-2-8）计算。

$$X = \frac{A \times M \times 1000 \times f}{E_2} \tag{3-2-8}$$

式中 X——黄曲霉毒素B1标准溶液的质量浓度（μg/mL）；

A——测得的吸光度；

f——使用仪器的校正因素；

M——黄曲霉毒素B1的相对分子质量（312）；

E_2——黄曲霉毒素B1在苯-乙腈混合液中的摩尔消光系数（19800）。

根据计算，用苯-乙腈混合液调到标准溶液质量浓度恰为10.0μg/mL，并用分光光度计核对其质量浓度。

③ 纯度的测定：取5μL质量浓度为10μg/mL的黄曲霉毒素B1标准溶液，滴加于涂层厚度为0.25mm的硅胶G薄层板上，用（4+96）甲醇-三氯甲烷溶液与（8+92）丙酮-三氯甲烷展开剂展开，在紫外光灯下观察荧光的产生，应符合以下条件：在展开后，只有单一的荧光点，无其他杂质荧光点；原点上没有任何残留的荧光物质。

2）黄曲霉毒素B1标准使用液：准确吸取1mL黄曲霉毒素B1标准溶液（10μg/mL）置于10mL容量瓶中，加苯-乙腈混合液至刻度，混匀，此溶液每毫升相当于1.0μg黄曲霉毒素B1；吸取1.0mL此稀释液，置于5mL容量瓶中，加苯-乙腈混合液稀释至刻度，此溶液每毫升相当于0.2μg黄曲霉毒素B1；吸取1.0mL黄曲霉毒素B1标准溶液（0.2μg/mL）置于5mL容量瓶中，加苯-乙腈混合液稀释至刻度，此溶液每毫升相当于0.04μg黄曲霉毒素B1。

3）次氯酸钠溶液（消毒用）：取100g漂白粉，加入500mL水，搅拌均匀，另将80g工业用碳酸钠（$Na_2CO_3 \cdot 10H_2O$）溶于500mL温水中，再将两液混合、搅拌，澄清后过滤。此滤液中次氯酸的质量浓度约为25g/L。若用漂粉精制备，则碳酸钠的量可以加倍，所得溶液的质量浓度约为50g/L。污染的玻璃仪器用10g/L次氯酸钠溶液浸泡半天或用50g/L次氯酸钠溶液浸泡片刻后，即可达到去毒效果。

3. 操作步骤

（1）取样　样品中一粒被黄曲霉毒素严重污染的霉粒即可以左右测定结果，并且有毒霉粒的比例小，分布也不均匀。为避免取样带来的误差，必须大量取样，并将样品粉碎，混合均匀，才有可能得到确实能代表一批样品的相对可靠的结果。因此采样时必须注意以下几点：

1）根据规定采取有代表性的样品。

2）检验局部发霉变质的样品时，应单独取样。

3）每份分析测定用的样品应从大样进行粗碎，再连续多次用四分法缩减至0.5～

1kg，然后全部粉碎。原粮样品全部通过 20 目筛，混匀。花生样品全部通过 10 目筛，混匀，或将好、坏分别测定，再计算其含量。花生油和花生酱等样品不需制备，但取样时应搅拌均匀。必要时，每批样品可采取 3 份大样用于样品制备及分析测定，以观察所采样品是否具有一定的代表性。

（2）提取

1）玉米、大米、麦类、面粉、薯干、豆类、花生、花生酱等

① 甲法：称取 20.00g 粉碎过筛样品（面粉、花生酱不需粉碎），置于 250mL 具塞锥形瓶中，加 30mL 正已烷或石油醚和 100mL 甲醇水溶液，在瓶塞上涂上一层水，盖严防漏，振荡 30min，静置片刻，用叠成折叠式的快速定性滤纸将其过滤于分液漏斗中，待下层甲醇水溶液分清后，放出甲醇水溶液存于另一具塞锥形瓶内；取 20.00mL 甲醇水溶液（相当于 4g 样品）置于另一只 125mL 分液漏斗中，加 20mL 三氯甲烷，振摇 2min，静置分层，若出现乳化现象，则可滴加甲醇促使分层；放出三氯甲烷层，用盛有约 10g 预先用三氯甲烷湿润的无水硫酸钠的定量慢速滤纸过滤于 50mL 蒸发皿中，再向分液漏斗中加 5mL 三氯甲烷，重复振摇提取，将三氯甲烷层一并过滤于蒸发皿中，最后用少量三氯甲烷洗过滤器，将洗液并于蒸发皿中；将蒸发皿放在通风柜内，于 65℃水浴上通风吹干，然后放在冰盒上冷却 2～3min 后，准确加入 1mL 苯-乙腈混合液（或将三氯甲烷用浓缩蒸馏器减压吹气蒸干后，准确加入 1mL 苯-乙腈混合液），用带橡胶头的滴管的管尖将残渣充分混合，若有苯的结晶析出，将蒸发皿从冰盒上取出，继续溶解、混合，晶体即消失，再用此滴管吸取上清液转移于 2mL 具塞试管中。

② 乙法（限于玉米、大米、小麦及其制品）。称取 20.00g 粉碎过筛的样品置于 250mL 具塞锥形瓶中，用滴管滴加约 6mL 水，使样品湿润，准确加入 60mL 三氯甲烷，振荡 30min，加 12g 无水硫酸钠，振摇后，静置 30min，用叠成折叠式的快速定性滤纸过滤于 100mL 具塞锥形瓶中，取 12mL 滤液（相当于 4g 样品）置于蒸发皿中，在 65℃水浴上通风吹干，准确加入 1mL 苯-乙腈混合液，以下按甲法中自“用带橡胶头的滴管的管尖将残渣充分混合”起操作。

2）花生油、香油、菜油等：称取 4.00g 样品置于小烧杯中，用 20mL 正已烷或石油醚将样品移于 125mL 分液漏斗中，用 20mL 甲醇水溶液分数次洗烧杯，将洗液一并移入分液漏斗中，振摇 2min，静置分层后，将下层甲醇水溶液移入第二个分液漏斗中，再用 5mL 甲醇水溶液重复振摇提取一次，将提取液一并移入第二个分液漏斗中，在第二个分液漏斗中加入 20mL 三氯甲烷，以下按甲法中自“振摇 2min，静置分层”起操作。

（3）测定

1）单向展开法

① 薄层板的制备：称取约 3g 硅胶 G，加相当于硅胶量 2～3 倍的水，用力研磨 1～2min，待其成糊状后立即倒于涂布器内，推成面积为 5cm×20cm，厚度约为 0.25mm 的薄层板三块。在空气中干燥约 15min 后，在 100℃活化 2h，取出，放干燥器中保存，一般可保存 2～3 天。若放置时间较长，则可再次活化后使用。

② 点样：将薄层板边缘附着的吸附剂刮净，在距薄层板下端 3cm 的基线上用微量注射器或血色素吸管滴加样液。一块板可滴加 4 个点，点距边缘和点间距约为 1cm，点直径约为 3mm。在同一板上滴加点的大小应一致，滴加时可用吹风机用冷风边吹边加。滴加样式如下：

第一点：10μL 黄曲霉毒素 B1 标准使用液（0.04μg/mL）。

第二点：20μL 样液。

第三点：20μL 样液 + 10μL 质量浓度为 0.04μg/mL 的黄曲霉毒素 B1 标准使用液。

第四点：20μL 样液 + 10μL 质量浓度为 0.2μg/mL 的黄曲霉毒素 B1 标准使用液。

③ 展开与观察：在展开槽内加 10mL 无水乙醚，预展 12cm，取出挥发干，再于另一展开槽内加 10mL（8 + 92）丙酮-三氯甲烷溶液，展开 10 ~ 12cm，取出，在紫外光下观察结果，方法如下：

a. 由于样液点上加滴了黄曲霉毒素 B1 标准使用液，因此可使黄曲霉毒素 B1 标准点与样液中的黄曲霉毒素 B1 荧光点重叠。如果样液为阴性，那么薄层板上的第三点中黄曲霉毒素 B1 的质量为 0.000 4μg，可用于检查在样液内黄曲霉毒素 B1 最低检出量是否正常出现；如果样液为阳性，则起定性作用。薄层板上的第四点中黄曲霉毒素 B1 的质量为 0.002μg，主要起定位作用。

b. 若第二点在与黄曲霉毒素 B1 标准点的相应位置上无蓝色荧光点，则表示样品中黄曲霉毒素 B1 含量在 5μg/kg 以下；若在相应位置上有蓝紫色荧光点，则需进行确证试验。

④ 确证试验：为了证实薄层板上样液荧光是由黄曲霉毒素 B1 产生的，加滴三氟乙酸，产生黄曲霉毒素 B1 的衍生物，展开后此衍生物的比移值约为 0.1 左右。于薄层板左边依次滴加两个点：第一点为 10μL 质量浓度为 0.04μg/mL 的黄曲霉毒素 B1 标准使用液；第二点为 20μL 样液。

于以上两点各加一小滴三氟乙酸盖于其上，反应 5min 后，用吹风机吹热风（使热风吹到薄层板上的温度不高于 40℃）2min 后，再于薄层板上滴加第三和第四两个点：第三点为 10μL 质量浓度为 0.04μg/mL 的黄曲霉毒素 B1 标准使用液；第四点为 20μL 样液。

再次展开（同③），在紫外光灯下观察样液是否产生与黄曲霉毒素 B1 标准点相同的衍生物。未加三氟乙酸的三、四两点，可依次作为样液与标准的衍生物空白对照。

⑤ 稀释定量：样液中的黄曲霉毒素 B1 荧光点的荧光强度如果与黄曲霉毒素 B1 标准点的最低检出量（0.000 4μg）的荧光强度一致，则样品中黄曲霉毒素 B1 的含量即为 5μg/kg。如果样液中荧光强度比最低检出量强，则根据其强度估计减少滴加微升数或将样液稀释后再滴加不同微升数，直至样液点的荧光强度与最低检出量的荧光强度一致为止。滴加式样如下：

第一点：10μL 黄曲霉毒素 B1 标准使用液（0.04μg/mL）。

第二点：根据情况滴加 10μL 样液。

第三点：根据情况滴加 15μL 样液。

第四点：根据情况滴加 20μL 样液。

4. 结果计算

试样中黄曲霉毒素 B1 的含量按式（3-2-9）计算。

$$X = 0.0004 \times \frac{V_1 \times D}{V_2} \times \frac{1000}{m} \tag{3-2-9}$$

式中　X——试样中黄曲霉毒素 B1 的含量（μg/kg）；

V_1——加入苯-乙腈混合液的体积（mL）；

V_2——出现最低荧光时滴加样液的体积（mL）；

D——样液的总稀释倍数；

m——加入苯-乙腈混合液溶解时相当样品的质量（g）；

0.0004——黄曲霉毒素 B1 的最低检出量（μg）。

结果表示到测定值的整数位。

技能训练 6　谷类粮食中有机磷农药残留量的测定

1. 原理

将含有机磷的样品溶液在富氢焰上燃烧时，其会以 HPO 碎片的形式放射出波长为 526nm 的特性光，这种光通过滤光片选择后，由光电倍增管接收，转换成电信号，经微电流放大器放大后被记录下来，将样品的峰面积或峰高与标准品的峰面积或峰高进行比较定量。

2. 仪器与试剂

（1）仪器　组织捣碎机、粉碎机、旋转蒸发仪、气相色谱仪［附有火焰光度检测器（FPD）］。

（2）试剂　丙酮、二氯甲烷、氯化钠、无水硫酸钠、助滤剂 Celite 545。农药标准品如下：

1）敌敌畏（DDVP）：纯度大于或等于 99%。

2）速灭磷（mevinphos）：顺式纯度大于或等于 60%，反式纯度大于或等于 40%。

3）久效磷（monocrotophos）：纯度大于或等于 99%。

4）甲拌磷（phorate）：纯度大于或等于 98%。

5）巴胺磷（propetumphos）：纯度大于或等于 99%。

6）二嗪磷（diazinon）：纯度大于或等于 98%。

7）乙嘧硫磷（etrimfos）纯度大于或等于 97%。

8）甲基嘧啶磷（parathion-methyl）：纯度大于或等于 99%。

9）甲基对硫磷（parathion-methyl）：纯度大于或等于 99%。

10）稻瘟净（kitazine）：纯度大于或等于 99%。

11）水胺硫磷（isocarbophos）：纯度大于或等于 99%。

12）氧化喹硫磷（po-quinalphos）：纯度大于或等于 99%。

13）稻丰散（phenthoate）：纯度大于或等于 99.6%。

14）甲喹硫磷（methdathion）：纯度大于或等于 99.6%。

15）克线磷（phenamiphos）：纯度大于或等于99.9%。

16）乙硫磷（ethion）：纯度大于或等于95%。

17）乐果（dimethoate）：纯度大于或等于99.0%。

18）喹硫磷（quinaphos）：纯度大于或等于98.2%。

19）对硫磷（parathion）：纯度大于或等于99.0%。

20）杀螟硫磷（fenitrothion）：纯度大于或等于98.5%。

农药标准溶液的配制：分别准确称取以上农药标准品，用二氯甲烷为溶剂，分别配制成1.0mg/mL的标准储备液，储于冰箱（4℃）中，使用时根据各农药品种的仪器响应情况，吸取不同量的标准储备液，用二氯甲烷稀释成混合标准使用液。

3. 试样的制备

取样品用粉碎机粉碎，过20目筛制成粮食试样。

4. 操作步骤

（1）提取　称取25.00g试样置于300mL烧杯中，加入50mL水和100mL丙酮（提取液总体积为150mL），用组织捣碎机提取1～2min，匀浆液经铺有两层滤纸和约10g Celite 545的布氏漏斗减压抽滤，从滤液中分取100mL移至500mL分液漏斗中。

（2）净化　向提取所得的滤液中加入10～15g氯化钠使溶液处于饱和状态，猛烈振摇2～3min，静置10min，使丙酮从水相中盐析出来，水相用50mL二氯甲烷振摇2min，再静置分层。

将丙酮与二氯甲烷提取液合并，经装有20～30g无水硫酸钠的玻璃漏斗脱水滤入250mL圆底烧瓶中，再用约40mL二氯甲烷分数次洗涤容器和无水硫酸钠，将洗涤液也转入烧瓶中，用旋转蒸发器浓缩至约2mL，将浓缩液定量转移至5～25mL容量瓶中，加二氯甲烷定容至刻度。

（3）气相色谱测定

1）色谱参考条件

① 色谱柱

a. 玻璃柱2.6m×3mm（i. d），填装涂有4.5% DC-200＋2.5% OV-17的Chromosorb W A W DMCS（80～100目）的担体。

b. 玻璃柱2.6m×3mm（i. d），填装涂有质量分数为1.5%的QF-1的Chromosorb W A W DMCS（60～80目）。

② 气体速度：氮气（N_2）为50mL/min，氢气（H_2）为100mL/min，空气为50mL/min。

③ 温度：柱箱为240℃，汽化室为260℃，检测器为270℃。

2）测定：吸取2～5μL混合标准液及样品净化液注入色谱仪中，以保留时间定性，以试样的峰高或峰面积与标准比较定量。

5. 结果计算

$$X_i = \frac{A_i \times V_1 \times V_3 \times E_{si} \times 1000}{A_{si} \times V_2 \times V_4 \times m \times 1000} \tag{3-2-10}$$

式中　X_i——i组分有机磷农药的含量（mg/kg）；

A_i——试样中 i 组分的峰面积（积分单位）；

A_{si}——混合标准液中 i 组分的峰面积（积分单位）；

V_1——试样提取液的总体积（mL）；

V_2——净化用提取液的总体积（mL）；

V_3——浓缩后的定容体积（mL）；

V_4——进样体积（mL）；

E_{si}——注入色谱仪中的 i 标准组分的质量（ng）；

m——样品的质量（g）。

计算结果保留两位有效数字。

6. 注意事项

1）本方法适用于谷类粮食中敌敌畏、速灭磷、久效磷、甲拌磷、巴胺磷、二嗪磷、乙嘧硫磷、甲基嘧啶磷、甲基对硫磷、稻瘟净、水胺硫磷、氧化喹硫磷、稻丰散、甲喹硫磷、克线磷、乙硫磷、乐果、喹硫磷、对硫磷、杀螟硫磷的残留量分析方法。

2）16 种有机磷农药的色谱图如图 3-2-4 所示。

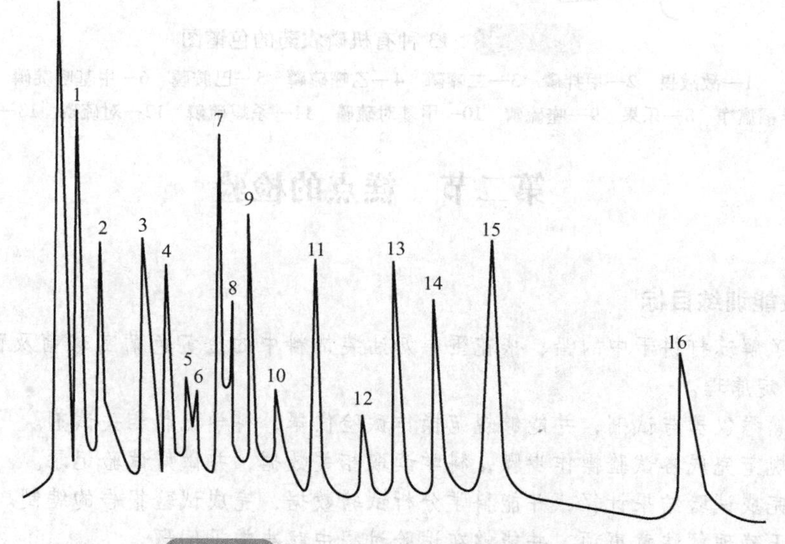

图 3-2-4　16 种有机磷农药的色谱图

1—敌敌畏，最低检测浓度为 0.005mg/kg　2—速灭磷，最低检测浓度为 0.004mg/kg
3—久效磷，最低检测浓度为 0.014mg/kg　4—甲拌磷，最低检测浓度为 0.004mg/kg
5—巴胺磷，最低检测浓度为 0.011mg/kg　6—二嗪磷，最低检测浓度为 0.003mg/kg
7—乙嘧硫磷，最低检测浓度为 0.003mg/kg　8—甲基嘧啶磷，最低检测浓度为 0.004mg/kg
9—甲基对硫磷，最低检测浓度为 0.004mg/kg　10—稻瘟净，最低检测浓度为 0.004mg/kg
11—水胺硫磷，最低检测浓度为 0.005mg/kg　12—氧化喹硫磷，最低检测浓度为 0.025mg/kg
13—稻丰散，最低检测浓度为 0.017mg/kg　14—甲喹硫磷，最低检测浓度为 0.014mg/kg
15—克线磷，最低检测浓度为 0.009mg/kg　16—乙硫磷，最低检测浓度为 0.014mg/kg

3）13 种有机磷农药的色谱图如图 3-2-5 所示。

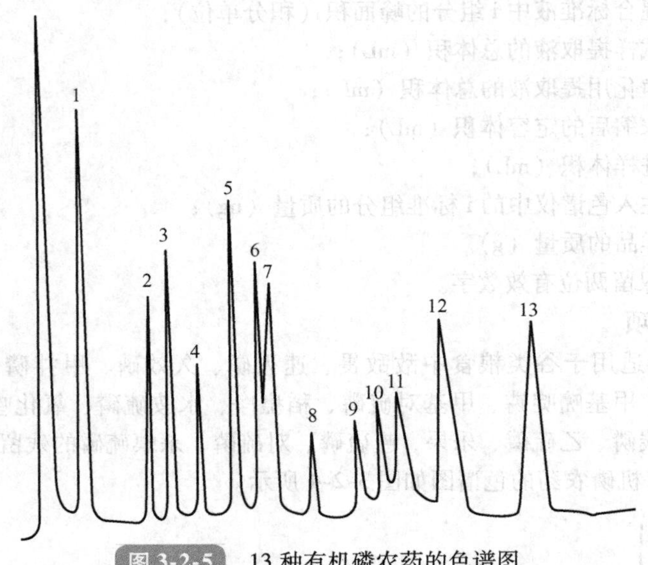

图 3-2-5　13 种有机磷农药的色谱图

1—敌敌畏　2—甲拌磷　3—二嗪磷　4—乙嘧硫磷　5—巴胺磷　6—甲基嘧啶磷
7—异稻瘟净　8—乐果　9—喹硫磷　10—甲基对硫磷　11—杀螟硫磷　12—对硫磷　13—乙硫磷

第二节　糕点的检验

技能训练目标

1）了解苏打饼干中的铅、裱花蛋糕奶油装饰料中的金黄色葡萄球菌及面包中的丙酸钙的测定原理。

2）熟悉仪器与试剂，并能够规范操作试验仪器，科学配制相关试剂。

3）规范完成各试验操作步骤，科学读取相关数据，并做好试验记录。

4）完成试验结果计算，并能科学分析试验数据，完成试验报告的编制。

5）正确理解注意事项，并能够在试验过程中解决常见问题。

技能训练内容及依据

糕点检验技能训练的内容及依据见表 3-2-3。

表 3-2-3　糕点检验技能训练的内容及依据

序　号	技能训练项目名称	国家标准依据
1	苏打饼干中铅的测定	GB 5009. 12—2010
2	裱花蛋糕奶油装饰料中金黄色葡萄球菌的测定	GB 4789. 10—2010
3	面包中丙酸钙的测定	GB/T 5009. 120—2003

技能训练1　苏打饼干中铅的测定

铅对人体有害，在体内蓄积会造成慢性中毒。一般植物性原料中会携带极少量的铅，但其含量一般不会超过规定限制。大多数铅含量超标的原因是在一定条件下产品加工用的机械设备、管道，以及包装、储存、运输过程中的铅，逐渐迁移到食品中，造成污染。因此，测定铅的含量一方面可以反映出食品矿物质的含量，进而判断其营养价值的高低；另一方面也可以反映出食品受污染的程度，评定食品的卫生质量。

比色法是基于朗伯-比尔定律的通过比较或测量有色物质溶液颜色深度来确定待测组分含量的方法。其操作快速、简便，在食品检验中被广泛应用。在GB 7100—2003中要求，饼干中铅的含量小于或等于0.5mg/kg。

1. 原理

试样经消化后，在pH＝8.5～9.0时，铅离子与二硫腙生成红色配位化合物，溶于三氯甲烷，加入柠檬酸铵、氰化钾和盐酸羟胺等，防止铁、铜、锌等离子干扰，与标准系列比较定量。

2. 仪器与试剂

（1）仪器　分光光度计、天平（感量为1mg）。

（2）试剂　（1＋1）氨水（量取100mL氨水，加入100mL水中）、（1＋1）盐酸溶液（量取100mL盐酸，加入100mL水中）、1g/L酚红指示液（称取0.10g酚红，用少量乙醇分多次溶解后移入100mL容量瓶中并定容至刻度）、100g/L氰化钾溶液（称取10.0g氰化钾，用水溶解后稀释至100mL）、三氯甲烷（不应含氧化物）、（1＋99）硝酸（量取1mL硝酸，加入99mL水中）、（4＋1）硝酸-硫酸混合液。其他试剂如下：

1）盐酸羟胺溶液（200g/L）：称取20.0g盐酸羟胺，加水溶解至50mL，加2滴酚红指示液，加（1＋1）氨水，调pH值至8.5～9.0（由黄变红，再多加2滴），用二硫腙-三氯甲烷溶液（试剂10）提取至三氯甲烷层绿色不变为止，再用三氯甲烷洗两次，弃去三氯甲烷层，水层加（1＋1）盐酸溶液至呈酸性，加水至100mL。

2）柠檬酸铵溶液（200g/L）：称取50g柠檬酸铵，溶于100mL水中，加2滴酚红指示液，再加（1＋1）氨水将pH值调为8.5～9.0，用二硫腙-三氯甲烷溶液提取数次，每次10～20mL，至三氯甲烷层绿色不变为止，弃去三氯甲烷层，再用三氯甲烷洗两次，每次用量为5mL，弃去三氯甲烷层，加水稀释至250mL。

3）淀粉指示液：称取0.5g可溶性淀粉，加5mL水搅匀后，慢慢倒入100mL沸水中，边倒边搅拌，煮沸，放冷备用，临用时配制。

4）二硫腙-三氯甲烷溶液（0.5g/L）：称取0.5g研细的二硫腙，溶于1L三氯甲烷中，置于冰箱中保存，有时要对二硫腙进行纯化后再用其配制溶液。

5）二硫腙使用液：吸取1.0mL二硫腙溶液，加三氯甲烷至10mL，混匀，备用。用1cm比色皿，分别盛放上述备用溶液和三氯甲烷，以三氯甲烷调节零点，于波长510nm处测其吸光度（A），用式（3-2-11）算出配制100mL二硫腙使用液（70%透光率）所需二硫腙溶液的毫升数（V）。

$$V = \frac{10 \times (2 - \lg 70)}{A} = \frac{1.55}{A} \tag{3-2-11}$$

6）铅标准溶液（1.0mg/mL）：准确称取0.1598g硝酸铅，加10mL（1+99）硝酸，全部溶解后，移入100mL容量瓶中，加水稀释至刻度。

7）铅标准使用液（10.0μg/mL）：吸取1.0mL铅标准溶液，置于100mL容量瓶中，加水稀释至刻度。

3. 操作步骤

（1）样品预处理　取苏打饼干适量，磨碎后过20目筛，储于塑料瓶中，保存备用。在采样和制备过程中，应注意不使试样污染。

（2）试样消化　取粉碎后的苏打饼干样品5~10g（精确到0.01g），置于250~500mL定氮瓶中，先加水少许使其湿润，再加数粒玻璃珠和10~15mL硝酸，放置片刻，小火缓缓加热，待作用缓和，放冷，沿瓶壁加入5mL或10mL硫酸，再加热，至瓶中液体开始变成棕色时，不断沿瓶壁滴加硝酸至有机质分解完全，加大火力，至产生白烟，待瓶口白烟冒净后，瓶内液体再产生白烟时说明消化完全。该溶液应澄清无色或微带黄色，放冷（在操作过程中应注意防止爆沸或爆炸），加20mL水煮沸，除去残余的硝酸至产生白烟为止。如此处理两次，放冷，将冷后的溶液移入50mL或100mL容量瓶中，用水洗涤定氮瓶，将洗液并入容量瓶中，放冷，加水至刻度，混匀。定容后的溶液每10mL相当于1g样品，相当于加入硫酸1mL。取与消化试样相同量的硝酸和硫酸，按同一方法做试剂空白试验。

（3）标准系列和样品的吸光度测定　吸取10.0mL消化后的定容溶液和同量的试剂空白液，分别置于125mL分液漏斗中，各加水至20mL。吸取0mL、0.10mL、0.20mL、0.30mL、0.40mL、0.50mL铅标准使用液，分别置于125mL分液漏斗中，各加（1+99）硝酸至20mL。向试样消化液、试剂空白液和铅标准液中各加2.0mL柠檬酸铵溶液、1.0mL盐酸羟胺溶液和2滴酚红指示液，用氨水调至红色，再各加2.0mL氰化钾溶液，混匀，各加5.0mL二硫腙使用液，剧烈振摇1min，静置分层后，将三氯甲烷层经脱脂棉滤入1cm比色杯中，以三氯甲烷调节零点，于波长510nm处测吸光度，各点减去零管吸收值后，绘制标准曲线或计算一元回归方程，将试样与标准曲线比较。

4. 分析结果

试样中铅的含量按式（3-2-12）计算。

$$X = \frac{(m_1 - m_2) \times 1000}{m_3 \times \frac{V_2}{V_1} \times 1000} \tag{3-2-12}$$

式中　X——试样中铅的含量（mg/kg）；

m_1——测定用试样中铅的质量（μg）；

m_2——试剂空白液中铅的质量（μg）；

m_3——试样质量（g）；

V_1——试样处理液的总体积（mL）；

V_2——测定用试样处理液的总体积（mL）。

结果以重复性条件下获得的两次独立测定结果的算术平均值表示，保留两位有效数字。在重复性条件下获得的两次独立测定结果的绝对差值不得超过算术平均值的10%。

技能训练2　裱花蛋糕奶油装饰料中金黄色葡萄球菌的测定

1. 原理

金黄色葡萄球菌是人类的一种病原菌，隶属于葡萄球菌属，有“嗜肉菌”的别称，是革兰氏阳性菌的代表，可引起许多严重感染，被列为致病菌。金黄色葡萄球菌在自然界中无处不在，在空气、水、灰尘及人和动物的排泄物中都可找到。因此，食品受其污染的机会很多，如奶、肉、蛋、鱼及其制品等常被其污染。

裱花蛋糕中的奶油装饰料因其由鲜奶经搅打充气而来，极易受到金黄色葡萄球菌的污染，并且充气奶油在冷藏后，可再次被搅打充气使用，污染不易被发现。因此，在生产中，金黄色葡萄球菌的测定应作为裱花蛋糕中的奶油装饰料的质量控制点。在GB 7099—2003中要求糕点、面包中不得检出金黄色葡萄球菌。

2. 仪器与试剂

（1）仪器　天平（感量为0.1g）、冰箱（温度为2～5℃）、恒温水浴箱（温度为37～65℃）、恒温培养箱（温度为36℃±1℃）、均质器、振荡器、无菌吸管（1mL，分度值为0.01mL；10mL，分度值为0.1mL；或微量移液器及吸头）、无菌锥形瓶（容量为100mL、500mL）、无菌培养皿（直径为90mm）、注射器（0.5mL）、pH计或pH比色管或精密pH试纸。

（2）试剂

1）10%氯化钠胰酪胨大豆肉汤：将胰酪胨（或胰蛋白胨）17.0g、植物蛋白胨（或大豆蛋白胨）3.0g、氯化钠100.0g、磷酸氢二钾2.5g、丙酮酸钠10.0g、葡萄糖2.5g、蒸馏水1000mL混合，加热，轻轻搅拌并溶解，将pH值调为7.3±0.2，分装，每瓶225mL，于121℃高压灭菌15min。

2）7.5%氯化钠肉汤：将蛋白胨10.0g、牛肉膏5.0g、氯化钠75g、蒸馏水1000mL混合，加热溶解，将pH值调为7.4，分装，每瓶225mL，于121℃高压灭菌15min。

3）血琼脂平板：取豆粉琼脂（pH=7.4～7.6）100mL加热熔化，冷却至50℃，以无菌操作加入脱纤维羊血（或兔血）5～10mL，摇匀，倾注平板。

4）Baird-Parker琼脂平板：首先配制增菌剂（将30%卵黄盐水50mL与经过除菌过滤的1%亚碲酸钾溶液10mL混合，保存于冰箱内备用），其次将胰蛋白胨10.0g、牛肉膏5.0g、酵母膏1.0g、丙酮酸钠10.0g、甘氨酸12.0g、氯化锂（LiCl·6H2O）5.0g、琼脂20.0g加到950mL蒸馏水中，加热煮沸至完全溶解，将pH值调为7.0±0.2，分装，每瓶95mL，于121℃高压灭菌15min。临用平板时加热熔化琼脂，冷至50℃，每95mL加入预热至50℃的卵黄亚碲酸钾增菌剂5mL，摇匀后倾注平板。培养基应是致密不透明的，使用前在冰箱内储存不得超过48h。

5）脑心浸出液肉汤：将胰蛋白质胨10.0g、氯化钠5.0g、磷酸氢二钠（Na_2HPO_4·

$12H_2O$)2.5g、葡萄糖 2.0g、牛心浸出液 500mL 加热溶解，调节 pH = 7.4 ± 0.2，分装于 16mm × 160mm 试管，每管 5mL，于 121℃灭菌 15min。

6）兔血浆：取 3.8% 柠檬酸钠溶液一份（取 3.8g 柠檬酸钠，加蒸馏水 100mL，溶解后过滤，过滤于 121℃高压灭菌 15min），加兔全血四份，混好静置（或以 3000r/min 离心 30min），使血液细胞下降，即可得血浆。

7）营养琼脂小斜面：将蛋白胨 10.0g、牛肉膏 3.0g、氯化钠 5.0g 溶解于 1000mL 蒸馏水内，加入 15% 氢氧化钠溶液约 2mL，将 pH 值调为 7.2 ~ 7.4，加入琼脂 15.0 ~ 20.0g，加热煮沸，使琼脂溶化，分装于 13mm × 130mm 管，于 121℃高压灭菌 15min。

8）磷酸盐缓冲液、革兰氏染色液、无菌生理盐水（称取 8.5g 氯化钠溶于 1000mL 蒸馏水，于 121℃高压灭菌 15min）。

3. 金黄色葡萄球菌定性检验程序

金黄色葡萄球菌定性检验流程如图 3-2-6 所示。

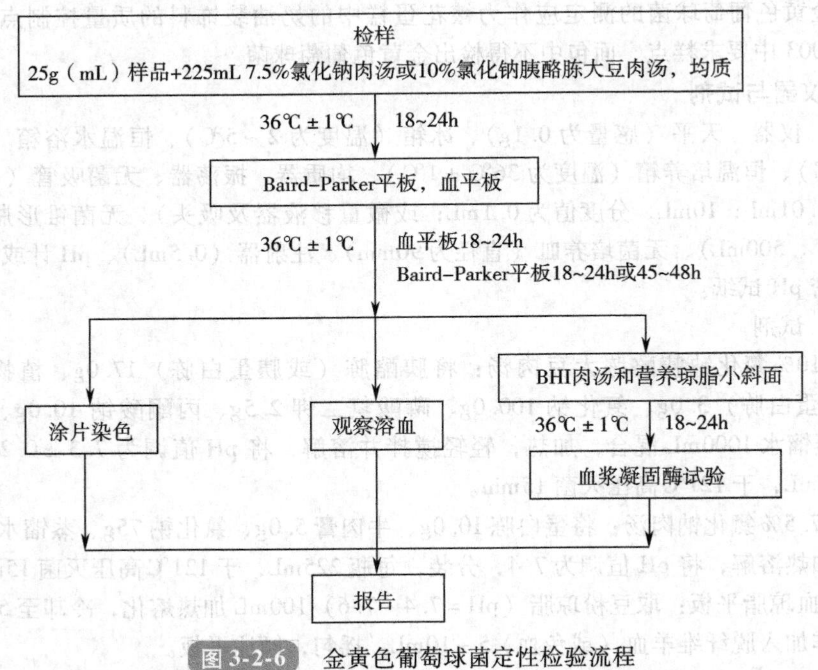

图 3-2-6 金黄色葡萄球菌定性检验流程

4. 操作步骤

（1）样品的处理　称取 25g 裱花蛋糕奶油装饰料样品置于盛有 225mL 7.5% 氯化钠肉汤或 10% 氯化钠胰酪胨大豆肉汤的无菌均质杯内，以 8000 ~ 10000r/min 的转速均质 1 ~ 2min，振荡混匀。

（2）增菌　将上述样品匀液于 36℃ ± 1℃培养 18 ~ 24h。金黄色葡萄球菌在 7.5% 氯化钠肉汤中呈混浊生长，污染严重时在 10% 氯化钠胰酪胨大豆肉汤内呈混浊生长。

（3）分离培养　将上述培养物分别划线接种到 Baird-Parker 平板和血平板，在血平板上于 36℃ ±1℃ 培养 18 ~24h，在 Baird-Parker 平板上于 36℃ ±1℃ 培养 18 ~24h 或 45 ~48h。

金黄色葡萄球菌在 Baird-Parker 平板上的菌落直径为 2 ~3mm，颜色呈灰色到黑色，边缘为淡色，周围为一条混浊带，在其外层有一个透明圈。用接种针接触菌落时有似奶油至树胶样的硬度，偶然会遇到非脂肪溶解的类似菌落，但无混浊带及透明圈。长期保存的冷冻或干燥食品中所分离的菌落比典型菌落所产生的黑色较淡一些，外观可能粗糙并且干燥。在血平板上形成的菌落较大，为圆形、光滑凸起、湿润、金黄色（有时为白色），菌落周围可见完全透明溶血圈。挑取上述菌落进行革兰氏染色镜检及血浆凝固酶试验。

（4）鉴定

1）染色镜检：金黄色葡萄球菌为革兰氏阳性球菌，排列呈葡萄球状，无芽孢，无荚膜，直径为 0.5 ~1μm。

2）血浆凝固酶试验：挑取 Baird-Parker 平板或血平板上可疑菌落 1 个或 1 个以上，分别接种到 5mLBHI 和营养琼脂小斜面，于 36℃ ±1℃ 培养 18 ~24h。

取新鲜配制的兔血浆 0.5mL，放入小试管中，再加入 BHI 培养物 0.2 ~0.3mL，振荡摇匀，置于 36℃ ±1℃ 恒温培养箱或水浴箱内，每 0.5h 观察一次，观察 6h，若呈现凝固（即将试管倾斜或倒置时，呈现凝块）或凝固体积大于原体积的 1/2，则可判定为阳性结果。同时以血浆凝固酶试验阳性和阴性葡萄球菌菌株的肉汤培养物作为对照。

若结果可疑，则挑取营养琼脂小斜面的菌落到 5mLBHI，于 36℃ ±1℃ 培养 18 ~48h，重复试验。

5. 结果与报告

根据染色镜检、血浆凝固酶试验的鉴定结果，报告在 25g 样品中检出或未检出金黄色葡萄球菌。

技能训练 3　面包中丙酸钙的测定

丙酸钙分子式为$(CH_3CH_2COO)_2Ca$，属于水溶性盐类，对光和热稳定，有吸湿性，对霉菌有抑制作用，对细菌抑制作用小，对酵母菌无作用。丙酸是人体内氨基酸和脂肪酸氧化的产物，所以丙酸钙是一种安全性很好的防腐剂。丙酸钙在糕点中除起到防腐作用外，还可补充食品中的钙质，但由于其能降低化学膨松剂的作用，因此要注意其使用量。GB 2760—2011 规定，丙酸钙在糕点中的最大使用量为 2.5g/kg（以丙酸计）。

1. 原理

试样酸化后，丙酸盐转化为丙酸，经水蒸气蒸馏，收集后直接进气相色谱，用氢火焰离子化检测器检测，与标准系列溶液比较定量。

2. 仪器与试剂

（1）仪器　具有氢火焰离子化检测器的气相色谱仪、水蒸气蒸馏装置。

1）气相色谱仪的主要组成部分如图 3-2-7 所示。

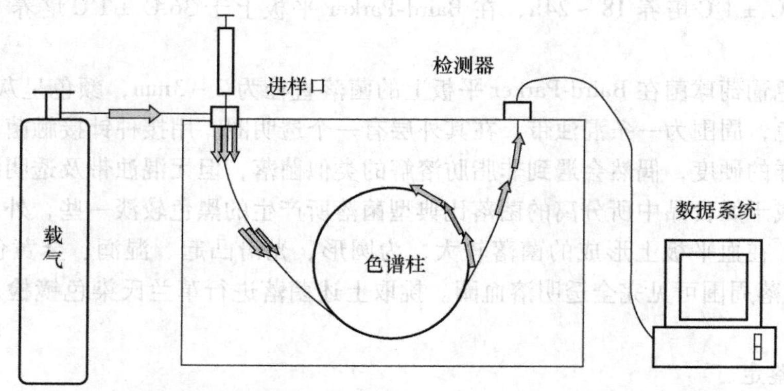

图 3-2-7 气相色谱仪主要组成部分

① 气体。在气相色谱仪中有两种气体：一是载气，用于传送样品通过整个系统；二是检测器气体，即某些检测器所需的支持气体，如氢火焰离子化检测器需要氢气。

② 进样系统：将样品汽化并引入载气。

③ 色谱柱：实现样品组分的分离。

④ 检测器：对流出色谱柱的样品组分进行识别和响应。

⑤ 数据系统：将检测器的信号转换为色谱图，并进行定性、定量分析。

2）气相色谱仪的工作原理：气相色谱仪利用气体作为流动相，载送试样蒸气通过色谱柱中的固定相，从而实现试样各组分分离。

3）进样器排气要点：缓慢提升进样器活塞，使液体进入，再快速排出液体，反复多次，即可达到排气效果。

（2）试剂　磷酸溶液（取 10mL 质量分数为 85% 的磷酸加水至 100mL）、甲酸溶液（取 1mL 质量分数为 99% 的甲酸加水至 50mL）、硅油。其他试剂如下：

1）丙酸标准溶液：准确称取 250mg 丙酸置于 25mL 容量瓶中，加水溶解并定容。此溶液每毫升相当于 10mg 丙酸。

2）丙酸标准使用液：分别准确吸取 0.5mL、1mL、1.5mL、2mL、2.5mL 标准溶液，于 100mL 容量瓶，用水溶解后并定容。此系列稀释液每毫升分别相当于 50μg、100μg、150μg、200μg、250μg 丙酸。

3. 操作步骤

（1）样品的处理　面包样品在室温下风干后磨碎混匀，从中准确称取 30g，置于 500mL 蒸馏瓶中，加入 100mL 水，再用 50mL 水冲洗容器，转移到蒸馏瓶中，加 10mL 磷酸溶液，2 滴或 3 滴硅油，进行水蒸气蒸馏。将 250mL 容量瓶置于冰浴中作为吸收装置，待蒸馏约 250mL 时取出，在室温下放置 30min，加水至刻度，吸取 10mL 该溶液置于试管中，加入 0.5mL 甲酸溶液，混匀，备用。

（2）色谱参考条件　色谱柱采用内径为 3mm，长度为 1m 的玻璃柱，内装 80 ~ 100 目的 Porapak QS。载气为氮气，气流速度为 50mL/min。进样口、检测器温度为 220℃，柱温为 180℃。

（3）测定　取各标准使用液10mL，加0.5mL甲酸溶液，混匀，从中各取5μL进气相色谱仪，可测得不同质量浓度的丙酸的峰高，以质量浓度为横坐标，相应的峰高值为纵坐标，绘制标准曲线。同时进样5μL试样溶液，测得峰高，与标准曲线比较定量。

4. 结果计算

试样中丙酸的含量按式（3-2-13）计算。

$$X = \frac{A}{m} \times \frac{250}{1000} \tag{3-2-13}$$

式中　X——试样中丙酸的含量（g/kg）；

A——样液中丙酸的含量（μg/mL）；

m——试样质量（g）；

250——样液总体积（mL）。

丙酸钙含量 = 丙酸含量 ×1.2569

计算结果保留两位有效数字。在重复性条件下获得的两次独立测定结果的绝对差值不得超过算术平均值的10%。

5. 注意事项

硅油起消泡作用，气流速度和柱温为参考条件，可根据仪器情况进行条件优化。进样速度要快，以减少对峰形的影响。

第三节　乳及乳制品的检验

技能训练目标

1）了解婴幼儿配方乳粉中铁与阪崎肠杆菌的检验原理。

2）熟悉仪器与试剂，并能够规范操作试验仪器，科学配制相关试剂。

3）规范完成各试验操作步骤，科学读取相关数据，并做好试验记录。

4）完成试验结果计算，并能科学分析试验数据，完成试验报告的编制。

5）正确理解注意事项，并能够在试验过程中解决常见问题。

技能训练内容及依据

乳及乳制品检验技能训练的内容及依据见表3-2-4。

表3-2-4　乳及乳制品检验技能训练的内容及依据

序　号	技能训练项目名称	国家标准依据
1	婴幼儿配方乳粉中铁的测定	GB 5413.21—2010
2	婴幼儿配方乳粉中阪崎肠杆菌的检验	GB 4789.40—2010

技能训练1　婴幼儿配方乳粉中铁的测定

1. 原理

试样经干法灰化，分解有机质后，加酸使灰分中的无机离子全部溶解，直接吸入空气-乙炔火焰中进行原子化，并在光路中分别测定铁原子对特定波长谱线的吸收。

2. 仪器与试剂

（1）仪器　原子吸收分光光度计、分析用钢瓶乙炔气、空气压缩机、石英坩埚或瓷坩埚、马弗炉、铁空心阴极灯、天平（感量为0.1mg）。

（2）试剂　盐酸、硝酸、铁粉（光谱纯）、2%盐酸（取2mL盐酸，用水稀释至100mL）、20%盐酸（取20mL盐酸，用水稀释至100mL）、50%硝酸溶液（取50mL硝酸，用水稀释至100mL）、（1000μg/mL）铁标准溶液（称取金属铁粉1.0000g，用50%硝酸40mL溶解，并用水定容于1000mL容量瓶中）、100.0μg/mL铁标准储备液（准确吸取铁标准溶液10.0mL，用2%盐酸定容到100mL石英容量瓶中）。

3. 操作步骤

（1）试样的灰化　称取试样约5g置于坩埚中，在电炉上微火炭化至不再冒烟，再移入马弗炉中，于490℃±5℃灰化约5h。如果有黑色炭粒，则在冷却后，滴加少许硝酸溶液湿润，在电炉上用小火蒸干后，再移入490℃高温炉中继续灰化成白色灰烬。

（2）灰分的溶解　冷却至室温后取出，加入5mL 20%盐酸，在电炉上加热使灰烬充分溶解，冷却至室温后，移入50mL容量瓶中，用水定容，同时处理至少两个空白试样。

（3）试样待测液的制备　用50mL试液直接上机测定，同时测定空白试液。为保证试样待测试液浓度在标准曲线线性范围内，可以适当调整试液定容体积和稀释倍数。

（4）标准系列使用液的配制　按表3-2-5给出的体积分别准确吸取铁标准储备液置于100mL容量瓶中，配制铁标准使用液，用2%盐酸定容，质量浓度见表3-2-6。

表3-2-5　配制标准系列使用液所吸取铁标准储备液的体积

序　　号	1	2	3	4	5
体积/mL	2.0	4.0	6.0	8.0	10.0

表3-2-6　铁标准系列使用液的质量浓度

序　　号	1	2	3	4	5
质量浓度/（μg/mL）	2.0	4.0	6.0	8.0	10.0

4. 标准曲线的绘制

测定参考条件：电流为15.0mA，波长为248.3nm，狭缝宽度为0.2nm，空气流量为9.5L/min，乙炔流量为2.3L/min，燃烧器高度为7.5mm。将仪器调整好预热后，用毛细管吸喷2%盐酸调零。

分别测定铁元素系列标准工作液的吸光度。以标准系列使用液的质量浓度为横坐标，对应的吸光度为纵坐标绘制标准曲线。

5. 试样待测液的测定

用2%盐酸调零，将试样待测液及空白试液导入火焰原子吸收分光光度计中，测定吸光度，查标准曲线得对应的质量浓度。

6. 结果计算

$$X = \frac{(c_1 - c_2) \times V \times f}{m \times 1000} \times 100 \tag{3-2-14}$$

式中　X——试样中铁元素的含量（mg/100g）；

c_1——测定液中铁元素的质量浓度（μg/mL）；

c_2——测定空白液中铁元素的质量浓度（μg/mL）；

V——样液体积（mL）；

f——样液稀释倍数；

m——试样的质量（g）。

结果以重复性条件下获得的两次独立测定结果的算术平均值表示，结果保留三位有效数字。在重复性条件下获得的两次独立测定结果的绝对差值不得超过算术平均值的10%。

7. 注意事项

所用玻璃仪器均用硫酸-重铬酸钾洗液浸泡数小时，再用洗衣粉充分洗刷，再用水反复冲洗，最后用去离子水冲洗晒干或烘干，方可使用。铁标准溶液、铁标准使用液配置后于聚乙烯瓶内，在4℃下保存。本方法最低检出限为0.2μg/mL。

技能训练2　婴幼儿配方乳粉中阪崎肠杆菌的检验

1. 原理

利用阪崎肠杆菌的生化特性，将样品在阪崎肠杆菌显色培养基上进行培养，根据菌落特征，挑取疑似菌落进行鉴定，利用最大可能数法对样品中的阪崎肠杆菌进行计数。

2. 仪器与试剂

（1）仪器　恒温培养箱（25℃ ± 1℃，36℃ ± 1℃，44℃ ± 0.5℃）、冰箱（2 ~ 5℃）、恒温水浴箱（44℃ ±0.5℃）、天平（感量为0.1g）、均质器、振荡器、无菌吸管（1mL，具0.01mL刻度；10mL，分度值为0.1mL；或微量移液器及吸头）、无菌锥形瓶（容量为100mL、200mL、2000mL）、无菌培养皿（直径为90mm）、pH计或pH比色管或精密pH试纸、全自动微生物生化鉴定系统。

（2）试剂　缓冲蛋白胨水（BPW）、改良月桂基硫酸盐胰蛋白胨肉汤-万古霉素（mLST-Vm）、胰蛋白胨大豆琼脂（TSA）、L-赖氨酸脱羧酶培养基、L-鸟氨酸脱羧酶培养基、L-精氨酸双水解酶培养基、糖类发酵培养基、西蒙氏柠檬酸盐培养基，均按GB 4789.40—2010配制。

3. 定性检验

阪崎肠杆菌定性检验程序见图3-2-8。

（1）前增菌和增菌　取检样100g加入已预热至44℃装有900mL缓冲蛋白胨水的锥形瓶中，用手缓缓地摇动至充分溶解，于36℃±1℃培养18h±2h，从中移取1mL转种于10mLmLST-Vm肉汤中，于44℃±0.5℃培养24h±2h。

（2）分离　轻轻混匀mLST-Vm肉汤培养物，各取增菌培养物1环，分别划线接种于两个阪崎肠杆菌显色培养基平板，于36℃±1℃培养24h ±2h。挑取1~5个可疑菌落，划线接种于TSA平板，于25℃±1℃培养48h±4h。

（3）鉴定　自TSA平板上直接挑取黄色可疑菌落，进行生化鉴定。阪崎肠杆菌的主要生化特征见表3-2-7。可选择生化鉴定试剂盒或全自动微生物生化鉴定系统。

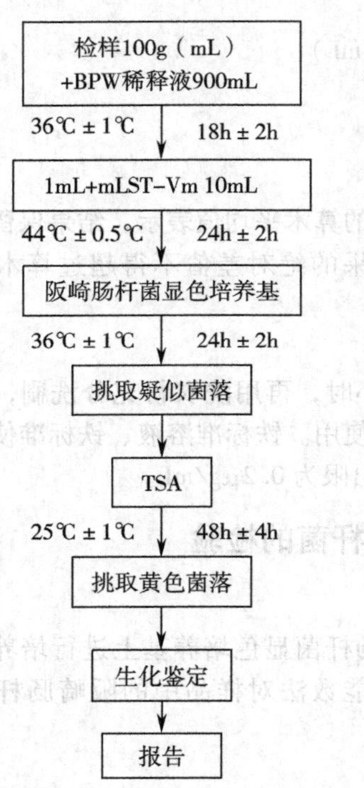

图3-2-8　阪崎肠杆菌定性检验程序

表3-2-7　阪崎肠杆菌的主要生化特征

生化试验		特　征
黄色素产生		+
氧化酶		−
L-赖氨酸脱羧酶		−
L-鸟氨酸脱羧酶		（+）
L-精氨酸双水解酶		+
柠檬酸水解		（+）
发酵	D-山梨醇	（−）
	L-鼠李糖	+
	D-蔗糖	+
	D-蜜二糖	+
	苦杏仁甙	+

注：+表示>99%阳性；−表示>99%阴性；（+）表示90%~99%阳性；（−）表示90%~99%阴性。

4. 报告

综合菌落形态和生化特征，报告每100g样品中检出或未检出阪崎肠杆菌。

5. 计数

（1）操作步骤

1）样品的稀释：无菌称取样品100g、10g、1g，对应加入已预热至44℃分别盛有900mL、90mL、9mL的BPW中，轻轻振摇使充分溶解，制成1∶10样品匀液，置于36℃±1℃培养18h±2h，分别移取1mL转种于10mL mLST-Vm肉汤，于44℃±0.5℃培养24h±2h。

2）分离、鉴定：同阪崎肠杆菌定性检验。

（2）报告　综合菌落形态、生化特征，根据证实为阪崎肠杆菌的阳性管数，查 MPN 检索表（GB 4789.40—2010 中的附录 B），报告每 100g 样品中阪崎肠杆菌的 MPN 值。

第四节　白酒、果酒、葡萄酒的检验

技能训练目标

1）了解白酒中氰化物、果酒和葡萄酒中铅及铁含量的测定原理。

2）熟悉仪器与试剂，并能够规范操作试验仪器，科学配制相关试剂。

3）规范完成各试验操作步骤，科学读取相关数据，并做好试验记录。

4）完成试验结果计算，并能科学分析试验数据，完成试验报告的编制。

5）正确理解注意事项，并能够在试验过程中解决常见问题。

技能训练内容及依据

白酒、果酒、葡萄酒检验技能训练的内容及依据见表 3-2-8。

表 3-2-8　白酒、果酒、葡萄酒检验技能训练的内容及依据

序　号	训练项目名称	国家标准依据
1	白酒中氰化物的测定	GB/T 5009.48—2003
2	果酒、葡萄酒中铅的测定	GB 5009.12—2010
3	果酒、葡萄酒中铁的测定	GB/T 15038—2006

技能训练 1　白酒中氰化物的测定

1. 原理

氰化物在酸性溶液中蒸出后被吸收于碱性溶液中，在 pH = 7.0 的溶液中，用氯胺 T 将氰化物转变为氯化氰，再与异烟酸-吡唑酮作用，生成蓝色颜料，与标准系列溶液比较定量。

2. 仪器与试剂

（1）仪器　250mL 玻璃水蒸气蒸馏装置、分光光度计。

（2）试剂　甲基橙指示液（0.5g/L）、乙酸锌溶液（100g/L）、酒石酸、氢氧化钠溶液（20g/L）、氢氧化钠溶液（2g/L）、氢氧化钠溶液（1g/L）、（1+6）乙酸溶液、酚酞-乙醇指示剂（10g/L）。其他试剂如下：

1）磷酸盐缓冲溶液（0.5mol/L，pH = 7.0）：称取 34.0g 无水磷酸二氢钾和 35.5g 无水磷酸氢二钠，溶于水并稀释至 1000mL。

2）试银灵（对二甲氨基亚苄基罗丹宁）溶液：称取 0.02g 试银灵，溶于 100mL 丙

酮中。

3）异烟酸-吡唑酮溶液：称取1.5g异烟酸溶于24mL氢氧化钠溶液（20g/L）中，加水至100mL，另称取0.25g吡唑酮，溶于20mLN-二甲基甲酰胺中，合并上述两种溶液，混匀。

4）氯胺T溶液：称取1g氯胺T（有效氯的质量分数应在11%以上），溶于100mL水中，临用时现配。

5）氰化钾标准溶液：称取0.25g氰化钾，溶于水中，稀释至1000mL，此溶液每毫升约相当于0.1mg氰化物，其准确度可在使用前使用以下方法标定：取上述溶液10.0mL置于锥形瓶中，加1mL氢氧化钠溶液（20g/L），使pH值为11以上，加0.1mL试银灵溶液，用硝酸银标准溶液（0.020mol/）[1mL硝酸银标准溶液（0.020mol/）相当于1.08mg氢氰酸]滴定至橙红色。

6）氰化钾标准使用液：根据氰化钾标准溶液的浓度吸取适量，用氢氧化钠溶液（1g/L）稀释成每毫升相当于1μg氢氰酸。

3. 操作步骤

1）吸取1.0mL试样置于10mL具塞比色管中，加氢氧化钠溶液（2g/L）定容至5mL，放置10min。

2）若酒样浑浊或有色，则取25mL试样置于250mL全玻璃蒸馏器中，加5mL氢氧化钠溶液（2g/L），碱解10min，加饱和酒石酸溶液使酒样呈酸性，进行水蒸气蒸馏，以10mL氢氧化钠溶液（2g/L）吸收，收集至50mL，取2mL馏出液加入10mL具塞比色管中，加氢氧化钠溶液（2g/L）至5mL。

3）分别吸取0mL、0.5mL、1.0mL、1.5mL、2.0mL氰化物标准使用液（分别相当于0μg、0.5μg、1.0μg、1.5μg、2.0μg氢氰酸）置于10mL具塞比色管中，加氢氧化钠溶液（2g/L）至5mL。

4）于试样及标准管中分别加入两滴酚酞指示剂，然后加入（1+6）乙酸调至红色退去，然后用氢氧化钠溶液（2g/L）调至近红色，然后加入2mL磷酸缓冲溶液（如果室温低于20℃，则放入25~30℃水浴中保持10min），再加入0.2mL氯胺T溶液（10g/L），摇匀放置3min，加入2mL异烟酸-吡唑酮溶液，加水稀释至刻度，摇匀，在25~30℃放置30min，取出用1cm比色皿以零管调节零点，于波长638nm处测定吸光度，绘制标准曲线进行比较。

4. 结果计算

若取1.0mL试样，则试样中氰化物的含量按式（3-2-15）计算。

$$X = \frac{m \times 1000}{V \times 1000} \tag{3-2-15}$$

式中 X——试样中氰化物的含量（按氢氰酸计）（mg/L）；

m——测定用试样中氢氰酸的含量（μg）；

V——试样体积（mL）。

若取25mL试样，则试样中氰化物的含量按式（3-2-16）计算。

$$X = \frac{m \times 1000}{V \times 2/50 \times 1000} \tag{3-2-16}$$

式中　X——试样中氰化物的含量（按氢氰酸计）（mg/L）；

m——测定用试样馏出液中氢氰酸的含量（μg）；

V——试样体积（mL）。

计算结果保留两位有效数字。在重复性条件下获得的两次独立测定结果的绝对差值不得超过算术平均值的10%。

技能训练2　果酒、葡萄酒中铅的测定

1. 原理

试样经处理后，铅离子在一定pH值条件下与二乙基二硫代氨基甲酸钠（DDTC）形成配位化合物，经4-甲基-2-戊酮萃取分离，导入原子吸收光谱仪中进行火焰原子化后，吸收283.3nm共振线，其吸收量与铅含量成正比，与标准系列溶液比较定量。

2. 仪器与试剂

（1）仪器　原子吸收光谱仪火焰原子化器、马弗炉、天平（感量为1mg）、干燥恒温箱、瓷坩埚、压力消解器、压力消解罐或压力溶弹、可调式电热板、可调式电炉。

（2）试剂

1）混合酸：（9+1）硝酸-高氯酸。

2）硫酸铵溶液（300g/L）：称取30g硫酸铵[$(NH_4)_2SO_4$]，用水溶解并稀释至100mL。

3）柠檬酸铵溶液（250g/L）：称取25g柠檬酸铵，用水溶解并稀释至100mL。

4）溴百里酚蓝水溶液（1g/L）。

5）二乙基二硫代氨基甲酸钠（DDTC）溶液（50g/L）：称取5g二乙基二硫代氨基甲酸钠，用水溶解并加水至100mL。

6）（1+1）氨水。

7）4-甲基-2-戊酮（MIBK）。

8）1.0mg/mL铅标准储备液。

9）10μg/mL铅标准溶液：精确吸取1.0mg/mL铅标准储备液，逐级稀释至10μg/mL。

10）（1+11）盐酸：取10mL盐酸加入110mL水中，混匀。

11）（1+10）磷酸溶液：取10mL磷酸加入100mL水中，混匀。

3. 操作步骤

（1）试样的处理　取均匀试样（应先在水浴上蒸去酒精）10～20g（精确到0.01g）置于烧杯中，于电热板上先蒸发至一定体积后，加入混合酸，消化完全后，转移、定容于50mL容量瓶中。按同一操作方法做试剂空白试验。

（2）萃取分离　视试样情况，吸取25.0～50.0mL上述制备的样液及试剂空白液，分别置于125mL分液漏斗中，补加水至60mL，加2mL柠檬酸铵溶液和溴百里酚蓝水溶

液 3 ~5 滴，用氨水调 pH 值至溶液由黄变蓝，加硫酸铵溶液 10.0mL 和 DDTC 溶液 10mL，摇匀，放置 5min 左右，加入 10.0mLMIBK，剧烈振摇提取 1min，静置分层后，弃去水层，将 MIBK 层放入 10mL 带塞刻度管中，备用。分别吸取铅标准使用液 0.00mL、0.25mL、0.50mL、1.00mL、1.50mL、2.00mL（分别相当于 0.0μg、2.5μg、5.0μg、10.0μg、15.0μg、20.0μg 铅）置于 125mL 分液漏斗中，采用与试样相同的方法萃取。

（3）测定　萃取液直接进样测定，可适当减小乙炔气的流量。仪器参考条件：空心阴极灯电流为 8mA，共振线为 283.3nm，狭缝宽度为 0.4nm，空气流量为 8L/min，燃烧器高度为 6mm。

4. 结果计算

试样中铅的含量按式（3-2-17）计算。

$$X = \frac{(c_1 - c_0) \times V_1 \times 1000}{m \times V_3/V_2 \times 1000} \tag{3-2-17}$$

式中　X——试样中铅的含量（mg/kg）；

c_1——测定用试样中铅的含量（μg/mL）；

c_0——试剂空白液中铅的含量（μg/mL）；

m——试样质量（g）；

V_1——试样萃取液体积（mL）；

V_2——试样处理液的总体积（mL）；

V_3——测定用试样处理液的总体积（mL）。

结果以重复性条件下获得的两次独立测定结果的算术平均值表示，保留两位有效数字。

5. 精密度

在重复性条件下获得的两次独立测定结果的绝对差值不得超过算术平均值的 20%。

技能训练 3　果酒、葡萄酒中铁的测定

1. 原理

试样经处理后，导入原子吸收分光光度计中，经火焰原子化后，吸收 248.3nm 共振线，在一定范围内，其吸收度与铁含量成正比，测其吸光度，求得铁含量。

2. 仪器与试剂

（1）仪器　原子吸收分光光度计（附铁空心阴极灯）

（2）试剂　除非另有规定，本方法所使用试剂均为优级纯，水为 GB/T 6682—2008 规定的二级水。

1）0.5% 硝酸溶液：量取 8mL 硝酸，用水稀释至 1000mL。

2）铁标准储备液：1mL 溶液含有 0.1mg 铁，按 GB/T 602—2002 配制。

3）铁标准使用液（10μg/mL）：吸取 10mL 铁标准储备液（100μg/mL）置于 100mL 容量瓶中，用 0.5% 硝酸溶液定容至刻度。

4）铁标准系列溶液：分别吸取铁标准储备液 0.0mL、1.0mL、2.0mL、4.0mL、5.0mL 置于 5 个 100mL 容量瓶中，用 0.5% 硝酸溶液定容至刻度，混匀，配制成质量浓度

为0μg/mL、0.1μg/mL、0.2μg/mL、0.4μg/mL、0.5μg/mL（mg/L）的铁标准系列溶液。

3. 操作步骤

（1）试样的制备　用0.5%硝酸溶液将样品准确稀释5～10倍，摇匀，备用。

（2）测定　将铁标准系列溶液、试剂空白溶液和处理后的试样液依次导入火焰中进行测定，记录其吸光度。

（3）绘制标准曲线　绘制出吸光度与质量浓度关系的标准工作曲线（或用回归方程计算），分别以试剂空白和试样液的吸光度，从标准曲线中查出铁的含量（或用回归方程计算）。

4. 结果计算

试样中的铁的含量按式（3-2-18）计算。

$$X = A \times F \tag{3-2-18}$$

式中　X——试样中铁的含量（mg/L）；

A——试样制备液中铁的含量（mg/L）；

F——试样稀释倍数。

所得结果应保留至小数点后一位。在重复性条件下获得的两次独立测定结果的绝对差值不得超过算术平均值的10%。

第五节　啤酒的检验

技能训练目标

1）了解气相色谱法测定啤酒酒精度，以及啤酒中铜、苦味质的检测原理。

2）熟悉仪器与试剂，并能够规范操作试验仪器，科学配制相关试剂。

3）规范完成各试验操作步骤，科学读取相关数据，并做好试验记录。

4）完成试验结果计算，并能科学分析试验数据，完成试验报告的编制。

5）正确理解注意事项，并能够在试验过程中解决常见问题。

技能训练内容及依据

啤酒检验技能训练的内容及依据见表3-2-9。

表3-2-9　啤酒检验技能训练的内容及依据

序号	训练项目名称	国家标准依据
1	啤酒酒精度的测定（气相色谱法）	GB/T 4928—2008
2	啤酒酒精度的测定（仪器法）	GB/T 4928—2008
3	啤酒中铜的测定	GB/T 5009.13—2003
4	啤酒中苦味质的测定	GB/T 4928—2008

技能训练1　啤酒酒精度的测定（气相色谱法）

1. 原理

试样进入气相色谱仪中的色谱柱时，由于在气固两相中吸附系数不同，而使乙醇与其他组分得以分离，利用氢火焰离子化检测器进行检测，与标样对照，根据保留时间定性，利用内标法定量。

2. 仪器与试剂

（1）仪器　气相色谱仪（配有FID检测器）、微量注射器（1μL）。

（2）试剂

1）乙醇标准溶液：用乙醇（色谱纯）配制成体积分数分别为2%、3%、4%、5%、6%、7%的乙醇标准溶液。

2）正丁醇：色谱纯，作内标用。

3. 色谱柱与色谱条件

（1）色谱柱（不锈钢或玻璃）　2m，或使用同等分析效果的其他色谱柱。

（2）固定相　Chrornosorb 103，60 ~80目。

（3）柱温　200℃。

（4）汽化室和检测器温度　240℃。

（5）载气（高纯氮）流量　40mL/min。

（6）氢气流量　40mL/min。

（7）空气流量　500mL/min。

应根据不同仪器，通过试验选择最佳色谱条件，以使乙醇和正丁醇获得完全分离，并将乙醇洗脱时间控制在1min，正丁醇（内标）洗脱时间控制在1.6min为最佳。

4. 操作步骤

（1）工作曲线的绘制　分别吸取不同浓度的乙醇标准溶液各10.0mL置于5个10mL容量瓶中，分别加入0.50mL正丁醇，混匀，在上述色谱条件下，进样0.3μL，以标样和内标峰面积比值（或峰高比值）对应酒精度绘制工作曲线，或建立相应的回归方程。

注意：所用乙醇标准溶液应当天配制与使用，每个浓度至少要做两次，取平均值作图或计算。

（2）试样的测定　吸取试样10.0mL置于10mL容量瓶中，加入0.5mL正丁醇，混匀。以下色谱分析操作同工作曲线的绘制。

5. 结果计算

用试样的乙醇峰面积与内标峰面积的比值（或峰高比值），查工作曲线，或用回归方程计算出试样酒精度（%Vol）。

所得结果保留至小数点后一位。

6. 精密度

在重复性条件下获得的两次独立测定结果的绝对差值不得超过算术平均值的1%。

技能训练2　啤酒酒精度的测定（仪器法）

1. 原理

除气后的啤酒试样导入啤酒自动分析仪后，一路进入内部组装的U形震荡管密度计中，测定其密度，另一路进入酒精传感器，测定啤酒试样的酒精度。

Anton Paar啤酒自动分析仪将密度及声音速度的测定方法相结合，测定在20℃下进行，使用的是内置式固体温控器，两只PT100铂温度计具有很高的温控精度。在测定前，将样品倒入测定池，测定完成后，声音信号提示，通过内置转换表和转换功能，将测定结果自动转换为浓度、相对密度或行业其他参数。

2. 仪器与试剂

（1）仪器　啤酒自动分析仪（酒精度分析精度为0.01%，或使用同等分析效果的仪器，并按其仪器说明书进行操作）、容量瓶（1L）。

（2）试剂　乙醇（体积分数为95%）、清洗液（按仪器使用说明书配制）、乙醇校准溶液（质量分数为3.5%）（量取体积分数为95%的乙醇46mL，加水定容至1L）、乙醇校准溶液（质量分数为7.0%）（量取体积分数为95%的乙醇91mL，加水定容至1L）。

3. 操作步骤

按啤酒自动分析仪使用说明书安装和调试仪器。按啤酒自动分析仪使用手册，依次用重蒸馏水、3.5%乙醇标准溶液和7.0%乙醇校准溶液校正仪器。按照操作规程，将试样导入啤酒自动分析仪进行测定。

4. 结果计算

仪器自动打印酒精度，以柏拉图度（°P）或质量分数表示，所得结果保留至小数点后一位。

5. 精密度

在重复性条件下获得的两次独立测定结果的绝对差值不得超过算术平均值的1%。

技能训练3　啤酒中铜的测定（原子吸收光谱法）

1. 原理

试样经处理后，导入原子吸收分光光度计中，原子化以后，吸收324.8nm共振线，其吸收值与铜含量成正比，与标准系列比较定量。

2. 仪器与试剂

（1）仪器　所用玻璃仪器均以10%硝酸浸泡24h以上，用水反复冲洗，最后用去离子水冲洗晾干后，方可使用。所用到的主要仪器有捣碎机、马弗炉、原子吸收分光光度计。

（2）试剂　硝酸、石油醚、10%硝酸（取10mL硝酸置于适量水中，再稀释至100mL）、0.5%硝酸（取0.5mL硝酸置于适量水中，再稀释至100mL）、（1+4）硝酸、（4+6）硝酸（量取40mL硝酸置于适量水中，再稀释至100mL）。其他试剂如下：

1）铜标准溶液：准确称取 1.0000g 金属铜（质量分数为 99.99%），分次加入（4+6）硝酸溶解，总量不超过 37mL，移入 1000mL 容量瓶中，用水稀释至刻度。此溶液每毫升相当于 1.0mg 铜。

2）铜标准溶液使用液Ⅰ：吸取 10.0mL 铜标准溶液，置于 100mL 容量瓶中，用 0.5% 硝酸溶液稀释至刻度，摇匀，如此多次稀释至每毫升相当于 1.0μg 铜。

3）铜标准溶液使用液Ⅱ：按上述方式稀释至每毫升相当于 0.10μg 铜。

3. 操作步骤

1）吸取 0.0mL、1.0mL、2.0mL、4.0mL、6.0mL、8.0mL、10.0mL 铜标准使用液Ⅰ（1.0μg/mL），分别置于 10mL 容量瓶中，加 0.5% 硝酸稀释至刻度，混匀。容量瓶中每毫升分别相当于 0μg、0.10μg、0.20μg、0.40μg、0.60μg、0.80μg、1.00μg 铜。

将处理后的样液、试剂空白液和各容量瓶中铜标准液分别导入调至最佳条件的火焰原子化器进行测定。参考条件：灯电流为 3～6mA，波长为 324.8nm，光谱通带为 0.5nm，空气流量为 9L/min，乙炔流量为 2L/min，灯头高度为 6mm，用氘灯背景校正。以铜标准溶液含量和对应吸光度，绘制标准曲线或计算直线回归方程，将试样吸光度与曲线比较或代入方程求得铜含量。

2）吸取 0mL、1.0mL、2.0mL、4.0mL、6.0mL、8.0mL、10.0mL 铜标准使用液Ⅱ（0.10μg/mL）分别置于 10mL 容量瓶中，加 0.5% 硝酸稀释至刻度，摇匀。容量瓶中每毫升相当于 0μg、0.01μg、0.02μg、0.04μg、0.06μg、0.08μg、0.10μg 铜。

将处理后的样液、试剂空白液和各容量瓶中铜标准液 10～20μL 分别导入调至最佳条件的石墨炉原子化器进行测定。参考条件：灯电流为 3～6mA，波长为 324.8nm，光谱通带为 0.5nm，保护气体流量为 1.5L/min（原子化阶段停气）。操作参数：干燥温度为 90℃，时间为 20s；灰化时间为 20s；升到 800℃，保持 20s；原子化温度为 2300℃，时间为 4s。以铜标准使用液Ⅱ系列含量和对应吸光度，绘制标准曲线或计算直线回归方程，将试样吸光度与曲线比较或代入方程求得铜含量。

3）氯化钠或其他物质干扰时，可在进样前用硝酸铵（1mg/mL）或磷酸二氢铵稀释，或进样后（石墨炉）再加入与试样等量的上述物质作为基体改进剂。

4. 结果计算

（1）火焰法　试样中铜的含量按式（3-2-19）进行计算。

$$X = \frac{(A_1 - A_2) \times V \times 1000}{m \times 1000} \tag{3-2-19}$$

式中 X——试样中铜的含量（mg/kg 或 mg/L）；

A_1——测定用试样中铜的含量（μg/mL）；

A_2——试剂空白液中铜的含量（μg/mL）；

V——试样处理后的总体积（mL）；

m——试样质量或体积（g 或 mL）。

（2）石墨炉法　试样中铜的含量按式（3-2-20）进行计算。

$$X = \frac{(A_1 - A_2) \times V \times 1000}{m \times (V_1/V_2) \times 1000} \quad (3\text{-}2\text{-}20)$$

式中　X——试样中铜的含量（mg/kg 或 mg/L）；

A_1——测定用试样消化液中铜的质量（μg）；

A_2——试剂空白液中铜的质量（μg）；

m——试样质量（体积）（g 或 mL）；

V_1——试样消化液的总体积（mL）；

V_2——测定用试样消化液的体积（mL）。

计算结果保留两位有效数字，试样含量超过 10mg/kg 时保留三位有效数字。

5. 精密度

在重复性条件下获得的两次独立测定结果的绝对差值不得超过算术平均值的 10%。

技能训练 4　啤酒中苦味质的测定

1. 原理

用异辛烷萃取苦味质，在波长 275nm 下测定吸光度，计算用国际通用的苦味质单位（BU）表示的苦味质的含量。

2. 仪器与试剂

（1）仪器　紫外分光光度计（备有 10mm 石英比色皿）、电动振荡器（振幅为 20 ~ 30mm）、离心机（转速在 3000r/min 以上，适用于 50mL 离心管）、离心管（50mL，带玻璃塞或聚四氟乙烯旋盖）、移液管。

（2）试剂　辛醇（色谱纯）、异辛烷（在 20mL 异辛烷中加一滴辛醇，用 10mL 比色皿，在波长 275nm 下，测其吸光度，应接近重蒸馏水或不高于 0.005）、3mol/L 盐酸溶液（按 GB/T 601—2002 配制）。

3. 操作步骤

用尖端带有一滴辛醇的移液管，吸取未除气的冷（10℃）样品 10.0mL 置于 50mL 离心管中，加 3mol/L 盐酸溶液 1mL 和异辛烷 20mL，旋紧盖，置于电动振荡器上振摇 15min（应呈乳状），然后移到离心机上离心 10min，使其分层，尽快吸出上层液（异辛烷层），用 10mm 比色皿，在波长 275nm 处，以异辛烷作参比液，测定其吸光度 A_{275}。

4. 结果分析

试样中苦味质的含量按式（3-2-21）计算。

$$X = A_{275} \times 50 \quad (3\text{-}2\text{-}21)$$

式中　X——试样中苦味质的含量（BU）；

A_{275}——在波长 275nm 下测得试样的吸光度；

50——换算系数。

结果保留一位小数。当苦味质含量为 10 ~ 45BU 时，再现性误差的变异系数为 3%。

第六节 饮料的检验

技能训练目标

1）了解饮料中钾、钠、钙、镁、锌、维生素C、果汁、茶多酚、咖啡因的测定原理。

2）熟悉仪器与试剂，并能够规范操作试验仪器，科学配制相关试剂。

3）规范完成各试验操作步骤，科学读取相关数据，并做好试验记录。

4）完成试验结果计算，并能科学分析试验数据，完成试验报告的编制。

5）正确理解注意事项，并能够在试验过程中解决常见问题。

技能训练内容及依据

饮料检验技能训练的内容及依据见表3-2-10。

表3-2-10 饮料检验技能训练的内容及依据

序号	训练项目名称	国家标准依据
1	饮料中钾、钠、钙、镁、锌的测定	GB/T 12143—2008 GB/T 5009.91—2003 GB/T 5009.92—2003 GB/T 5009.90—2003 GB/T 5009.14—2003
2	饮料中维生素C的测定	GB/T 5009.86—2003
3	橙、柑、桔汁饮料中果汁的测定	GB/T 12143—2008
4	饮料中茶多酚的测定	GB/T 21733—2008
5	饮料中咖啡因的测定	GB/T 5009.139—2003

技能训练1 饮料中钾的测定

1. 原理

钾的基态原子吸收钾空心阴极灯发射的共振线，吸收强度与钾的含量成正比。将处理过的样品吸入原子吸收分光光度计的火焰原子化系统中，使钾离子原子化，在共振线766.5nm处测定吸光度，与标准系列溶液比较，确定样品中钾的含量。在测定时添加适量钠盐，消除电离干扰。

2. 仪器与试剂

（1）仪器　火焰原子吸收分光光度计（带钾空心阴极灯）、凯氏烧瓶（500mL）、分析天平（感量为0.1mg）、天平（感量为10mg）、空气压缩机或空气钢瓶气、乙炔钢瓶气。

（2）试剂　硝酸、硫酸。其他试剂如下：

1）10g/L 氯化钠溶液：称取 1.0g 氯化钠，加水溶解后定容至 100mL。

2）（1+9）硝酸溶液：量取 10mL 硝酸，注入 90mL 水中，混匀。

3）（1+1）盐酸溶液：量取 50mL 盐酸，注入 50mL 水中，混匀。

4）100mg/L 钾标准溶液：准确称取 0.9534g 在 150℃ ±3℃下干燥 2h 的氯化钾，置于 50mL 烧杯中，加水溶解并转移至 500mL 容量瓶中，加 2mL（1+1）盐酸溶液，用水稀释至刻度，摇匀，从中吸取 10.00mL 置于 100mL 容量瓶中，用水定容至刻度，摇匀。此溶液中钾含量为 100mg/L。

3. 操作步骤

（1）试样的制备　准确称取一定量混合均匀的样品（浓缩果汁为 1.00～2.00g，果汁为 5.00～10.00g，果汁饮料为 20.00～50.00g，水果饮料和果汁型碳酸饮料为 50.00～100.0g）置于 500mL 凯氏定氮瓶中，加入 2 粒或 3 粒玻璃珠、10～15mL 硝酸、5mL 硫酸（称样量大于 20g 的样品必须先加热除去部分水分，等瓶中样液剩余约 20g 时停止加热，冷却，再加硝酸、硫酸），浸泡 2h 或放置过夜。用微火加热，待剧烈反应停止后，再加大火力，当溶液开始变成棕色时，立即滴加硝酸，直至溶液透明，颜色不再变深为止。继续加热数分钟至浓白烟逸出，冷却，小心加入 20mL 水，再加热至白烟逸出，冷却至室温。将溶液转移至 50mL 容量瓶中，加水定容至刻度，摇匀，备用。

取相同量的硝酸、硫酸，按上述步骤做试剂空白消化液，备用。

（2）工作曲线的绘制　吸取 0.00mL、1.00mL、2.00mL、4.00mL、6.00mL、8.00mL、10.00mL 钾标准溶液，分别置于 50mL 容量瓶中，各加入 10mL（1+9）硝酸溶液、2.0mL 10mg/L 氯化钠溶液，加水稀释至刻度，摇匀，配制成 0.0mg/L、2.0mg/L、4.0mg/L、8.0mg/L、12.0mg/L、16.0mg/L、20.0mg/L 钾标准系列溶液。

依次将上述钾标准系列溶液吸入原子化器中，用 0.0mg/L 钾标准溶液调节零点，于 766.5nm 波长处测定钾标准系列溶液的吸光度。以吸光度为纵坐标，以钾标准系列溶液的质量浓度为横坐标，绘制工作曲线或求出线性回归方程。

（3）样品的测定　准确吸取 5.0～20.0mL 样品溶液置于 50mL 容量瓶中，加入 10mL（1+9）硝酸溶液、2.0mL 10mg/L 氯化钠溶液，加水稀释至刻度，摇匀。将此溶液吸入原子化器中，用试剂空白溶液调节零点，于 766.5nm 处测定其吸光度，在工作曲线上查出（或用线性回归方程求出）样品溶液中钾的含量（c_1）。

按上述步骤同时测定试剂空白消化液中钾的含量（c_0）。

4. 结果计算

样品中钾的含量按式（3-2-22）计算。

$$X = \frac{c_1 - c_0}{\frac{m}{50} \times \frac{V}{50}} = \frac{(c_1 - c_0) \times 2500}{mV} \tag{3-2-22}$$

式中　X——样品中钾的含量（mg/kg）；

c_1——从工作曲线上查出（或用线性回归方程求出）样品溶液中钾的含量（mg/L）；

c_0——从工作曲线上查出（或用线性回归方程求出）试剂空白消化液中钾的含量（mg/L）；

m——样品的质量（g）；

V——测定时吸取的样品溶液的体积（mL）。

结果精确至小数点后第一位。同一样品的两次测定结果之差不得超过平均值的5.0%。

技能训练2　饮料中钠的测定

1. 原理

试样经处理后，导入火焰光度计中，经火焰原子化后，测定钠的发射强度。钠的发射波长为589nm，其发射强度与其含量成正比，与标准系列溶液比较定量。

2. 仪器与试剂

（1）仪器　所用玻璃仪器均以硫酸-重铬酸钾洗液浸泡数小时，再用洗衣粉充分洗刷后，用自来水反复冲洗，最后用去离子水冲洗，晾干或烘干后方可使用。实验室常用玻璃仪器、高型烧杯（250mL）、电热板（1000～3000W）、火焰光度计。

（2）试剂　硝酸、高氯酸、混合酸消化液［（4＋1）硝酸-高氯酸］。其他试剂如下：

1）钠标准储备溶液：将氯化钠（纯度大于99.99%）置于烘箱中于110℃～120℃干燥2h，精确称取2.5421g氯化钠，溶于水中，并移入1000mL容量瓶中，稀释至刻度，储存于聚乙烯瓶内，于4℃保存。此溶液每毫升相当于1mg钠。

2）钠标准使用液：吸取10.0mL钠标准储备溶液置于100mL容量瓶中，用水稀释至刻度，储存于聚乙烯瓶中，于4℃保存。此溶液每毫升相当于100μg钠。

3. 操作步骤

（1）试样的处理　准确称取3～5g试样置于250mL高型烧杯中，加20～30mL混合酸消化液，上盖表面皿，置于电热板或电沙浴上加热消化。若消化不完全，则再补加几毫升混合酸消化液，继续加热消化，直至溶液无色透明为止。加几毫升水，加热以除去多余的硝酸。待烧杯中的液体接近2～3mL时，取下冷却，用水洗并转移到10mL刻度试管中，定容至刻度（也可用测铁、镁、锰时消化好的液样进行钠的测定）。取与消化试样相同量的混合酸消化液，按上述操作做试剂空白测定。

（2）测定　吸取0.0mL、1.0mL、2.0mL、3.0mL、4.0mL钠标准使用液，分别置于100mL容量瓶中，用水稀释至刻度（容量瓶中的溶液每毫升分别相当于0.0μg、1.0μg、2.0μg、3.0μg、4.0μg钠）。将消化样液、试剂空白液、钠标准稀释液分别导入火焰，测定其发射强度。测定条件：波长为589nm，空气压力为0.4×10^{5}Pa，燃气的调整以火焰中不出现黄火焰为准。以钠含量对应的发射强度绘制标准曲线。

4. 结果计算

$$X=\frac{(c-c_0)\times V\times f\times 100}{m\times 100} \qquad (3\text{-}2\text{-}23)$$

式中　X——试样中钠的含量（mg/100g）；

c——测定用试样液中钠的质量浓度（由标准曲线查出）（μg/mL）；

c_0——试样空白液中钠的质量浓度（由标准曲线查出）（μg/mL）；

V——试样液定容体积（mL）；

f——试样液稀释倍数；

m——试样的质量（g）。

计算结果表示到小数点后第二位。

5. 精密度

在重复性条件下获得的两次独立测定结果的绝对差值不得超过算术平均值的9%。

技能训练3 饮料中钙的测定

1. 原理

样品经湿消化后导入原子吸收分光光度计中，经火焰原子化后在422.7nm处测定吸光度，其吸光度与钙的含量成正比，与标准系列溶液比较测定钙的含量。

2. 仪器与试剂

（1）仪器 实验室常用设备、原子吸收分光光度计（带钙空心阴极灯，根据仪器型号调至最佳条件）。

（2）试剂 盐酸、硝酸、高氯酸、（4+1）硝酸-高氯酸混合酸。其他试剂如下：

1）20g/L氧化镧溶液：称取23.45g氧化镧（质量分数大于99.99%），先用少量水湿润，再加75mL盐酸于1000mL容量瓶中，加去离子水稀释至刻度。

2）0.5mg/mL钙标准储备液：准确称取预先在105～110℃干燥2h的基准碳酸钙（质量分数大于99.99%）1.2486g，加50mL去离子水，溶解于少量盐酸溶液中，移入1000mL容量瓶中，加20g/L氧化镧溶液稀释至刻度，摇匀，储存于聚乙烯瓶内，于4℃保存。

3）25μg/mL钙标准工作液：吸取钙标准储备液5.00mL，加20g/L氧化镧溶液稀释至100mL，定容，摇匀，储存于聚乙烯瓶内，于4℃保存。

3. 操作步骤

（1）样品制备 称取样品5～40g（精确至0.001g）放入250mL高型烧杯中，加混合酸消化液20～30mL，上盖表面皿，置于电热板或沙浴上加热消化。若未消化好且酸液过少，则再补加几毫升混合酸消化液，继续加热消化，直至无色透明为止。加几毫升水，加热以除去多余的硝酸，待烧杯中液体接近2～3mL时，取下冷却，用20g/L氧化镧溶液洗并转移至10mL刻度试管中，定容至刻度。

按相同方法同时制备试剂空白溶液。

（2）标准系列溶液的制备 吸取钙标准工作液0.0mL、1.0mL、2.0mL、3.0mL、4.0mL、6.0mL，分别置于50mL容量瓶中，用20g/L氧化镧溶液定容，摇匀。此时容量瓶中钙溶液的质量浓度分别为0.0μg/mL、0.5μg/mL、1μg/mL、1.5μg/mL、2μg/mL、3μg/mL。

（3）测定 将制备好的标准系列溶液、样品溶液、空白溶液分别导入火焰中，测定吸光度。以钙的质量浓度对应吸光度绘制工作曲线，根据样品溶液的吸光度从工作曲线上查出样品溶液中钙的质量浓度。同一样品进行两次测定，并做空白试验。

4. 结果计算

样品中钙的含量按式（3-2-24）计算。

$$X = \frac{(c_1 - c_0) \times V \times f \times 100}{m \times 1000} \tag{3-2-24}$$

式中 X——样品中钙的含量（mg/100g）；

f——稀释倍数；

m——样品的质量（g）；

c_0——试剂空白溶液中钙的含量（μg/mL）；

c_1——从工作曲线上查出的样品溶液中钙的质量浓度（μg/mL）；

V——试样定容体积。

结果保留至小数点后第二位。

在重复性条件下获得的两次独立测定结果的绝对值之差不得超过算术平均值的10%。

技能训练4 饮料中镁的测定

1. 原理

样品经湿消化后导入原子吸收分光光度计中，经火焰原子化后在285.2nm处测定吸光度，其吸光度与镁的含量成正比，与标准系列溶液比较测定镁的含量。

2. 仪器与试剂

（1）仪器 试验常用设备、原子吸收分光光度计（带镁空心阴极灯，根据仪器型号调至最佳条件）。

（2）试剂 硝酸、盐酸、高氯酸。其他试剂如下：

1）0.5mol/L硝酸溶液：量取32mL硝酸，加去离子水并稀释至1000mL。

2）（4+1）硝酸-高氯酸混合酸消化液：将4份硝酸与1份高氯酸混合均匀。

3）1mg/mL镁标准储备液：准确称取1.0000g金属镁（质量分数大于99.99%），溶解于少量硝酸溶液中，移入1000mL容量瓶中，用0.5mol/L硝酸溶液稀释至刻度，摇匀，储存于聚乙烯瓶中，在4℃下保存。

4）50μg/mL镁标准工作液：吸取镁标准储备液5.00mL，加0.5mol/L硝酸溶液稀释至100mL，定容，摇匀，储存于聚乙烯瓶中，在4℃下保存。

3. 操作步骤

（1）样品的制备 称取匀样5.0～10.0g置于250mL高型烧杯中，加入20～30mL混合酸消化液，盖上表面皿，置于电热板或电沙浴上加热消化，直至消化液无色透明为止。如若未能消化完全，则再补加几毫升混合酸消化液，继续加热消化至溶液无色透明。加几毫升水，加热除去多余的硝酸。待消化液剩下2～3mL时，将其取下冷却，用去离子水洗并转移至10mL刻度试管中，用水稀释至刻度。

按相同方法同时制备空白溶液。

（2）标准系列溶液的制备 吸取镁标准工作液0.0mL、0.5mL、1.0mL、2.0mL、

3.0mL、4.0mL，分别置于500mL容量瓶中，用0.5mol/L硝酸溶液稀释至刻度，摇匀。此时容量瓶中镁溶液的质量浓度分别为0.0μg/mL、0.05μg/mL、0.10μg/mL、0.20μg/mL、0.30μg/mL、0.40μg/mL。

（3）测定　将制备好的标准系列溶液、样品溶液、空白溶液分别喷入火焰中，测定吸光度。以镁的质量浓度对应吸光度绘制工作曲线，根据样品溶液的吸光度从工作曲线上查出样品溶液中镁的质量浓度。同一样品进行两次测定，并做空白试验。

4. 结果计算

样品中镁的含量按式（3-2-25）计算。

$$X = \frac{(c_1 - c_0) \times V \times 100}{m \times 100} \tag{3-2-25}$$

式中　X——样品中镁的含量（mg/100g）；

m——样品的质量（g）；

c_1——从工作曲线上查出的样品溶液中镁的质量浓度（μg/mL）；

c_0——从工作曲线上查出的试剂空白溶液中镁的质量浓度（μg/mL）；

V——样品定容的体积（mL）。

结果保留至小数点后第二位。在重复性条件下获得的两次独立测定结果的差值不得超过算术平均值的10%。

技能训练5　饮料中锌的测定

1. 原理

样品灰化或酸消解处理后，导入原子吸收分光光度计中，经空气-乙炔火焰原子化，锌在波长213.8nm处，对锌空心阴极灯发射的谱线有特异吸收。在一定含量范围内，其吸收值与锌的含量成正比，与标准系列溶液比较后能求出食品中锌的含量。

2. 仪器与试剂

（1）仪器　高温炉（可控温于450℃±20℃）、坩埚（石英质或瓷质，容量为40～50mL）、原子吸收分光光度计（灯电流为6mA，波长为213.8nm，狭缝宽度为0.38nm，空气流量为10L/min，乙炔流量为2.3L/min，灯头高度为3mm，氘灯背景校正；也可根据仪器型号调至最佳条件）。

（2）试剂　本标准中所用水均为去离子水，试剂为优级纯或高纯试剂。

1）（1+11）盐酸溶液：量取10mL盐酸加到适量水中再稀释至120mL。

2）（3+1）硝酸-高氯酸混合酸溶液。

3）0.50mg/mL锌标准储备溶液：精密称取0.500g金属锌（质量分数不小于99.99%），溶于10mL盐酸中，然后在水浴上蒸发至近干，用少量水溶解后移入1000mL容量瓶中，以水稀释至刻度，储存于聚乙烯瓶中，备用。

4）100.0μg/mL锌标准使用液：吸取10.0mL锌标准储备溶液，置于50mL容量瓶中，以0.1mol/L盐酸稀释至刻度，摇匀，备用。

3. 操作步骤

（1）样品的制备　称取50～100g样品置于瓷坩埚中，用小火炭化至无烟后，移入高温炉中，于500℃±25℃灰化约8h后，取出坩埚，放冷后再加少量混合酸，小火加热，不使其干涸，必要时再加少许混合酸。如此反复处理，直至残渣中无炭粒，待坩埚稍冷，加10mL（1+11）盐酸溶液，溶解残渣并移入50mL容量瓶中，再用（1+11）盐酸溶液反复洗涤坩埚，将洗液并入容量瓶中，稀释至刻度，混匀备用。

取与样品处理时相同量的混合酸和（1+11）盐酸溶液，按同一操作方法做试剂空白试验。

（2）测定　吸取0.00mL、0.10mL、0.20mL、0.40mL、0.80mL锌标准使用液，分别置于50mL容量瓶中，以1mol/L盐酸稀释至刻度，混匀（各容量瓶中每毫升分别相当于0.0μg、0.2μg、0.4μg、0.8μg、1.6μg锌）。

将处理后的样液、试剂空白液和各容量瓶中锌标准系列溶液分别导入调至最佳条件的火焰原子化器进行测定。以锌含量对应吸光度，绘制标准曲线或计算直线回归方程，将试样吸光度与曲线比较或代入方程求出锌的含量。

4. 结果计算

$$X=\frac{(A-A_0)\times V\times 1000}{m\times 1000} \tag{3-2-26}$$

式中　X——样品中锌的含量（mg/kg）；

A——测定用样品液中锌的含量（μg/mL）；

A_0——试剂空白液中锌的含量（μg/mL）；

m——样品质量（g）；

V——样品处理液的总体积（mL）。

技能训练6　饮料中维生素C的测定

1. 原理

样品中还原型抗坏血酸（维生素C）经活性炭氧化为脱氢抗坏血酸后，与邻苯二胺反应生成有荧光的化合物（喹喔啉），其荧光强度与抗坏血酸的含量成正比，在激发波长338nm和发射波长420nm处测定。

2. 仪器与试剂

（1）仪器　荧光分光光度计、捣碎机实验室常用设备。

（2）试剂

1）邻苯二胺溶液：称取20mg邻苯二胺，于临用前用水稀释至100mL。

2）偏磷酸-乙酸溶液：称取15g偏磷酸，加入40mL冰乙酸及250mL水，加热，搅拌，使之逐渐溶解，冷却后加水至500mL，于4℃的冰箱中可保存7~10天。

3）0.15mol/L硫酸：取10mL硫酸，小心加入水中，再加水稀释至1200mL。

4）偏磷酸-乙酸-硫酸溶液：以0.15mol/L硫酸液为稀释液，其余同偏磷酸-乙酸溶液的配制。

5）500g/L乙酸钠溶液：称取500g乙酸钠（$CH_3COONa\cdot 3H_2O$），加水至1000mL。

6）硼酸-乙酸钠溶液：称取3g硼酸，溶于100mL乙酸钠溶液（500g/L）中，临用前配制。

7）1mg/mL 抗坏血酸标准溶液（临用前配制）：准确称取 50mg 抗坏血酸，用偏磷酸-乙酸溶液溶于 50mL 容量瓶中，并稀释至刻度。

8）100μg/mL 抗坏血酸标准使用液：取 10mL 抗坏血酸标准溶液，用偏磷酸-乙酸溶液稀释至 100mL。定容前测 pH 值，若其 pH 值大于 2.2，则应用偏磷酸-乙酸-硫酸溶液稀释。

9）0.04% 百里酚蓝指示剂：称取 0.1g 百里酚蓝，加 0.02mol/L 氢氧化钠溶液，在玻璃研钵中研磨至溶解，氢氧化钠的用量约为 10.75mL，磨溶后用水稀释至 250mL。变色范围：pH =1.2 时为红色，pH =2.8 时为黄色，pH >4 时为蓝色。

10）活性炭的活化：取 200g 活性炭（粉状），加入 1000mL（1+9）盐酸溶液，加热回流 1~2h 后过滤，用水洗至滤液中无铁离子（用硫氰酸盐确证有无铁离子存在）为止，置于 110~120℃烘箱中干燥，备用。

3. 操作步骤

1）样品液的制备：称取适量匀样（试样中抗坏血酸的质量浓度为 40~100μg/mL）置于 100mL 容量瓶中，加入等量的偏磷酸-乙酸溶液，用 0.04% 百里酚蓝指示剂调试样品酸碱度，若呈红色，则可用偏磷酸-乙酸溶液稀释；若呈黄色或蓝色，则用偏磷酸-乙酸-硫酸溶液稀释，使 pH =1.2，并用偏磷酸-乙酸溶液稀释至 100mL。

2）氧化处理：分别取样品液及标准使用液各 100mL 置于 200mL 带盖锥形瓶中，加 2g 活性炭，用力振摇 1min，过滤，弃去最初几毫升滤液，收集其余全部滤液，即样品氧化液和标准氧化液，待测定。

3）各取 10mL 标准氧化液置于 2 个 100mL 容量瓶中，分别标明“标准”及“标准空白”。

4）各取 10mL 样品氧化液置于 2 个 100mL 容量瓶中，分别标明“试样”及“试样空白”。

5）在“标准空白”和“试样空白”溶液中各加 5mL 硼酸-乙酸钠溶液，混合摇动 15min，用水稀释至 100mL，在 4℃冰箱中放置 2~3h，取出备用。

6）于“试样”及“标准”溶液中各加入 5mL 乙酸钠溶液（500g/L），用水稀释至 100mL，备用。

7）标准曲线的绘制：分别取上述“标准”溶液（抗坏血酸质量浓度为 10μg/mL）0.5mL、1.0mL、1.5mL 和 2.0mL，各取双份分别置于 10mL 带盖试管中，再用水补充至 2.0mL。荧光反应按下述操作进行。

8）荧光反应：取 5）中“标准空白”和“试样空白”溶液及 6）中“样品”和“试样”溶液各 2mL，分别置于 10mL 带盖试管中，在暗室内迅速向各管中加入 5mL 邻苯二胺溶液，振摇混合，在室温下反应 35min，于激发波长 338nm、发射波长 420nm 处测定荧光强度。将标准系列溶液的荧光强度分别减去标准空白荧光强度作为纵坐标，将对应的抗坏血酸含量作为横坐标，绘制标准曲线，或进行直线回归方程计算。

4. 结果计算

抗坏血酸的含量按式（3-2-27）计算。

$$X = \frac{c \times V}{10m} \times F \tag{3-2-27}$$

式中 X——试样中抗坏血酸的含量（mg/100g）；

m——试样的质量（g）；

c——由标准曲线查得或由回归方程算得样品溶液的质量浓度（μg/mL）；

V——参加荧光反应的所有试样的体积（mL）；

F——试样溶液的稀释倍数。

5. 注意事项

试样中有其他荧光物质的干扰，可通过加入硼酸，使脱氢抗坏血酸形成复合物，它不与邻苯二胺生成荧光化合物，从而测出其他荧光杂质作为空白荧光强度加以校正。

允许差：同一样品同时或连续两次测定结果的绝对差值应小于或等于算术平均值的10%，取两次测定的平均值作为结果，精确到小数点后第一位。

技能训练7 橙、柑、桔汁饮料中果汁的测定

1. 原理

将饮料中钾、总磷、氨基酸态氮、L-脯氨酸、总D-异柠檬酸、总黄酮6种组分的实测值与各自标准值的比值合理修正后，乘以相应的修正权值，逐项相加求得样品中果汁的含量。

（1）标准值 标准值是指根据不同品种、不同产区、不同采收期、不同加工工艺、不同储存期的果汁及其浓缩汁复原的果汁中可溶性固形物含量，以及钾、总磷、氨基酸态氮、L-脯氨酸、总D-异柠檬酸、总黄酮6种组分实测值的分布状态，经数理统计确定的平均值。

（2）权值 权值是指根据不同产区和不同品种水果中钾、总磷、氨基酸态氮、L-脯氨酸、总D-异柠檬酸、总黄酮6种组分实测值变异系数的大小而确定的某种组分在总体中所占的比例。

（3）可溶性固形物的标准值 水果原汁可溶性固形物（加糖除外）的标准值（20℃折光计法）以20%计。6种组分的标准值和权值见表3-2-11。

表3-2-11 6种组分的标准值和权值

组 分	标 准 值			权 值		
	橙汁	柑、橘汁	混合果汁	橙汁	柑、橘汁	混合果汁
钾/（mg/kg）	1370	1250	1300	0.18	0.16	0.18
总磷/（mg/kg）	135	130	135	0.20	0.19	0.19
氨基酸态氮/（mg/kg）	290	305	300	0.19	0.19	0.19
L-脯氨酸/（mg/kg）	760	685	695	0.14	0.14	0.14
总D-异柠檬酸/（mg/kg）	80	140	115	0.15	0.17	0.15
总黄酮/（mg/kg）	1185	1100	1105	0.14	0.15	0.15

注：若标签上未标明橙、桔或柑汁，则以混合果汁计算。

2. 仪器与试剂

（1）仪器 原子吸收分光光度计（带钾空心阴极灯）、紫外分光光度计（带1cm石英比色皿）、可见分光光度计（带1cm比色皿）、pH计（带pH玻璃电极和饱和甘汞电极，精度为0.1pH单位）、电磁搅拌器、玻璃电极和甘汞电极、天平（感量为10mg）、分析天平（感量为0.1mg）、微量可调移液管（0～1000mL）、凯氏烧瓶（500mL）、离心机（转速不低于4000r/min，带10mL离心管和容积大于80mL的离心管）、微量可调移液管（10～50μL，允许误差为±4.8%）。

（2）试剂 硝酸、硫酸、甲醛（体积分数为36%）、0.05mol/L氢氧化钠标准溶液、乙酸乙酯、甲酸、氨水、丙酮。其他试剂如下：

1）10g/L氯化钠溶液：称取1.0g氯化钠，加水溶解后定容至100mL。

2）体积分数为10%的硝酸溶液：量取1体积硝酸，注入9体积水中。

3）体积分数为50%的盐酸溶液：量取1体积盐酸，注入1体积水中。

4）体积分数为10%的硫酸溶液：量取1体积硫酸，缓慢注入9体积水中。

5）中性甲醛溶液：在使用前1h量取200mL甲醛溶液置于400mL烧杯中，然后将烧杯置于电磁搅拌器上，边搅拌边用0.1mol/L氢氧化钠溶液调至pH=8.4。

6）0.1mol/L氢氧化钠标准溶液：用感量为0.1g的天平，迅速称取分析纯氢氧化钠4g，溶于蒸馏水中稀释到1000mL，摇匀并标定。

7）0.05mol/L氢氧化钠标准溶液：用0.1mol/L的氢氧化钠标准溶液当天稀释。

8）pH=6.88的缓冲溶液：用磷酸盐标准物质直接配制。

9）钒-钼酸铵溶液：称取20.0g钼酸铵，溶解在体积约400mL、温度为50℃的热水中，冷却；称取1.0g偏钒酸铵，溶解在300mL、温度为50℃的热水中，冷却；边搅拌边加入1mL硫酸，将钼酸铵溶液缓慢加到偏钒酸铵溶液中，搅拌均匀后，转移至1000mL容量瓶中，用水定容至刻度。

10）100mg/L磷标准溶液：准确称取0.4394g经105℃±2℃干燥2h的磷酸二氢钾，置于50mL烧杯中，加水溶解，转移至1000mL容量瓶中，用水定容至刻度，摇匀。

11）无过氧化物乙二醇独甲醚的制备：将数粒锌粒放入乙二醇独甲醚中，在暗处放置2天。

12）3.0g/L茚三酮与二醇独甲醚溶液：称取3.0g水合茚三酮，溶解在100mL无过氧化物的乙二醇独甲醚溶液中，储存在棕色瓶中，置于避光处。此溶液易被氧化，应每周制备一次。

13）L-脯氨酸标准储备液（500mg/L）：精确称取0.0500gL-脯氨酸，置于50mL烧杯中，加水溶解，转移至100mL棕色容量瓶中，用水定容至刻度，摇匀，储存在温度约为4℃的冰箱内。

14）组合试剂盒

1号瓶：内含咪唑缓冲液（稳定性）30mL，pH=7.1。

2号瓶：内含β-烟酰胺-腺嘌呤-双核苷酸-磷酸二钠45mg、硫酸锰10mg。

3号瓶：内含异柠檬酸脱氢酶2mg，5（U）个活力单位。

15）NADP 溶液：将 1 号瓶内的溶液升温至 20～25℃，倒入 2 号瓶中，使 2 号瓶中的物质全部溶解，混合均匀。

16）异柠檬酸脱氢酶溶液：用 1.8mL 水溶解 3 号瓶的物质，混合均匀。

17）3mol/L 氢氧化钠溶液：称取 16g 氢氧化钠，加水溶解，定容至 100mL

18）4mol/L 盐酸溶液：量取 33.4mL 盐酸，用水定容至 100mL。

19）300g/L 氯化钡溶液：称取 30g 氯化钡，溶解在热水中，冷却后定容至 100mL。

20）71g/L 硫酸钠溶液：称取 71g 无水硫酸钠，溶解于水中，定容至 1000mL。

21）缓冲溶液：称取 2.4g 三羟甲基氨甲烷和 0.035g 乙二胺四乙酸二钠，用 80mL 水溶解，先用 4mol/L 氢氧化钠溶液调至 pH 值为 7.2 左右，再用 1mol/L 盐酸溶液调至 pH 值为 7.0（用 pH 计测定），用水定容至 100mL。

22）洗涤溶液：量取 150mL 水，加入 10mL 氨水、100mL 丙酮，混匀。

23）200g/L 柠檬酸溶液：称取 20g 柠檬酸，加水溶解，定容至 100mL。

24）乙醇溶液：体积分数为 60%。

25）10g/L 氢氧化钠溶液：称取 10.0g 氢氧化钠，加水溶解，定容至 1L。

26）50g/L 亚硝酸钠溶液：称取 5.0g 亚硝酸钠，加水溶解，定容至 100mL。

27）100g/L 硝酸铝溶液：称取 10.0g 硝酸铝，加水溶解，定容至 100mL。

28）200g/L 氢氧化钠溶液：称取 20.0g 氢氧化钠，加水溶解，定容至 100mL。

29）2.00mg/mL 芦丁标准储备液：称取 0.2000g 芦丁（精确至 0.0002g）经 120℃ 减压干燥到恒重的无水芦丁（已知质量分数大于 99.0%），置于 100mL 容量瓶中，用乙醇溶液溶解并定容至刻度，摇匀。

30）0.20mg/mL 芦丁标准使用液：吸取 10.00mL 芦丁标准储备液置于 100mL 容量瓶中，用水定容至刻度，临用时现配。

31）200mg/L 橙皮苷标准溶液：精确称取 0.0250g 橙皮苷（质量分数约为 80%）置于 50mL 烧杯中，加 20mL0.1mol/L 氢氧化钠溶液，用 200g/L 柠檬酸溶液调至 pH＝6，转移至 100mL 容量瓶中，用水定容至刻度，摇匀。溶液中橙皮苷的含量为 200mg/L。此标准溶液需当日配制。

3. 操作步骤

（1）钾的测定　同本节技能训练 1，结果记为 x_1。

（2）总磷的测定

1）原理：样品经消化后，在酸性条件下，磷酸盐与钒-钼酸铵反应呈现黄色，在波长 400nm 处测定溶液的吸光度，与标准系列溶液比较，确定样品中总磷的含量。

2）测定步骤

① 样品溶液制备（同本节技能训练 1）

② 测定

a. 工作曲线的绘制：吸取 0.00mL、1.00mL、2.00mL、3.00mL、4.00mL、5.00mL 磷标准溶液，分别置于 50mL 容量瓶中，各加 10mL（1＋9）硫酸溶液，摇匀，加 10mL 钒-钼酸铵溶液，用水定容至刻度，摇匀，配制成 0.0mg/L、2.0mg/L、4.0mg/L、6.0mg/L、

8.0mg/L、10.0mg/L 磷标准系列溶液，在室温下放置 10min。用 1cm 比色皿，以 0.0mg/L 磷标准溶液调节零点，在波长 400nm 处测定磷标准系列溶液的吸光度，以吸光度对磷含量绘制工作曲线或计算回归方程。

b. 样品的测定：准确吸取 5.0～10.0mL 样品溶液置于 50mL 容量瓶中，加入（1＋9）硫酸溶液至 10mL，以下按上述绘制工作曲线中的方法操作。以试剂空白溶液调整零点，在波长 400nm 处测定吸光度，从工作曲线上查出（或用回归方程求出）样品溶液中磷的含量（c_2），同时测定试剂空白消化液中磷的含量（c_{02}）。

3）结果计算

$$x_2 = \frac{c_2 - c_{02}}{\frac{m_2}{50} \times \frac{V_2}{50}} = \frac{(c_2 - c_{02}) \times 2500}{m_2 V_2} \tag{3-2-28}$$

式中　x_2——样品中总磷的含量（mg/kg）；

c_2——从工作曲线上查出（或用线性回归方程求出）样品溶液中磷的含量（mg/L）；

c_{02}——从工作曲线上查出（或用线性回归方程求出）试剂空白液中磷的含量（mg/L）；

m_2——样品的质量（g）；

V_2——测定时吸取的样品溶液的体积（mL）。

计算结果精确到小数点后第一位。同一样品的两次测定结果之差不得超过平均值的 5.0%。

（3）果蔬汁饮料中氨基态氮的测定（甲醛值法）

1）原理：氨基酸分子中既含有羧基，又含有氨基，为两性电解质。加入甲醛以固定氨基，使溶液显示酸性，用氢氧化钠标准溶液滴定，以酸度计测定终点，根据碱液的消耗量，计算出氨基态氮的含量。其离子反应式如下：

$$\mathrm{R{-}CH(NH_2){-}COOH \rightleftharpoons R{-}CH(NH_2){-}COO^- + H^+}$$

$$\mathrm{R{-}CH(NH_2){-}COO^- + HCHO \rightleftharpoons R{-}CH(NHCH_2OH){-}COO^-}$$

$$\mathrm{R{-}CH(NHCH_2OH){-}COO^- + HCHO \rightleftharpoons R{-}CH(HOH_2CNCH_2OH){-}COO^-}$$

2）操作步骤

① 试样液的制备

a. 浓缩果蔬汁：在浓缩果蔬汁中加入与在浓缩过程中失去的天然水分等量的水，使其成为果汁，并充分混匀，供测试用。

b. 果蔬汁及果蔬汁饮料：将试样充分混匀，直接测定。

c. 含有碳酸气的果蔬汁饮料：移取 500g 试样，在沸水浴上加热 15min，不断搅拌，使二氧化碳气体尽可能排除，冷却后，用水补充至原质量，充分混匀，供测试用。

d. 果蔬汁固体饮料：移取约 125g（精确至 0.001g）试样，溶解于蒸馏水中，将其全部转移到 250mL 容量瓶中，用蒸馏水稀释至刻度，充分混匀，供测试用。

② 测定。将 pH 计接通电源，预热 30min 后，用 pH = 6.8 的缓冲溶液校正 pH 计，然后吸取适量试样液（氨基态氮的含量为 1 ~ 5mg）置于烧杯中，加 5 滴 30% 过氧化氢，将烧杯置于电磁搅拌器上，电极插入烧杯内试样中的适当位置，若需要则加适量蒸馏水。

开动磁力搅拌器，先用 0.1mol/L 氢氧化钠标准溶液慢慢中和试样中的有机酸，当 pH 值达到 7.5 左右时，再用 0.05mol/L 氢氧化钠标准溶液调至 pH = 8.1，并保持 1min 不变，然后慢慢加入 10 ~ 15mL 中性甲醛溶液，1min 后用 0.05mol/L 氢氧化钠标准溶液滴定至 pH = 8.1，记录消耗 0.05mol/L 氢氧化钠标准溶液的体积，以计算氨基酸态氮的含量。

3）结果计算。按式（3-2-29）计算氨基态氮的含量。

$$x_3 = \frac{c_3 \times V_3 \times K \times 14}{m_3} \times 100 \tag{3-2-29}$$

式中 x_3——每 100g（或 100mL）试样中氨基酸态氮的含量（mg/100g 或 mg/100mL）；

V_3——加入中性甲醛溶液后，滴定试样消耗 0.05mol/L 氢氧化钠标准溶液的体积（mL）；

c_3——氢氧化钠标准溶液的浓度（mol/L）；

K——稀释倍数；

14——1mL 1mol/L 氢氧化钠标准溶液相当于氮的毫克数（mg/mmol）；

m_3——试样的质量或体积（g 或 mL）。

4）注意事项：所用水应为经煮沸除去 CO_2 的蒸馏水。

允许差：同一样品以两次测定结果的算术平均值作为结果，精确到小数点后第一位。同一样品的两次测定结果之差：氨基态氮含量大于或等于 10mg/100g（或 10mg/100mL）时，不得大于 2%；氨基态氮含量小于 10mg/100g（或 10mg/100mL）时，不得大于 5%。

（4）L-脯氨酸的测定

1）原理：L-脯氨酸与水合茚三酮作用，生成黄红色配位化合物，用乙酸丁酯萃取后的配位化合物，在波长 509nm 处测定吸光度，与标准系列溶液比较，确定样品中 L-脯氨酸的含量。

2）操作步骤

① 样品溶液的制备：称取一定量混合均匀的样品（浓缩汁为 1.00g，果汁为 5.00g，果汁饮料和果汁型碳酸饮料为 10.00 ~ 200.0g）置于 200mL 容量瓶中，用水定容至刻度，摇匀，备用。

② 测定

a. 显色：吸取 0.00mL、0.50mL、1.00mL、2.50mL、4.00mL、5.00mL L-脯氨酸储

备溶液分别置于50mL容量瓶中，用水定容至刻度，摇匀，配制成0.0mg/L、5.0mg/L、10.0mg/L、25.0mg/L、40.0mg/L、50.0mg/L的L-脯氨酸标准系列溶液。

吸取此标准系列溶液各1.0mL，分别置于6支25mL具塞试管中，各加1mL甲酸，充分摇匀，加2mL茚三酮乙二醇独甲醚溶液，摇匀。将6支试管同时置于1000mL烧杯的沸水浴中（水浴液面应高于试管液面），待烧杯中的水沸腾后，精确计时15min，同时取出6支试管，置于20~22℃水浴中冷却10min。

b. 萃取、测定吸光度：在上述6支试管中各加10.0mL乙酸乙酯，盖塞，充分摇匀，将红色配位化合物萃取到乙酸乙酯层中，静置数分钟，将试管中的乙酸丁酯溶液分别倒入10mL具塞离心管中，盖塞，以2500r/min的转速离心5min。

将上层清液小心地倒入1 cm比色皿中，以试剂空白溶液调节零点，在波长509nm处测定各上层清液的吸光度，以吸光度为纵坐标，L-脯氨酸的含量为横坐标，绘制工作曲线或计算回归方程。

c. 试液的测定：吸取1.0mL样品溶液置于25mL具塞试管中，以下按上述绘制工作曲线的步骤操作，从工作曲线上查出（或用回归方程计算出）样品溶液中L-脯氨酸的含量（c_4）。

3）结果计算

$$x_4 = \frac{c_4}{\frac{m_4}{200} \times 1.0} = \frac{c_4 \times 200}{m_4} \tag{3-2-30}$$

式中　x_4——样品中L-脯氨酸的含量（mg/kg）；

c_4——从工作曲线上查出（或用回归方程求出）样品溶液中L-脯氨酸的含量（mg/L）；

m_4——样品的质量（g）。

计算结果精确到小数点后第一位。同一样品的两次测定结果之差不得超过平均值的5.0%。

（5）总D-异柠檬酸的测定

1）原理：在异柠檬酸脱氢酶（ICDH）的催化下，样品中的D-异柠檬酸盐与烟酰胺-腺嘌呤-双核苷酸磷酸（NADP）作用，生成NADPH的含量相当于D-异柠檬酸盐的量。在波长340nm处测定吸光度，确定样品中总D-异柠檬酸的含量。

$$\text{D-柠檬酸盐} + \text{NADP} \xrightarrow{\text{ICDH}} \alpha\text{-氧化戊二酸盐} + \text{NADPH} + CO_2 + H^+$$

2）操作步骤

① 样品溶液的制备

a. 果汁型碳酸饮料：称取500mL样品置于1000mL烧杯中，加热煮沸，在微沸状态下保持5min，并不断搅拌，待二氧化碳基本除净后，冷却至室温，称量。用水补足至加热前的质量，备用。

b. 浓缩果汁、果汁、果汁饮料、水果饮料：混匀后备用。

② 水解：按表3-2-12中规定的取样量称取样品溶液进行水解。

a. 浓缩汁、果汁：称取样品溶液置于50mL烧杯中，加5mL 4mol/L氢氧化钠溶液，搅拌均匀，在室温下放置10min，使之水解。将溶液移入离心管中，用5mL 4mol/L盐酸溶液和10～20mL水分数次洗涤烧杯，将洗液并入离心管中，使总体积约为30mL，搅拌均匀。

b. 果汁饮料、水果饮料、果汁型碳酸饮料：称取样品溶液置于离心管中，加5mL 4mol/L氢氧化钠溶液，搅拌均匀，在室温下放置10min，使之水解，加5mL 4mol/L盐酸溶液，搅拌均匀。

表 3-2-12　水解时取样量和比色测定时吸取量

样品名称	水解时取样量/g	比色测定时吸取量/mL
浓缩果汁	2.00	0.4～0.8
果汁	10.00	0.8～1.2
含40%果汁的果汁饮料	20.00	1.5～2.0
含20%果汁的果汁饮料	25.00	2.0
含10%果汁的果汁饮料	40.00	2.0
含5%果汁的果汁饮料	60.0～80.0	2.0
含2.5%果汁的果汁型碳酸饮料	100.0～150.0	2.0

③ 沉淀

a. 称样量小于或等于25g的样品试液：在盛有水解物的离心管中依次加入2mL氨水、3mL氯化钡（300g/L）、20mL丙酮，用玻璃棒搅拌均匀，取出玻璃棒，按顺序放在棒架上。将离心管在室温（约20℃）放置10min，以3000r/min转速离心5～10min，小心倾去上层溶液，保留离心管底部沉淀物。

b. 称样量大于25g的样品溶液：按上述步骤分别制备2～6份沉淀物，然后用约50mL洗涤溶液将2支（或3支、4支、6支，视称样量而定）离心管中的沉淀物合并到1支离心管中，在室温（约20℃）放置10min，以3000r/min的转速离心5～10min，小心倾去上层溶液，保留离心管底部沉淀物。

④ 溶解：将玻璃棒按顺序放回原离心管中，向离心管中加入20mL 71g/L硫酸钠溶液，然后将离心管置于微沸水浴中加热10min，同时用玻璃棒不断搅拌，趁热用缓冲溶液将离心管中的溶液转移到50mL容量瓶中，冷却至室温（约20℃）后，用缓冲溶液稀释至刻度，摇匀，用滤纸过滤，弃去初滤液备用。

⑤ 测定

a. 测定条件：波长为340nm；温度为20～25℃；比色浓度，在0.1～2.0mL试液中，含D-异柠檬酸3～100μg。

b. 测定步骤：按表3-2-13中规定的程序和溶液的加入量，用微量可调移液管依次将各种溶液加入比色皿中（微量可调移液管必须用吸入方式至少冲洗一次，再正式吸取溶液），立即用玻璃棒上下搅拌，使比色皿中的溶液充分混匀，加异柠檬酸脱氢酶溶液后的最终体积为3.05mL。

表 3-2-13　溶液加入量

加入比色皿中的溶液	空　白	样　品
NADP 溶液/mL	1.00	1.00
重蒸馏水/mL	2.00	2.00 ~ V
试样溶液（V）/mL	—	V
异柠檬酸脱氢酶溶液/mL	0.05	0.05

注：加入 NADP 溶液、重蒸馏水、试样溶液后混匀，约 3min 后分别测定空白吸光度（$A_{1空白}$）和样品吸光度（$A_{1样品}$），然后加入异柠檬酸脱氢酶溶液，混匀，约 10min 达到反应终点，出现恒定的吸光度，分别记录空白吸光度（$A_{2空白}$）和样品吸光度（$A_{2样品}$）。如果 10min 后未达到反应终点，则每 2min 测定一次吸光度，待吸光度恒定增加时，分别记录空白和样品开始恒定增加时的吸光度（$A_{2空白}$和 $A_{2样品}$）。

上述步骤完成后计算 ΔA。

$$\Delta A = \Delta A_{样品} - \Delta A_{空白} = (A_{2样品} - A_{1样品}) - (A_{2空白} - A_{1空白}) \tag{3-2-31}$$

为了得到精确的测定结果，ΔA 必须大于 0.100，若小于 0.100，则应增加水解时的取样量或增加比色时的吸取量。

c. 异柠檬酸脱氢酶活力的判定

● D-异柠檬酸标准溶液：称取 0.0153/Pg 含有 2 个结晶水的 D-异柠檬酸三钠盐（$C_6H_5Na_3 \cdot 2H_2O$）基准试剂，精确至 0.0001g，置于 50mL 烧杯中。加水溶解，转移到 100mL 容量瓶中，用水定容至刻度，摇匀，储存于冰箱中。此溶液中 D-异柠檬酸的含量为 100mg/L。P 为 D-异柠檬酸基准试剂的纯度（百分含量），0.0153 为系数，由式（3-2-32）计算得出。

$$\frac{294.1 \times 100 \times 0.1}{192.1 \times 1000} = 0.0153 \tag{3-2-32}$$

式中　294.1——$C_6H_5O_7Na_3 \cdot 2H_2O$ 的相对分子质量；

100——稀释体积（mL）；

0.1——D-异柠檬酸的质量浓度（g/L）；

192.1——D-异柠檬酸的相对分子质量。

● 酶活力与标样吸潮的判定见表 3-2-14。

表 3-2-14　酶活力与标样吸潮的判定

标准溶液的加入量/mL	酶溶液的加入量/mL	ΔA	判　定
0.5	0.05	>0.5	正常
0.5	0.05	<0.5	酶失活或标样吸潮
0.5	0.10	>0.5	酶活力降低
0.5	0.10	<0.5	标样吸潮
1.0	0.05	>0.5	标样吸潮
1.0	0.05	<0.5	酶失活

若酶活力降低，则应控制测定样品的 ΔA，使之小于标样的 ΔA，以保证测定样品中总 D-异柠檬酸反应完全。

3）结果计算：样品总 D-异柠檬酸的含量按式（3-2-33）计算。

$$x_5 = \frac{3.05 \times 192.1 \times V_5}{m_5 \times 6.3 \times 1 \times V'_5} \times \Delta A \tag{3-2-33}$$

式中　x_5——样品中 D-异柠檬酸的含量（mg/kg）；

3.05——比色皿中溶液的最终体积（mL）；

192.1——D-异柠檬酸的摩尔质量（g/mol）；

V_5——试液的定容体积（mL）；

V'_5——比色测定时吸取滤液的体积（mL）；

m_5——样品的质量（g）；

1——比色皿光程（cm）；

6.3——反应产物 NADPH 在 340nm 处的吸光系数。

计算结果精确至小数点后第一位。

允许差：同一样品的两次测定结果之差，果汁含量等于或大于 10% 的样品，不得超过平均值的 50%；果汁含量为 2.5% ~100% 的样品，不得超过平均值的 10.0%。

（6）总黄酮的测定

1）原理：橙、柑、桔中的黄烷酮类（橙皮苷、新橙皮苷）与碱作用，开环生成 2，6-二羟基-4-环氧基苯丙酮和对甲基苯甲醛，在二甘醇环境中遇碱缩合生成黄色橙皮素查耳酮，基生成量相当于橙皮苷的量。在波长 420nm 处比色测定吸光度，扣除本底后与标准系列溶液比较定量。

2）操作步骤

① 试液的制备：称取一定量混合均匀的样品（浓缩汁质量为 2.00 ~5.00g，果汁质量为 10.0g，果汁饮料、水果饮料和果汁型碳酸饮料质量为 50.0g）置于 100mL 烧杯中，加入 10mL 氢氧化钠溶液（0.1mol/L），用氢氧化钠溶液（4mol/L）调至 pH =12，静置 30min 后，用柠檬酸溶液（200g/L）调至 pH =6，转移到 100mL 容量瓶中，用水定容至刻度，用滤级过滤，收集澄清滤液，备用。

② 工作曲线的绘制：分别吸取 0.00mL、1.00mL、2.00mL、3.00mL、4.00mL、5.00mL 200mg/L 的橙皮苷标准使用液，分别置于 6 支 25mL 具塞试管中，分别依次加入 5.00mL、4.0mL、3.0mL、2.0mL、1.0mL、0.0mL 试剂空白液（量取 20mL 0.1mol/L 氢氧化钠溶液置于 50mL 烧杯中，用 200g/L 柠檬酸调至 pH =6，移到 100mL 容量瓶中，用水定容至刻度，摇匀），摇匀，再各加体积分数 90% 的二甘醇 50mL、4mol/L 氢氧化钠溶液 0.1mL，摇匀，配制成 0.0mg/L、20.0mg/L、40.0mg/L、60.0mg/L、80.0mg/L、100mg/L 总黄酮标准系列溶液。将上述试管置于 40℃ 恒温水浴中保温 10min，取出，在冷水浴中冷却 5min。用 1cm 比色皿，以试剂空白调节零点，在波长 420nm 处测定各溶液的吸光度。以吸光度为纵坐标，相应的黄酮含量为横坐标，绘制工作曲线或计算回归方程。

③ 测定：吸取 1 ~5mL 试液，置于具塞试管中，用试剂空白液补充至 5mL，加

5.0mL 二甘醇（休积分数为 90%），摇匀后加 0.1mL 氢氧化钠溶液（4mol/L），摇匀。同时吸取一份等量的试液，按上述步骤不加 4mol/L 的氢氧化钠作为空白调零，以下按工作曲线的绘制操作，测定试液吸光度，从工作曲线上查出（或用回归方程计算出）试液中总黄酮的含量。

3）结果计算：样品中总黄酮的含量按式（3-2-34）计算。

$$x_6 = \frac{c_6}{\frac{m_6}{100} \times \frac{V_6}{10}} = \frac{c_6 \times 100}{m_6 \times V_6} \tag{3-2-34}$$

式中　x_6——样品中总黄酮的含量（mg/kg）；

c_6——从工作曲线上查出（或用回归方程计算出）的试液中总黄酮的含量（mg/L）；

m_6——样品的质量（g）；

V_6——测定时吸取试液的体积（mL）。

同一样品的两次结果之差不得超过平均值的 5.0%。

4）结果判断：饮料中果汁的含量按式（3-2-35）计算。

$$y = \sum_{i=1}^{6}\left(\frac{x_i}{X_i} \times R_i\right) \times 100\% \tag{3-2-35}$$

式中　y——果汁含量；

x_i——样品中相应的钾、总磷、氨基酸态氮、L-脯氨酸、总 D-异柠檬酸、总黄酮含量的实测值（mg/kg）；

X_i——相应的钾、总磷、氨基酸态氮、L-脯氨酸、总 D-异柠檬酸、总黄酮的标准值（mg/kg）；

R_i——相应的钾、总磷、氨基酸态氮、L-脯氨酸、总 D-异柠檬酸、总黄酮的权值。

技能训练 8　饮料中茶多酚的测定

1. 原理

茶叶中的多酚类物质能与亚铁离子形成紫蓝色配位化合物，用分光光度计法测定其含量。

2. 仪器与试剂

（1）仪器　分析天平（感量为 0.001g）、分光光度计。

（2）试剂　所用试剂均为分析纯（AR），试验用水应符合 GB/T 6682—2008 中的三级水规格。

1）酒石酸亚铁溶液：称取硫酸亚铁 0.1g 和酒石酸钾钠 0.5g，用水溶解并定容至 100mL（低温保存，有效期为 10 天）

2）pH = 7.5 的磷酸缓冲溶液

① 23.87g/L 磷酸氢二钠：称取磷酸二氢钠 23.87g，加水溶解后定容至 1L。

② 9.08g/L 磷酸二氢钾：称取经 110℃烘干 2h 的磷酸二氢钾 9.08g，加水溶解后定容至 1L，从中取 15mL 与 23.87 磷酸氢二钠 85mL 混合均匀。

3. 操作步骤

（1）试液的制备

1）较透明的样液（如果味茶饮料等）：将样液充分摇匀后，备用。

2）较浑浊的样液（如果汁茶饮料、奶茶饮料等）：称取充分混匀的样液 25.00g 置于 50mL 容量瓶中，加入体积分数为 95% 的乙醇 15mL，充分摇匀，放置 15min 后，用水定容至刻度，用慢速定量滤纸过滤，滤液备用。

3）含碳酸气的样液：量取充分混匀的样液 100.00g 置于 250mL 烧杯中，称取其总质量，然后置于电炉上加热至沸，在微沸状态下加热 10min，将二氧化碳气排除，冷却后，用水补足其原来的质量，摇匀后，备用。

（2）测定　精确称取上述制备的试液 1～5g 置于 25mL 容量瓶中，加水 4mL、酒石酸亚铁溶液 5mL，充分摇匀，用 pH = 7.5 的磷酸缓冲溶液定容至刻度。用 10mm 比色皿，在波长 540nm 处，以试剂空白作参比，测定其吸光度（A_1）。同时称取等量的试液置于 25mL 容量瓶中，加水 4mL，用 pH = 7.5 的磷酸缓冲溶液定容至刻度，测定其吸光度（A_2），以试剂空白作参比。

4. 结果计算

样品中茶多酚的含量按式（3-2-36）计算。

$$X = \frac{(A_1 - A_2) \times 1.957 \times 2 \times K}{m} \times 1000 \tag{3-2-36}$$

式中　X——样品中茶多酚的含量（mg/kg）；

A_1——试液显色后的吸光度；

A_2——试液底色的吸光度；

1.957——用 10mm 比色皿，当吸光度等于 0.50 时，1mL 茶汤中茶多酚的含量相当于 1.957mg；

K——稀释倍数；

m——测定时称取试液的质量（g）。

允许差：同一样品的两次平行测定结果之差不得超过平均值的 5%。

技能训练 9　饮料中咖啡因的测定

1. 紫外分光光谱法

（1）原理　咖啡因的三氯甲烷溶液在 276.5nm 波长下有最大吸收，其吸收值的大小与咖啡因溶液成正比，从而可进行定量。

（2）仪器与试剂

1）仪器：紫外分光光度计。

2）试剂：无水硫酸钠、三氯甲烷（使用前重新蒸馏）。其他试剂如下：

① 15g/L 高锰酸钾溶液：称取 1.5g 高锰酸钾，用水溶解并稀释至 100mL。

② 亚硫酸钠和硫氰酸钾混合溶液：称取 10g 无水亚硫酸钠（Na_2SO_3），用水溶解并稀释至 100mL，另取 10g 硫氰酸钾，用水溶解并稀释至 100mL，然后将二者均匀混合。

③ 15%磷酸溶液：吸取15mL磷酸置于100mL容量瓶中，用水稀释至刻度，混匀。

④ 200g/L氢氧化钠溶液：称取20g氢氧化钠，用水溶解，冷却后稀释至100mL。

⑤ 200g/L乙酸锌溶液：称取20g乙酸锌 $[Zn(CH_3COO)_2 \cdot 2H_2O]$ 加入3mL冰乙酸，加水溶解并稀释至100mL。

⑥ 100g/L亚铁氰化钾溶液：称取10g亚铁氰化钾 $[K_4Fe(CN)_6 \cdot 3H_2O]$ 用水溶解并稀释至100mL。

⑦ 咖啡因标准品：含量在98.0%以上。

⑧ 咖啡因标准储备液：根据咖啡因标准品的含量用重蒸三氯甲烷配制成每毫升相当于0.5mg咖啡因的溶液，置于冰箱中保存。

（3）操作步骤

1）试样的制备

① 可乐型饮料：在250mL的分流漏斗中，准确移入10.0～20.0mL经超声脱气后的均匀可乐型饮料试样，加入5mL 15g/L高锰酸钾溶液，摇匀，静置5min，加入混合溶液10mL，摇匀，加入50mL重蒸三氯甲烷，振摇100次，静止分层，收集三氯甲烷。水层再加入40mL重蒸三氯甲烷，振摇100次，静置分层。合并二次三氯甲烷萃取液，并用重蒸三氯甲烷定容至100mL，摇匀，备用。

② 咖啡、茶叶及其固体试样：在100mL烧杯中称取经粉碎成大小低于30目的均匀试样0.5～2.0g，加入80mL沸水，加盖，摇匀，浸泡2h，然后将浸出液全部移入100mL容量瓶中，加入2mL200g/L乙酸锌溶液，加入2mL100g/L亚铁氰化钾溶液，摇匀，用水定容至100mL，摇匀，静置沉淀，过滤。取滤液5.0～20.0mL按可乐型饮料操作进行，制备成100mL三氯甲烷溶液，备用。

③ 咖啡或茶叶的液体试样：在100mL容量瓶中准确移入10.0～20.0mL均匀试样，加入2mL200g/L乙酸锌溶液，摇匀，加入2mL100g/L亚铁氰化钾溶液，摇匀，用水定容至100mL，摇匀，静置沉淀，过滤。取滤液5.0～20.0mL按可乐型饮料操作进行，制备成100mL三氯甲烷溶液，备用。

2）标准曲线的绘制：从0.5mg/mL的咖啡因标准储备液中，用重蒸三氯甲烷配制成质量浓度分别为0μg/mL、5μg/mL、10μg/mL、15μg/mL、20μg/mL的标准系列溶液，以0μg/mL溶液作参比管，调节零点，用1cm比色杯于276.5nm下测量吸光度，作吸光度-咖啡因含量的标准曲线或求出直线回归方程。

3）测定：在25mL具塞试管中，加入5g无水硫酸钠，倒入20mL试样的三氯甲烷制备液，摇匀，静置。将澄清的三氯甲烷用1cm比色杯于276.5nm测出其吸光度，根据标准曲线（直线回归方程）求出样品的吸光度，相当于咖啡因的质量浓度 c(μg/mL)，同时用重蒸三氯甲烷作试剂空白。

（4）结果计算

$$X_1 = \frac{(c - c_0) \times 100}{V} \times \frac{1000}{1000} \tag{3-2-37}$$

$$X_2 = \frac{(c - c_0) \times 100 \times 100 \times 100}{V_1 \times m \times 1000} \tag{3-2-38}$$

$$X_3 = \frac{(c - c_0) \times 100 \times 100 \times 1000}{V_1 \times V \times 1000} \tag{3-2-39}$$

式中 X_1——可乐型饮料中咖啡因的含量（mg/L）；

X_2——咖啡、茶叶及其固体试样中咖啡因的含量（mg/100g）；

X_3——咖啡、茶叶及其液体制品中咖啡因的含量（mg/L）；

c——试样吸光度相当于咖啡因的质量浓度（μg/mL）；

c_0——试剂空白吸光度相当于咖啡因的质量浓度（μg/mL）；

m——称取试样的质量（g）；

V——移取试样的体积（mL）；

V_1——移取试样处理后水溶液的体积（mL）。

（5）精密度　对于可乐型饮料，在重复性条件下获得的两次独立测定结果的绝对差值不得超过算术平均值的5%；对于咖啡、茶叶及其制品，在重复性条件下获得的两次独立测定结果的绝对差值不得超过算术平均值的15%。

紫外法检出限：可乐型饮料为3mg/L，咖啡、茶叶及其固体制品为5mg/100g，对咖啡和茶叶的液体制品为5mg/L。

2. 高效液相色谱法（HPLC）

（1）原理　咖啡因的甲醇液在286nm波长下有最大吸收，其吸收值与咖啡因浓度成正比，从而可进行定量。

（2）仪器与试剂

1）仪器：液相色谱、色谱柱 Bondapak C_{18}（30cm×3.9mm id）、预柱 $RESAVEC_{18}$、超声清洗器（CQ250）、混纤微孔滤膜。

2）试剂：甲醇（HPLC试剂）、乙腈（HPLC试剂）、三氯甲烷（分析纯，必要时需重蒸）、超纯水（18.2MΩ）、无水硫酸钠（分析纯）、氯化钠（分析纯）、咖啡因标准品（纯度在98%以上）。

（3）操作步骤

1）试样的制备

① 可乐型饮料：试样先用超声清洗器在40℃下超声5min脱气。取脱气试样10.0mL，通过混纤微孔滤膜过滤，弃去5mL初滤液，保留后5mL备用。

② 咖啡、茶叶及其制成品：称取2g已经粉碎且粒度小于30目的均匀试样或液体试样放入150mL烧杯中，先加2~3mL超纯水，再加50mL三氯甲烷，摇匀，在超声处理机上萃取1min（30s二次），静置30min，分层。将萃取液倾入另一150mL的烧杯中，在试样中再加50mL三氯甲烷，重复上述萃取操作步骤，弃去试样，合并二次萃取液，加入少许无水硫酸钠和5mL饱和氯化钠，过滤，滤入100mL容量瓶中，用三氯甲烷定容至100mL，最后取10mL滤液按上述操作进行。

2）色谱条件

① 流动相：（57+29+14）甲醇-乙腈-水溶液（每升流动相中加入0.8mol/L乙酸液50mL）。

② 流动相的流速：1.5mL/min。

③ 进样量：可乐型饮料 10μL，茶叶、咖啡及其制成品 5～20μL。

3）标准曲线的绘制：用甲醇配制成咖啡因质量浓度分别为 0μL/mL、20μL/mL、50μL/mL、100μL/mL、150μL/mL 的标准系列溶液，然后分别进样 10μL 于 286nm 测量峰面积，作峰面积-咖啡因质量浓度的标准曲线或求出直线回归方程。

4）测定：从试样中吸取可乐饮料 10μL 或咖啡、茶叶及其制品 10μL 进样，于 286nm 处测其峰面积，然后根据标准曲线（或直线回归方程）得出试样的峰面积相当于咖啡因的浓度 c(μg/mL)。同时做试剂空白试验。

（4）结果计算　可乐型饮料中咖啡因含量（mg/L）$= c$

咖啡、茶叶及其制成品中咖啡因的含量(mg/100g) $= c \times V \times 100/(m \times 1000)$ (3-2-40)

式中　c——由标准曲线求得试样稀释液中咖啡因的质量浓度（μg/mL）；

V——试样定容体积（mL）；

m——试样质量（g）。

精密度：对于可乐型饮料，在重复性条件下获得的两次独立测定结果的绝对差值不得超过算术平均值的 5%；对于咖啡、茶叶及其制品，在重复性条件下获得的两次独立测定结果的绝对差值不得超过算术平均值的 10%。

HPLC 法检出限：可乐型饮料为 0.72mg/L；茶叶、咖啡及其制品为 1.8mg/100g。

第七节　罐头的检验

技能训练目标

1）了解罐头中亚硫酸盐、环己基氨基磺酸钠（甜蜜素）以及合成着色剂的测定原理。

2）熟悉仪器与试剂，并能够规范操作试验仪器，科学配制相关试剂。

3）规范完成各试验操作步骤，科学读取相关数据，并做好试验记录。

4）完成试验结果计算，并能科学分析试验数据，完成试验报告的编制。

5）正确理解注意事项，并能够在试验过程中解决常见问题。

技能训练内容及依据

罐头制品检验技能训练的内容及依据见表 3-2-15。

表 3-2-15　罐头制品检验技能训练的内容及依据

序　号	训练项目名称	国家标准依据
1	罐头中亚硫酸盐的测定	GB/T 5009.34—2003
2	罐头中环己基氨基磺酸钠（甜蜜素）的测定	GB/T 5009.97—2003
3	水果罐头中合成着色剂的测定	GB/T 21916—2008

技能训练 1　罐头中亚硫酸盐的测定

1. 原理

亚硫酸盐与四氯汞钠反应，生成稳定的配位化合物，再与甲醛及盐酸副玫瑰苯胺作用生成紫红色配位化合物，此配位化合物于波长 550nm 处有最大吸收峰，且在一定范围内其颜色的深浅与亚硫酸盐的含量成正比，可以比色定量，结果以试样中二氧化硫的含量表示。

2. 仪器与试剂

（1）仪器　分光光度计。

（2）试剂

1）四氯汞钠吸收液：称取 13.6g 氯化汞及 6.0g 氯化钠，溶于水中并稀释至 1000mL，放置过夜，过滤后备用。

2）氨基磺酸铵溶液（12g/L）。

3）甲醛溶液（2g/L）：吸取 0.55mL 无聚合沉淀的甲醛（36%），加水稀释至 100mL，混匀。

4）淀粉指示液：称取 1g 可溶性淀粉，用少许水调成糊状，缓缓倾入 100mL 沸水中，随加随搅拌，煮沸，放冷备用，此溶液临用时配制。

5）亚铁氰化钾溶液：称取 10.6g 亚铁氰化钾 [$K_4Fe(CN)_6 \cdot 3H_2O$]，加水溶解并稀释至 100mL。

6）乙酸锌溶液：称取 22g 乙酸锌 [$Zn(CH_3COO)_2 \cdot 2H_2O$] 溶于少量水中，加入 3mL 冰乙酸，加水稀释至 100mL。

7）盐酸副玫瑰苯胺溶液：称取 0.1g 盐酸副玫瑰苯胺（$C_{19}H_{18}N_2Cl \cdot 4H_2O$）置于研钵中，加少量水研磨，使其溶解并稀释至 100mL。从中取出 20mL，置于 100mL 容量瓶中，加（1+1）盐酸充分摇匀后使溶液由红色变为黄色，若不变黄，则再从中滴加少量盐酸至出现黄色，再加水稀释至刻度，混匀备用。

8）碘溶液 [$c(1/2\ I_2) = 0.100mol/L$]。

9）硫代硫酸钠标准溶液 [$c(Na_2S_2O_3 \cdot 5H_2O) = 0.100mol/L$]。

10）二氧化硫使用液：临用前将二氧化硫标准溶液用四氯汞钠吸收液稀释成每毫升相当于 2μg 二氧化硫。

11）氢氧化钠溶液（20g/L）。

12）（1+71）硫酸。

3. 二氧化硫标准溶液的制备

称取 0.5g 亚硫酸氢钠，溶于 200mL 四氯汞钠吸收液中，放置过夜，上清液用定量滤纸过滤，备用。

吸取 10.0mL 亚硫酸氢钠-四氯汞钠溶液置于 250mL 碘量瓶中，加 100mL 水，准确加入 20.00mL 碘溶液（0.1mol/L）和 5mL 冰乙酸，摇匀，放置于暗处，2min 后迅速以 0.100mol/L 硫代硫酸钠标准溶液滴定至淡黄色，加 0.5mL 淀粉指示剂，继续滴定至无色。另取 100mL 水，准确加入 0.1mol/L 碘溶液 20.0mL 和 5mL 冰乙酸，按同一方法做试剂空白试验。

二氧化硫标准溶液的含量按式（3-2-41）进行计算。

$$X = \frac{(V_2 - V_1) \times c \times 32.03}{10} \tag{3-2-41}$$

式中 X——二氧化硫标准溶液的含量（mg/mL）；

V_1——测定用亚硫酸氢钠-四氯汞钠溶液消耗硫代硫酸钠标准溶液的体积（mL）；

V_2——试剂空白消耗代硫酸钠标准溶液的体积（mol/L）；

c——硫代硫酸钠标准溶液的摩尔浓度（mol/L）；

32.03——每毫升硫代硫酸钠［$c(Na_2S_2O_3 \cdot 5H_2O) = 1.000mol/L$］标准溶液相当于二氧化硫的质量（mg）。

4. 样品的处理

（1）水溶性固体试样　可称取约10.00g（试样量可视含量高低而定）均匀试样，以少量水溶解，置于100mL容量瓶中，加入4mL氢氧化钠溶液（20g/L），5min后加入4mL（1+71）硫酸溶液，然后加入20mL四氯汞钠吸收液，以水稀释至刻度。

（2）固体试样　可称取5.0~10.0g研磨均匀的试样，以少量水湿润并移入100mL容量瓶中，然后加入20mL四氯汞钠吸收液，浸泡4h以上，若上层溶液不澄清，则可加入亚铁氰化钾溶液及乙酸锌溶液各2.5mL，最后用水稀释至100mL刻度，过滤后备用。

（3）液体试样　可直接吸取5.0~10.0mL试样，置于100mL容量瓶中，以少量水稀释，加20mL四氯汞钠吸收液，摇匀，最后加水至刻度，混匀，必要时过滤备用。

5. 操作步骤

吸取0.50~5.0mL上述试样处理液置于25mL带塞比色管中。另吸取0mL、0.20mL、0.40mL、0.60mL、0.80mL、1.50mL、2.00mL二氧化硫标准使用液（相当于0μg、0.4μg、0.8μg、1.2μg、1.6μg、2.0μg、3.0μg、4.0μg二氧化硫），分别置于25mL带塞比色管中。于试样及标准管中各加入四氯汞钠吸收液至10mL，然后再加入1mL氨基磺酸铵溶液（12g/L）、1mL甲醛溶液（2g/L）及1mL盐酸副玫瑰苯胺溶液，摇匀，放置20min。用1cm比色杯，以零管调节零点，于波长550nm处测吸光度，绘制标准曲线进行比较。

6. 计算方法

$$X = \frac{A \times 1000}{\frac{m}{100} \times V \times 1000 \times 1000} \tag{3-2-42}$$

式中 X——试样中二氧化硫的含量（g/kg）；

A——测定用样液中二氧化硫的质量（μg）；

m——试样质量（g）；

V——测定用样液的体积（mL）。

计算结果保留三位有效数字。在重复性条件下获得的两次独立测定结果的绝对差值不得超过10%。

技能训练2　罐头中环己基氨基磺酸钠（甜蜜素）的测定

1. 原理

在硫酸介质中环己基氨基磺酸钠与亚硝酸反应，生成环己醇亚硝酸酯，利用气相色谱法进行定性和定量。

2. 仪器与试剂

（1）仪器　气相色谱仪（附氢火焰离子化检测器）、旋涡混合器、离心机、10μL微量注射器。

（2）试剂

1）正己烷。

2）氯化钠。

3）层析硅胶（或海砂）。

4）50g/L亚硝酸钠溶液。

5）100g/L硫酸溶液。

6）环己基氨基磺酸钠标准溶液：精确称取1.0000g环己基氨基磺酸钠，加入水溶解并定容至100mL，此溶液每毫升含环己基氨基磺酸钠10mg。

3. 色谱条件

（1）色谱柱　长度为2m，内径为3mm，U形不锈钢柱。

（2）固定性　Chromosorb W AW DMCS 80～100目，涂以10%SE-30。

（3）测定条件

1）柱温为80℃，汽化温度为150℃，检测温度为150℃。

2）流速：氮气为40mL/min，氢气为30mL/min，空气为300mL/min。

4. 试样的处理

（1）液体试样　摇匀后直接称取。含二氧化碳的试样先加热除去二氧化碳，含酒精的试样加40g/L氢氧化钠溶液调至碱性，于沸水浴中加热除去酒精，制成试样。

（2）固体试样　将其剪碎制成试样。

5. 分析步骤

（1）试样的制备

1）液体试样：称取20.0g试样置于100mL带塞比色管，然后将比色管置于冰浴中。

2）固体试样：称取2.0g已剪碎的试样置于研钵中，加少许层析硅胶（或海砂）研磨至呈干粉状，经漏斗倒入100mL容量瓶中，加水冲洗研钵，并将洗液一并转移至容量瓶中，加水至刻度，不时摇动，1h后过滤，即得试样。从中准确吸取20mL置于100mL带塞比色管，然后将比色管置于冰浴中。

（2）测定

1）标准曲线的绘制：准确吸取1.00mL环己基氨基磺酸钠标准溶液置于100mL带塞比色管中，加水20mL，置于冰浴中，加入5mL/50g/L亚硝酸钠溶液和5mL 100g/L硫酸溶液，摇匀，在冰浴中放置30min，并经常摇动，然后准确加入10mL正己烷和5g氯

化钠，摇匀后置旋涡混合器上振动1min（或振摇80次），待静止分层后吸出己烷层于10mL带塞离心管中进行离心分离，每毫升己烷提取液相当于1mg环己基氨基磺酸钠。将标准提取液进样1~5μL于气相色谱仪中，根据响应值绘制标准曲线。

2）试样管按标准曲线的绘制中自“加入5mL 50g/L亚硝酸钠溶液”起进行操作，然后将试样同样进样1~5μL，测得响应值，从标准曲线上查出相应含量。

6. 结果计算

$$X = \frac{m_1 \times 10 \times 1000}{m \times V \times 1000} = \frac{10m_1}{m \times V} \tag{3-2-43}$$

式中　X——试样中环己基氨基横酸钠的含量（g/kg）；

m——试样质量（g）；

V——进样体积（μL）；

10——正己烷加入量（mL）；

m_1——测定用试样中环己基氨基磺酸钠的质量（μg）。

计算结果保留两位有效数字。

7. 精密度

在重复性条件下获得的两次独立测定结果的绝对差值不得超过算术平均值的10%。

技能训练3　水果罐头中合成着色剂的测定

1. 原理

高效液相色谱法：水果罐头中的人工合成着色剂用乙醇-氨水提取，利用固相萃取柱净化，采用高效液相色谱-二极管阵列检测器测定，用外标法定量。

2. 仪器与试剂

（1）仪器　高效液相色谱仪（配有二极管阵列检测器）、分析天平（感量为0.1mg）、匀浆机、快速混匀器、离心机（转速为3000r/min）、恒温水浴、0.45μm水性样品过滤器、固相萃取装置。

液相色谱条件如下：

1）色谱柱：Diamonsil C_{18}，5μm，4.6mm×250mm。

2）流动相：甲醇-乙酸铵溶液（0.02mol/L）。

3）梯度洗脱：梯度洗脱条件见表3-2-16。

表3-2-16　液相色谱梯度洗脱条件

时间/min	流速/（mL/min）	甲醇（%）	乙酸铵溶液（%）
0	1.0	20	80
5	1.0	35	65
10	1.0	80	20
16	1.0	80	20
17	1.0	20	80
25	1.0	20	80

（2）试剂 水（去离子水或相当纯度的水）、甲醛（色谱纯）、无水乙醇（分析纯）、氨水（分析纯）、盐酸（分析纯）。其他试剂如下：

1）乙酸铵溶液（0.02mol/L）：称取1.54g乙酸铵，加水溶解，定容至1000mL，经0.45μm过滤器过滤。

2）无水乙醇-氨水溶液：量取无水乙醇80mL，氨水1mL，加水定容至100mL，混匀。

3）pH=8的50%甲醇溶液：量取甲醇50mL，加水定容至100mL，混匀，加氨水调pH值到8。

4）pH=8的水：水加氨水调pH值到8。

5）2%氨水：量取氨水2mL，加水定容至100mL，混匀。

6）（1+9）盐酸-乙醇溶液：量取10mL盐酸和90mL乙醇，混匀。

7）50%甲醇溶液：量取甲醇50mL，加水定容至100mL，混匀。

8）固相萃取柱或相当者：Sep-Pak Plus QMA 360mg，颗粒度为37~55μm，临用前依次加5mL甲醇（色谱纯）和5mL水预处理，保持柱体湿润。

9）合成着色剂标准储备液：准确称取按其纯度折算为100%质量的柠檬黄、苋菜红、靛蓝、胭脂红、日落黄、诱惑红、亮蓝、赤藓红各0.0500g，置于100mL容量瓶中加水至刻度，配制成500μg/mL标准储备液。

10）合成着色剂标准使用液：临用前将标准储备液加水稀释成20μm/mL的标准中间液，再将该中间液稀释成0.100μm/mL、0.200μm/mL、0.400μm/mL、1.00μm/mL、3.00μm/mL、5.00μm/mL的标准系列溶液，经0.45μm过滤器过滤。

3. 检验程序和分析步骤

（1）样品的制备

1）提取：将整份试样用匀浆机打碎，再搅拌均匀，准确称取2.00g左右的样品（精确至0.01g），装入离心管中，加10mL无水乙醇-氨水溶液，涡旋0.5min，再以3000r/min的转速离心10min，将上清液倒入塞有脱脂棉的玻璃漏斗中过滤，将剩余残渣再重复操作三次，将收集的滤液（约40mL）置于80℃水浴中浓缩至约2mL，作为试样溶液。

2）净化：将浓缩后的试样溶液用2%的氨水调至pH=8后，转移到预处理过的固相萃取柱中，依次用3mL pH=8的水和pH=8的50%甲醇以小于2mL/min的流速清洗，弃去全部流出液，再用10mL（1+9）盐酸-乙醇溶液将着色剂洗脱出固相萃取柱，收集洗脱液，用氨水中和，于80℃的水浴中浓缩至尽干，冷却后用50%的甲醇溶液溶解并定容至10mL，经0.45μm滤膜过滤后，进行高效液相色谱测定。

（2）测定

1）进样量：10μL。

2）检测器：二极管阵列检测器选择柠檬黄428nm、苋菜红521nm、靛蓝608nm、胭脂红509nm、日落黄483nm、诱惑红507nm、亮蓝625nm、赤藓红529nm波长测定。

3）测定：根据保留时间定性，以外表峰面积法定量。

4. 结果计算

$$X = \frac{c \times V \times 1000}{m \times 1000} \qquad (3\text{-}2\text{-}44)$$

式中　X——试样中被测组分的含量（mg/kg）；

c——由标准曲线得到的试样溶液中被测组分的含量（μg/mL）；

V——试样溶液定容体积（mL）；

m——试样质量（g）。

计算结果保留三位有效数字。

5. 精密度

在重复性条件下获得的两次独立测定结果的绝对差值不得超过算术平均值的10%。

第八节　肉、蛋及其制品的检验

技能训练目标

1）了解亚硝酸盐、人工合成色素的测定原理。

2）熟悉仪器与试剂内容，并能够规范操作试验仪器，科学配制相关试剂。

3）规范完成各试验操作步骤，科学读取相关数据，并做好试验记录。

4）完成试验结果计算，并能科学分析试验数据，完成试验报告的编制。

5）正确理解注意事项，并能够在试验过程中解决常见问题。

技能训练内容及依据

肉、蛋及其制品检验技能训练的内容及依据见表3-2-17。

表3-2-17　肉、蛋及其制品检验技能训练的内容及依据

序　号	训练项目名称	国家标准依据
1	亚硝酸盐的测定	GB 5009.33—2010
2	人工合成着色剂（薄层色谱法）	GB/T 5009.35—2003

技能训练1　肉、蛋及其制品中亚硝酸盐的测定

1. 原理

试样经沉淀蛋白质、除去脂肪后，采用相应的方法提取和净化，以氢氧化钾溶液为淋洗液，用阴离子交换柱分离，用电导检测器检测，以保留时间定性，用外标法定量。

2. 仪器与试剂

（1）仪器　所有玻璃器皿使用前均需依次用2mol/L 氢氧化钾和水分别浸泡4h，然后用水冲洗3～5次，晾干备用。

离子色谱仪（包括电导检测器，配有抑制器、高容量阴离子交换柱、50μL 定量环）、食物粉碎机、超声波清洗器、天平（感量为 0.1mg 和 1mg）、离心机（转速大于或等于 10000r/min，配 5mL 或 10mL 离心管）、0.22μm 水性滤膜针头滤器、净化柱（包括 C_{18} 柱、Ag 柱和 Na 柱或等效柱）、注射器（1.0mL 和 2.5mL）。

（2）试剂　超纯水（电阻率大于 18.2 MΩ·cm）、乙酸（分析纯）、氢氧化钾（分析纯）、3% 乙酸溶液（量取乙酸 3mL 置于 100mL 容量瓶中，以水稀释至刻度，混匀）、亚硝酸根离子（NO_2^-）标准溶液（100mg/L，水基体）、硝酸根离子（NO_3^-）标准溶液（1000mg/L，水基体）、亚硝酸盐（以 NO_2^- 计，下同）和硝酸盐（以 NO_3^- 计，下同）混合标准使用液（准确移取亚硝酸根离子和硝酸根离子的标准溶液各 1.0mL，置于 100mL 容量瓶中，用水稀释至刻度，此溶液每 1L 含亚硝酸根离子 1.0mg 和硝酸根离子 10.0mg）。

3. 试样预处理

用四分法取适量或取全部，用食物粉碎机制成匀浆备用。

4. 提取

1）鱼类、肉类、蛋类及其制品等：称取试样匀浆 5g（精确至 0.01g，可适当调整试样的取样量，以下相同），用 80mL 水洗入 100mL 容量瓶中，超声提取 30min，每隔 5min 振摇一次，保持固相完全分散，然后于 75℃ 水浴中放置 5min，取出放置至室温，加水稀释至刻度，溶液经滤纸过滤后，取部分溶液于 10000r/min 离心 15min，上清液备用。

2）腌鱼类、腌肉类及其他腌制品：称取试样匀浆 2g（精确至 0.01g），用 80mL 水洗入 100mL 容量瓶中，超声提取 30min，每 5min 振摇一次，保持固相完全分散，然后于 75℃ 水浴中放置 5min，取出放置至室温，加水稀释至刻度，溶液经滤纸过滤后，取部分溶液于 10000r/min 离心 15min，取上清液备用。

3）取上述备用的上清液约 15mL，通过 0.22μm 水性滤膜针头滤器、C_{18} 柱，弃去前面 3mL（如果氯离子含量大于 100mg/L，则需要依次通过针头滤器、C_{18} 柱、Ag 柱和 Na 柱，弃去前面 7mL），收集后面的洗脱液待测。固相萃取柱使用前需进行活化。

5. 参考色谱条件

（1）色谱柱　氢氧化物选择性，可兼容梯度洗脱的高容量阴离子交换柱，如 Dionex IonPac AS11-HC4mm×250mm（带 IonPac AG11-HC 型保护柱 4mm×50mm），或性能相当的离子色谱柱。

（2）淋洗液　氢氧化钾溶液，浓度为 6～70mmol/L；洗脱梯度为 6mmol/L 30min，70mmol/L 5min，6mmol/L 5min；流速为 1.0mL/min。

（3）抑制器　连续自动再生膜阴离子抑制器或等效抑制装置。

（4）检测器　电导检测器，检测池温度为 35℃。

（5）进样体积　50 μL（可根据试样中被测离子含量进行调整）。

6. 测定

（1）标准曲线的绘制　移取亚硝酸盐和硝酸盐混合标准使用液，加水稀释，制成亚硝酸根离子的质量浓度为0.00mg/L、0.02mg/L、0.04mg/L、0.06mg/L、0.08mg/L、0.10mg/L、0.15mg/L、0.20mg/L，硝酸根离子的质量浓度为0.0mg/L、0.2mg/L、0.4mg/L、0.6mg/L、0.8mg/L、1.0mg/L、1.5mg/L、2.0mg/L 的混合标准系列溶液，按质量浓度从低到高依次进样，以亚硝酸根离子或硝酸根离子的质量浓度（mg/L）为横坐标，以峰高（μS）或峰面积为纵坐标，绘制标准曲线或计算线性回归方程。

（2）样品的测定　分别吸取空白溶液和试样溶液50μL，在相同工作条件下，依次注入离子色谱仪中，记录色谱图。根据保留时间定性，分别测量空白溶液和样品溶液的峰高（μS）或峰面积。

7. 结果计算

试样中亚硝酸盐（以 NO_2^- 计）或硝酸盐（以 NO_3^- 计）的含量按式（3-2-45）计算。

$$x = \frac{(c - c_0) \times V \times f \times 1000}{m \times 1000} \tag{3-2-45}$$

式中　x——试样中亚硝酸根离子或硝酸根离子的含量（mg/kg）；

c——测定用试样溶液中的亚硝酸根离子或硝酸根离子的质量浓度（mg/L）；

c_0——试剂空白溶液中亚硝酸根离子或硝酸根离子的质量浓度（mg/L）；

V——试样溶液的体积（mL）；

f——试样溶液的稀释倍数；

m——试样取样量（g）。

结果以重复性条件下获得的两次独立测定结果的算术平均值表示，保留两位有效数字。在重复性条件下获得的两次独立测定结果的绝对值差不得超过算术平均值的10%。

8. 注意事项

试样中测得的亚硝酸根离子含量乘以换算系数1.5，即得亚硝酸盐（按亚硝酸钠计）含量；试样中测得的硝酸根离子含量乘以换算系数1.37，即得硝酸盐（按硝酸钠计）含量。

技能训练2　肉、蛋及其制品中人工合成着色剂的测定（薄层色谱法）

1. 原理

水溶性酸性合成着色剂在酸性条件下被聚酰胺吸附，而在碱性条件下解吸附，再用薄层色谱法分离，与标准比较定性、定量。

2. 仪器与试剂

（1）仪器　可见分光光度计、微量注射器或血色素吸管、展开槽（25cm×6cm×4cm）、层析缸、滤纸（中速滤纸，纸色谱用）、薄层板（5cm×20cm）、电吹风机、水泵。

（2）试剂　石油醚（沸程为60～90℃）、甲醇、聚酰胺粉（200目）、硅胶G、（1+10）硫酸溶液、（6+4）甲醇-甲酸溶液、氢氧化钠溶液（50g/L），乙醇（体积分数为50%）、乙醇-氨溶液（取1mL氨溶液，加体积分数为70%的乙醇至100mL）、pH=6的水

（在水中加200g/L柠檬酸溶液调pH值到6）、（1+10）盐酸溶液、柠檬酸溶液（200g/L）、钨酸钠溶液（100g/L）。其他试剂如下：

1）展开剂

①（6+2+3）正丁醇-无水乙醇-氨水（1%）：供纸色谱用。

②（6+3+4）正丁醇-吡啶-氨水（1%）：供纸色谱用。

③（7+3+3）甲乙酮-丙酮-水：供纸色谱用。

④（10+3+2）甲醇-乙二胺-氨水：供薄层色谱用。

⑤（5+1+10）甲醇-氨水-乙醇：供薄层色谱用。

⑥（8+1+2）柠檬酸钠溶液（25g/L）-氨水-乙醇：供薄层色谱用。

2）海砂：先用（1+10）盐酸溶液煮沸15min，用水洗至中性，再用氢氧化钠溶液（50g/L）煮沸15min，用水洗至中性，再于105℃干燥，储于具玻璃塞的瓶中，备用。

3）1.00mg/mL合成着色剂标准溶液：准确称取按纯度折算为100%质量的柠檬黄、日落黄、苋菜红、胭脂红、新红、赤藓红、亮蓝、靛蓝各0.100g，置于100mL容量瓶中，加pH=6水至刻度。

4）0.1mg/mL着色剂标准使用液：临用时吸取5.0mL合成着色剂标准溶液置于50mL容量瓶，加pH=6的水稀释至刻度。

3. 样品的处理

称取10.00g粉碎均匀的试样，放入100mL烧杯中，加少量海砂，拌匀，用热风吹干（用手摸已干燥即可），加30mL石油醚搅拌，放置片刻，倾出石油醚，如此处理三次，以除去脂肪。吹干后研细，全部倒入漏斗中，用乙醇-氨溶液提取着色剂。将着色剂完全提出后，再置于水浴上浓缩至约20mL，立即用（1+10）硫酸溶液调至微酸性，再加1mL（1+10）硫酸溶液，加1mL钨酸钠溶液（100g/L），使蛋白质沉淀，过滤，用少量水洗涤，收集滤液。

4. 吸附分离

将处理所得的溶液加热至70℃，加入0.5~1.0g聚酰胺粉，充分搅拌，用柠檬酸溶液（200g/L）调至pH=4左右，使着色剂完全被吸附（如果溶液还有颜色，则再多加一些聚酰胺粉）。将混合物过滤（可以抽滤），用pH=4、70℃的水反复洗涤聚酰胺粉，每次20mL，边洗边搅。若含有天然着色剂，则再用甲醇-甲酸溶液洗1~3次，每次20mL，洗至滤液无色为止，再用70℃的水反复洗涤至流出的溶液为中性。洗涤过程中要搅拌。

用乙醇-氨溶液分数次解吸着色剂，收集全部解吸液，置于水浴上去除氨。如果样品中只有一种着色剂，则用水稀释至50mL，用分光光度计测定。如果为多种混合着色剂，则把除去氨的解吸液置于水浴上浓缩至约2mL，转移至5mL容量瓶，用体积分数为50%的乙醇洗涤容器，将洗液并入容量瓶，定容，用薄层色谱法测定。

5. 定性

（1）薄层板的制备　称取1.6g聚酰胺粉、0.4g可溶性淀粉、2g硅胶G，置于研钵中，加15mL水研磨均匀后，立即置于涂布器中，铺成0.3mm的板，在室温下晾干，于

80℃干燥1h，置于干燥器中备用。

（2）点样　在离底边2cm处，将0.5mL样液从左至右点成与底边平行的条状，板的左边点2μL着色剂标准使用液。

（3）展开　取适量展开剂（苋菜红、胭脂红用展开剂④，亮蓝、靛蓝用展开剂⑤，柠檬黄与其他着色剂用展开剂⑥）置于层析缸中，将薄层板放入展开，待着色剂明显分开后取出，晾干，与标准斑比较定性。

6. 定量

（1）绘制标准曲线　分别吸取0.0mL、0.5mL、1.0mL、2.0mL、3.0mL、4.0mL柠檬黄、日落黄、苋菜红、胭脂红标准使用溶液，或者0.0mL、0.2mL、0.4mL、0.6mL、0.8mL、1.0mL亮蓝、靛蓝标准使用溶液，分别置于10mL比色管中，各加水至刻度。

用1cm比色杯，以零管调零，在一定波长下测定吸光度值，绘制标准曲线。

各种着色剂的最大吸收波长：柠檬黄为430nm，日落黄为482nm，苋菜红为520nm，胭脂红为510nm，亮蓝为627nm，靛蓝为620nm。

（2）试样的测定　用刀将薄层色谱板的条状色斑分别刮下，移入漏斗中，用乙醇-氨溶液解吸着色剂，少量反复多次，将解洗液并于蒸发皿中，在水浴上挥去氨，移入10mL比色管，并加水至刻度，做比色用。

用同样的条件测定试样溶液的吸光度，与标准系列溶液对照定量。

7. 结果计算

试样中着色剂的含量按照式（3-2-46）计算。

$$X = \frac{A \times 1000}{m \times \frac{V_2}{V_1} \times 1000} \tag{3-2-46}$$

式中　X——样品中着色剂的含量（g/kg）；

A——测定用样品液中着色剂的质量（mg）；

V_1——试样解析后的总体积（mL）；

V_2——测定时点样用的体积（mL）；

m——样品的质量（g）。

计算结果保留两位有效数字。

第九节　调味品、酱腌制品的检验

技能训练目标

1）了解调味品和酱腌制品中总砷、铅、山梨酸、苯甲酸的测定原理。

2）熟悉仪器与试剂，并能够规范操作试验仪器，科学配制相关试剂。

3）规范完成各试验操作步骤，科学读取相关数据，并做好试验记录。

4）完成试验结果计算，并能科学分析试验数据，完成试验报告的编制。

5）正确理解注意事项，并能够在试验过程中解决常见问题。

技能训练内容及依据

调味品、酱腌制品检验技能训练的内容及依据见表 3-2-18。

表 3-2-18　调味品、酱腌制品检验技能训练的内容及依据

序　号	训练项目名称	国家标准依据
1	总砷的测定	GB/T 5009.11—2003
2	铅的测定	GB 5009.12—2010
3	山梨酸、苯甲酸的测定	GB/T 5009.29—2003

技能训练 1　调味品、酱腌制品中总砷的测定（氢化物原子荧光光度法）

1. 原理

食品试样经湿消解或干灰化后，加入硫脲使五价砷预还原为三价砷，再加入硼氢化钠或硼氢化钾使其还原生成砷化氢，由氩气载入石英原子化器中分解为原子态砷，在特制砷空心阴极灯的发散光激发下产生原子荧光，其荧光强度在固定条件下与被测液中的砷含量成正比，与标准系列溶液比较定量。

2. 仪器与试剂

（1）仪器　原子荧光光度计。

（2）试剂　氢氧化钠溶液（2g/L）、硫脲溶液（50g/L）、氢氧化钠溶液（100g/L）。其他试剂如下：

1）硼氢化钠溶液（10g/L）：称取硼氢化钠 10.0g（也可称取 14g 硼氢化钾代替 10g 硼氢化钠），溶于 1000mL 2g/L 氢氧化钠溶液中，混匀。此溶液置于冰箱中可保存 10 天，取出后应当日使用。

2）（1+9）硫酸溶液：量取硫酸 100mL，小心倒入 900mL 水中，混匀。

3）砷标准储备液（0.1mg/mL）：精确称取于 100℃ 干燥 2h 以上的三氧化二砷 0.1320g，加 100g/L 氢氧化钠 10mL 溶解，用适量水转入 1000mL 容量瓶中，加（1+9）硫酸 25mL，用水定容至刻度。

4）砷标准使用液（1μg/mL）：吸取 1.00mL 砷标准储备液置于 100mL 容量瓶中，用水稀释至刻度。此液应当日配制使用。

5）湿消解试剂：硝酸、硫酸、高氯酸。

6）干灰化试剂：六水硝酸镁（150g/L）、氯化镁、（1+1）盐酸溶液。

3. 操作步骤

（1）试样的消解

1）湿消解：固体试样称样 1～2.5g，液体试样称样 5～10g（或 5～10mL，精确至小数点后第二位），置入 5～100mL 锥形瓶中，同时做两份试剂空白，加 20～40mL 硝酸和 1.25mL 硫酸，摇匀后放置过夜，然后置于电热板上加热消解。若消解液处理至 10mL

左右时仍有未分解物质或色泽变深，则将其取下放冷，补加5～10mL硝酸，再消解至10mL左右观察，如此反复两三次，注意避免炭化。若仍不能消解完全，则加入1～2mL高氯酸，继续加热至消解完全后，再持续蒸发至高氯酸的白烟散尽，硫酸的白烟开始冒出，冷却，加25mL水，再蒸发至硫酸冒白烟，冷却，用水将内容物转入25mL容量瓶或比色管中，加入2.5mL 50g/L的硫脲，补水至刻度并混匀，备测。

2）干灰化（一般应用于固体试样）：称取1～2.5g试样（精确至小数点后第二位）置于50～100mL坩埚中（同时做两份试剂空白），加150g/L硝酸镁10mL混匀，低热蒸干，将氧化镁1g仔细覆盖在干渣上，于电炉上炭化至无黑烟，移入550℃高温炉灰化4h，取出放冷，小心加入（1+1）盐酸溶液10mL，以中和氧化镁并溶解灰分，转入25mL容量瓶或比色管中，向容量瓶或比色管中加入2.5mL 50g/L的硫脲，另用（1+9）硫酸分数次涮洗坩埚后转出合并，直至25mL刻度，混匀，备测。

（2）样液的制备　取25mL容量瓶或比色管6支，依次准确加入1μg/mL砷标准使用液0mL、0.05mL、0.2mL、0.5mL、2.0mL、5.0mL（各相当于砷的质量浓度为0ng/mL、2.0ng/mL、8.0ng/mL、20.0ng/mL、80.0ng/mL、200.0ng/mL），各加12.5mL（1+9）硫酸溶液、2.5mL 50g/L硫脲，补加水至刻度，混匀，备测。

（3）测定

1）仪器参考条件：光电倍增管电压为400V；砷空心阴极灯电流为35mA；原子化器温度为820～850℃，高度为7mm；氩气流速，载气为600mL/min；测量方式为荧光强度或浓度直读，读数方式为峰面积；读数延迟时间为1s；读数时间为15s；硼氢化钠溶液加入时间为5s；标准溶液或样液加入体积为2mL。

2）浓度方式测量：若直接测荧光强度，则在开机并设定好仪器条件后，预热稳定约20min，按“B”键进入空白值测量状态，连续用标准系列溶液的“0”管进样，待读数稳定后，按空档键记录下空白值（即让仪器自动扣底）即可开始测量。先依次测标准系列溶液（可不再测“0”管），标准系列溶液测完后应仔细清洗进样器（或更换一支），并再用“0”管测试，使读数基本回零，然后才能测试剂空白和试样。在每次测不同的试样前都应清洗进样器，记录（或打印）下测量数据。

3）仪器自动方式：利用仪器提供的软件功能可进行浓度直读测定，为此在开机、设定条件和预热后，还需输入必要的参数，即试样量（g或mL）、稀释体积（mL）、进样体积（mL）、结果的浓度单位、标准系列溶液各点的重复测量次数、标准系列溶液的点数（不计零点）以及各点的浓度。首先进入空白值测量状态，连续用标准系列溶液的“0”管进样，以获得稳定的空白值并执行自动扣底后，再依次测标准系列溶液（此时“0”管需再测一次）。在测样液前，需再进入空白值测量状态，先用标准系列溶液“0”管测试，使读数复原并稳定后，再用两个试剂空白各进一次样，让仪器取其均值作为扣底的空白值，随后即可依次测试样。测定完毕后退回主菜单，选择“打印报告”即可将测定结果打印出来。

4. 结果计算

如果采用荧光强度测量方式，则需先对标准系列溶液的结果进行回归运算（由于测量时“0”管强制为0，故应该输入零点值以占据一个电位），然后根据回归方程求出试剂空白液和试样被测液中砷的含量，再按式（3-2-47）计算试样中的砷含量。

$$X = \frac{c_1 - c_0}{m} \times \frac{25}{1000} \tag{3-2-47}$$

式中 X——试样中砷的含量（mg/kg或mg/L）；

c_1——试样被测液的浓度（ng/mL）；

c_0——试剂空白液的浓度（ng/mL）；

m——试样的质量或体积（g或mL）。

计算结果保留两位有效数字。

5. 精密度

湿消解法在重复性条件下获得的两次独立测定结果的绝对差值不得超过算术平均值的10%。干灰化法在重复性条件下获得的两次独立测定结果的绝对差值不得超过算术平均值的15%。

6. 准确度

湿消解法测定的回收率为90%～105%；干灰化法测定的回收率为85%～100%。

技能训练2　调味品、酱腌制品中铅的测定（石墨炉原子吸收光谱法）

1. 原理

样品经灰化或酸消解后，注入原子吸收分光光度计的石墨炉中，电热原子化后吸收283.3nm共振线，在一定浓度范围内，其吸收值与铅含量成正比，与标准系列溶液比较定量。

2. 仪器与试剂

（1）仪器　原子吸收分光光度计（附石墨炉及铅空心阴极灯）、马弗炉、干燥恒温箱、瓷坩埚、压力消解器、压力消解罐或压力溶弹、可调式电热板、可调式电炉、天平（感量为1mg）。

（2）试剂　硝酸（优级纯）、过硫酸铵（分析纯）、过氧化氢（30%）、高氯酸（优级纯）。

1）（1+1）硝酸：取50mL硝酸慢慢加入50mL水（GB/T 6682—2008规定的一级水，下同）中。

2）硝酸（0.5mol/L）：取3.2mL硝酸加入50mL水中，稀释至100mL。

3）硝酸（1mol/L）：取6.4mL硝酸加入50mL水中，稀释至100mL。

4）磷酸二氢铵溶液（20g/L）：称取2.0g磷酸二氢铵，以水溶解稀释至100mL。

5）（4+1）硝酸-高氯酸混合酸：取4份硝酸与1份高氯酸混合。

6）铅标准储备液：准确称取1.000g金属铅（质量分数为99.99%），分数次加少量（1+1）硝酸，加热溶解，总量不超过37mL，移入1000mL容量瓶，加水至刻度，混匀。此溶液每毫升含1.0mg铅。

7）铅标准使用液：吸取铅标准储备液1.0mL置于100mL容量瓶中，加0.5mol/L

硝酸或1mol/L硝酸至刻度，如此经多次稀释成每毫升含10.0ng，20.0ng，40.0ng，60.0ng，80.0ng铅的标准使用液。

3. 操作步骤

（1）样品的消解

1）压力消解罐消解法：称取1.00~2.00g样品（干样、含脂肪高的样品小于1.00g，鲜样小于2.0g，或按压力消解罐使用说明书称取样品）置于聚四氟乙烯内罐，加硝酸2~4mL浸泡过夜，再加过氧化氢（30%）2~3mL（总量不能超过罐容积的1/3），盖好内盖，旋紧不锈钢外套，放入恒温干燥箱，于120~140℃保持3~4h，在箱内自然冷却至室温，用滴管将消化液洗入或过滤入（视消化后样品的盐分而定）10~25mL容量瓶中，用水少量多次洗涤罐，将洗液合并于容量瓶中并定容至刻度，混匀备用。同时做试剂空白液。

2）干法灰化：称取1.00~5.00g（根据铅含量而定）样品置于瓷坩埚中，先用小火在可调式电热板上炭化至无烟，再移入马弗炉于500℃灰化6~8h，冷却。若个别样品灰化不彻底，则加1mL混合酸在可调式电炉上用小火加热，反复多次直到消化完全。放冷，用硝酸（0.5mol/L）将灰分溶解，用滴管将样品消化液洗入或过滤入（视消化后样品的盐分而定）10~25mL容量瓶中，用水少量多次洗涤瓷坩埚，将洗液合并于容量瓶中并定容至刻度，混匀备用。同时做试剂空白液。

3）过硫酸铵灰化法：称取1.00~5.00g样品置于瓷坩埚中，加2~4mL硝酸浸泡1h以上，先用小火炭化，冷却后加2.00~3.00g过硫酸铵盖于上面，继续炭化至不冒烟，转入马弗炉，于500℃恒温2h，再升温至800℃，保持20min，冷却，加2~3mL硝酸（1.0mol/L），用滴管将样品消化液洗入或过滤入（视消化后样品的盐分而定）10~25mL容量瓶中，用水少量多次洗涤瓷坩埚，将洗液合并于容量瓶中并定容至刻度，混匀备用。同时做试剂空白液。

4）湿式消解法：称取样品1.00~5.00g置于锥形瓶或高脚烧杯中，放数粒玻璃珠，加10mL混合酸（或再加1~2mL硝酸），加盖浸泡过夜，加一只小漏斗于电炉上消解，若变棕黑色，则再加混合酸，直至冒白烟，消化液呈无色透明或略带黄色，放冷用滴管将样品消化液洗入或过滤入（视消化后样品的盐分而定）10~25mL容量瓶中，用水少量多次洗涤锥形瓶或高脚烧杯，将洗液合并于容量瓶中并定容至刻度，混匀备用。同时做试剂空白液。

（2）测定

1）仪器条件：根据各自仪器性能调至最佳状态。参考条件为：波长为283.3nm，狭缝宽度为0.2~1.0nm，灯电流为5~7mA，干燥温度为120℃（时间为20s），灰化温度为450℃（持续15~20s），原子化温度为1700~2300℃（持续4~5s），背景校正为氘灯或塞曼效应。

2）标准曲线的绘制：吸取上面配制的铅标准使用液10.0μg/L、20.0μg/L、40.0μg/L、60.0μg/L、80.0μg/L各10μL，注入石墨炉，测得其吸光度并求得吸光度与含量关系的一元线性回归方程。

3）样品的测定：分别吸取样液和试剂空白液各 10μL，注入石墨炉，测得其吸光值，代入标准系列的一元线性回归方程中求得样液中的铅含量。

4）基体改进剂的使用：对于有干扰样品，则注入适量的基体改进剂（20g/L 磷酸铵溶液）（一般加入量小于 5μL）消除干扰。绘制铅标准曲线时也要加入与样品测定时等量的基体改进剂。

4. 结果计算

试样中铅的含量按式（3-2-48）进行计算

$$X = \frac{(c_1 - c_0) \times V \times 1000}{m \times 1000 \times 1000} \tag{3-2-48}$$

式中 X——样品中铅的含量（mg/kg）；

c_1——测定样液中铅的含量（ng/mL）；

c_0——空白液中铅的含量（ng/mL）；

V——试样品消化液定量总体积（mL）；

m——样品质量（g）。

结果以重复性条件下获得的两次独立测定结果的算术平均值表示，保留两位有效数字。

5. 精密度

在重复性条件下获得的两次独立测定结果的绝对差值不得超过算术平均值的 20%。

技能训练 3　调味品、酱腌制品中山梨酸和苯甲酸的测定（气相色谱法）

1. 原理

试样酸化后，用乙醚提取山梨酸、苯甲酸，用附氢火焰离子化检测器的气相色谱仪进行分离测定，与标准系列溶液比较定量。

2. 仪器与试剂

（1）仪器　气相色谱仪（具有氢火焰离子化检测器）。

（2）试剂　乙醚（不含过氧化物）、石油醚（沸程为 30～60℃）、盐酸、无水硫酸钠。其他试剂如下：

1）（1+1）盐酸溶液：取 100mL 盐酸，加水稀释至 200mL。

2）氯化钠酸性溶液（40g/L）：于氯化钠溶液（40g/L）中加少量（1+1）盐酸溶液进行酸化。

3）山梨酸、苯甲酸标准溶液：准确称取山梨酸、苯甲酸各 0.2000g，置于 100mL 容量瓶中，用（3+1）石油醚-乙醚混合溶剂溶解后稀释至刻度。此溶液每毫升相当于 2.0mg 山梨酸或苯甲酸。

4）山梨酸、苯甲酸标准使用液：吸取适量的山梨酸、苯甲酸标准溶液，以（3+1）石油醚-乙醚混合溶剂稀释至每毫升相当于 50μg、100μg、150μg、200μg、250μg 山梨酸或苯甲酸。

3. 操作步骤

（1）试样的提取　称取2.50g事先混合均匀的试样，置于25mL带塞量筒中，加0.5mL（1+1）盐酸酸化，分别用15mL、10mL乙醚提取两次，每次振摇1min，将上层乙醚提取液吸入另一个25mL带塞量筒中，合并乙醚提取液，用3mL氯化钠酸性溶液（40g/L）洗涤两次，静止15min，用滴管将乙醚层通过无水硫酸钠滤入25mL容量瓶中，加乙醚至刻度，混匀。准确吸取5mL乙醚提取液置于5mL带塞刻度试管中，置于40℃水浴上挥干，加入2mL（3+1）石油醚-乙醚混合溶剂溶解残渣，备用。

（2）色谱参考条件

1）色谱柱：玻璃柱，内径为3mm，长度为2m，内装涂以5% DEGS+1%磷酸固定液的60～80目Chromosorb W AW。

2）气流速度：载气为氮气，气流速度为50mL/min（氮气和空气、氢气之比按各仪器型号选择各自的最佳值）。

3）温度：进样口温度为230℃，检测器温度为230℃，柱温为170℃。

（3）测定　各浓度的标准使用液各进样2μL于气相色谱仪中，可测得不同浓度的山梨酸、苯甲酸的峰高，以浓度为横坐标，相应的峰高值为纵坐标，绘制标准曲线。同时进样2 μL试样溶液，测得峰高，与标准曲线比较定量。

4. 结果计算

试样中山梨酸或苯甲酸的含量按式（3-2-49）进行计算。

$$X=\frac{A\times 1000}{m\times \frac{5}{25}\times \frac{V_2}{V_1}\times 1000} \tag{3-2-49}$$

式中　X——试样中山梨酸或苯甲酸的含量（mg/kg）；

A——测定用试样液中山梨酸或苯甲酸的质量（μg）；

V_1——加入（3+1）石油醚-乙醚混合溶剂的体积（mL）；

V_2——测定时进样的体积（μL）；

m——试样的质量（g）；

5——测定时吸取乙醚提取液的体积（mL）；

25——试样乙醚提取液的总体积（mL）。

由测得的苯甲酸的含量乘以1.18，即为试样中苯甲酸钠的含量。计算结果保留两位有效数字。

5. 精密度

在重复性条件下获得的两次独立测定结果的绝对差值不得超过算术平均值的10%。

技能训练4　调味品、酱腌制品中山梨酸和苯甲酸的测定（高效液相色谱法）

1. 原理

试样加热除去二氧化碳和乙醇，调pH值至近中性，过滤后进高效液相色谱仪，经反相色谱分离后，根据保留时间和峰面积进行定性和定量。

2. 仪器与试剂

（1）仪器　高效液相色谱仪（带紫外检测器）。

（2）试剂　所用试剂除另有规定外均为分析纯试剂，水为蒸馏水或同等纯度的水，溶液为水溶液。甲醇经 0.5μm 滤膜过滤、（1+1）稀氨水（氨水加水等体积混合）、0.02mol/L 乙酸铵溶液（称取 1.54g 乙酸铵，加水至 1000mL，溶解，经 0.45um 滤膜过滤）、20g/L 碳酸氢钠溶液［称取 2g 碳酸氢钠（优级纯），加水至 100mL，振摇溶解］。其他试剂如下：

1）苯甲酸标准储备溶液：准确称取 0.1000g 苯甲酸，加碳酸氢钠溶液（20g/L）5mL，加热溶解，移入 100mL 容量瓶中，加水定容至 100mL，苯甲酸含量为 1mg/mL，作为储备溶液。

2）山梨酸标准储备溶液：准确称取 0.1000g 山梨酸，加碳酸氢钠溶液（20g/L）5mL，加热溶解，移入 100mL 容量瓶中，加水定容至 100mL，山梨酸含量为 1mg/mL，作为储备溶液。

3）苯甲酸、山梨酸标准混合使用溶液：取苯甲酸、山梨酸标准储备溶液各 10.0mL，放入 100mL 容量瓶中，加水至刻度。此溶液含苯甲酸、山梨酸各 0.1mg/mL，经 0.45μm 滤膜过滤。

3. 操作步骤

（1）试样的处理　称取 10.0g 试样，放入小烧杯中，用水浴加热除去乙醇，用（1+1）氨水调 pH 值约为 7，加水定容至适当体积，经 0.45μm 滤膜过滤。

（2）高效液相色谱参考条件

1）柱：YWG—C_{18}　4.6mm×250mm，10μm 不锈钢柱。

2）流动相：（5+95）甲醇-乙酸铵溶液（0.02mol/L）。

3）流速：1mL/min。

4）进样量：10μL。

5）检测器：紫外检测器，波长为 230nm，0.2AUFS。

根据保留时间定性，用外标峰面积法定量。

4. 结果计算

试样中苯甲酸或山梨酸的含量按式（3-2-50）进行计算。

$$X = \frac{A \times 1000}{m \times \frac{V_2}{V_1} \times 1000} \tag{3-2-50}$$

式中　X——试样中山梨酸或苯甲酸的含量（g/kg）；

A——进样溶液中山梨酸或苯甲酸的质量（mg）；

V_1——进样体积（mL）；

V_2——试样稀释液总体积（μL）；

m——试样的质量（g）。

计算结果保留两位有效数字。

5. 精密度

在重复性条件下获得的两次独立测定结果的绝对差值不得超过算术平均值的10%。

第十节 茶叶的检验

技能训练目标

1）了解应用高效液相色谱法与紫外分光光度法测定茶叶中咖啡碱的原理。

2）熟悉仪器与试剂，并能够规范操作试验仪器，科学配制相关试剂。

3）规范完成各试验操作步骤，科学读取相关数据，并做好试验记录。

4）完成试验结果计算，并能科学分析试验数据，完成试验报告的编制。

5）正确理解注意事项，并能够在试验过程中解决常见问题。

技能训练内容及依据

茶叶检验技能训练的内容及依据见表3-2-19。

表3-2-19 茶叶检验技能训练的内容及依据

序号	训练项目名称	国家标准依据
1	茶叶中咖啡碱的测定（高效液相色谱法）	GB/T 8312—2013
2	茶叶中咖啡碱的测定（紫外分光光度法）	GB/T 8312—2013

技能训练1 茶叶中咖啡碱的测定（高效液相色谱法）

1. 原理

茶叶中的咖啡碱经沸水和氧化镁混合提取后，经高效液相色谱仪、C_{18}分离柱、紫外检测器检测，与标准系列溶液比较定量。

2. 仪器与试剂

（1）仪器 高效液相色谱仪、紫外检测器（检测波长为280nm）、分析柱［C_{18}（ODS柱）］、分析天平（感量为0.0001g）。

（2）试剂 除非另有说明，所用试剂均为分析纯，水为蒸馏水。氧化镁（重质）、甲醇（色谱纯）、高效液相色谱流动相（取600mL甲醇倒入1400mL重蒸馏水，混匀，脱气）、0.5mg/mL咖啡碱标准储备液［称取125mg咖啡碱（纯度不低于99%），加（1+4）乙醇-水溶解，定容至250mL，摇匀］、标准系列工作溶液（吸取1.0mL、2.0mL、5.0mL、10.0mL 0.5mg/mL咖啡碱标准储备液，分别加水定容至50mL，质量浓度分别为10μg/mL、20μg/mL、50μg/mL、100μg/mL）。

3. 操作步骤

（1）试液的制备 按GB/T 8302—2013的规定取样，称取1.0g（准确至0.0001g）

磨碎的茶样，置于500mL烧瓶中，加4.5g氧化镁及300mL沸水，于沸水浴中加热，浸提20min（每隔5min摇动一次），浸提完毕后立即趁热减压过滤，将滤液移入500mL容量瓶中，冷却后，用水定容至刻度，混匀。取一部分试液，通过0.45μm滤膜过滤，待用。

（2）色谱条件

1）检测波长：紫外检测器，波长为280nm。

2）流动相：高效液相色谱流动相。

3）流速：0.5～1.5mL/min。

4）柱温：40℃。

5）进样量：10～20μL。

（3）测定　准确吸取制备液10～20μL注入高效液相色谱仪，并用咖啡碱标准系列工作溶液制作标准曲线，进行色谱测定。

4. 结果计算

比较试样和标准样的峰面积进行定量。茶叶中咖啡碱的含量以干态质量分数表示，按式（3-2-51）计算。

$$X = \frac{c \times V}{m \times w \times 10^6} \times 100\% \qquad (3\text{-}2\text{-}51)$$

式中　c——测定液中咖啡碱的含量（μg/mL）；

V——样品总体积（mL）；

m——试样的质量（g）；

w——样品干物质含量（质量分数）。

如果符合重复性的要求，则取两次测定结果的算术平均值作为结果，保留至小数点后第一位。

5. 重复性

在重复性条件下同一样品的两次测定结果的绝对差值不得超过算术平均值的10%。

技能训练2　茶叶中咖啡碱的测定（紫外分光光度法）

1. 原理

茶叶中的咖啡碱易溶于水，除去干扰物质后，用特定波长测定其含量。

2. 仪器与试剂

（1）仪器　分析天平（感量为0.001g）、紫外分光光度仪。

（2）试剂　除非另有说明，所用试剂均为分析纯，水为蒸馏水。

1）碱式乙酸铅溶液：称取50g碱式乙酸铅，加水100mL，静置过夜，倾出上清液过滤。

2）0.01mol/L盐酸：取0.9mL浓盐酸，用水稀释至1L，摇匀。

3）4.5mol/L硫酸：取浓硫酸250mL，用水稀释至1L，摇匀。

4）咖啡碱标准液：称取100mg咖啡碱（纯度不低于99%）溶于100mL水中，作

为母液，准确吸取 5mL，加水至 100mL，作为工作液（1mL 含咖啡碱 0.05mg）。

3. 操作步骤

（1）试样的制备　称取 3g（准确至 0.001g）磨碎的试样置于 500mL 锥形瓶中，加沸蒸馏水 450mL，立即移入沸水浴中，浸提 45min（每隔 10min 摇动一次）。浸提完毕后立即趁热减压过滤，将滤液移入 500mL 容量瓶中，残渣用少量热蒸馏水洗涤 2 次或 3 次，并将滤液滤入上述容量瓶中，冷却后用蒸馏水稀释至刻度。

用移液管准确吸取上述试液 10mL，移入 100mL 容量瓶中，加入 4mL0.01mol/L 盐酸和 1mL 碱式乙酸铅溶液，用水稀释至刻度，混匀，静置，澄清后过滤。准确吸取滤液 25mL，注入 50mL 容量瓶中，加入 0.1mL 4.5mol/L 硫酸溶液，加水稀释至刻度，混匀，静置，澄清后过滤。用 10mm 比色杯，在波长 274nm 处以试剂空白溶液作参比，测定吸光度（A）。

（2）测定

1）咖啡碱标准曲线的绘制：分别吸取 0mL、1mL、2mL、3mL、4mL、5mL、6mL 咖啡碱工作液置于一组 25mL 容量瓶中，各加入 1.0mL 盐酸（0.01mol/L），用水稀释至刻度，混匀，用 10mm 石英比色杯，在波长 274nm 处，以试剂空白溶液作参比，测定吸光度（A）。

2）用测得的吸光度与对应的咖啡碱含量绘制标准曲线。

4. 结果计算

茶叶中咖啡碱的含量以干态质量分数表示，按式（3-2-52）计算。

$$X = \frac{\frac{c \times V}{1000} \times \frac{100}{10} \times \frac{50}{25}}{m \times w} \times 100\% \tag{3-2-52}$$

式中　c——根据试样测得的吸光度（A），从咖啡碱标准曲线上查得的咖啡碱相应含量（mg/mL）；

V——试液总量（mL）；

m——试样用量（g）；

w——样品干物质的含量（质量分数）。

如果符合重复性，则取两次测定结果的算术平均值作为结果，保留至小数点后一位。

资料库　食品检验检测方法涉及的项目

1. 食品检验项目及内容

1）食品检验检测方法涉及的感官指标有外观、色泽、香气、滋味（口味）、风味、形态（组织形状）、颜色等。

2）食品检验检测方法涉及的理化指标有水分、密度、灰分、蛋白质、脂肪、总糖、还原糖、粗纤维、氨基酸、淀粉、蔗糖、酸度、碱度、酒精度、色度、浊度、维生素等，以及食品添加剂、各类食品的特征性指标。

3）食品检验检测方法涉及的卫生标准理化指标和微生物要求有铅、总砷、无机砷、铜、锌、镉、总汞、有机汞、氟、有机磷农药残留量、黄曲霉毒素、菌落总数、大肠菌群、沙门氏菌、致病菌等。

2. 饮料半成品、成品检验项目

饮料半成品、成品检验应严格执行相应的技术标准。产品质量检验项目包括发证检验项目、监督检验项目和出厂检验项目。以下列出的检验项目基于发证的检验要求，表示出厂检验要求的项目和要求企业每年2次检验的项目。由于所有饮料产品检测项目中的食品添加剂均包括苯甲酸、山梨酸、糖精钠、甜蜜素和着色剂，因此下面不再详细列出。

（1）瓶、桶饮用水

1）感官指标：色度、浑浊度、味、肉眼可见物。

2）净含量。

3）理化指标：铜、总砷、镉、铬、余氯、三氯甲烷、耗氧量、挥发性酚、亚硝酸盐。

4）卫生指标：菌落总数、大肠菌群、霉菌、酵母菌、致病菌。

（2）碳酸饮料

1）感官指标。

2）净含量。

3）理化指标：可溶性固形物、二氧化碳气容量、总酸、咖啡因、砷、铅、铜、食品添加剂、钾、钠、钙、镁、抗坏血酸、硫胺素及其衍生物、核黄素及其衍生物。其中，咖啡因为可乐型碳酸饮料检验项目，钾、钠、钙、镁、抗坏血酸、硫胺素及其衍生物、核黄素及其衍生物为充气运动饮料检验项目。

4）卫生指标：菌落总数、大肠菌群、霉菌、酵母数、致病菌。

（3）茶饮料

1）感官指标。

2）净含量。

3）理化指标：茶多酚、咖啡因、食品添加剂、pH值、二氧化碳气容量、总酸、蛋白质、铅、铜、砷。

4）卫生指标：菌落总数、大肠菌群、霉菌、酵母菌、致病菌、商业无菌。商业无菌为除碳酸型茶饮料和奶味茶饮料外，三片金属罐包装其他茶饮料的卫生指标检验项目；菌落总数、大肠菌群、致病菌、霉菌、酵母菌为碳酸型茶饮料、奶味茶饮料和非三片金属罐包装其他茶饮料的卫生指标检验项目；总酸、二氧化碳气容量为碳酸型茶饮料检验项目；蛋白质为奶味茶饮料检验项目；pH值为除碳酸型茶饮料之外其他茶饮料的检验项目。

（4）果（蔬）汁及果（蔬）汁饮料

1）感官指标。

2）净含量。

3）理化指标：总酸，可溶性固形物，原果汁，铜，砷，铅，食品添加剂，二氧化硫残留量（苯甲酸、山梨酸、糖精钠、甜蜜素、着色剂），铁，锌，锡，铁、锌、锡含量总和，展青霉素。

4）卫生指标：菌落总数、大肠菌群、霉菌、酵母菌、致病菌、商业无菌。原果汁为橙、柑、桔汁及其饮料的测定项目；展青霉素为苹果汁和山楂汁的测定项目；铁，锌，锡和铁、锌、锡含量总和为金属罐装产品要求的检验项目。

（5）含乳饮料及植物蛋白饮料

1）含乳饮料

① 感官指标。

② 净含量。

③ 理化指标：蛋白质、可溶性固形物、脂肪、酸度、食品添加剂、铅、铜、砷。

④ 卫生指标：菌落总数、大肠菌群、霉菌、酵母菌、致病菌、乳酸菌。乳酸菌为活性乳酸菌饮料检验项目，菌落总数为非活性乳酸菌饮料检验项目。

2）植物蛋白饮料

① 感官指标。

② 净含量。

③ 理化指标：蛋白质、氰化物、尿酶试验、食品添加剂、铅、铜、砷。

④ 卫生指标：包括菌落总数、大肠菌群、霉菌、酵母菌、致病菌、乳酸菌、商业无菌。氰化物、尿酶试验分别为以杏仁为原料的产品和以大豆为原料的产品的检验项目；商业无菌为三片罐装产品的检验项目；菌落总数、大肠菌群、致病菌、霉菌、酵母菌为其他包装产品的检验项目。

（6）固体饮料

1）感官指标。

2）净含量。

3）理化指标：水分、蛋白质、咖啡因、食品添加剂、铅、铜、砷。

4）卫生指标：菌落总数、大肠菌群、霉菌、致病菌。蛋白质、咖啡因分别为蛋白型固体饮料和焙烤型固体饮料的检验项目。

附　录

附录 A　大肠菌群最可能数（MPN）检索表

阳性管数			MPN	95%可信限		阳性管数			MPN	95%可信限	
0.10	0.01	0.001		下限	上限	0.10	0.01	0.001		下限	上限
0	0	0	<3.0	—	9.5	2	2	0	21	4.5	42
0	0	1	3.0	0.15	9.6	2	2	1	28	8.7	94
0	1	0	3.0	0.15	11	2	2	2	35	8.7	94
0	1	1	6.1	1.2	18	2	3	0	29	8.7	94
0	2	0	6.2	1.2	18	2	3	1	36	8.7	94
0	3	0	9.4	3.6	38	3	0	0	23	4.6	94
1	0	0	3.6	0.17	18	3	0	1	38	8.7	110
1	0	1	7.2	1.3	18	3	0	2	64	17	180
1	0	2	11	3.6	38	3	1	0	43	9	180
1	1	0	7.4	1.3	20	3	1	1	75	17	200
1	1	1	11	3.6	38	3	1	2	120	37	420
1	2	0	11	3.6	42	3	1	3	160	40	420
1	2	1	15	4.5	42	3	2	0	93	18	420
1	3	0	16	4.5	42	3	2	1	150	37	420
2	0	0	9.2	1.4	38	3	2	2	210	40	430
2	0	1	14	3.6	42	3	2	3	290	90	1.000
2	0	2	20	4.5	42	3	3	0	240	42	1.000
2	1	0	15	3.7	42	3	3	1	460	90	2.000
2	1	1	20	4.5	42	3	3	2	1100	180	4.100
2	1	2	27	8.7	94	3	3	3	>1100	420	—

注：1. 本表采用 3 个稀释度［0.1g（mL）、0.01g（mL）和 0.001g（mL）］，每个稀释度接种 3 管。

2. 表内所列检样量若改用 1g（mL）、0.1g（mL）和 0.01g（mL），则表内数值应相应降为原来的 1/10；若改用 0.01g（mL）、0.001g（mL）、0.0001g（mL），则表内数值应相应增为原来的 10 倍，其余类推。

附录 B　MPN 检索表

阳性管数			MPN 100mL(g)	95%可信限	
1mL(g)×3	0.1mL(g)×3	0.01mL(g)×3		下限	上限
0	0	0	30	<5	90
0	0	1	30		
0	0	2	60		
0	0	3	90		
0	1	0	30	<5	130
0	1	1	60		
0	1	2	90		
0	1	3	120		
0	2	0	60	—	—
0	2	1	90		
0	2	2	120		
0	2	3	160		
0	3	0	90	—	—
0	3	1	130		
0	3	2	160		
0	3	3	190		
1	0	0	40	<5	200
1	0	1	70	10	210
1	0	2	110	—	—
1	0	3	150	—	—
1	1	0	70	10	230
1	1	1	110	30	360
1	1	2	150	—	—
1	1	3	190	—	—
1	2	0	110	30	360
1	2	1	150	—	—
1	2	2	200	—	—
1	2	3	240	—	—
1	3	0	160	—	—
1	3	1	200		
1	3	2	240		
1	3	3	290		

（续）

阳性管数			MPN 100mL(g)	95%可信限	
1mL(g)×3	0.1mL(g)×3	0.01mL(g)×3		下限	上限
2	0	0	90	30	360
2	0	1	140	70	370
2	0	2	200	—	—
2	0	3	260	—	—
2	1	0	150	30	440
2	1	1	200	70	890
2	1	2	270	—	—
2	1	3	340	—	—
2	2	0	210	40	470
2	2	1	280	100	1500
2	2	2	350	—	—
2	2	3	420	—	—
2	3	0	290		
2	3	1	360	—	—
2	3	2	440		
2	3	3	530		
3	0	0	230	40	1200
3	0	1	390	70	1300
3	0	2	640	150	3800
3	0	3	950	—	—
3	1	0	480	70	2100
3	1	1	750	140	2300
3	1	2	1200	300	3800
3	1	3	1600	—	—
3	2	0	930	150	3800
3	2	1	1500	300	4400
3	2	2	2100	350	4700
3	2	3	2900	—	—
3	3	0	2400	360	13000
3	3	1	4600	710	24000
3	3	2	11000	1500	48000
3	3	3	24000	—	—

注：1. 本表采用3个稀释度［1mL(g)、0.1mL(g)、0.01mL(g)］，每个稀释度3管。

2. 表内所列检样量若改用［10mL(g)、1mL(g)、0.1mL(g)］，则表内数值应相应降低为原来的1/10；若改用［0.1mL(g)、0.01mL(g)、0.001mL(g)］，则表内数值应相应增大10倍，其余类推。

附录C　酒精水溶液的相对密度与酒精度（乙醇含量）对照表（20℃）

相对密度	酒精度（体积分数，%）	酒精度（质量分数，%）	酒精度/（g/100mL）	相对密度	酒精度（体积分数，%）	酒精度（质量分数，%）	酒精度/（g/100mL）	相对密度	酒精度（体积分数，%）	酒精度（质量分数，%）	酒精度/（g/100mL）
1.00000	0.00	0.00	0.00	0.99910	0.60	0.47	0.47	0.99821	1.20	0.95	0.95
0.99997	0.02	0.02	0.02	0.99907	0.62	0.49	0.49	0.99818	1.22	0.97	0.97
0.99994	0.04	0.03	0.03	0.99904	0.64	0.50	0.50	0.99815	1.24	0.98	0.98
0.99991	0.06	0.05	0.05	0.99901	0.66	0.52	0.52	0.99812	1.26	1.00	1.00
0.99988	0.08	0.06	0.06	0.99898	0.68	0.53	0.53	0.99809	1.28	1.01	1.01
0.99985	0.10	0.08	0.08	0.99895	0.70	0.55	0.55	0.99806	1.30	1.03	1.03
0.99982	0.12	0.10	0.10	0.99892	0.72	0.57	0.57	0.99803	1.32	1.05	1.05
0.99979	0.14	0.11	0.11	0.99889	0.74	0.58	0.58	0.99800	1.34	1.06	1.06
0.99976	0.16	0.13	0.13	0.99886	0.76	0.60	0.60	0.99797	1.36	1.08	1.08
0.99973	0.18	0.14	0.14	0.99883	0.78	0.61	0.61	0.99794	1.38	1.09	1.09
0.99970	0.20	0.16	0.16	0.99880	0.80	0.63	0.63	0.99791	1.40	1.11	1.11
0.99967	0.22	0.18	0.18	0.99877	0.82	0.65	0.65	0.99788	1.42	1.13	1.13
0.99964	0.24	0.19	0.19	0.99874	0.84	0.66	0.66	0.99785	1.44	1.14	1.14
0.99961	0.26	0.21	0.21	0.99872	0.86	0.68	0.68	0.99782	1.46	1.16	1.16
0.99958	0.28	0.22	0.22	0.99869	0.88	0.69	0.69	0.99779	1.48	1.17	1.17
0.99955	0.30	0.24	0.24	0.99866	0.90	0.71	0.71	0.99776	1.50	1.19	1.19
0.99952	0.32	0.26	0.26	0.99863	0.92	0.73	0.73	0.99773	1.52	1.21	1.20
0.99949	0.34	0.27	0.27	0.99860	0.94	0.74	0.74	0.99770	1.54	1.22	1.21
0.99946	0.36	0.29	0.29	0.99857	0.96	0.76	0.76	0.99767	1.56	1.24	1.23
0.99943	0.38	0.30	0.30	0.99854	0.98	0.77	0.77	0.99764	1.58	1.25	1.25
0.99940	0.40	0.32	0.32	0.99851	1.00	0.79	0.79	0.99761	1.60	1.27	1.26
0.99937	0.42	0.34	0.34	0.99848	1.02	0.81	0.81	0.99758	1.62	1.29	1.28
0.99934	0.44	0.35	0.35	0.99845	1.04	0.82	0.82	0.99755	1.64	1.30	1.29
0.99931	0.46	0.37	0.37	0.99842	1.06	0.84	0.84	0.99752	1.66	1.32	1.31
0.99928	0.48	0.38	0.38	0.99839	1.08	0.85	0.85	0.99749	1.68	1.33	1.32
0.99925	0.50	0.40	0.40	0.99836	1.10	0.87	0.87	0.99746	1.70	1.35	1.34
0.99922	0.52	0.41	0.41	0.99833	1.12	0.88	0.88	0.99743	1.72	1.36	1.35
0.99919	0.54	0.43	0.43	0.99830	1.14	0.90	0.90	0.99740	1.74	1.38	1.37
0.99916	0.56	0.44	0.44	0.99827	1.16	0.91	0.91	0.99737	1.76	1.39	1.38
0.99913	0.58	0.46	0.46	0.99824	1.18	0.93	0.93	0.99734	1.78	1.41	1.40

（续）

相对密度	酒精度（体积分数,%）	酒精度（质量分数,%）	酒精度/（g/100mL）	相对密度	酒精度（体积分数,%）	酒精度（质量分数,%）	酒精度/（g/100mL）	相对密度	酒精度（体积分数,%）	酒精度（质量分数,%）	酒精度/（g/100mL）
0.99733	1.80	1.43	1.42	0.99635	2.48	1.96	1.95	0.99537	3.16	2.51	2.50
0.99730	1.82	1.45	1.44	0.99632	2.50	1.98	1.97	0.99534	3.18	2.52	2.51
0.99727	1.84	1.46	1.45	0.99629	2.52	2.00	1.99	0.99531	3.20	2.54	2.53
0.99725	1.86	1.48	1.47	0.99626	2.54	2.01	2.00	0.99528	3.22	2.56	2.55
0.99722	1.88	1.49	1.48	0.99624	2.56	2.03	2.02	0.99525	3.24	2.57	2.56
0.99719	1.90	1.51	1.50	0.99621	2.58	2.04	2.03	0.99523	3.26	2.59	2.57
0.99716	1.92	1.53	1.52	0.99618	2.60	2.06	2.05	0.99520	3.28	2.60	2.58
0.99713	1.94	1.54	1.53	0.99615	2.62	2.08	2.07	0.99517	3.30	2.62	2.60
0.99710	1.96	1.56	1.55	0.99612	2.64	2.09	2.08	0.99514	3.32	2.64	2.62
0.99707	1.98	1.57	1.56	0.99609	2.66	2.11	2.10	0.99511	3.34	2.65	2.63
0.99704	2.00	1.59	1.58	0.99606	2.68	2.12	2.11	0.99509	3.36	2.67	2.65
0.99701	2.02	1.61	1.60	0.99603	2.70	2.14	2.13	0.99506	3.38	2.68	2.66
0.99698	2.04	1.62	1.61	0.99600	2.72	2.16	2.15	0.99503	3.40	2.70	2.68
0.99695	2.06	1.64	1.63	0.99597	2.74	2.17	2.16	0.99500	3.42	2.72	2.70
0.99692	2.08	1.65	1.64	0.99595	2.76	2.19	2.18	0.99497	3.44	2.73	2.71
0.99689	2.10	1.67	1.66	0.99592	2.78	2.20	2.19	0.99495	3.46	2.75	2.73
0.99686	2.12	1.69	1.68	0.99589	2.80	2.22	2.21	0.99492	3.48	2.76	2.74
0.99683	2.14	1.70	1.69	0.99586	2.82	2.24	2.23	0.99489	3.50	2.78	2.76
0.99681	2.16	1.72	1.71	0.99583	2.84	2.25	2.24	0.99486	3.52	2.80	2.78
0.99678	2.18	1.73	1.72	0.99580	2.86	2.27	2.26	0.99483	3.54	2.81	2.79
0.99675	2.20	1.75	1.74	0.99577	2.88	2.28	2.27	0.99481	3.56	2.83	2.81
0.99672	2.22	1.76	1.75	0.99574	2.90	2.30	2.29	0.99478	3.58	2.84	2.82
0.99669	2.24	1.78	1.77	0.99571	2.92	2.32	2.31	0.99475	3.60	2.86	2.84
0.99667	2.26	1.79	1.78	0.99568	2.94	2.33	2.32	0.99472	3.62	2.88	2.86
0.99664	2.28	1.81	1.80	0.99566	2.96	2.35	2.34	0.99469	3.64	2.89	2.87
0.99661	2.30	1.82	1.81	0.99563	2.98	2.36	2.35	0.99467	3.66	2.91	2.89
0.99658	2.32	1.84	1.83	0.99560	3.00	2.38	2.37	0.99464	3.68	2.92	2.90
0.99655	2.34	1.85	1.84	0.99557	3.02	2.40	2.39	0.99461	3.70	2.94	2.92
0.99652	2.36	1.87	1.86	0.99554	3.04	2.41	2.40	0.99458	3.72	2.96	2.94
0.99649	2.38	1.88	1.87	0.99552	3.06	2.43	2.42	0.99455	3.74	2.97	2.95
0.99646	2.40	1.90	1.89	0.99549	3.08	2.44	2.43	0.99453	3.76	2.99	2.97
0.99643	2.42	1.92	1.91	0.99546	3.10	2.46	2.45	0.99450	3.78	3.00	2.98
0.99640	2.44	1.93	1.92	0.99543	3.12	2.48	2.47	0.99447	3.80	3.02	3.00
0.99638	2.46	1.95	1.94	0.99540	3.14	2.49	2.48	0.99444	3.82	3.04	3.02

（续）

相对密度	酒精度（体积分数，%）	酒精度（质量分数，%）	酒精度/（g/100mL）	相对密度	酒精度（体积分数，%）	酒精度（质量分数，%）	酒精度/（g/100mL）	相对密度	酒精度（体积分数，%）	酒精度（质量分数，%）	酒精度/（g/100mL）
0.99441	3.84	3.05	3.03	0.99346	4.52	3.60	3.57	0.99255	5.20	4.14	4.10
0.99439	3.86	3.07	3.05	0.99344	4.54	3.61	3.58	0.99252	5.22	4.16	4.12
0.99436	3.88	3.08	3.06	0.99341	4.56	3.63	3.60	0.99249	5.24	4.17	4.13
0.99433	3.90	3.10	3.08	0.99339	4.58	3.64	3.61	0.99247	5.26	4.19	4.15
0.99430	3.92	3.12	3.10	0.99336	4.60	3.66	3.63	0.99244	5.28	4.20	4.16
0.99427	3.94	3.13	3.11	0.99333	4.62	3.68	3.65	0.99241	5.30	4.22	4.18
0.99425	3.96	3.15	3.13	0.99330	4.64	3.69	3.66	0.99238	5.32	4.24	4.20
0.99422	3.98	3.16	3.14	0.99328	4.66	3.71	3.68	0.99236	5.34	4.25	4.21
0.99419	4.00	3.18	3.16	0.99325	4.68	3.72	3.69	0.99233	5.36	4.27	4.23
0.99416	4.02	3.20	3.18	0.99322	4.70	3.74	3.71	0.99231	5.38	4.28	4.24
0.99413	4.04	3.21	3.19	0.99319	4.72	3.76	3.73	0.99228	5.40	4.30	4.26
0.99411	4.06	3.23	3.21	0.99316	4.74	3.77	3.74	0.99225	5.42	4.32	4.28
0.99408	4.08	3.24	3.22	0.99314	4.76	3.79	3.76	0.99223	5.44	4.33	4.29
0.99405	4.10	3.26	3.24	0.99311	4.78	3.80	3.77	0.99220	5.46	4.35	4.31
0.99402	4.12	3.28	3.26	0.99308	4.80	3.82	3.79	0.99218	5.48	4.36	4.32
0.99399	4.14	3.29	3.27	0.99305	4.82	3.84	3.81	0.99215	5.50	4.38	4.34
0.99397	4.16	3.31	3.29	0.99303	4.84	3.85	3.82	0.99212	5.52	4.40	4.36
0.99394	4.18	3.32	3.30	0.99300	4.86	3.87	3.84	0.99209	5.54	4.41	4.37
0.99391	4.20	3.34	3.32	0.99298	4.88	3.88	3.85	0.99207	5.56	4.43	4.39
0.99388	4.22	3.36	3.33	0.99295	4.90	3.90	3.87	0.99204	5.58	4.44	4.40
0.99385	4.24	3.37	3.35	0.99292	4.92	3.92	3.89	0.99201	5.60	4.46	4.42
0.99383	4.26	3.39	3.37	0.99289	4.94	3.93	3.90	0.99198	5.62	4.48	4.44
0.99380	4.28	3.40	3.38	0.99287	4.96	3.95	3.92	0.99196	5.64	4.49	4.45
0.99377	4.30	3.42	3.39	0.99284	4.98	3.96	3.93	0.99193	5.66	4.51	4.47
0.99374	4.32	3.44	3.41	0.99281	5.00	3.98	3.95	0.99191	5.68	4.52	4.48
0.99371	4.34	3.45	3.42	0.99278	5.02	4.00	3.97	0.99188	5.70	4.54	4.50
0.99369	4.36	3.47	3.44	0.99276	5.04	4.01	3.98	0.99185	5.72	4.56	4.52
0.99366	4.38	3.48	3.45	0.99273	5.06	4.03	4.00	0.99182	5.74	4.57	4.53
0.99363	4.40	3.50	3.47	0.99271	5.08	4.04	4.01	0.99180	5.76	4.59	4.55
0.99360	4.42	3.52	3.49	0.99268	5.10	4.06	4.03	0.99177	5.78	4.60	4.56
0.99357	4.44	3.53	3.50	0.99265	5.12	4.08	4.04	0.99174	5.80	4.62	4.58
0.99355	4.46	3.54	3.51	0.99263	5.14	4.09	4.06	0.99171	5.82	4.64	4.60
0.99352	4.48	3.56	3.53	0.99260	5.16	4.11	4.07	0.99169	5.84	4.65	4.61
0.99349	4.50	3.58	3.55	0.99258	5.18	4.12	4.08	0.99166	5.86	4.67	4.63

（续）

相对密度	酒精度（体积分数,%）	酒精度（质量分数,%）	酒精度/(g/100mL)	相对密度	酒精度（体积分数,%）	酒精度（质量分数,%）	酒精度/(g/100mL)	相对密度	酒精度（体积分数,%）	酒精度（质量分数,%）	酒精度/(g/100mL)
0.99164	5.88	4.68	4.64	0.99075	6.56	5.24	5.18	0.98989	7.24	5.78	5.71
0.99161	5.90	4.70	4.66	0.99073	6.58	5.25	5.19	0.98986	7.26	5.80	5.73
0.99158	5.92	4.72	4.68	0.99070	6.60	5.27	5.21	0.98984	7.28	5.81	5.74
0.99156	5.94	4.73	4.69	0.99067	6.62	5.29	5.23	0.98981	7.30	5.83	5.76
0.99153	5.96	4.75	4.71	0.99065	6.64	5.30	5.24	0.98979	7.32	5.85	5.78
0.99151	5.98	4.76	4.72	0.99062	6.66	5.32	5.26	0.98976	7.34	5.86	5.79
0.99148	6.00	4.78	4.74	0.99060	6.68	5.33	5.27	0.98974	7.36	5.88	5.81
0.99145	6.02	4.80	4.76	0.99057	6.70	5.35	5.29	0.98971	7.38	5.89	5.82
0.99143	6.04	4.82	4.77	0.99055	6.72	5.37	5.31	0.98969	7.40	5.91	5.84
0.99140	6.06	4.83	4.78	0.99052	6.74	5.38	5.32	0.98966	7.42	5.93	5.86
0.99138	6.08	4.85	4.80	0.99050	6.76	5.40	5.34	0.98964	7.44	5.94	5.87
0.99135	6.10	4.87	4.82	0.99047	6.78	5.41	5.35	0.98961	7.46	5.96	5.89
0.99132	6.12	4.89	4.84	0.99045	6.80	5.43	5.37	0.98959	7.48	5.97	5.90
0.99130	6.14	4.90	4.85	0.99042	6.82	5.45	5.39	0.98956	7.50	5.99	5.92
0.99127	6.16	4.92	4.86	0.99040	6.84	5.46	5.40	0.98954	7.52	6.01	5.94
0.99125	6.18	4.93	4.87	0.99037	6.86	5.48	5.42	0.98951	7.54	6.02	5.95
0.99122	6.20	4.95	4.89	0.99035	6.88	5.49	5.43	0.98949	7.56	6.04	5.97
0.99119	6.22	4.97	4.91	0.99032	6.90	5.51	5.45	0.98946	7.58	6.05	5.98
0.99117	6.24	4.98	4.92	0.99030	6.92	5.53	5.47	0.98944	7.60	6.07	6.00
0.99114	6.26	5.00	4.94	0.99027	6.94	5.54	5.48	0.98941	7.62	6.09	6.02
0.99112	6.28	5.01	4.95	0.99025	6.96	5.56	5.50	0.98939	7.64	6.10	6.03
0.99109	6.30	5.03	4.97	0.99022	6.98	5.57	5.51	0.98936	7.66	6.12	6.05
0.99106	6.32	5.05	4.99	0.99020	7.00	5.59	5.53	0.98934	7.68	6.13	6.06
0.99104	6.34	5.06	5.00	0.99017	7.02	5.61	5.54	0.98931	7.70	6.15	6.08
0.99101	6.36	5.08	5.02	0.99015	7.04	5.62	5.56	0.98929	7.72	6.17	6.10
0.99099	6.38	5.09	5.03	0.99012	7.06	5.64	5.57	0.98926	7.74	6.19	6.11
0.99096	6.40	5.11	5.05	0.99010	7.08	5.65	5.59	0.98924	7.76	6.20	6.13
0.99093	6.42	5.13	5.07	0.99007	7.10	5.67	5.60	0.98921	7.78	6.22	6.14
0.99091	6.44	5.14	5.08	0.99004	7.12	5.69	5.62	0.98919	7.80	6.24	6.16
0.99088	6.46	5.16	5.10	0.99002	7.14	5.70	5.63	0.98916	7.82	6.26	6.18
0.99086	6.48	5.17	5.11	0.98999	7.16	5.72	5.65	0.98914	7.84	6.27	6.19
0.99083	6.50	5.19	5.13	0.98997	7.18	5.73	5.66	0.98911	7.86	6.29	6.21
0.99080	6.52	5.21	5.15	0.98994	7.20	5.75	5.68	0.98909	7.88	6.30	6.22
0.99078	6.54	5.22	5.16	0.98991	7.22	5.77	5.70	0.98906	7.90	6.32	6.24

附录D　糖溶液的相对密度和柏拉图度或浸出物的百分含量（20℃）

相对密度(20℃/20℃)	100g溶液中浸出物的克数/g	相对密度(20℃/20℃)	100g溶液中浸出物的克数/g	相对密度(20℃/20℃)	100g溶液中浸出物的克数/g	相对密度(20℃/20℃)	100g溶液中浸出物的克数/g
1.00000	0.000	1.00185	0.476	1.00370	0.949	1.00555	1.424
1.00005	0.013	1.00190	0.488	1.00375	0.962	1.00560	1.437
1.00010	0.026	1.00195	0.501	1.00380	0.975	1.00565	1.450
1.00015	0.039	1.00200	0.514	1.00385	0.988	1.00570	1.462
1.00020	0.052	1.00205	0.527	1.00390	1.001	1.00575	1.475
1.00025	0.064	1.00210	0.540	1.00395	1.014	1.00580	1.488
1.00030	0.077	1.00215	0.552	1.00400	1.026	1.00585	1.501
1.00035	0.090	1.00220	0.565	1.00405	1.039	1.00590	1.514
1.00040	0.103	1.00225	0.579	1.00410	1.052	1.00595	1.526
1.00045	0.116	1.00230	0.591	1.00415	1.065	1.00600	1.539
1.00050	0.129	1.00235	0.604	1.00420	1.078	1.00605	1.552
1.00055	0.141	1.00240	0.616	1.00425	1.090	1.00610	1.565
1.00060	0.154	1.00245	0.629	1.00430	1.103	1.00615	1.578
1.00065	0.167	1.00250	0.642	1.00435	1.116	1.00620	1.590
1.00070	0.180	1.00255	0.655	1.00440	1.129	1.00625	1.603
1.00075	0.193	1.00260	0.668	1.00445	1.142	1.00630	1.616
1.00080	0.206	1.00265	0.680	1.00450	1.155	1.00635	1.629
1.00085	0.219	1.00270	0.693	1.00455	1.168	1.00640	1.641
1.00090	0.231	1.00275	0.706	1.00460	1.180	1.00645	1.654
1.00095	0.244	1.00280	0.719	1.00465	1.193	1.00650	1.667
1.00100	0.257	1.00285	0.732	1.00470	1.206	1.00655	1.680
1.00105	0.270	1.00290	0.745	1.00475	1.219	1.00660	1.693
1.00110	0.283	1.00295	0.757	1.00480	1.232	1.00665	1.705
1.00115	0.296	1.00300	0.770	1.00485	1.244	1.00670	1.718
1.00120	0.309	1.00305	0.783	1.00490	1.257	1.00675	1.731
1.00125	0.321	1.00310	0.796	1.00495	1.270	1.00680	1.744
1.00130	0.334	1.00315	0.808	1.00500	1.283	1.00685	1.757
1.00135	0.347	1.00320	0.821	1.00505	1.296	1.00690	1.769
1.00140	0.360	1.00325	0.834	1.00510	1.308	1.00695	1.782
1.00145	0.373	1.00330	0.847	1.00515	1.321	1.00700	1.795
1.00150	0.386	1.00335	0.859	1.00520	1.334	1.00705	1.807
1.00155	0.398	1.00340	0.872	1.00525	1.347	1.00710	1.820
1.00160	0.411	1.00345	0.885	1.00530	1.360	1.00715	1.833
1.00165	0.424	1.00350	0.898	1.00535	1.372	1.00720	1.846
1.00170	0.437	1.00355	0.911	1.00540	1.385	1.00725	1.859
1.00175	0.450	1.00360	0.924	1.00545	1.398	1.00730	1.872
1.00180	0.463	1.00365	0.937	1.00550	1.411	1.00735	1.884

（续）

相对密度（20℃/20℃）	100g 溶液中浸出物的克数/g	相对密度（20℃/20℃）	100g 溶液中浸出物的克数/g	相对密度（20℃/20℃）	100g 溶液中浸出物的克数/g	相对密度（20℃/20℃）	100g 溶液中浸出物的克数/g
1.00740	1.897	1.00930	2.381	1.01120	2.864	1.01310	3.346
1.00745	1.910	1.00935	2.394	1.01125	2.877	1.01315	3.358
1.00750	1.923	1.00940	2.407	1.01130	2.890	1.01320	3.371
1.00755	1.935	1.00945	2.419	1.01135	2.903	1.01325	3.384
1.00760	1.948	1.00950	2.432	1.01140	2.915	1.01330	3.396
1.00765	1.961	1.00955	2.445	1.01145	2.928	1.01335	3.409
1.00770	1.973	1.00960	2.458	1.01150	2.940	1.01340	3.421
1.00775	1.986	1.00965	2.470	1.01155	2.953	1.01345	3.434
1.00780	1.999	1.00970	2.483	1.01160	2.966	1.01350	3.447
1.00785	2.012	1.00975	2.496	1.01165	2.979	1.01355	3.459
1.00790	2.025	1.00980	2.508	1.01170	2.991	1.01360	3.472
1.00795	2.038	1.00985	2.521	1.01175	3.004	1.01365	3.485
1.00800	2.051	1.00990	2.534	1.01180	3.017	1.01370	3.497
1.00805	2.065	1.00995	2.547	1.01185	3.029	1.01375	3.510
1.00810	2.078	1.01000	2.560	1.01190	3.042	1.01380	3.523
1.00815	2.090	1.01005	2.572	1.01195	3.055	1.01385	3.535
1.00820	2.102	1.01010	2.585	1.01200	3.067	1.01390	3.548
1.00825	2.114	1.01015	2.598	1.01205	3.080	1.01395	3.561
1.00830	2.127	1.01020	2.610	1.01210	3.093	1.01400	3.573
1.00835	2.139	1.01025	2.623	1.01215	3.105	1.01405	3.586
1.00840	2.152	1.01030	2.636	1.01220	3.118	1.01410	3.598
1.00845	2.165	1.01035	2.649	1.01225	3.131	1.01415	3.611
1.00850	2.178	1.01040	2.661	1.01230	3.143	1.01420	3.624
1.00855	2.191	1.01045	2.674	1.01235	3.156	1.01425	3.636
1.00860	2.203	1.01050	2.687	1.01240	3.169	1.01430	3.649
1.00865	2.216	1.01055	2.699	1.01245	3.181	1.01435	3.662
1.00870	2.229	1.01060	2.712	1.01250	3.194	1.01440	3.674
1.00875	2.241	1.01065	2.725	1.01255	3.207	1.01445	3.687
1.00880	2.254	1.01070	2.738	1.01260	3.219	1.01450	3.699
1.00885	2.267	1.01075	2.750	1.01265	3.232	1.01455	3.712
1.00890	2.280	1.01080	2.763	1.01270	3.245	1.01460	3.725
1.00895	2.292	1.01085	2.776	1.01275	3.257	1.01465	3.737
1.00900	2.305	1.01090	2.788	1.01280	3.270	1.01470	3.750
1.00905	2.317	1.01095	2.801	1.01285	3.282	1.01475	3.762
1.00910	2.330	1.01100	2.814	1.01290	3.295	1.01480	3.775
1.00915	2.343	1.01105	2.826	1.01295	3.308	1.01485	3.788
1.00920	2.356	1.01110	2.839	1.01300	3.321	1.01490	3.800
1.00925	2.369	1.01115	2.852	1.01305	3.333	1.01495	3.813

（续）

相对密度（20℃/20℃）	100g溶液中浸出物的克数/g	相对密度（20℃/20℃）	100g溶液中浸出物的克数/g	相对密度（20℃/20℃）	100g溶液中浸出物的克数/g	相对密度（20℃/20℃）	100g溶液中浸出物的克数/g
1.01500	3.826	1.01690	4.304	1.01880	4.780	1.02070	5.255
1.01505	3.838	1.01695	4.316	1.01885	4.792	1.02075	5.268
1.01510	3.851	1.01700	4.329	1.01890	4.805	1.02080	5.280
1.01515	3.863	1.01705	4.341	1.01895	4.818	1.02085	5.293
1.01520	3.876	1.01710	4.354	1.01900	4.830	1.02090	5.305
1.01525	3.888	1.01715	4.366	1.01905	4.843	1.02095	5.318
1.01530	3.901	1.01720	4.379	1.01910	4.855	1.02100	5.330
1.01535	3.914	1.01725	4.391	1.01915	4.868	1.02105	5.343
1.01540	3.926	1.01730	4.404	1.01920	4.880	1.02110	5.355
1.01545	3.939	1.01735	4.417	1.01925	4.893	1.02115	5.367
1.01550	3.951	1.01740	4.429	1.01930	4.905	1.02120	5.380
1.01555	3.964	1.01745	4.442	1.01935	4.918	1.02125	5.392
1.01560	3.977	1.01750	4.454	1.01940	4.930	1.02130	5.405
1.01565	3.989	1.01755	4.467	1.01945	4.943	1.02135	5.418
1.01570	4.002	1.01760	4.479	1.01950	4.955	1.02140	5.430
1.01575	4.014	1.01765	4.492	1.01955	4.968	1.02145	5.443
1.01580	4.027	1.01770	4.505	1.01960	4.980	1.02150	5.455
1.01585	4.039	1.01775	4.517	1.01965	4.993	1.02155	5.467
1.01590	4.052	1.01780	4.529	1.01970	5.006	1.02160	5.480
1.01595	4.065	1.01785	4.542	1.01975	5.018	1.02165	5.492
1.01600	4.077	1.01790	4.555	1.01980	5.030	1.02170	5.505
1.01605	4.090	1.01795	4.567	1.01985	5.043	1.02175	5.517
1.01610	4.102	1.01800	4.580	1.01990	5.055	1.02180	5.530
1.01615	4.115	1.01805	4.592	1.01995	5.068	1.02185	5.542
1.01620	4.128	1.01810	4.605	1.02000	5.080	1.02190	5.555
1.01625	4.140	1.01815	4.617	1.02005	5.093	1.02195	5.567
1.01630	4.153	1.01820	4.630	1.02010	5.106	1.02200	5.580
1.01635	4.165	1.01825	4.642	1.02015	5.118	1.02205	5.592
1.01640	4.178	1.01830	4.655	1.02020	5.130	1.02210	5.605
1.01645	4.190	1.01835	4.668	1.02025	5.143	1.02215	5.617
1.01650	4.203	1.01840	4.680	1.02030	5.155	1.02220	5.629
1.01655	4.216	1.01845	4.692	1.02035	5.168	1.02225	5.642
1.01660	4.228	1.01850	4.705	1.02040	5.180	1.02230	5.654
1.01665	4.241	1.01855	4.718	1.02045	5.193	1.02235	5.667
1.01670	4.253	1.01860	4.730	1.02050	5.205	1.02240	5.679
1.01675	4.266	1.01865	4.743	1.02055	5.218	1.02245	5.692
1.01680	4.278	1.01870	4.755	1.02060	5.230	1.02250	5.704
1.01685	4.291	1.01875	4.768	1.02065	5.243	1.02255	5.716

（续）

相对密度（20℃/20℃）	100g 溶液中浸出物的克数/g	相对密度（20℃/20℃）	100g 溶液中浸出物的克数/g	相对密度（20℃/20℃）	100g 溶液中浸出物的克数/g	相对密度（20℃/20℃）	100g 溶液中浸出物的克数/g
1.02260	5.729	1.02450	6.200	1.02640	6.671	1.02830	7.140
1.02265	5.741	1.02455	6.213	1.02645	6.683	1.02835	7.152
1.02270	5.754	1.02460	6.225	1.02650	6.696	1.02840	7.164
1.02275	5.766	1.02465	6.238	1.02655	6.708	1.02845	7.177
1.02280	5.779	1.02470	6.250	1.02660	6.720	1.02850	7.189
1.02285	5.791	1.02475	6.263	1.02665	6.733	1.02855	7.201
1.02290	5.803	1.02480	6.275	1.02670	6.745	1.02860	7.214
1.02295	5.816	1.02485	6.287	1.02675	6.757	1.02865	7.226
1.02300	5.828	1.02490	6.300	1.02680	6.770	1.02870	7.238
1.02305	5.841	1.02495	6.312	1.02685	6.782	1.02875	7.251
1.02310	5.853	1.02500	6.325	1.02690	6.794	1.02880	7.263
1.02315	5.865	1.02505	6.337	1.02695	6.807	1.02885	7.275
1.02320	5.878	1.02510	6.350	1.02700	6.819	1.02890	7.287
1.02325	5.890	1.02515	6.362	1.02705	6.831	1.02895	7.300
1.02330	5.903	1.02520	6.374	1.02710	6.844	1.02900	7.312
1.02335	5.915	1.02525	6.387	1.02715	6.856	1.02905	7.324
1.02340	5.928	1.02530	6.399	1.02720	6.868	1.02910	7.337
1.02345	5.940	1.02535	6.411	1.02725	6.881	1.02915	7.349
1.02350	5.952	1.02540	6.424	1.02730	6.893	1.02920	7.361
1.02355	5.965	1.02545	6.436	1.02735	6.905	1.02925	7.374
1.02360	5.977	1.02550	6.449	1.02740	6.918	1.02930	7.386
1.02365	5.990	1.02555	6.461	1.02745	6.930	1.02935	7.398
1.02370	6.002	1.02560	6.473	1.02750	6.943	1.02940	7.411
1.02375	6.015	1.02565	6.485	1.02755	6.955	1.02945	7.423
1.02380	6.027	1.02570	6.498	1.02760	6.967	1.02950	7.435
1.02385	6.039	1.02575	6.510	1.02765	6.979	1.02955	7.447
1.02390	6.052	1.02580	6.523	1.02770	6.992	1.02960	7.460
1.02395	6.064	1.02585	6.535	1.02775	7.004	1.02965	7.472
1.02400	6.077	1.02590	6.547	1.02780	7.017	1.02970	7.484
1.02405	6.089	1.02595	6.560	1.02785	7.029	1.02975	7.497
1.02410	6.101	1.02600	6.572	1.02790	7.041	1.02980	7.509
1.02415	6.114	1.02605	6.584	1.02795	7.053	1.02985	7.521
1.02420	6.126	1.02610	6.597	1.02800	7.066	1.02990	7.533
1.02425	6.139	1.02615	6.609	1.02805	7.078	1.02995	7.546
1.02430	6.151	1.02620	6.621	1.02810	7.091	1.03000	7.558
1.02435	6.163	1.02625	6.634	1.02815	7.103	1.03005	7.570
1.02440	6.176	1.02630	6.646	1.02820	7.115	1.03010	7.583
1.02445	6.188	1.02635	6.659	1.02825	7.127	1.03015	7.595

（续）

相对密度（20℃/20℃）	100g 溶液中浸出物的克数/g	相对密度（20℃/20℃）	100g 溶液中浸出物的克数/g	相对密度（20℃/20℃）	100g 溶液中浸出物的克数/g	相对密度（20℃/20℃）	100g 溶液中浸出物的克数/g
1.03020	7.607	1.03210	8.073	1.03400	8.537	1.03590	9.000
1.03025	7.619	1.03215	8.085	1.03405	8.549	1.03595	9.012
1.03030	7.632	1.03220	8.098	1.03410	8.561	1.03600	9.024
1.03035	7.644	1.03225	8.110	1.03415	8.574	1.03605	9.036
1.03040	7.656	1.03230	8.122	1.03420	8.586	1.03610	9.048
1.03045	7.668	1.03235	8.134	1.03425	8.598	1.03615	9.060
1.03050	7.681	1.03240	8.146	1.03430	8.610	1.03620	9.073
1.03055	7.693	1.03245	8.159	1.03435	8.622	1.03625	9.085
1.03060	7.705	1.03250	8.171	1.03440	8.634	1.03630	9.097
1.03065	7.717	1.03255	8.183	1.03445	8.647	1.03635	9.109
1.03070	7.730	1.03260	8.195	1.03450	8.659	1.03640	9.121
1.03075	7.742	1.03265	8.207	1.03455	8.671	1.03645	9.133
1.03080	7.754	1.03270	8.220	1.03460	8.683	1.03650	9.145
1.03085	7.767	1.03275	8.232	1.03465	8.695	1.03655	9.158
1.03090	7.779	1.03280	8.244	1.03470	8.708	1.03660	9.170
1.03095	7.791	1.03285	8.256	1.03475	8.720	1.03665	9.182
1.03100	7.803	1.03290	8.269	1.03480	8.732	1.03670	9.194
1.03105	7.816	1.03295	8.281	1.03485	8.744	1.03675	9.206
1.03110	7.828	1.03300	8.293	1.03490	8.756	1.03680	9.218
1.03115	7.840	1.03305	8.305	1.03495	8.768	1.03685	9.230
1.03120	7.853	1.03310	8.317	1.03500	8.781	1.03690	9.243
1.03125	7.865	1.03315	8.330	1.03505	8.793	1.03695	9.255
1.03130	7.877	1.03320	8.342	1.03510	8.805	1.03700	9.267
1.03135	7.889	1.03325	8.354	1.03515	8.817	1.03705	9.279
1.03140	7.901	1.03330	8.366	1.03520	8.830	1.03710	9.291
1.03145	7.914	1.03335	8.378	1.03525	8.842	1.03715	9.303
1.03150	7.926	1.03340	8.391	1.03530	8.854	1.03720	9.316
1.03155	7.938	1.03345	8.403	1.03535	8.866	1.03725	9.328
1.03160	7.950	1.03350	8.415	1.03540	8.878	1.03730	9.340
1.03165	7.963	1.03355	8.427	1.03545	8.890	1.03735	9.352
1.03170	7.975	1.03360	8.439	1.03550	8.902	1.03740	9.364
1.03175	7.987	1.03365	8.452	1.03555	8.915	1.03745	9.376
1.03180	8.000	1.03370	8.464	1.03560	8.927	1.03750	9.388
1.03185	8.012	1.03375	8.476	1.03565	8.939	1.03755	9.400
1.03190	8.024	1.03380	8.488	1.03570	8.951	1.03760	9.413
1.03195	8.036	1.03385	8.500	1.03575	8.963	1.03765	9.425
1.03200	8.048	1.03390	8.513	1.03580	8.975	1.03770	9.437
1.03205	8.061	1.03395	8.525	1.03585	8.988	1.03775	9.449

（续）

相对密度（20℃/20℃）	100g 溶液中浸出物的克数/g	相对密度（20℃/20℃）	100g 溶液中浸出物的克数/g	相对密度（20℃/20℃）	100g 溶液中浸出物的克数/g	相对密度（20℃/20℃）	100g 溶液中浸出物的克数/g
1.03780	9.461	1.03970	9.921	1.04160	10.379	1.04350	10.836
1.03785	9.473	1.03975	9.933	1.04165	10.391	1.04355	10.848
1.03790	9.485	1.03980	9.945	1.04170	10.403	1.04360	10.860
1.03795	9.498	1.03985	9.957	1.04175	10.415	1.04365	10.872
1.03800	9.509	1.03990	9.969	1.04180	10.427	1.04370	10.884
1.03805	9.522	1.03995	9.981	1.04185	10.439	1.04375	10.896
1.03810	9.534	1.04000	9.993	1.04190	10.451	1.04380	10.908
1.03815	9.546	1.04005	10.005	1.04195	10.463	1.04385	10.920
1.03820	9.558	1.04010	10.017	1.04200	10.475	1.04390	10.932
1.03825	9.571	1.04015	10.030	1.04205	10.487	1.04395	10.944
1.03830	9.583	1.04020	10.042	1.04210	10.499	1.04400	10.956
1.03835	9.595	1.04025	10.054	1.04215	10.511	1.04405	10.968
1.03840	9.607	1.04030	10.066	1.04220	10.523	1.04410	10.980
1.03845	9.619	1.04035	10.078	1.04225	10.536	1.04415	10.992
1.03850	9.631	1.04040	10.090	1.04230	10.548	1.04420	11.004
1.03855	9.643	1.04045	10.102	1.04235	10.559	1.04425	11.016
1.03860	9.655	1.04050	10.114	1.04240	10.571	1.04430	11.027
1.03865	9.667	1.04055	10.126	1.04245	10.584	1.04435	11.039
1.03870	9.679	1.04060	10.138	1.04250	10.596	1.04440	11.051
1.03875	9.691	1.04065	10.150	1.04255	10.608	1.04445	11.063
1.03880	9.703	1.04070	10.162	1.04260	10.620	1.04450	11.075
1.03885	9.715	1.04075	10.174	1.04265	10.632	1.04455	11.087
1.03890	9.727	1.04080	10.186	1.04270	10.644	1.04460	11.100
1.03895	9.739	1.04085	10.198	1.04275	10.656	1.04465	11.112
1.03900	9.751	1.04090	10.210	1.04280	10.668	1.04470	11.123
1.03905	9.763	1.04095	10.223	1.04285	10.680	1.04475	11.135
1.03910	9.775	1.04100	10.234	1.04290	10.692	1.04480	11.147
1.03915	9.787	1.04105	10.246	1.04295	10.704	1.04485	11.159
1.03920	9.800	1.04110	10.259	1.04300	10.716	1.04490	11.171
1.03925	9.812	1.04115	10.271	1.04305	10.728	1.04495	11.183
1.03930	9.824	1.04120	10.283	1.04310	10.740	1.04500	11.195
1.03935	9.836	1.04125	10.295	1.04315	10.752	1.04505	11.207
1.03940	9.848	1.04130	10.307	1.04320	10.764	1.04510	11.219
1.03945	9.860	1.04135	10.319	1.04325	10.776	1.04515	11.231
1.03950	9.873	1.04140	10.331	1.04330	10.788	1.04520	11.243
1.03955	9.885	1.04145	10.343	1.04335	10.800	1.04525	11.255
1.03960	9.897	1.04150	10.355	1.04340	10.812	1.04530	11.267
1.03965	9.909	1.04155	10.367	1.04345	10.824	1.04535	11.279

（续）

相对密度（20℃/20℃）	100g 溶液中浸出物的克数/g	相对密度（20℃/20℃）	100g 溶液中浸出物的克数/g	相对密度（20℃/20℃）	100g 溶液中浸出物的克数/g	相对密度（20℃/20℃）	100g 溶液中浸出物的克数/g
1.04540	11.291	1.04730	11.745	1.04920	12.197	1.05110	12.648
1.04545	11.303	1.04735	11.757	1.04925	12.209	1.05115	12.660
1.04550	11.315	1.04740	11.768	1.04930	12.221	1.05120	12.672
1.04555	11.327	1.04745	11.780	1.04935	12.233	1.05125	12.684
1.04560	11.339	1.04750	11.792	1.04940	12.245	1.05130	12.695
1.04565	11.351	1.04755	11.804	1.04945	12.256	1.05135	12.707
1.04570	11.363	1.04760	11.816	1.04950	12.268	1.05140	12.719
1.04575	11.375	1.04765	11.828	1.04955	12.280	1.05145	12.731
1.04580	11.387	1.04770	11.840	1.04960	12.292	1.05150	12.743
1.04585	11.399	1.04775	11.852	1.04965	12.304	1.05155	12.755
1.04590	11.411	1.04780	11.864	1.04970	12.316	1.05160	12.767
1.04595	11.423	1.04785	11.876	1.04975	12.328	1.05165	12.778
1.04600	11.435	1.04790	11.888	1.04980	12.340	1.05170	12.790
1.04605	11.446	1.04795	11.900	1.04985	12.351	1.05175	12.802
1.04610	11.458	1.04800	11.912	1.04990	12.363	1.05180	12.814
1.04615	11.470	1.04805	11.923	1.04995	12.375	1.05185	12.826
1.04620	11.482	1.04810	11.935	1.05000	12.387	1.05190	12.838
1.04625	11.494	1.04815	11.947	1.05005	12.399	1.05195	12.849
1.04630	11.506	1.04820	11.959	1.05010	12.411	1.05200	12.861
1.04635	11.518	1.04825	11.971	1.05015	12.423	1.05205	12.873
1.04640	11.530	1.04830	11.983	1.05020	12.435	1.05210	12.885
1.04645	11.542	1.04835	11.995	1.05025	12.447	1.05215	12.897
1.04650	11.554	1.04840	12.007	1.05030	12.458	1.05220	12.909
1.04655	11.566	1.04845	12.019	1.05035	12.470	1.05225	12.920
1.04660	11.578	1.04850	12.031	1.05040	12.482	1.05230	12.932
1.04665	11.590	1.04855	12.042	1.05045	12.494	1.05235	12.944
1.04670	11.602	1.04860	12.054	1.05050	12.506	1.05240	12.956
1.04675	11.614	1.04865	12.066	1.05055	12.518	1.05245	12.968
1.04680	11.626	1.04870	12.078	1.05060	12.530	1.05250	12.979
1.04685	11.638	1.04875	12.090	1.05065	12.542	1.05255	12.991
1.04690	11.650	1.04880	12.102	1.05070	12.553	1.05260	13.003
1.04695	11.661	1.04885	12.114	1.05075	12.565	1.05265	13.015
1.04700	11.673	1.04890	12.126	1.05080	12.577	1.05270	13.027
1.04705	11.685	1.04895	12.138	1.05085	12.589	1.05275	13.039
1.04710	11.697	1.04900	12.150	1.05090	12.601	1.05280	13.050
1.04715	11.709	1.04905	12.162	1.05095	12.613	1.05285	13.062
1.04720	11.721	1.04910	12.173	1.05100	12.624	1.05290	13.074
1.04725	11.733	1.04915	12.185	1.05105	12.636	1.05295	13.086

（续）

相对密度（20℃/20℃）	100g 溶液中浸出物的克数/g	相对密度（20℃/20℃）	100g 溶液中浸出物的克数/g	相对密度（20℃/20℃）	100g 溶液中浸出物的克数/g	相对密度（20℃/20℃）	100g 溶液中浸出物的克数/g
1.05300	13.098	1.05490	13.546	1.05680	13.992	1.05870	14.437
1.05305	13.109	1.05495	13.557	1.05685	14.004	1.05875	14.449
1.05310	13.121	1.05500	13.569	1.05690	14.015	1.05880	14.460
1.05315	13.133	1.05505	13.581	1.05695	14.027	1.05885	14.472
1.05320	13.145	1.05510	13.593	1.05700	14.039	1.05890	14.484
1.05325	13.157	1.05515	13.604	1.05705	14.051	1.05895	14.495
1.05330	13.168	1.05520	13.616	1.05710	14.062	1.05900	14.507
1.05335	13.180	1.05525	13.628	1.05715	14.074	1.05905	14.519
1.05340	13.192	1.05530	13.640	1.05720	14.086	1.05910	14.531
1.05345	13.204	1.05535	13.651	1.05725	14.097	1.05915	14.542
1.05350	13.215	1.05540	13.663	1.05730	14.109	1.05920	14.554
1.05355	13.227	1.05545	13.675	1.05735	14.121	1.05925	14.565
1.05360	13.239	1.05550	13.687	1.05740	14.133	1.05930	14.577
1.05365	13.251	1.05555	13.698	1.05745	14.144	1.05935	14.589
1.05370	13.263	1.05560	13.710	1.05750	14.156	1.05940	14.601
1.05375	13.274	1.05565	13.722	1.05755	14.168	1.05945	14.612
1.05380	13.286	1.05570	13.734	1.05760	14.179	1.05950	14.624
1.05385	13.298	1.05575	13.746	1.05765	14.191	1.05955	14.636
1.05390	13.310	1.05580	13.757	1.05770	14.203	1.05960	14.647
1.05395	13.322	1.05585	13.769	1.05775	14.215	1.05965	14.659
1.05400	13.333	1.05590	13.781	1.05780	14.226	1.05970	14.671
1.05405	13.345	1.05595	13.792	1.05785	14.238	1.05975	14.682
1.05410	13.357	1.05600	13.804	1.05790	14.250	1.05980	14.694
1.05415	13.369	1.05605	13.816	1.05795	14.261	1.05985	14.706
1.05420	13.380	1.05610	13.828	1.05800	14.273	1.05990	14.717
1.05425	13.392	1.05615	13.839	1.05805	14.285	1.05995	14.729
1.05430	13.404	1.05620	13.851	1.05810	14.297	1.06000	14.741
1.05435	13.416	1.05625	13.863	1.05815	14.308	1.06005	14.752
1.05440	13.428	1.05630	13.875	1.05820	14.320	1.06010	14.764
1.05445	13.439	1.05635	13.886	1.05825	14.332	1.06015	14.776
1.05450	13.451	1.05640	13.898	1.05830	14.343	1.06020	14.787
1.05455	13.463	1.05645	13.910	1.05835	14.355	1.06025	14.799
1.05460	13.475	1.05650	13.921	1.05840	14.367	1.06030	14.811
1.05465	13.487	1.05655	13.933	1.05845	14.379	1.06035	14.822
1.05470	13.499	1.05660	13.945	1.05850	14.390	1.06040	14.834
1.05475	13.510	1.05665	13.957	1.05855	14.402	1.06045	14.846
1.05480	13.522	1.05670	13.968	1.05860	14.414	1.06050	14.857
1.05485	13.534	1.05675	13.980	1.05865	14.425	1.06055	14.869

（续）

相对密度 (20℃/20℃)	100g 溶液中浸出物的克数/g	相对密度 (20℃/20℃)	100g 溶液中浸出物的克数/g	相对密度 (20℃/20℃)	100g 溶液中浸出物的克数/g	相对密度 (20℃/20℃)	100g 溶液中浸出物的克数/g
1.06060	14.881	1.06250	15.323	1.06440	15.764	1.06630	16.203
1.06065	14.892	1.06255	15.334	1.06445	15.776	1.06635	16.215
1.06070	14.904	1.06260	15.346	1.06450	15.787	1.06640	16.226
1.06075	14.916	1.06265	15.358	1.06455	15.799	1.06645	16.238
1.06080	14.927	1.06270	15.369	1.06460	15.810	1.06650	16.249
1.06085	14.939	1.06275	15.381	1.06465	15.822	1.06655	16.261
1.06090	14.950	1.06280	15.393	1.06470	15.833	1.06660	16.272
1.06095	14.962	1.06285	15.404	1.06475	15.845	1.06665	16.284
1.06100	14.974	1.06290	15.416	1.06480	15.857	1.06670	16.295
1.06105	14.986	1.06295	15.427	1.06485	15.868	1.06675	16.307
1.06110	14.997	1.06300	15.439	1.06490	15.880	1.06680	16.319
1.06115	15.009	1.06305	15.451	1.06495	15.891	1.06685	16.330
1.06120	15.020	1.06310	15.462	1.06500	15.903	1.06690	16.341
1.06125	15.032	1.06315	15.474	1.06505	15.914	1.06695	16.353
1.06130	15.044	1.06320	15.486	1.06510	15.926	1.06700	16.365
1.06135	15.055	1.06325	15.497	1.06515	15.938	1.06705	16.376
1.06140	15.067	1.06330	15.509	1.06520	15.949	1.06710	16.388
1.06145	15.079	1.06335	15.520	1.06525	15.961	1.06715	16.399
1.06150	15.090	1.06340	15.532	1.06530	15.972	1.06720	16.411
1.06155	15.102	1.06345	15.544	1.06535	15.984	1.06725	16.422
1.06160	15.114	1.06350	15.555	1.06540	15.995	1.06730	16.434
1.06165	15.125	1.06355	15.567	1.06545	16.007	1.06735	16.445
1.06170	15.137	1.06360	15.578	1.06550	16.019	1.06740	16.457
1.06175	15.148	1.06365	15.590	1.06555	16.030	1.06745	16.468
1.06180	15.160	1.06370	15.602	1.06560	16.041	1.06750	16.480
1.06185	15.172	1.06375	15.613	1.06565	16.053	1.06755	16.491
1.06190	15.183	1.06380	15.625	1.06570	16.065	1.06760	16.503
1.06195	15.194	1.06385	15.637	1.06575	16.076	1.06765	16.514
1.06200	15.207	1.06390	15.648	1.06580	16.088	1.06770	16.526
1.06205	15.218	1.06395	15.660	1.06585	16.099	1.06775	16.537
1.06210	15.230	1.06400	15.671	1.06590	16.111	1.06780	16.549
1.06215	15.241	1.06405	15.683	1.06595	16.122	1.06785	16.561
1.06220	15.253	1.06410	15.694	1.06600	16.134	1.06790	16.572
1.06225	15.265	1.06415	15.706	1.06605	16.145	1.06795	16.583
1.06230	15.276	1.06420	15.717	1.06610	16.157	1.06800	16.595
1.06235	15.288	1.06425	15.729	1.06615	16.169	1.06805	16.606
1.06240	15.300	1.06430	15.741	1.06620	16.180	1.06810	16.618
1.06245	15.311	1.06435	15.752	1.06625	16.191	1.06815	16.630

（续）

相对密度（20℃/20℃）	100g 溶液中浸出物的克数/g	相对密度（20℃/20℃）	100g 溶液中浸出物的克数/g	相对密度（20℃/20℃）	100g 溶液中浸出物的克数/g	相对密度（20℃/20℃）	100g 溶液中浸出物的克数/g
1.06820	16.641	1.07010	17.078	1.07200	17.513	1.07390	17.947
1.06825	16.652	1.07015	17.089	1.07205	17.524	1.07395	17.958
1.06830	16.664	1.07020	17.101	1.07210	17.536	1.07400	17.970
1.06835	16.676	1.07025	17.112	1.07215	17.547	1.07405	17.981
1.06840	16.687	1.07030	17.123	1.07220	17.559	1.07410	17.992
1.06845	16.699	1.07035	17.135	1.07225	17.570	1.07415	18.004
1.06850	16.710	1.07040	17.146	1.07230	17.581	1.07420	18.015
1.06855	16.722	1.07045	17.158	1.07235	17.593	1.07425	18.027
1.06860	16.733	1.07050	17.169	1.07240	17.604	1.07430	18.038
1.06865	16.744	1.07055	17.181	1.07245	17.616	1.07435	18.049
1.06870	16.756	1.07060	17.192	1.07250	17.627	1.07440	18.061
1.06875	16.768	1.07065	17.204	1.07255	17.639	1.07445	18.072
1.06880	16.779	1.07070	17.215	1.07260	17.650	1.07450	18.084
1.06885	16.791	1.07075	17.227	1.07265	17.661	1.07455	18.095
1.06890	16.802	1.07080	17.238	1.07270	17.673	1.07460	18.106
1.06895	16.813	1.07085	17.250	1.07275	17.684	1.07465	18.118
1.06900	16.825	1.07090	17.261	1.07280	17.696	1.07470	18.129
1.06905	16.836	1.07095	17.272	1.07285	17.707	1.07475	18.140
1.06910	16.848	1.07100	17.284	1.07290	17.719	1.07480	18.152
1.06915	16.859	1.07105	17.295	1.07295	17.730	1.07485	18.163
1.06920	16.871	1.07110	17.307	1.07300	17.741	1.07490	18.175
1.06925	16.882	1.07115	17.318	1.07305	17.753	1.07495	18.186
1.06930	16.894	1.07120	17.330	1.07310	17.764	1.07500	18.197
1.06935	16.905	1.07125	17.341	1.07315	17.776	1.07505	18.209
1.06940	16.917	1.07130	17.353	1.07320	17.787	1.07510	18.220
1.06945	16.928	1.07135	17.364	1.07325	17.799	1.07515	18.232
1.06950	16.940	1.07140	17.375	1.07330	17.810	1.07520	18.243
1.06955	16.951	1.07145	17.387	1.07335	17.821	1.07525	18.254
1.06960	16.963	1.07150	17.398	1.07340	17.833	1.07530	18.266
1.06965	16.974	1.07155	17.410	1.07345	17.844	1.07535	18.277
1.06970	16.986	1.07160	17.421	1.07350	17.856	1.07540	18.288
1.06975	16.997	1.07165	17.433	1.07355	17.867	1.07545	18.300
1.06980	17.009	1.07170	17.444	1.07360	17.878	1.07550	18.311
1.06985	17.020	1.07175	17.456	1.07365	17.890	1.07555	18.323
1.06990	17.032	1.07180	17.467	1.07370	17.901	1.07560	18.334
1.06995	17.043	1.07185	17.479	1.07375	17.913	1.07565	18.345
1.07000	17.055	1.07190	17.490	1.07380	17.924	1.07570	18.356
1.07005	17.066	1.07195	17.501	1.07385	17.935	1.07575	18.368

（续）

相对密度（20℃/20℃）	100g 溶液中浸出物的克数/g	相对密度（20℃/20℃）	100g 溶液中浸出物的克数/g	相对密度（20℃/20℃）	100g 溶液中浸出物的克数/g	相对密度（20℃/20℃）	100g 溶液中浸出物的克数/g
1.07580	18.379	1.07765	18.799	1.07950	19.218	1.08135	19.635
1.07585	18.391	1.07770	18.810	1.07955	19.229	1.08140	19.646
1.07590	18.402	1.07775	18.822	1.07960	19.241	1.08145	19.658
1.07595	18.413	1.07780	18.833	1.07965	19.252	1.08150	19.669
1.07600	18.425	1.07785	18.845	1.07970	19.263	1.08155	19.680
1.07605	18.436	1.07790	18.856	1.07975	19.274	1.08160	19.692
1.07610	18.447	1.07795	18.867	1.07980	19.286	1.08165	19.703
1.07615	18.459	1.07800	18.878	1.07985	19.297	1.08170	19.714
1.07620	18.470	1.07805	18.890	1.07990	19.308	1.08175	19.725
1.07625	18.482	1.07810	18.901	1.07995	19.320	1.08180	19.737
1.07630	18.493	1.07815	18.912	1.08000	19.331	1.08185	19.748
1.07635	18.504	1.07820	18.924	1.08005	19.342	1.08190	19.759
1.07640	18.516	1.07825	18.935	1.08010	19.353	1.08195	19.770
1.07645	18.527	1.07830	18.947	1.08015	19.365	1.08200	19.782
1.07650	18.538	1.07835	18.958	1.08020	19.376	1.08205	19.793
1.07655	18.550	1.07840	18.969	1.08025	19.387	1.08210	19.804
1.07660	18.561	1.07845	18.980	1.08030	19.399	1.08215	19.815
1.07665	18.572	1.07850	18.992	1.08035	19.410	1.08220	19.827
1.07670	18.584	1.07855	19.003	1.08040	19.421	1.08225	19.838
1.07675	18.595	1.07860	19.015	1.08045	19.432	1.08230	19.849
1.07680	18.607	1.07865	19.026	1.08050	19.444	1.08235	19.860
1.07685	18.618	1.07870	19.037	1.08055	19.455	1.08240	19.872
1.07690	18.629	1.07875	19.048	1.08060	19.466	1.08245	19.883
1.07695	18.641	1.07880	19.060	1.08065	19.478	1.08250	19.894
1.07700	18.652	1.07885	19.071	1.08070	19.489	1.08255	19.905
1.07705	18.663	1.07890	19.082	1.08075	19.500	1.08260	19.917
1.07710	18.675	1.07895	19.094	1.08080	19.511	1.08265	19.928
1.07715	18.686	1.07900	19.105	1.08085	19.523	1.08270	19.939
1.07720	18.697	1.07905	19.116	1.08090	19.534	1.08275	19.950
1.07725	18.709	1.07910	19.127	1.08095	19.545	1.08280	19.961
1.07730	18.720	1.07915	19.139	1.08100	19.556	1.08285	19.973
1.07735	18.731	1.07920	19.150	1.08105	19.567	1.08290	19.984
1.07740	18.742	1.07925	19.161	1.08110	19.579	1.08295	19.995
1.07745	18.754	1.07930	19.173	1.08115	19.590	1.08300	20.007
1.07750	18.765	1.07935	19.184	1.08120	19.601		
1.07755	18.777	1.07940	19.195	1.08125	19.613		
1.07760	18.788	1.07945	19.207	1.08130	19.624		

附录 E　计算原麦汁浓度经验公式校正表

原麦汁浓度 2A + E	酒精度（质量分数,%）																
	2.8	3.0	3.2	3.4	3.6	3.8	4.0	4.2	4.4	4.6	4.8	5.0	5.2	5.4	5.6	5.8	6.0
8	0.05	0.06	0.06	0.06	0.07	0.07	—	—	—	—	—	—	—	—	—	—	—
9	0.08	0.09	0.09	0.10	0.10	0.11	0.11	—	—	—	—	—	—	—	—	—	—
10	0.11	0.12	0.12	0.13	0.14	0.15	0.15	0.16	0.17	0.18	0.18	—	—	—	—	—	—
11	0.14	0.15	0.16	0.17	0.18	0.19	0.20	0.20	0.21	0.22	0.23	0.24	0.25	0.26	—	—	—
12	0.17	0.18	0.19	0.20	0.21	0.22	0.23	0.25	0.26	0.27	0.28	0.29	0.30	0.31	0.32	0.33	—
13	0.20	0.21	0.22	0.24	0.25	0.26	0.28	0.29	0.30	0.31	0.33	0.34	0.35	0.37	0.38	0.39	0.41
14	0.22	0.24	0.25	0.27	0.29	0.30	0.32	0.33	0.35	0.36	0.38	0.39	0.40	0.42	0.43	0.44	0.46
15	0.25	0.27	0.29	0.30	0.32	0.34	0.36	0.37	0.39	0.41	0.42	0.44	0.46	0.47	0.49	0.50	0.52
16	0.28	0.30	0.32	0.34	0.36	0.38	0.40	0.42	0.44	0.45	0.47	0.49	0.51	0.53	0.55	0.56	0.58
17	0.31	0.33	0.36	0.38	0.40	0.42	0.44	0.46	0.48	0.50	0.52	0.54	0.56	0.58	0.60	0.62	0.64
18	0.34	0.36	0.39	0.41	0.43	0.46	0.48	0.50	0.53	0.55	0.57	0.59	0.62	0.64	0.66	0.68	0.71
19	0.37	0.40	0.42	0.45	0.47	0.50	0.52	0.55	0.57	0.59	0.62	0.64	0.67	0.69	0.72	0.74	0.76
20	0.40	0.43	0.45	0.48	0.51	0.54	0.56	0.59	0.62	0.64	0.67	0.69	0.72	0.75	0.78	0.80	0.82

附录 F　包装物或包装容器最大表面积计算方法

1. 长方体形包装物或长方体形包装容器计算方法

长方体形包装物或长方体形包装容器的最大一个侧面的高度（cm）乘以宽度（cm）。

2. 圆柱形包装物、圆柱形包装容器或近似圆柱形包装物、近似圆柱形包装容器计算方法

包装物或包装容器的高度（cm）乘以圆周长（cm）的 40%。

3. 其他形状的包装物或包装容器计算方法

1）包装物或包装容器的总表面积的 40%。

2）如果包装物或包装容器有明显的主要展示版面，应以主要展示版面的面积为最大表面面积。

3）包装袋等计算表面面积时应除去封边所占尺寸。瓶形或罐形包装计算表面面积时不包括肩部、颈部、顶部和底部的凸缘。

附录 G　食品添加剂在配料表中的标示形式

1. 按照加入量的递减顺序全部标示食品添加剂的具体名称

配料：水、全脂奶粉、稀奶油、植物油、巧克力（可可液块、白砂糖、可可脂、磷脂、聚甘油蓖麻醇酯、食用香精、柠檬黄）、葡萄糖浆、丙二醇脂肪酸酯、卡拉胶、瓜尔胶、胭脂树橙、麦芽糊精、食用香料。

2. 按照加入量的递减顺序全部标示食品添加剂的功能、类别、名称及国际编码

配料：水、全脂奶粉、稀奶油、植物油、巧克力［可可液块、白砂糖、可可脂、乳化剂（322，476）、食用香精、着色剂（102）］、葡萄糖浆、乳化剂（477）、增稠剂（407，412）、着色剂（160b）、麦芽糊精、食用香料。

3. 按照加入量的递减顺序全部标示食品添加剂的功能、类别、名称及具体名称

配料：水、全脂奶粉、稀奶油、植物油、巧克力［可可液块、白砂糖、可可脂、乳化剂（磷脂、聚甘油蓖麻醇酯）、食用香精、着色剂（柠檬黄）］、葡萄糖浆、乳化剂（丙二醇脂肪酸酯）、增稠剂（卡拉胶、瓜尔胶）、着色剂（胭脂树橙）、麦芽糊精、食用香料。

4. 建立食品添加剂项一并标示的形式

（1）一般原则　直接使用的食品添加剂应在食品添加剂项中标注，营养强化剂、食用香精香料、胶基糖果中基础剂物质可在配料表的食品添加剂项外标注，非直接使用的食品添加剂不在食品添加剂项中标注。食品添加剂项在配料表中的标注顺序由需纳入该项的各种食品添加剂的总重量决定。

（2）全部标示食品添加剂的具体名称　配料：水、全脂奶粉、稀奶油、植物油、巧克力（可可液块、白砂糖、可可脂、磷脂、聚甘油蓖麻醇酯、食用香精、柠檬黄）、葡萄糖浆、食品添加剂（丙二醇脂肪酸酯、卡拉胶、瓜尔胶、胭脂树橙）、麦芽糊精、食用香料。

（3）全部标示食品添加剂的功能、类别、名称及国际编码　配料：水、全脂奶粉、稀奶油、植物油、巧克力［可可液块、白砂糖、可可脂、乳化剂（322，476）、食用香精、着色剂（102）］、葡萄糖浆、食品添加剂［乳化剂（477）、增稠剂（407，412）、着色剂（160b）］、麦芽糊精、食用香料。

（4）全部标示食品添加剂的功能类别名称及具体名称　配料：水、全脂奶粉、稀奶油、植物油、巧克力［可可液块、白砂糖、可可脂、乳化剂（磷脂、聚甘油蓖麻醇酯）、食用香精、着色剂（柠檬黄）］、葡萄糖浆、食品添加剂［乳化剂（丙二醇脂肪酸酯）、增稠剂（卡拉胶、瓜尔胶）、着色剂（胭脂树橙）］、麦芽糊精、食用香料。

附录 H　部分标签项目的推荐标示形式

1. 概述

本附录以示例形式提供了预包装食品部分标签项目的推荐标示形式，标示相应项目时可选用但不限于这些形式。若需要根据食品特性或包装特点等对推荐形式进行调整使用，则应与推荐形式基本涵义保持一致。

2. 净含量和规格的标示

为方便表述，净含量的示例统一使用质量为计量方式，使用冒号为分隔符。标签上应使用实际产品适用的计量单位，并可根据实际情况选择空格或其他符号作为分隔符，以便于识读。

（1）单件预包装食品的净含量（规格）的标示形式

1）净含量（或净含量/规格）：450 克。

2）净含量（或净含量/规格）：225 克（200 克 + 送 25 克）。

3）净含量（或净含量/规格）：200 克 + 赠 25 克。

4）净含量（或净含量/规格）：（200 + 25）克。

（2）净含量和沥干物（固形物）的标示形式（以“糖水梨罐头”为例） 净含量（或净含量/规格）：425 克沥干物（或固形物或梨块）：不低于 255 克（或不低于 60%）。

（3）同一预包装内含有多件同种类的预包装食品时，净含量和规格的标示形式

1）净含量（或净含量/规格）：40 克 ×5。

2）净含量（或净含量/规格）：5 ×40 克。

3）净含量（或净含量/规格）：200 克（5 ×40 克）。

4）净含量（或净含量/规格）：200 克（40 克 ×5）。

5）净含量（或净含量/规格）：200 克（5 件）。

6）净含量：200 克　规格：5 ×40 克。

7）净含量：200 克　规格：40 克 ×5。

8）净含量：200 克　规格：5 件。

9）净含量（或净含量/规格）：200 克（100 克 +50 克 ×2）。

10）净含量（或净含量/规格）：200 克（80 克 ×2 +40 克）。

11）净含量：200 克　规格：100 克 +50 克 × 2。

12）净含量：200 克　规格：80 克 ×2 +40 克。

（4）同一预包装内含有多件不同种类的预包装食品时，净含量和规格的标示形式

1）净含量（或净含量/规格）：200 克（A 产品 40 克 ×3，B 产品 40 克 ×2）。

2）净含量（或净含量/规格）：200 克（40 克 ×3，40 克 ×2）。

3）净含量（或净含量/规格）：100 克 A 产品，50 克 ×2 B 产品，50 克 C 产品。

4）净含量（或净含量/规格）：A 产品：100 克，B 产品：50 克 ×2，C 产品：50 克。

5）净含量/规格：100 克（A 产品），50 克 ×2（B 产品），50 克（C 产品）。

6）净含量/规格：A 产品 100 克，B 产品 50 克 ×2，C 产品 50 克。

3. 日期的标示

日期中年、月、日可用空格、斜线、连字符、句点等符号分隔，或不用分隔符。年代号一般应标示 4 位数字，小包装食品也可以标示 2 位数字。月、日应标示 2 位数字。

日期的标示可以有以下形式：

1）2010 年 3 月 20 日。

2）2010 03 20；2010/03/20；20100320。

3）20 日 3 月 2010 年；3 月 20 日 2010 年；

4）（月/日/年）：03 20 2010 ；03/20/2010；03202010。

4. 保质期的标示

保质期可以有以下标示形式：

1）最好在……之前食（饮）用；……之前食（饮）用最佳；……之前最佳。

2）此日期前最佳……；此日期前食（饮）用最佳……。

3）保质期（至）……；保质期××个月（或××日，或××天，或××周，或×年）。

5. 贮存条件的标示

贮存条件可以标示“贮存条件”“贮藏条件”“贮藏方法”等标题，或不标示标题。

贮存条件可以有以下标示形式：

1）常温（或冷冻，或冷藏，或避光，或阴凉干燥处）保存。

2）××-××℃保存。

3）请置于阴凉干燥处。

4）常温保存，开封后需冷藏。

5）温度：≤××℃，湿度：≤××%。

参 考 文 献

[1] 靳敏，夏玉宇. 食品检验技术 [M]. 北京：化学工业出版社，2003.

[2] 杨祖英. 食品检验 [M]. 北京：化学工业出版社，2003.

[3] 穆华荣. 食品检验技术 [M]. 北京：化学工业出版社，2005.

[4] 张意静. 食品分析技术 [M]. 北京：中国轻工业出版社，2001.

[5] 无锡轻工大学，天津轻工业学院. 食品分析 [M]. 北京：中国轻工业出版社，2006.

[6] 张水华. 食品分析 [M]. 北京：中国轻工业出版社，2006.

[7] 大连轻工业学院，华南理工大学，郑州轻工业学院，等. 食品分析 [M]. 北京：中国轻工业出版社，2006.

[8] 康臻. 食品分析与检验 [M]. 北京：中国轻工业出版社，2006.

[9] 俞一夫. 食品分析技术 [M]. 北京：中国轻工业出版社，2009.

[10] 章银良. 食品检验教程 [M]. 北京：化学工业出版社，2006.

[11] 王芃，许泓. 食品分析操作训练 [M]. 北京：中国轻工业出版社，2008.

[12] S Suzanne Nielsen. 食品分析实验指导 [M]. 杨严俊，译. 北京：中国轻工业出版社，2009.

[13] 王永华. 食品分析 [M]. 2 版. 北京：中国轻工业出版社，2010.

[14] 彭珊珊. 食品分析检测及其实训教程 [M]. 北京：中国轻工业出版社，2011.

[15] S Suzanne Nielsen. 食品分析 [M]. 3 版. 杨严俊，等译. 北京：中国轻工业出版社，2012.

[16] 张境，师邱毅. 食品检验技术简明教程 [M]. 北京：化学工业出版社，2013.

[17] 王一凡. 食品检验综合技能实训 [M]. 北京：化学工业出版社，2009.

[18] 冯铭琴. 食品分析与检验 [M]. 北京：机械工业出版社，2013.

[19] 黄高明. 食品检验工（中级）[M]. 北京：机械工业出版社，2005.

[20] 徐春. 食品检验工（初级）[M]. 2 版. 北京：机械工业出版社，2013.

[21] 刘长春. 食品检验工（高级）[M]. 2 版. 北京：机械工业出版社，2012.

读者信息反馈表

感谢您购买《食品检验工技能（初级、中级、高级）》一书。为了更好地为您服务，有针对性地为您提供图书信息，方便您选购合适图书，我们希望了解您的需求和对我们图书的意见和建议，愿这小小的表格为我们架起一座沟通的桥梁。

姓　　名		所在单位名称			
性　　别		所从事工作（或专业）			
通信地址			邮　　编		
办公电话			移动电话		
E- mail					

1. 您选择图书时主要考虑的因素（在相应项前面画√）：

（　　）出版社　（　　）内容　（　　）价格　（　　）封面设计　（　　）其他

2. 您选择我们图书的途径（在相应项前面画√）：

（　　）书目　（　　）书店　（　　）网站　（　　）朋友推介　（　　）其他

希望我们与您经常保持联系的方式：

☐ 电子邮件信息　☐ 定期邮寄书目

☐ 通过编辑联络　☐ 定期电话咨询

您关注（或需要）哪些类图书和教材：

您对我社图书出版有哪些意见和建议（可从内容、质量、设计、需求等方面谈）：

您今后是否准备出版相应的教材、图书或专著（请写出出版的专业方向、准备出版的时间、出版社的选择等）：

非常感谢您能抽出宝贵的时间完成这张调查表的填写并回寄给我们，我们愿以真诚的服务回报您对机械工业出版社的关心和支持。

请联系我们——

地　　址：北京市西城区百万庄大街 22 号　机械工业出版社技能教育分社

邮　　编：100037

社长电话：（010）88379083　88379080　68329397（带传真）

E- mail：jnfs@ cmpbook. com